中等职业教育精品教材

信息技术

主　编　陶成兵　杨国富　郭旭辉
副主编　王　鹏　杨显林　李凤玲　费德强　郑　波
　　　　袁　露　王德超　张　媛
参　编　刘岚岚　马　婷　杨鑫妮　赵玉玉　汤　燕

XINXI JISHU

中国人民大学出版社
·北京·

图书在版编目（CIP）数据

信息技术 / 陶成兵，杨国富，郭旭辉主编. -- 北京：中国人民大学出版社，2021.7
中等职业教育精品教材
ISBN 978-7-300-29591-6

Ⅰ. ①信… Ⅱ. ①陶… ②杨… ③郭… Ⅲ. ①电子计算机－中等专业学校－教材 Ⅳ. ① TP3

中国版本图书馆 CIP 数据核字（2021）第 132254 号

中等职业教育精品教材
信息技术
主　编　陶成兵　杨国富　郭旭辉
副主编　王　鹏　杨显林　李凤玲　费德强　郑　波　袁　露　王德超　张　媛
参　编　刘岚岚　马　婷　杨鑫妮　赵玉玉　汤　燕
Xinxi Jishu

出版发行	中国人民大学出版社		
社　　址	北京中关村大街 31 号	**邮政编码**	100080
电　　话	010－62511242（总编室）		010－62511770（质管部）
	010－82501766（邮购部）		010－62514148（门市部）
	010－62515195（发行公司）		010－62515275（盗版举报）
网　　址	http://www.crup.com.cn		
经　　销	新华书店		
印　　刷	北京溢漾印刷有限公司		
规　　格	185mm × 260mm　16 开本	**版　　次**	2021 年 7 月第 1 版
印　　张	19	**印　　次**	2021 年 7 月第 1 次印刷
字　　数	456 000	**定　　价**	42.00 元

PREFACE

前言

“信息技术”是信息技术入门课程，属于公共基础课，是为各专业学生提供信息技术一般应用所必需的基础知识，培养其相关能力和素质的课程。本教材根据教育部《中等职业学校信息技术课程标准》（2020年版）及最新发布的教学大纲编写而成。教材紧紧围绕中等职业教育的培养目标，遵循职业教育教学规律，从满足新时期社会发展对高素质技能型人才的需要出发，由具有丰富教学经验的教师编写，在课程结构、教学内容、教学方法等方面进行了新的探索，对提高广大中等职业学校学生的思想素质、职业能力和技能水平有积极的推动作用。

本教材以信息技术基础知识为基础，以Windows 10为操作系统平台，以Office 2016为办公软件编排内容，安排了数字媒体、大数据、人工智能、物联网等最新的应用技术，可作为各类中等职业院校公共基础课程的教材。本教材落实立德树人的根本任务，通过理论知识学习、基础技能训练和综合应用实践，培养中等职业学校学生符合时代要求的信息素养和适应职业发展需要的信息能力。课程通过多样化的教学形式，帮助学生达到以下学习目标：认识信息技术对当今人类生产、生活的重要作用；理解信息技术、信息社会等概念和信息社会的特征与规范；掌握信息技术设备与系统操作、网络应用基础、图文编辑、数据处理、程序设计、数字媒体技术应用、信息安全和人工智能等相关知识与技能。本教材共有八个项目，各项目内容如下：

项目1　信息技术基础：本项目旨在引导学生了解信息技术的发展趋势、应用领域，关注信息技术对社会形态和个人行为方式带来的影响，了解信息社会相关的文化、道德和法律常识，树立正确的价值观，履行信息社会责任，理解信息系统的工作机制，掌握常见信息技术设备及主流Windows系统的使用技能。

项目2　网络应用基础：本项目旨在引导学生了解网络技术的发展，综合掌握生产、生活和学习情境中网络的应用技巧；理解并遵守网络行为规范，树立正确的网络行为意识；能合法使用网络信息资源，会综合运用网络数字资源和工具辅助学习。

项目3　图文编辑软件应用：本项目旨在引导学生综合运用Word 2016软件完成文

字处理、电子表格设置、图形绘制等不同的图文编辑任务，并根据工作要求进行文、表、图等的混合编排。

项目 4 数据处理软件应用：本项目旨在引导学生学习运用 Excel 2016 软件进行表格创建、数据计算、表格预览打印等操作，使学生初步掌握数据分析及可视化表达等相关技能，了解大数据的基础知识。

项目 5 程序设计基础：本项目旨在引导学生了解程序设计的基本理念，初步掌握程序设计的方法，通过易语言的编程训练，培养学生运用程序设计解决问题的能力。

项目 6 数字媒体技术应用：本项目旨在引导学生综合使用图片处理、音频、视频等数字媒体功能软件，进行不同类型数字媒体信息的采集、加工与处理，并集成制作数字媒体作品。

项目 7 信息安全基础：本项目旨在引导学生了解信息安全常识，认知信息安全面临的威胁，认识信息安全的重要意义，具备信息安全意识，了解信息安全规范，能根据实际情况采用正确的信息安全防护措施。

项目 8 人工智能初步：本项目旨在引导学生了解人工智能的发展和应用领域，体验人工智能在生产、生活中的典型应用，正确认知人工智能对个人和社会的影响，为适应智慧社会做好准备。

本教材以培养技能型人才为目标，内容上追求理论讲解以够用为原则，强调实际操作技能的培养。通过本教材的学习，学生能够具备基本的信息处理能力，并能够综合运用信息技术解决生产、生活和学习中的各种问题，在数字化学习与创新过程中培养独立思考和主动探究能力，不断强化认知、合作、创新能力，为职业能力的提升奠定基础。

本教材在编写过程中参考了大量文献资料，在此谨向这些文献资料的作者深表谢意。由于编者水平有限，时间又比较仓促，书中难免有疏漏和不妥之处，恳请广大读者提出宝贵意见。

编者

2021 年 5 月

CONTENTS

目录

项目1

信息技术基础

任务1 认识常见的信息设备和信息技术

任务目标

1. 掌握信息设备的含义，列举常见的信息设备；
2. 理解信息技术的含义及信息技术的应用领域；
3. 了解信息技术的发展过程和趋势。

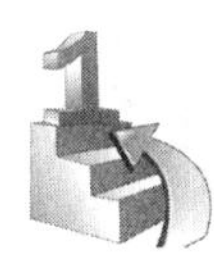

任务引入

什么是信息？信息来源于哪里？

信息，指音讯、消息、通信系统传输和处理的对象，泛指人类社会传播的一切内容。人通过获得、识别自然界和社会的不同信息来区别不同事物，得以认识和改造世界。在一切通信和控制系统中，信息是一种普遍联系的形式。1948年，数学家香农在题为“通信的数学理论”的论文中指出：“信息是用来消除随机不定性的东西。”

信息五花八门，提供信息的设备更是不胜枚举，我们身边就有很多常见的信息设备，如图1-1所示。

通过上面的介绍，我们一起思考下面两个问题：

（1）我们家里有哪些信息设备？

（2）这些信息设备使用了哪些信息技术？

图 1－1　常见的信息设备

相关知识

1.1.1　信息设备的含义和组成

1. 信息设备的含义

信息设备是指计算机（Computer）、通信及办公自动化设备和信息部门的建筑物等硬件设施。

从广义上说，所有能够提供信息的设备都是信息设备。

2. 信息设备的组成

（1）计算机。

计算机根据外观尺寸可分为巨型计算机、大型计算机、小型计算机、微型计算机、笔记本电脑（包括上网本等）、PDA、PAD、智能穿戴设备等，如图 1－2 所示。

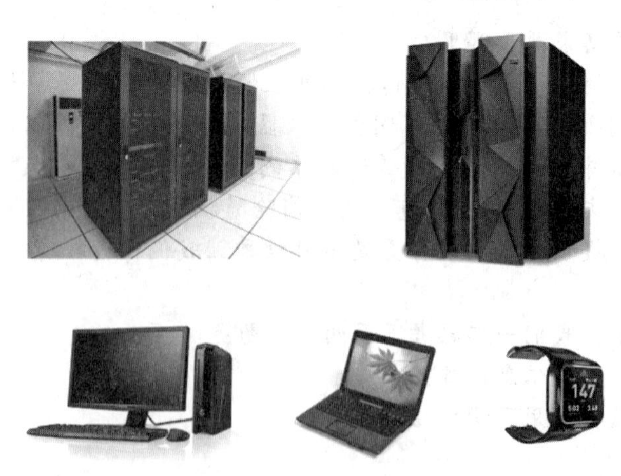

图 1－2　计算机的分类

（2）通信设备。

通信设备种类繁多、应用广泛，总体上可分为有线通信设备和无线通信设备。

我们身边常见的通信设备有电话、交换机、手机、网卡、路由器等，如图 1－3 所示。

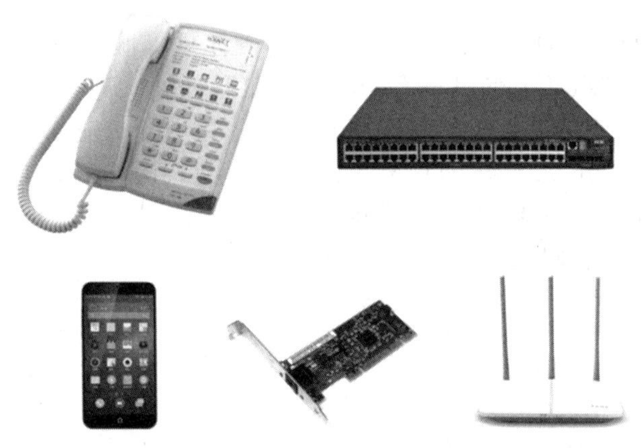

图 1－3　常见的通信设备

（3）办公自动化设备。

办公自动化设备用于辅助办公，主要有打印机、复印机、传真机、扫描仪等，如图 1－4 所示。

图 1－4　办公自动化设备

1.1.2　信息技术的含义和应用

1. 信息技术的含义

信息技术（Information Technology，IT）是用于管理和处理信息的各种技术的总称。它主要是应用计算机科学和通信技术来设计、开发、安装和实施信息系统及应用软件。它也常被称为信息和通信技术（Information and Communications Technology，ICT），主要包括传感技术、计算机与智能技术、通信技术和控制技术。

2. 信息技术的应用

信息技术的应用总体上包括计算机硬件和软件、网络和通信技术、应用软件开发工具等。自计算机和互联网普及以来，人们日益普遍地使用计算机来生产、处理、交换和传播各种形式的信息（如书籍、商业文件、报刊、唱片、电影、电视节目、语音、图形、图像等）。

从应用领域来看，信息技术已经涵盖了农业、工业、服务业等各个领域，现在新兴的物联网和云计算技术代表着信息技术新的高度和形态。

从工业领域来看，现在正处于信息技术被充分利用的工业 4.0 时代。所谓工业 4.0，是基于工业发展的不同阶段作出的划分。按照目前的共识，工业 1.0 是蒸汽机时代，工业 2.0 是电气化时代，工业 3.0 是信息化时代，工业 4.0 则是利用信息化技术促进产业变革的时代，也就是智能化时代。

任务实施

我们的教室里有哪些信息设备？

1. 教室环境

学生找出教室中有哪些信息设备，以及能够连接信息设备的接口、线路，然后学生分组选出代表讲解，最后教师总结，完成任务实施。

2. 机房或其他场地

学生找出机房或其他场地中有哪些信息设备，以及能够连接信息设备的接口、线路，然后学生分组选出代表讲解，最后教师总结，比较不同场地信息设备应用的差异性，完成任务实施。

知识拓展

1. PDA 和 PAD 的区别

PDA 指的是掌上电脑，可以帮助我们实现在移动中工作、学习、娱乐等，其范围较大，按使用领域来分类，分为工业级 PDA 和消费品 PDA。工业级 PDA 主要应用在工业领域，常见的条码扫描器、RFID 读写器、POS 机等都可以称作 PDA；消费品 PDA 主要用于日常生活中，种类较多，如智能手机、平板电脑、手持的游戏机等。

PAD 指的是平板电脑，是一种小型、方便携带的个人电脑，以触摸屏作为基本的输入设备。其范围较小，代表就是 iPad、安卓平板。

2. 说说你所学专业领域里信息技术的应用

（1）汽车及交通领域中信息技术的应用。

当前信息技术在汽车及交通领域中的应用项目相当多，可大致归纳为 4 个方面，即车辆安全系统，网络、通信及导航系统，智能交通系统和移动多媒体系统。

汽车信息技术主要是基于全球定位系统（GPS）、地理信息系统（GIS）、移动通信网络以及国际网络运输控制协议（TCP/IP）等技术原理，在汽车及交通领域中轻松实现如数据传递、语音通信、目标跟踪、自动报警以及驾乘者获取各种公众信息、实用信息等服务的功能；同时可通过与 110、120 等系统和各类数据库相结合，实现更广泛的应用。

（2）建筑施工中信息技术的应用。

在一些大型建筑工程项目中，由于空间布局复杂、系统繁多，设备管线之间或管线与结构件之间容易发生碰撞，给施工造成困难，无法满足建筑室内净高要求，造成二次施工，增加项目成本。利用信息技术可将建筑、结构、机电等专业模型整合，再根据各专业要求及净高要求将综合模型导入相关软件进行碰撞检查，根据碰撞报告结果对管线进行调整、避让，对设备和管线进行综合布置，从而在实际工程开始前发现问题；在钢结构深化设计中利用信息技术三维建模，对钢结构构件空间立体布置进行可视化模拟，通过提前碰撞校核，可对方案进行优化，有效解决施工图中的设计缺陷，提升施工质量，减少后期的修改、变更，避免人力、物力浪费，达到降本增效的目的；施工过程中大量智能机械设备的使用也充分利用了信息技术。

（3）电气设备控制中信息技术的应用。

电气设备领域信息技术的应用最为广泛，小到各类家用电器的智能控制，大到电气自动化技术（如 PLC 技术），都充分利用了信息技术。

（4）化工厂中信息技术的应用。

由于车间环境的问题，化工厂更是离不开信息技术，需要充分利用信息技术来实现自动控制。如化工厂中的中控机，它相当于我们家用电脑的 CPU，是控制化工厂的大脑；机器人技术，不仅仅降低了人工的劳动强度，它的准确性、环境适应性更是人力无法企及的；传感器技术，通过它接收各种信息，把信息传递给中控机，实现全自动化控制。

以上只是对几个领域中信息技术应用的简单介绍，同学们课后可以查阅资料，了解信息技术在工业 4.0 时代巨大的、不可替代的作用。

任务2 计算机的组成与使用

任务目标

1. 掌握微型计算机的主要部件及其基本作用；
2. 掌握微型计算机的软件系统；
3. 了解计算机的数制及字符编码；
4. 能够依据主要硬件配置对微机、笔记本电脑进行简单的性能判别；
5. 能够根据使用目的提供兼容机组装方案或品牌机采购方案。

任务引入

通过前面任务1的学习，我们知道了计算机、手机这些生活中常见的设备都是信息设备。那么，计算机有什么作用呢？它是由哪些部件组成的？手机有什么作用呢？它又是由哪些部件组成的？计算机和手机有哪些共性呢？

相关知识

1.2.1 计算机的组成

计算机是人类最伟大的科学技术发明之一，对社会生产和人们的生活有着极其深刻的影响。计算机是高速自动进行信息处理的电子设备，它能按照人们预先编写的程序对数据进行处理、存储、传送，从而输出有用的信息或知识。计算机总体上由硬件系统和软件系统组成，如图1－5所示。

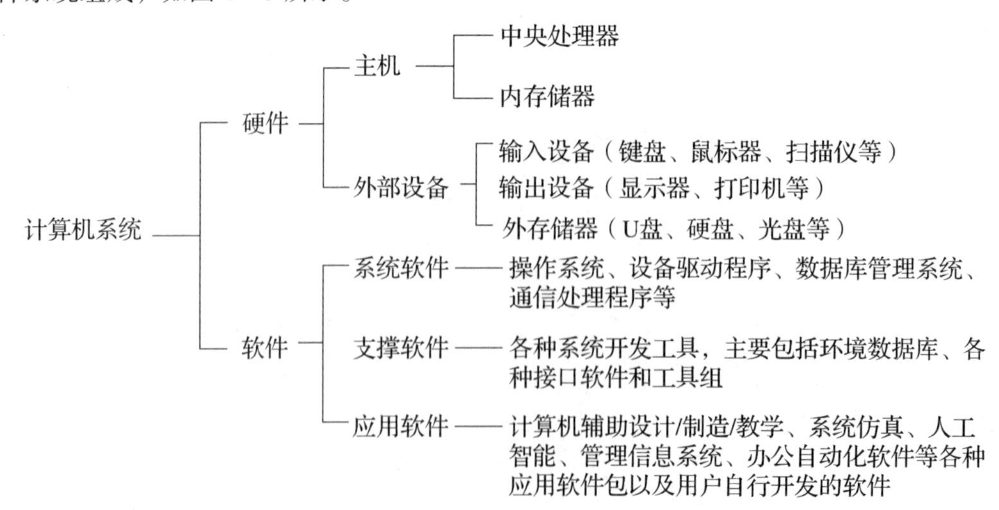

图1－5 计算机系统的组成

1. 微型计算机的硬件系统

最常用的计算机是微型计算机，微型计算机经常与 PC、电脑、台式机、微机等名词混用，这里的微型计算机主要是指台式机。

（1）从外观上看，微型计算机硬件系统的组成如图 1－6 所示。

图 1－6　微型计算机硬件系统的组成

（2）机箱后面的接口，如图 1－7 所示。

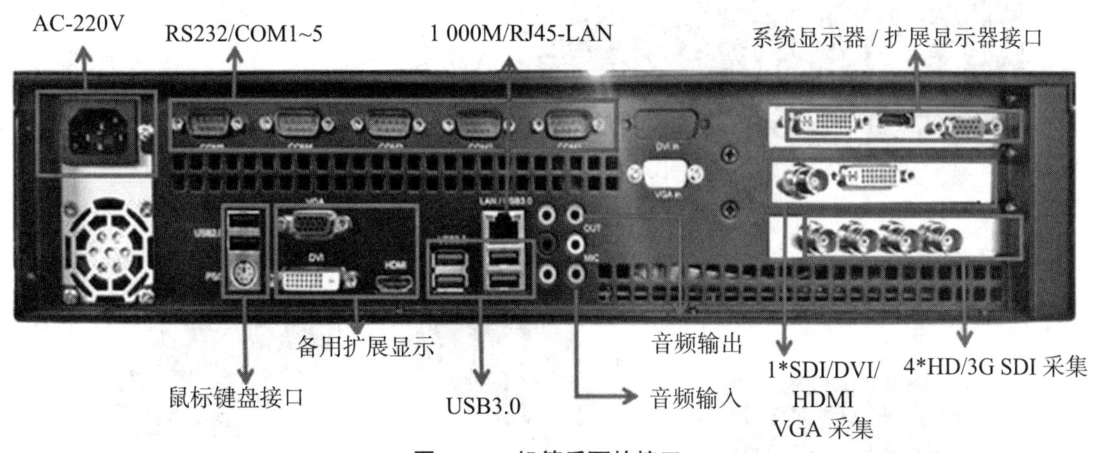

图 1－7　机箱后面的接口

（3）机箱内部的部件。

主机是安装在主机箱内部的，打开主机箱盖板，可以看到主机的结构，如图 1－8 所示。主机中最主要的部件基本都集中在主板上，主板上各部件的名称如图 1－9 所示。

（4）外部设备。

1）外存储器。外存储器又称外存或辅存，主要存放长期使用的系统文件、应用程序、用户程序、文档和数据等。外存储器包括硬盘存储器、光盘存储器和移动存储器等。

2）输入设备。常见的计算机输入设备如图 1－10 所示。

图 1－8　微型计算机的主机结构

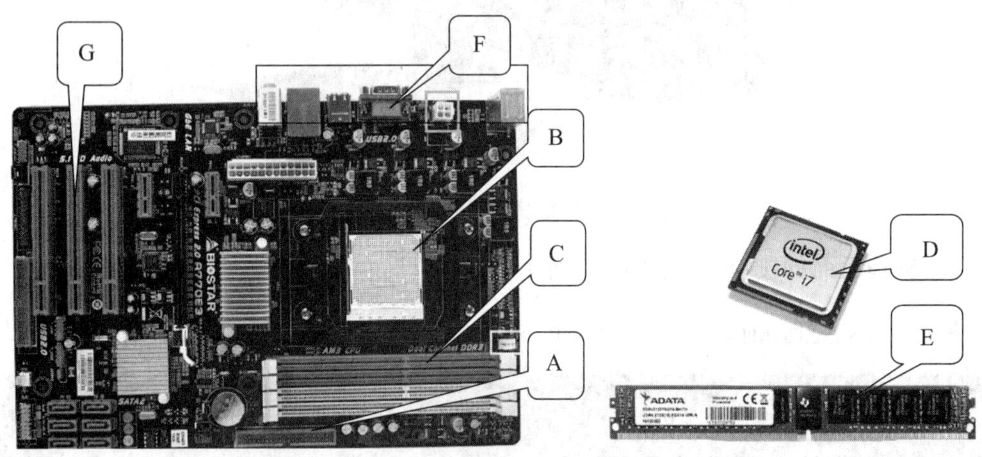

A. 电源接口　B. CPU 插座　C. 内存插槽　D. CPU
E. 内存　F. 外部设备接口　G. 扩展卡插槽

图 1－9　主板上各部件的名称

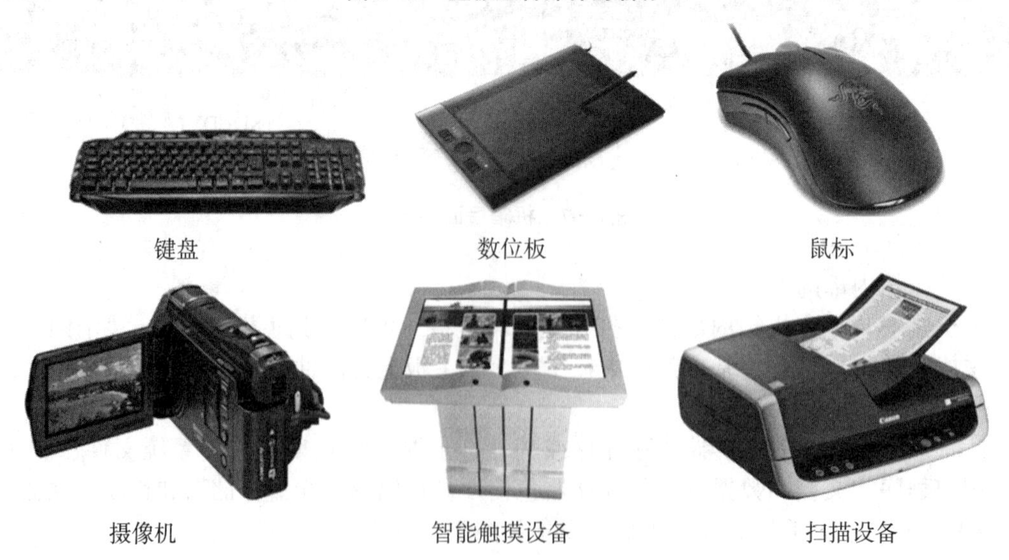

图 1－10　常见的计算机输入设备

鼠标：鼠标是目前最常用的微型计算机输入设备。鼠标按其工作原理及内部结构的不同可以分为机械式、光电式和光机式。机械式鼠标主要由滚球、辊柱和光栅信号传感器组成。装在辊柱端部的光栅信号传感器产生的光电脉冲信号反映出鼠标器在垂直和水平方向的位移变化，再通过电脑程序的处理和转换来控制屏幕上光标箭头的移动。光电式鼠标是通过检测鼠标器的位移，将位移信号转换为电脉冲信号，再通过程序的处理和转换来控制屏幕上的光标箭头的移动。光机式鼠标则是一种光电式和机械式相结合的鼠标。

键盘：键盘是计算机常用的输入设备，目前普遍使用的是电容式 101 键键盘，此外还有增加了一些功能键的 104 键和 107 键键盘。在外形设计上，还有更人性化的人体工程学键盘，有些键盘还带有身份识别和手写输入功能。键盘的接口有 PS/2、USB 和无线三种，PS/2 接口为紫色。选购键盘时要注意操作手感、舒适度、接口类型等。

扫描仪：扫描仪通常用于将图片、照片、胶片、各类图纸以及各类文稿资料扫描成图像文件输入计算机中，进而实现对这些图像形式的信息的处理。按扫描原理划分，扫描仪可以分为滚筒式扫描仪、平板式扫描仪和手持式扫描仪。滚筒式扫描仪应用在大幅面扫描领域；平板式扫描仪扫描速度快、精度高，是办公和家庭的常用扫描工具。

扫描仪的主要性能指标是分辨率，单位为 dpi。一般平板式扫描仪的分辨率为 1 200 ～ 9 600 dpi。

触摸屏：触摸屏是一种多媒体输入定位设备，用户可以直接用手触摸屏幕上的菜单、按钮、图标等，向计算机输入信息。当手指在屏幕上移动时，触摸屏将手指移动的轨迹数字化，然后传送给计算机，计算机根据获得的数据进行处理，有效地提高了人机对话效率。

条码、条码阅读仪：条码（又称条形码）是由一组按一定编码规则排列的条、空符号，用以表示一定的字符、数字及符号组成的信息。条码阅读仪是专门用于扫描、识读条码的仪器，将收集的数据输入计算机系统中进行处理。条码的使用可以使信息的检索更加快捷和安全。生活中大量的商品包装，以及各类证件和报表已经使用了条码，今后条码的使用将更加广泛。

手写和语音输入设备：手写输入设备一般由书写板和输入笔组成，使用过程中手写输入设备先读取书写板上的笔迹信息，分析笔画特征，在字库中匹配相应的字符，然后将其输入计算机。语音输入设备可以将说话声音（语音）通过麦克风输入计算机中，通过计算机中的语音识别系统将语音转换为相应的信号。

数码相机和数码摄像机：相对于传统的胶片式设备而言，数码相机和数码摄像机使用起来更加方便，可以将拍摄到的景物转换成数字化的图像和视频，并且可以将其直接输入计算机中进行处理。

3）输出设备。输出设备的作用是把计算机处理的中间结果或最终结果用人所能识别的形式（如字符、图形、图像、语音等）表示出来，它包括显示设备、打印设备、语音输出设备、图像输出设备等。常见的计算机输出设备如图 1 - 11 所示。

显示器：显示器也称监视器或屏幕，它是用户与计算机之间对话的主要信息窗口，其作用是在屏幕上显示从键盘输入的命令或数据，程序运行时能自动将机内的数据转换成直观的字符、图形输出，以便用户及时观察必要的信息和结果。

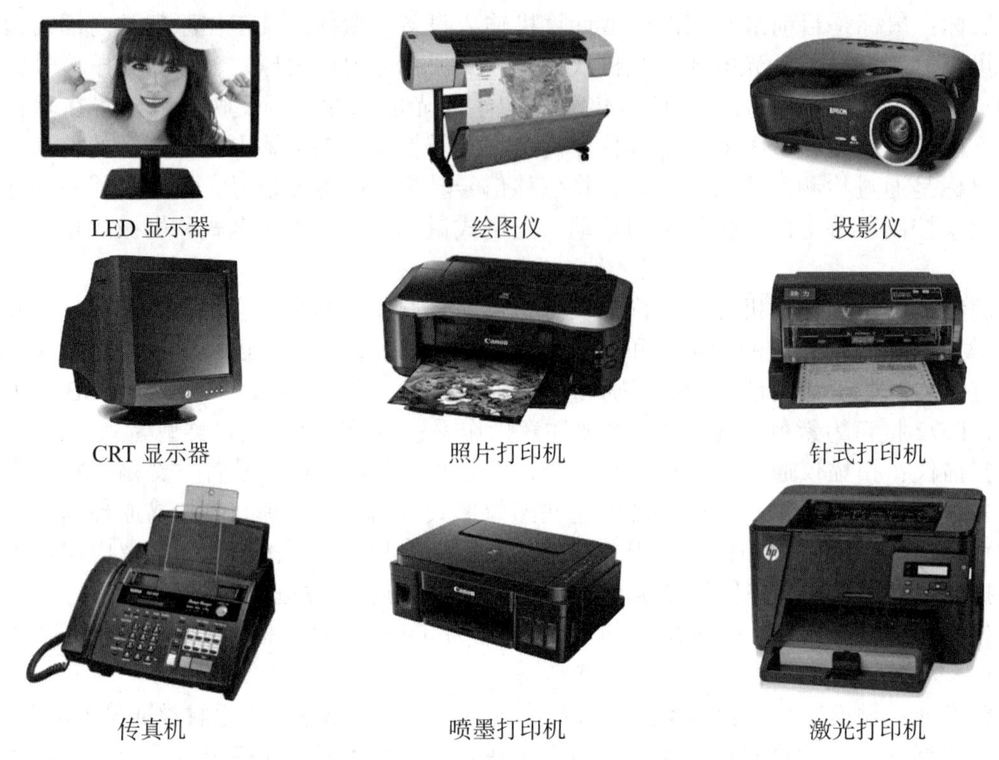

图 1－11　常见的计算机输出设备

技术上比较成熟的显示器有三大类：阴极射线管显示器（CRT）、液晶显示器和等离子体显示器（PDP）。显示器必须在主板上安装的显卡的支持下才能正常工作。显示器的主要性能指标有：分辨率、屏幕尺寸、点间距、刷新频率等。

分辨率：显示器显示的字符和图形由一个个小光点组成，这些小光点称为像素。显示器的分辨率一般表示为水平显示的像素个数 × 水平扫描线数，如 1 024×768。从理论上讲，显示器分辨率越高，显示越清晰，但实际显示效果还与显卡的性能有关。

屏幕尺寸：显示器显示区域的大小用屏幕尺寸来衡量，屏幕尺寸一般用屏幕区域对角线的长度表示，单位为英寸，如 22 英寸、24 英寸等。

点间距：点间距是指屏幕上两个颜色相同的荧光点之间的最短距离。点间距越小，显示出来的图像越细腻。

刷新频率：刷新频率分为垂直刷新频率和水平刷新频率。垂直刷新频率（又称帧频或场频）表示屏幕的图像每秒重绘多少次。水平刷新频率（又称行频）表示显示器从左到右绘制一条水平线的频率。水平刷新频率和垂直刷新频率及分辨率三者是相关的。一般提到的显示器刷新频率是指垂直刷新频率，单位为 Hz。

液晶显示器现在应用已经越来越广泛。与 CRT 显示器相比，它具有很多优点：体积小、重量轻、辐射低、图像稳定、用电量小。屏幕宽度和高度的比例称为长宽比，目前标准的长宽比有 4∶3 和 16∶9 两种，16∶9 显示器已经逐渐成为主流。

打印机：按打印原理划分，常见的打印机大致可分为喷墨打印机、激光打印机和针式打印机。与其他类型的打印机相比，激光打印机有着几个较为显著的优点：打印速度快、打印品质好、工作噪声小等。针式打印机由于结构简单，因此体积可以做得比较小，在对打印效果要求不高的场所（如超市、出租车、银行等）还在广泛使用。喷墨打印机大量应用于彩色打印、特殊介质打印方面。

打印机分辨率又称输出分辨率，是指在打印输出时横向和纵向两个方向上每英寸最多能够打印的点数，单位为 dpi。打印分辨率是衡量打印机打印质量的重要指标，分辨率越高，打印的效果就越清晰。

音箱或耳机：音箱或耳机是多媒体计算机不可缺少的设备。现在使用的音箱一般为有源音箱，可以分为 2.0、2.1、5.1 等。2.0 音箱包括两个声道的两个音箱；2.1 音箱增加了一个“低音炮”；5.1 音箱增加了两个环绕音箱和一个前置音箱，更加专业。音箱的功能发挥还需要声卡的支持。耳机从使用形式上可以分为耳塞式、挂耳式、头戴式等。很多耳机已经和麦克风集成在一起了，使用更加方便。

绘图仪：绘图仪是比较常用的一种图形输出设备，它可以在纸上或其他材料上画出图形。绘图仪上一般装有一支或几支不同颜色的绘图笔，这些绘图笔可以在相对于纸的水平和垂直方向上移动，并根据需要抬起或者降低，从而在纸上画出图形。绘图仪在绘图时接收主机发来的命令，根据命令进行动作。

投影仪：目前常见的投影仪主要有 DLP（数字光学处理）、LCD（液晶）两大类别。DLP 投影仪的特点是对比度高，而 LCD 投影仪的优势是色彩表现效果好。投影仪的技术指标主要有对比度、亮度、色平衡、分辨率等。

2. 微型计算机的软件系统

软件系统由系统软件、应用软件和支撑软件三部分组成。

（1）系统软件。

系统软件主要指用于计算机系统内部的管理、控制和维护计算机的各种资源的软件，如 Windows 操作系统及其中的设备驱动程序等。

操作系统（Operating System，OS）主要分为两部分：内核（Kernel）和壳（Shell）。顾名思义，内核主要负责实现计算机硬件与壳之间的信息传递与沟通，是一个操作系统最核心技术的体现；壳主要负责传递内核与应用程序之间的信息交流，将内核与软件的内外部命令用底层语言进行相互转译，实现一个个的操作请求。对于 Windows 系统来说，内核与壳之间相互联系，就如同一个只会本国语言的外国老板与中国翻译的关系，是一种管理与被管理的关系；对于 Unix 与 Linux 来说，由于将内核与壳完全分离，就如同一个厂商与一个代理商之间的关系，双方互利协作，厂商可以随时取消代理商的代理权来另找代理，而代理同时也可以不需要这个代理权。

操作系统是用户和计算机的接口，同时也是计算机硬件和其他软件的接口。操作系统的功能包括管理计算机系统的硬件、软件及数据资源，控制程序运行，改善人机界面，为其他应用软件提供支持，让计算机系统所有资源最大限度地发挥作用，提供各种形式的用户界面，使用户有一个好的工作环境，为其他软件的开发提供必要的服务和相应的接口等。

主流的操作系统有：Windows、Mac、Linux、Unix 等。Windows 操作系统是当前世界上应用最广泛的操作系统，占有量位居世界第一，达到 92%。Mac OS X 在当前市面上的所有操作系统中占比 5%，位居第二，主要是苹果公司旗下的电脑操作系统。Linux

在所有操作系统中占比 1%，排在第三位，与其他小品种操作系统相比占比已经算比较大了。

（2）应用软件。

应用软件是指向计算机提供相应指令并实现某种用途的软件，它们是为解决各种实际问题而专门设计的程序。现在许多软件已经趋于标准化和模块化，如各种财务软件、教学软件、图形软件都是组合的应用程序软件包。例如，金山公司的 WPS Office 2019 软件包包括文字编辑、电子表格编辑、演示文稿编辑等模块。

（3）程序设计语言。

程序设计语言（也称支撑软件）是用于编写程序（或制作软件）的开发工具。人们把自己的意图用某种程序设计语言编成程序，输入计算机，告诉计算机完成什么任务以及如何完成，达到人对计算机进行控制的目的。程序设计语言分为机器语言、汇编语言和高级语言。

此外，按照软件的授权方式，还可以把软件分为商业软件、共享软件、自由软件三大类。

（1）商业软件（Commercial-ware）：顾名思义，它是指必须购买才能使用的软件，也称正版软件，例如 Windows、Photoshop 等；如果复制使用，则为盗版软件。

（2）共享软件（Shareware）：软件作者保留版权，但允许他人自由复制试用。互联网上有许多共享软件，大多数有功能限制和日期限制，有的还限制用户只能安装一次，删除后重新安装无效，用户试用后再决定是否注册或购买。如 WinZip、ACDSee 等。

（3）自由软件：根据自由软件基金会的定义，它是一种可以不受限制地自由使用、复制、研究、修改和分发的软件。

1.2.2 计算机的数制与字符编码

自然语言中一般使用十进制。在程序编写中，为了书写和检查方便，一般使用八进制和十六进制。计算机处理信息和数据归根结底都是二进制。计算机中将信息用规定的代码来表示的方法称为编码。

1. 计算机的数制

数制也称计数制，是用一组固定的符号和统一的规则来表示数值的方法。任何一个数制都包含两个基本要素：基数和位权。

虽然计算机能极快地进行运算，但其内部并不像人类在实际生活中使用的十进制，而是使用只包含 0 和 1 两个数值的二进制。当然，人们输入计算机的十进制被转换成二进制进行计算，计算后的结果又由二进制转换成十进制，这都由操作系统自动完成，并不需要人们手动转换。学习汇编语言，就必须了解二进制（还有八进制和十六进制）。

（1）二进制数及加减运算。

在二进制中，数用 0 和 1 两个数值来描述。计数规则是逢二进一，借一当二。

例如：1011001+1011011=10110100。

（2）二进制数和十进制、八进制、十六进制数之间的转换。

例如，将十进制数 57.345 转换为二进制数，计算方法如下：

整数部分			小数部分		
			0.345		
			× 2	……	取走整数
2 | 57	……余 1	↑ 低位	0.690	…… 0	高位 ↓
2 | 28	……余 0		× 2		
2 | 14	……余 0		1.38	…… 1	
2 | 7	……余 1		× 2		
2 | 3	……余 1		0.76	…… 0	
2 | 1	……余 1	高位	× 2		
0			1.52	…… 1	
			× 2		
			1.04	…… 1（小数部分为 0 或达到一定精度即可）	低位

得到（57.345）$_{10}$=（111001.01011）$_2$。

将二进制数 1101 转换成十进制数，计算方法如下：

$$(1101)_2 = 1\times2^3+1\times2^2+0\times2^1+1\times2^0$$
$$=8+4+0+1$$
$$=(13)_{10}$$

十进制数与二进制、八进制、十六进制数之间的关系见表 1 - 1。

表 1 - 1 十进制数与二进制、八进制、十六进制数之间的关系

十进制数	0	1	2	3	4	5	6	7	8	9	10	11	12	13	14	15	…
二进制数	0	1	10	11	100	101	110	111	1000	1001	1010	1011	1100	1101	1110	1111	…
八进制数	0	1	2	3	4	5	6	7	10	11	12	13	14	15	16	17	…
十六进制数	0	1	2	3	4	5	6	7	8	9	A	B	C	D	E	F	…

十进制数转换成二进制、八进制或十六进制数的规律如下：

整数部分：用十进制数除以 2、8 或 16，其余数（由低向高或从小数点处往左排列）即为转换后的二进制、八进制或十六进制数整数部分。

小数部分：用小数部分乘以 2、8 或 16，取走其乘积的整数（由高向低或从小数点处往右排列）即为转换后的二进制、八进制或十六进制数小数部分。

1）将二进制数 1101101110.110101 转换成十六进制数（整数位高位和小数位低位可以补零）。

提示：将二进制数以小数点向左右四位为一组分组，再对照表 1 - 1 取值。

（0011 0110 1110.1101 0100）$_2$ =（36E.D4）$_{16}$

2）将二进制数 1101101110.110101 转换成八进制数（整数位高位和小数位低位可以补零）。

提示：将二进制数以小数点向左右三位为一组分组，再对照表 1－1 取值。

（001 101 101 110.110 101）$_2$ =（1556.65）$_8$

3）将十六进制数 2C1D.A1 转换为二进制数。

（2C1D.A1）$_{16}$ =（10110000011101.10100001）$_2$

4）将八进制数 7123.14 转换为二进制数。

（7123.14）$_8$ =（111001010011.001100）$_2$

2. 计算机的字符编码

（1）ASCII 码。

ASCII（美国信息交换标准码）是国际通用的信息交换标准代码。ASCII 码是一种用 7 位二进制数表示 1 个字符的字符编码，共可以表示 128 种不同字符。使用计算机时，从键盘输入的各种字符由计算机自动转换后，以 ASCII 的码形式输入计算机中。

（2）汉字编码。

计算机中汉字的表示也是用二进制编码，根据应用目的的不同，汉字编码可分为输入码（外码）、国标码、机内码和字形码。

1）输入码：目前汉字输入码已经有几百种，常用的输入码有拼音码、五笔字型码、自然码、表形码、区位码等。一种好的编码应有编码规则简单、易学易记、重码率低、输入速度快等优点。搜狗拼音输入法、五笔字型输入法是目前使用较广泛的两种输入法。为了提高输入速度，输入编码正在朝着智能化的方向发展，如基于模糊识别的语音识别输入、手写输入或扫描输入。

2）国标码（国标区位码）：计算机处理汉字所用的编码标准是我国于 1980 年颁布的国家标准 GB2312—1980（《中华人民共和国国家标准　信息交换用汉字编码字符集　基本集》），简称国标码。国标码的主要用途是作为汉字信息交换码使用，使不同系统之间的汉字信息进行相互交换。国标码是扩展的 ASCII 码。汉字国标码包含最常用的 6 763 个汉字和 682 个非汉字图形符号，其中汉字分成两级：第一级汉字 3 755 个（按拼音字母顺序排列），放在 16 ～ 55 区；第二级汉字 3 008 个（按部首顺序排列），放在 56 ～ 87 区；其他非汉字图形放在 1 ～ 9 区。

3）机内码：机内码是计算机系统内部进行存储、加工处理、传输所使用的代码，又称汉字内码。

4）字形码：字形码是汉字的输出码，输出汉字时都采用图形方式，无论汉字的笔画多少，每个汉字都可以写在同样大小的方块中。

表 1－2 所示为常见字符的 ASCII 码。根据表 1－2，将与字符对应的 ASCII 码填写在表 1－3 中。

表 1－2　常见字符的 ASCII 码

$b_3b_2b_1b_0$	$b_6b_5b_4$					
	010	011	100	101	110	111
0000	SP	0	@	P	`	P

续表

<table>
<tr><th rowspan="2">$b_3b_2b_1b_0$</th><th colspan="6">$b_6b_5b_4$</th></tr>
<tr><th>010</th><th>011</th><th>100</th><th>101</th><th>110</th><th>111</th></tr>
<tr><td>0001</td><td>!</td><td>1</td><td>A</td><td>Q</td><td>a</td><td>Q</td></tr>
<tr><td>0010</td><td>“</td><td>2</td><td>B</td><td>R</td><td>b</td><td>R</td></tr>
<tr><td>0011</td><td>#</td><td>3</td><td>C</td><td>S</td><td>c</td><td>S</td></tr>
<tr><td>0100</td><td>$</td><td>4</td><td>D</td><td>T</td><td>d</td><td>t</td></tr>
<tr><td>0101</td><td>%</td><td>5</td><td>E</td><td>U</td><td>e</td><td>u</td></tr>
<tr><td>0110</td><td>&</td><td>6</td><td>F</td><td>V</td><td>F</td><td>v</td></tr>
<tr><td>0111</td><td>‘</td><td>7</td><td>G</td><td>W</td><td>g</td><td>w</td></tr>
<tr><td>1000</td><td>(</td><td>8</td><td>H</td><td>X</td><td>h</td><td>x</td></tr>
<tr><td>1001</td><td>)</td><td>9</td><td>I</td><td>Y</td><td>i</td><td>y</td></tr>
<tr><td>1010</td><td>*</td><td>:</td><td>J</td><td>Z</td><td>j</td><td>z</td></tr>
<tr><td>1011</td><td>+</td><td>;</td><td>K</td><td>[</td><td>k</td><td>{</td></tr>
<tr><td>1100</td><td>,</td><td><</td><td>L</td><td>/</td><td>l</td><td>|</td></tr>
<tr><td>1101</td><td>–</td><td>=</td><td>M</td><td>]</td><td>m</td><td>}</td></tr>
<tr><td>1110</td><td>.</td><td>></td><td>N</td><td>↑</td><td>n</td><td>~</td></tr>
<tr><td>1111</td><td>/</td><td>?</td><td>O</td><td>_</td><td>o</td><td>Del</td></tr>
</table>

注：SP 表示空格，Del 表示删除。

表 1-3　与字符对应的 ASCII 码

字符	ASCII 码	字符	ASCII 码	字符	ASCII 码
book		1+2		mail@163.com	
Computer		$500		you&me	

1.2.3　计算机的部件选购与正确使用

1. 计算机的部件选购

我们熟悉了计算机的结构和主要部件性能后，就可以依据这些知识为自己选购一台既便宜又实用的电脑了。

（1）CPU 的选购。

CPU 是一台电脑的核心，也就是中央控制器，也称微处理器。CPU 首先是品牌之分，主要有两种：AMD 和 Intel。AMD 的型号主要是 R 系列，Intel 的主流型号是酷睿 i3、i5、i7、i9 系列及低端的奔腾、赛扬系列。单就两个品牌来说，AMD 耗电较高，发热量大，但同等性能的 CPU 价格要比 Intel 的便宜些；Intel 的 CPU 性能比较稳定，价格偏高。选购 CPU 时，一方面要依据个人喜好，另一方面要依据购买用途，考虑性价比的问题。

抛开品牌因素，CPU 还有主频、外频、倍频、核心数、线程、高速缓存等很多重要的性能指标，我们采购电脑时要注重的是品牌、型号、主频及核心数。品牌和型号是选购电脑部件时首先要考虑的。在确定了型号后就要重点考虑该型号下的子系列及相应的主频，比如我们确定了要买 i5 的 CPU，就可以比较一下 i5 8500 和 i5 8400 这两款，主要差别是 i5 8500 比 i5 8400 主频高一些，其他性能基本一样，如表 1－4 所示，如果抛开价格因素我们肯定要选购主频高的 i5 8500。需要说明的是，随着时钟频率的提升，CPU 功耗过高问题已经突显出来，所以型号类似的 CPU 主频已经相差无几，转而通过多核心、多线程及高速缓存技术来提升 CPU 性能了。比如 i3 8100 和 i3 7100 相比（见表 1－5），虽然 i3 7100 的主频比 i3 8100 要高，但由于 i3 8100 的核心数多了 1 倍，高速缓存多 1 倍，所以性能远远要好于 i3 7100。

表 1－4　i5 8500 和 i5 8400 性能参数比较

参数	i5 8500	i5 8400
CPU 主频	3 GHz	2.8 GHz
动态加速频率	4.1 GHz	4 GHz
核心数量	六核心	六核心
线程数量	六线程	六线程
三级缓存	9MB	9MB
总线规格	DMI3 8GT/s	DMI3 8GT/s
热设计功耗（TDP）	65W	65W

表 1－5　i3 7100 和 i3 8100 性能参数比较

参数	i3 7100	i3 8100
CPU 主频	3.9 GHz	3 GHz
核心数量	双核心	四核心
线程数量	四线程	四线程
三级缓存	3MB	6MB
总线规格	DMI3 8GT/s	DMI3 8GT/s

（2）内存的选购。

内存品牌很多，如金士顿、三星、影驰、芝奇、威刚、宇瞻等。内存坏掉的概率很小，所以，购买时主要还是看价格，充分考虑性价比问题。

选购内存时最重要的考虑因素不是品牌，而是型号及容量。现在内存的主流型号是 DDR4，选择型号时一定要根据主板选择兼容的内存型号。在内存容量上，现在入门级是 4G，根据使用目的可以适当增加。

（3）主板的选购。

主板是计算机最重要的部件，也是最复杂的部件。主板的品牌众多，知名品牌有华硕、技嘉、微星、七彩虹、铭瑄、昂达等。主板主要是和 CPU 搭配，最基本的是接口匹配，否则安装不上。更重要的是性能要匹配，Intel 处理器和 AMD 处理器都有对应的主板。另外，即使处理器和主板的接口一致，也不一定能兼容，比如 Intel 八代酷睿就不兼容七代酷睿所使用的 200 系列主板，但是它们的接口都是 LGA1151，不兼容的原因是设计做了改变。不过，AMD 处理器倒是不存在兼容问题，除接口一致外，AMD 锐龙二代处理器可以兼容一代锐龙处理器的主板。简单来说，CPU 与主板的搭配要求有两点：一是兼容；二是合理。兼容性不必多说，合理性在于 CPU 和主板的定位，好的 CPU 自然配好的主板，差一点的 CPU 配主流或入门级主板即可。

（4）硬盘的选购。

硬盘分服务器硬盘、台式机硬盘和笔记本硬盘，主要有希捷、西部数据、东芝等品牌。这里主要介绍台式机硬盘的选购。

台式机的硬盘按存储介质可分为普通硬盘和固态硬盘。固态硬盘速度快，但是容量小、价格高，普通硬盘刚好相反，速度慢，但容量大、价格低。我们如无特别需要，一般都选普通硬盘；如果追求高性能，可以选固态硬盘，或者一个小容量固态硬盘加一块普通硬盘。普通硬盘以前大多是并口，现在容量不仅大了，接口也都是串口的了，入门级的容量是 1TB（1 024GB），如果存储需求高可以选 2T 或 4T，价格增加得并不多。

（5）显卡的选购。

同主板一样，显卡的品牌也很多，而且很多厂家既生产主板，又生产显卡。知名品牌有影驰、七彩虹、蓝宝石、微星、耕升、铭瑄、昂达等。台式机显卡总体上分集成显卡和独立显卡。

集成显卡也称板载显卡，就是主板直接提供了显卡接口，可以直接连接显示器。如果有板载显卡，且对图形显示要求不高，就可以不用单独采购显卡了。如果对显示要求高，比如要用 3D 设计软件或玩大型游戏，就要考虑选购独立显卡了。

选购显卡主要看的是显卡芯片和显存容量、类型、频率等指标。显卡芯片主要有两个知名公司生产：NVIDIA（英伟达）和 AMD。芯片型号越先进，功能越强大。显存原则上是容量、频率越大越好，显存类型现在主流的是 DDR5，高端产品是 DDR6。显卡性能差异大，价格差异更大（从 100 多元到 10 000 多元的都有），所以我们在选购显卡时要以性能够用为标准，不能一味追求性能，要充分考虑性价比。

（6）电源的选购。

电源就是主机的供电系统。一般来说，如果电源不稳定，会造成主机的莫名重启或关机。电源当然是功率越大越好，并且越多核心的电脑对电源的要求就越高，在选购时也要注意价格与性能的平衡。

（7）机箱的选购。

机箱是主机的外壳，有大机箱、中型机箱、小机箱三种，如果为了方便，可以选购小机箱，如果以后要扩展的硬件多，还是选购大机箱为好。大机箱还有个好处，就是散热效果好。

（8）CPU 风扇的选购。

风扇一般指 CPU 风扇，功率大的 CPU 或者 AMD 公司的 CPU 要选择稍好点的风扇，选购时主要看散热效果，水冷风扇效果最好，滚珠风扇（散热片是发散型的）比较流行，一般情况下 CPU 自带的风扇就够用了。

（9）键盘、鼠标的选购。

键盘较好的品牌是双飞燕，非常耐用，不过较贵。鼠标较好的品牌是罗技。一般无特别工作需求的话，买几十元的键盘鼠标套件就可以。

（10）显示器的选购。

现在家用、办公用的都是液晶显示器。显示器主要看品牌和尺寸。和电视机一样，现在各个品牌的显示器质量都非常好了，故障率不高。尺寸上办公用显示器一般选择 19 ～ 23 英寸，家用一般选 23 ～ 27 英寸。现在已经有 30 英寸以上的大屏显示器了，不过如果是长期使用电脑的人，不建议使用大屏显示器。显示器还有坏点这一说，就是屏幕上有些点已经坏了。现在技术非常成熟，很少有坏点的情况，我们可以用硬件大师检测工具对屏幕上有无坏点进行检测。

2. 计算机的正确使用

（1）若电脑长时间存放不用，会由于老化或受潮而导致电子线路损坏，因此，如果电脑长时间不使用，需要隔一段时间通电半小时左右。

（2）个人电脑不适于多天不断电连续工作，如果需要长时间运行，可每天关机一小时左右。

（3）由于灰尘产生的静电会引发线路板短路，导致硬件故障，因此最好在微尘环境中使用电脑，否则就要做好电脑清洁工作。

（4）散热性能不是很好的电脑，需要在主机箱内加装一个散热风扇，以增加散热效果。

（5）为了节能环保，可在电源管理处设置节能模式。

（6）按正确开、关机顺序使用电脑：开机时先打开打印机等外部设备的电源，再打开显示器电源，最后开主机电源；关机时则相反，先关闭主机电源（必须用操作系统关机指令关机），再关闭显示器，最后关闭打印机等外部设备。

（7）笔记本电脑电池（如图 1－12 所示）的使用方法：

图 1－12　笔记本电脑电池

要充电时，将电池装入电脑中，插上电源供应器，即开始充电。充电时间 2 ～ 5 小时，依电池容量及电源设计而有所不同。充电完成后，充电指示灯熄灭或转成绿灯，此时，最好将电源供应器拔除。建议在关机状态下充电。不要混用电源供应器，一种电子产品的工作电压或充电电压可能不同，使用错误可能会毁损电池，严重的还会使机器烧坏。

若电脑要长时间使用，建议取下电池，单独用变压器供电，需要外出时再装入电池使用。目前笔记本电脑电池多采用锂离子电池，其最大优点是几乎没有记忆效应，若电力没有用完也可以充电，但建议使用者偶尔将电池电量用完再充电，这对电池使用的可靠度有所帮助。不要将电池组作为其他电源使用。

电池取下不用时，不要放置于高温的环境中，比如太阳直射的汽车内或火源旁边。使用适当的容器如纸盒储放电池，电池的输出金属端子严禁与金属物质接触。若长期不使用电池，应将电池充电 60% ～ 80% 保存，并定期取出使用，以保持电池的化学活性，最好约 1 个月就将电池做一次充放电，然后再充电保存。电池内部由精密的电子零件及电池芯组成，要避免电池掉落地面及重物敲击。

（8）使用计算机（包括笔记本电脑）时周围要有足够的散热空间，尤其是不能有杂物堵住进风、排风口。

（9）为了倡导节能并延长显示器的寿命，一定要设置电源管理的自动关闭显示器功能。

（10）家用、办公用电脑的稳定性和服务器相比相差很远，所以应当定期备份电脑中的重要数据，以免因为故障造成资料丢失。

（11）计算机工作时不要强行断电，否则不仅会造成未存储的数据丢失，还可能造成硬盘、电源等硬件设备的损坏。

（12）不要在带电状态下插拔配件（支持插拔的设备除外，如 USB 设备），否则会造成设备或接口损坏。

任务实施

根据你的专业特点及个人爱好，为自己配置一台台式机或笔记本电脑。

两人一组，相互配合完成台式机或笔记本电脑的配置，要列出主要配件的名称、型号、参考价格及整机价格，或者是笔记本电脑的品牌、型号及参考价格，并列出笔记本电脑的硬件配置参数。

知识拓展

手机的性能指标及选购要点

现在的智能手机就相当于一台超微型的计算机，它同样是由硬件系统、软件系统两大部分组成的。根据软件系统的不同，手机可分为安卓手机、苹果手机、WP 手机等。

选购手机时，第一步是要根据使用习惯考虑购买什么系统的手机，目前国内用户主要在 iOS 和 Android 两种系统中选择。从应用性和兼容性上看，首选安卓手机，采用该系统的手机品牌众多，国内安卓系统手机知名品牌有华为、小米、vivo、OPPO 等。随着华为等国内科技公司的实力不断增强，产品质量不断提高，国产安卓系统手机逐渐被更多的用户选用。第二步是考虑品牌，上面提到的知名品牌都是比较好的选择。第三步就是手机型号的选择，这里我们要重点了解一下手机的性能指标。因为智能手机就相当于一台超微型电脑，所以两者的性能指标也是类似的。重要指标有 CPU 频率、核数、GPU、RAM（运行内存）容量、ROM（手机存储）容量、主屏尺寸、分辨率、摄像像素等。表 1－6 所示为华为 Mate 20 Pro 的部分参数。

表 1－6　华为 Mate 20 Pro 的部分参数

CPU 型号	海思 Kirin 980
CPU 频率	2X Cortex A76 2.6GHz+2x Cortex A76 1.92GHz+4x Cortex A55 1.8GHz
核心数	八核
GPU 型号	Mali-G76
RAM 容量	6GB
ROM 容量	128GB

选购手机时除了要考虑系统、品牌及根据性能选择型号外，还要注意以下几个问题：

（1）确定你的预算。试着划定一个范围，如 1 000 ～ 1 200 元或者 1 500 ～ 1 700 元等，要量力而行。

（2）根据个人喜好，确定手机屏幕尺寸。目前智能手机屏幕一般都是 5.0 英寸及以上，并且手机屏幕有逐步增大的趋势，如果你喜欢小屏幕，可选的手机会相对少一些。

（3）关于 CPU 核心数，在这个用户体验第一的年代，其实四核、六核之间的差异并没有商家宣传的那么大，手机的多核不是真正意义上的多核，不像电脑那样多核就会有很大的提升，所以建议大家在挑选的时候不必过分在意手机是几核，去操作一下，多开几个程序、播放视频、试试大型的手游，就能很好地看出手机的运行流畅度。

（4）根据自己的需求来取舍以下几个方面：一是性价比，一般可以选择国产手机；二是摄影、摄像能力，重点要考虑摄像头；三是声音质量；四是电池续航能力；五是手机发热问题；六是屏幕亮度；等等。对于个性化的问题，选购时可以在前面介绍的主体性能选择好的基础上，对多款手机进行试用比较或通过互联网上的手机评测进行比较。

任务 3 Windows 10 操作系统

任务目标

1. 了解计算机的主流操作系统，以及常用操作系统的特点和功能；
2. 了解 Windows 10 的功能和特点，以及桌面的组成；
3. 能正确启动和退出 Windows 10 操作系统；
4. 熟练使用鼠标完成对窗口、菜单、工具栏、任务栏、对话框等的操作；
5. 能够对文件资源进行管理；
6. 理解文件和文件夹的概念和作用，掌握文件和文件夹的基本操作；
7. 了解控制面板的功能，使用控制面板配置系统；
8. 了解操作系统中自带的常用程序；
9. 了解打印机的安装方法。

任务引入

Windows 10 是由美国微软公司开发的应用于计算机和平板电脑的操作系统，于 2015 年 7 月 29 日发布正式版。Windows 10 操作系统在易用性和安全性方面有了极大的提升，除了对云服务、智能移动设备、自然人机交互等新技术进行融合外，还对固态硬盘、生物识别、高分辨率屏幕等硬件进行了优化完善与支持。通过学习，我们可以了解操作系统的重要性及发展过程，熟练使用 Windows 10 操作系统处理文件和资料，并能熟练地对计算机系统进行常规的设置、维护和管理。

相关知识

1.3.1 认识 Windows 10 操作系统

1. Windows 10 简介

Windows 10 的中文全称为视窗操作系统体验版，是微软公司发布的一款视窗操作系统。Windows 10 可供选择的版本有：家庭版、专业版、企业版、教育版、移动版、移动企业版和物联网核心版七个版本。Windows 10 系统已成为智能手机、PC、平板、Xbox One、物联网和其他各种办公设备的“心脏”，使设备之间能够互连互通。

2. Windows 10 的功能和特点

（1）生物识别技术：Windows 10 新增的 Windows Hello 功能支持一系列生物识别技术。除了常见的指纹扫描外，系统还能通过面部或虹膜扫描来让用户进行登录。

（2）Cortana 搜索功能：可以用 Cortana 来搜索硬盘内的文件、系统设置、安装的应用，甚至是互联网中的其他信息。

（3）平板模式：微软在照顾老用户的同时，也没有忘记随着触控屏幕成长的新一代用户。Windows 10 提供了触控屏设备优化的功能，同时还提供了专门的平板电脑模式，开始菜单和应用都以全屏模式运行。

（4）桌面应用：微软放弃了激进的 Metro 风格，回归传统风格，用户可以调整应用窗口大小，久违的标题栏重回窗口上方，最大化与最小化按钮也给了用户更多的选择和自由度。

（5）多桌面：如果用户没有多显示器配置，但依然需要对大量的窗口进行重新排列，那么 Windows 10 的虚拟桌面应该可以帮助用户。在该功能的帮助下，用户可以将窗口放进不同的虚拟桌面当中，并在其中进行轻松切换，使原本杂乱无章的桌面变得整洁。

（6）开始菜单进化：微软在 Windows 10 中带回了用户期盼已久的开始菜单功能，并将其与 Windows 8 开始屏幕的特色相结合。点击屏幕左下角的 Windows 键打开开始菜单之后，在左侧可以看到包含系统关键设置和应用的列表，标志性的动态磁贴会出现在右侧。

（7）任务切换器：Windows 10 的任务切换器不再仅显示应用图标，还可以通过大尺寸缩略图的方式进行预览。

（8）任务栏的微调：在 Windows 10 的任务栏中新增了 Cortana 和任务视图按钮，与此同时，系统托盘内的标准工具也匹配上了 Windows 10 的设计风格，可以查看可用的 Wi-Fi 网络，或是对系统音量和显示器亮度进行调节。

（9）贴靠辅助：Windows 10 不仅可以让窗口占据屏幕左右两侧的区域，还能将窗口拖拽到屏幕的四个角落使其自动拓展并填充 1/4 的屏幕空间。在贴靠一个窗口时，屏幕的剩余空间内还会显示出其他开启应用的缩略图，点击之后可将其快速填充到这块剩余的空间当中。

（10）通知中心：Windows Phone 8.1 的通知中心功能也被加入 Windows 10 中，让用户可以方便地查看来自不同应用的通知。此外，通知中心底部还提供了一些系统功能的快捷开关，比如平板模式、便签和定位等。

（11）命令提示符窗口升级：在 Windows 10 中，用户不仅可以对 CMD 窗口的大小进行调整，还能使用辅助粘贴等熟悉的快捷键。

（12）文件资源管理器升级：Windows 10 的文件资源管理器会在主页面上显示出用户常用的文件和文件夹，让用户可以快速找到自己需要的内容。

（13）兼容性增强：只要能运行 Windows 7 操作系统，就能更加流畅地运行 Windows 10 操作系统。Windows 10 还对固态硬盘、生物识别、高分辨率屏幕等硬件都进行了优化支持与完善。

（14）安全性增强：除继承旧版 Windows 操作系统的安全功能之外，还引入了 Windows Hello，Microsoft Passport，Device Guard 等安全功能。

（15）新技术融合：在易用性、安全性等方面进行了深入的改进与优化。对云服务、智能移动设备、自然人机交互等新技术进行了融合。

3. Windows 10 的启动与退出

先打开显示器和主机的电源开关，稍等片刻，即可启动 Windows 10。正常启动 Windows 10 后，屏幕上显示如图 1－13 所示的 Windows 10 桌面。

完成了在 Windows 10 环境中的工作后，请关闭所有打开的应用程序，保存所有编辑文件，正常退出 Windows 10。正常退出操作系统的步骤如下：

（1）退出应用程序，返回到如图 1－13 所示的桌面状态。

（2）单击左下角的“开始”按钮，弹出如图 1－14 所示的“开始”菜单。

（3）选择其中的“关机”命令，即可退出 Windows 10，关闭计算机。

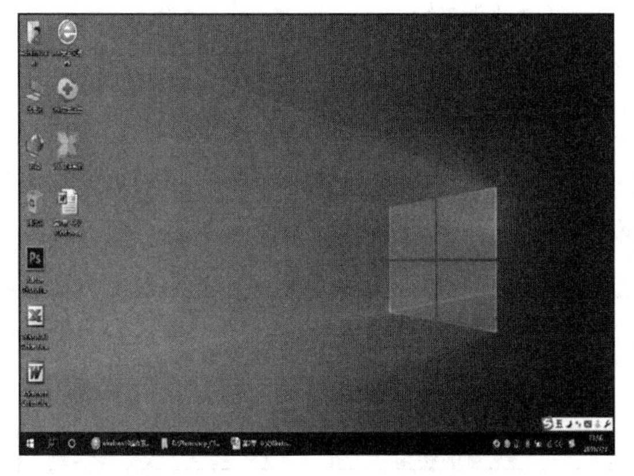

图 1－13　Windows 10 桌面

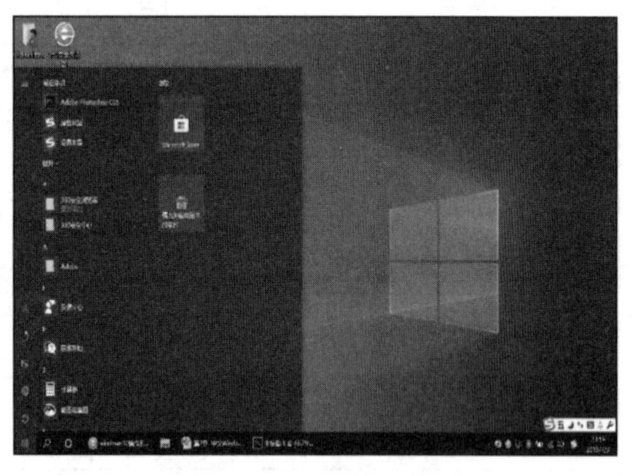

图 1－14　“开始”菜单

注意：

在 Windows 10 操作系统下工作时，内存和磁盘上的临时文件中存储了大量信息。如果使用直接关闭计算机电源或热启动等方法非正常退出 Windows 10，可能会造成数据丢失、浪费磁盘空间等后果，甚至可能出现系统崩溃的严重后果。所以，一定要按照正确的方法退出 Windows 10。

1.3.2　Windows 10 的基本知识

1. 鼠标的基本操作

鼠标是 Windows 10 操作中最常用到的设备，其基本操作如下：

（1）选取：将鼠标指针移动至屏幕的某个对象上，然后按一下主要按钮。

（2）单击左键：将鼠标指针定位到某个对象上（如图标、按钮、菜单、文件或文件夹等），按下并立即释放鼠标左键一次。单击一般用于选中对象或执行命令。

（3）单击右键（右击）：将鼠标指针定位到对象上或指向指定的区域，单击鼠标右键，通常会出现快捷菜单，该菜单包含所选对象的典型操作和说明，对于快速完成任务非常有用。

（4）双击：快速并且连续地按两次鼠标左键，双击可以用来打开窗口、打开文件、运行应用程序等。

（5）拖曳或拖动：将鼠标指针定位在对象上，按鼠标左键或右键不放，移动鼠标到新位置，再释放鼠标。拖动可以用来移动对象或复制对象。

随着鼠标指针指向屏幕上的不同区域，指针的形状也会发生相应的变化。表 1－7 中列出了鼠标指针的常见形状及其含义。

表 1－7　鼠标指针的常见形状及其含义

含义	符号	含义	符号
正常选择		垂直调整	↕
求助	?	水平调整	↔
后台运行		沿对角线 1 调整	⤡
忙		沿对角线 2 调整	⤢
精确定位	+	移动	✥
选定文字	I	候选	↑
手写		链接选择	
不可用	⊘		

2. 桌面的组成与操作

Windows 10 启动后显示的整个屏幕称为桌面。Windows 10 桌面主要由三部分组成：桌面图标、“开始”菜单、任务栏。

（1）桌面图标。

桌面上的某个图标通常是 Windows 10 环境下可以执行的一个应用程序的图标，用户可以通过双击其中的任意一个打开其相应的应用程序窗口进行具体的操作。

1）“此电脑”图标：“此电脑”是系统文件夹，其中存放系统的硬盘、光盘、移动磁盘中的内容。双击“此电脑”图标，会出现如图 1－15 所示的窗口。

图 1－15　“此电脑”窗口

“此电脑”是用户访问计算机资源的一个入口，双击此图标，实际是打开了文件资源管理器，用户在文件资源管理器窗口中可以查看计算机中的资源情况并可选择对象进行访问操作。

2)“Administrator”图标：它是系统为每个用户账户建立的个人文件夹。它包含多个特殊的个人文件夹，如“视频”“图片”“音乐”等。

保存文件时，系统默认保存在“文档”中，其位置在桌面“此电脑”图标下。

3)“网络”图标：通过“网络”窗口，可以查看整个局域网中其他已登录用户的情况及网络地址的设置。

4)“回收站”图标：“回收站”是硬盘中的特殊文件夹，双击“回收站”图标后，将显示已经被逻辑删除的文件夹名或文件名。

(2)“开始”菜单。

“开始”菜单在桌面的左下角。单击“开始”菜单后，用户可以在该菜单中选择相应的命令进行操作。系统默认的“开始”菜单如图1-16所示。菜单中按英文字母顺序列出了计算机上当前安装的程序，可以选择运行指定的应用程序。

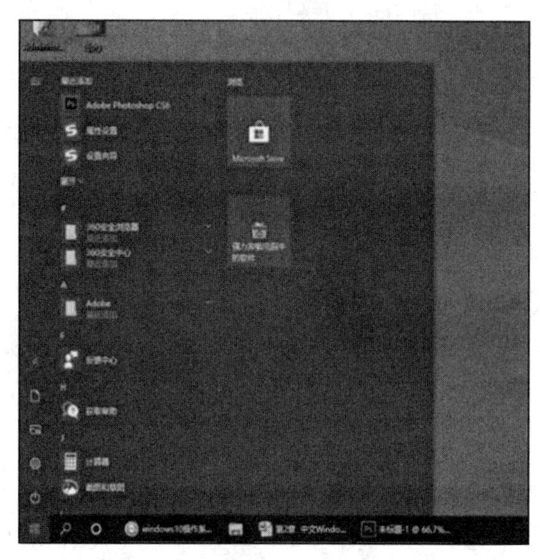

图1-16　系统默认的“开始”菜单

(3)任务栏。

任务栏位于桌面的底部，从左至右依次为“开始”菜单、快速启动工具栏、任务按钮，最右端矩形框是通知区域，里面包括音量图标、系统时间、发生一定事件时所显示的通知图标等。任务栏的组成如图1-17所示。

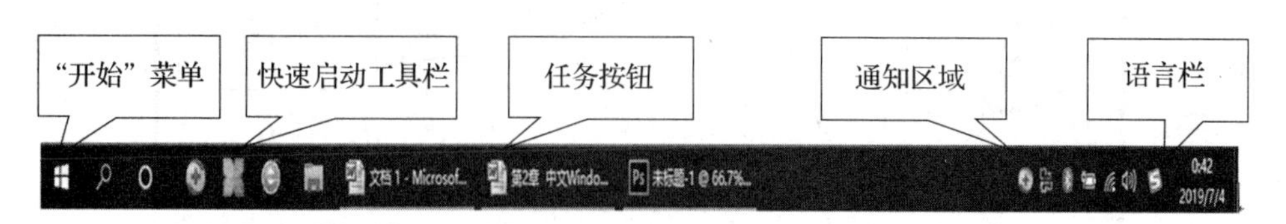

图1-17　任务栏的组成

根据个人的喜好，可以对任务栏的状态进行设置，设置界面如图 1－18 所示。

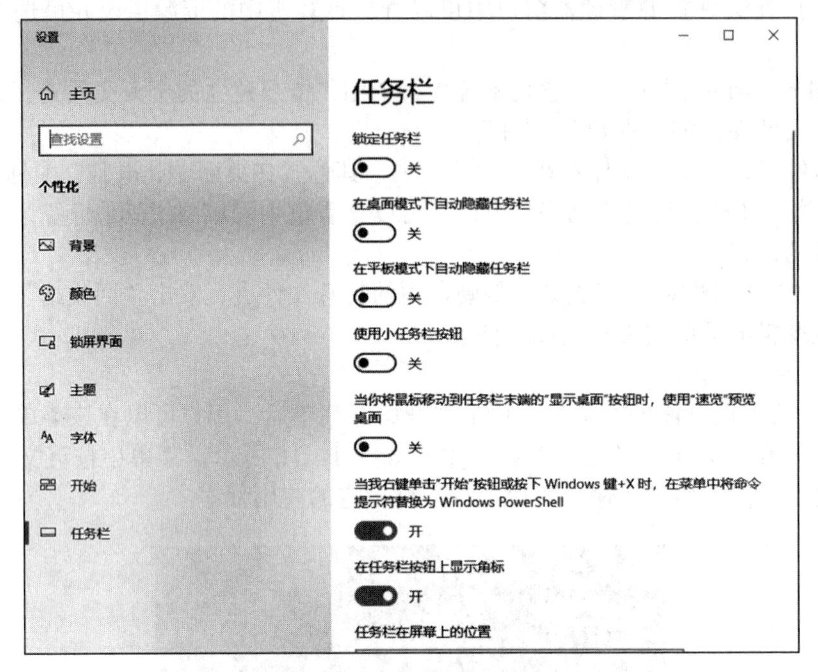

图 1－18　任务栏状态设置界面

1.3.3　操作窗口及对话框

1. 认识窗口

以“此电脑”窗口为例，在桌面上双击“此电脑”图标，观察弹出的窗口，其组成如图 1－19 所示。

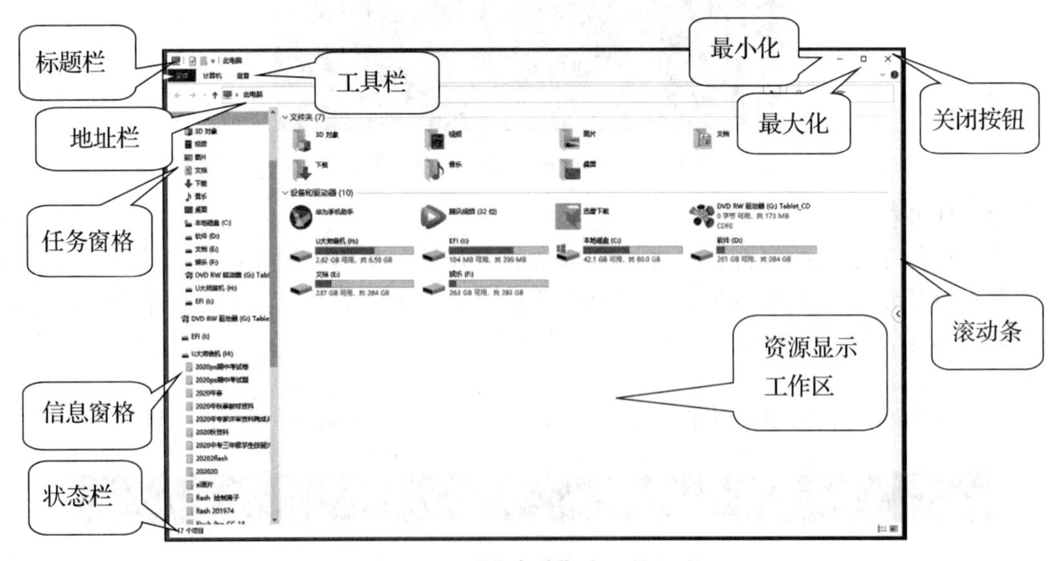

图 1－19　“此电脑”窗口的组成

2. 窗口的基本操作

（1）窗口的打开：双击相应的图标，或在图标上右击后再单击“打开”，或选中后按 Enter 键。

（2）窗口的移动：直接拖动标题栏到目标位置。

（3）窗口的切换：同时按 Alt+Tab 键，或单击窗口的任一位置，或单击窗口在任务栏上的标签。

（4）窗口大小的改变：将光标放在窗口任一边框上，待光标变为双向箭头时直接拖动。

（5）排列窗口：在打开多个窗口的状态下，鼠标右键单击任务栏的空白处，在弹出的快捷菜单的三种排列方式中，选择“层叠窗口”、“堆叠显示窗口”和“并排显示窗口”中的一种即可。如图 1－20 所示。

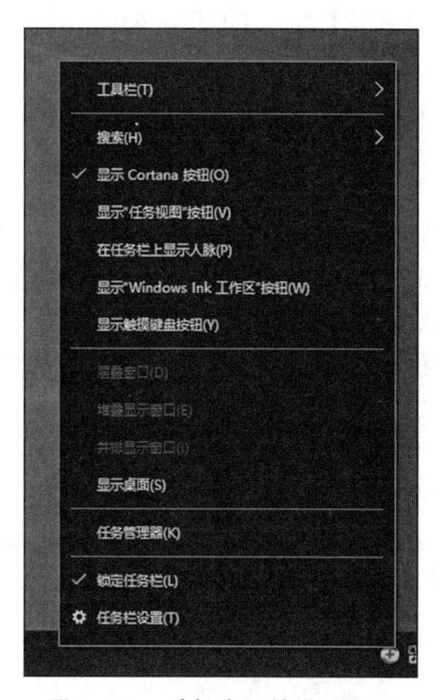

图 1－20　选择窗口的排列方式

（6）窗口的最大化：是指使窗口充满整个屏幕。单击“最大化”按钮，或双击标题栏。

（7）窗口的最小化：是指使窗口缩小为任务栏上的一个按钮。单击“最小化”即可。

（8）窗口的还原：是指让窗口恢复为之前的大小状态。单击“还原”按钮，或双击标题栏。

（9）窗口的关闭：单击标题栏上的“关闭”按钮，或按 Alt+F4 组合键，或单击文件菜单中的“关闭”，或在任务栏的相应标签上单击右键选择“关闭”，或在标题栏单击右键选择“关闭”，或双击标题栏上的小图标。

3. 认识对话框

（1）对话框选项。

1）命令按钮：单击可确认选择，执行某项操作。

2）单选按钮：一组选项中只能选择一个单选按钮，前面带有圆点标记的表示选中。

3）复选框：用来在两种选择状态间切换，有“√”标记的表示选中，否则表示未选中。

4）下拉列表框：提供多个选项，单击右侧的向下箭头可以打开下拉列表框。

（2）对话框的移动和关闭。

要移动对话框，只需按住鼠标左键不放，然后拖动鼠标即可。如果对话框中的输入或修改确认后，可单击“确定”按钮使其设置有效，对话框也随之关闭；若要取消设置，可单击“取消”按钮关闭对话框，也可直接单击标题栏右边的“关闭”按钮或Esc键退出。

1.3.4 使用文件资源管理器

1. 文件、文件夹与文件名的概念

（1）文件与文件夹。

文件是操作系统用来存储和管理信息的基本单位。计算机中的所有信息都是存放在文件中的。文件是所有相关信息的集合，可以是源程序、可执行程序、一张图片或一段声音等。文件夹是用来组织和管理磁盘文件的一种数据结构。每一个文件夹对应一块磁盘空间，它提供了指向对应空间的地址。

（2）文件名。

一个磁盘可以存放许多文件，为了区分它们，必须给每个文件取名字（文件名）。当存取某一个文件时，只要在命令中指定其文件名，而不必记住它存储的物理位置，就可以把它存入或取出，实现“按名字存取”。

文件名由主文件名和扩展名两部分组成，它们之间以分隔符“.”隔开，格式为：主文件名.扩展名。文件名命名要遵守如下规则：

1）文件名最多可达255个字符。

2）文件名中可以包含空格，例如：my file.docx。

3）文件名中不能包含以下字符：？，\，|，/，*，“，：，<，>。

4）文件名中允许使用多分隔符，例如：11.22.33.doc.txt，只有最后一个分隔符后面的部分（.txt）才是扩展名。

5）系统保留用户指定的文件名的大、小写格式，但大、小写没有区别，例如ABC.DOCX与abc.docx是一样的。

6）可以使用汉字，例如：学生信息表.xlsx。

2. 文件类型

文件类型以其扩展名作为区分。文件的类型很多，一般初学者常用的文件类型如表1-8所示。

表1-8 常用的文件类型

文件类型	说明	文件类型	说明
COM文件	命令文件	EXE文件	应用程序文件
BAT文件	批处理文件	DOC文件	写字板或Word文档文件
TXT文件	文本文件	BMP文件	位图文件（除此之外还有GIF、JPG、JPE、JFIF、JPEG、TIF、TIFF等）
WAV文件	声音文件（除此之外还有MP3、MP4等）	AVI文件	视频文件（除此之外还有DAT、MPEG等）

3. 新建文件和文件夹

（1）新建文件。

应用程序文件是在安装 Windows 或安装应用程序时自动创建的。文档是应用程序创建的结果。除此之外，也可使用以下方法新建文档：

1）鼠标指向空白区域右击，选择“新建”—“文本文档”。

2）单击菜单栏“主页”—“新建项目”—“文本文档”。

（2）新建文件夹。

使用“此电脑”建立新文件夹：

1）双击桌面上的“此电脑”图标，打开“此电脑”窗口。

2）选择要建立文件夹的磁盘并打开，如 D 盘。

3）选择“主页”—“新建项目”—“文件夹”命令，或在 D 盘文件列表窗口的空白处右击鼠标弹出快捷菜单，选择“新建”—“文件夹”命令。

4）输入新的文件夹名。

5）单击鼠标或按回车键后，新文件夹的建立完成。

（3）创建快捷方式。

创建快捷方式的操作方法同创建文件夹，如图 1-21 所示。

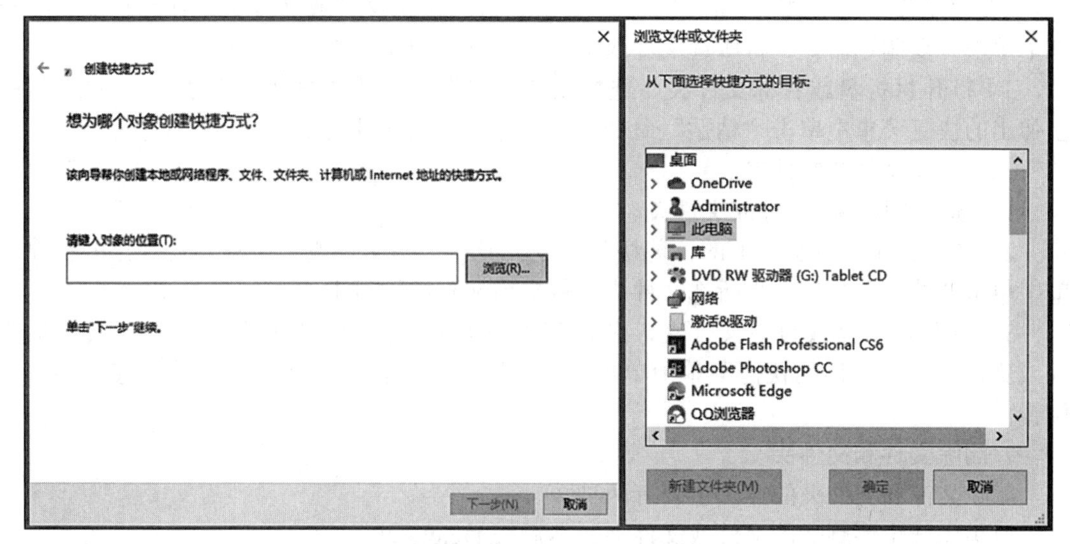

图 1-21　创建快捷方式

1）鼠标指向桌面右击，选择“新建”—“快捷方式”，单击“浏览”按钮，选择相对应的程序。

2）单击“下一步”，输入快捷方式的名称，单击“完成”，完成创建。

4. 重命名文件及文件夹

重命名文件或文件夹就是给文件或文件夹起一个新的名称，使其更符合要求。其具体操作步骤如下：

（1）选择要重命名的文件或文件夹。

（2）单击菜单“主页”—“重命名”命令；或右击该文件或文件夹，在弹出的菜单中单击“重命名”命令。

（3）文件或文件夹的名称处于编辑状态（蓝色反白显示），直接输入新的名称即可。

5. 选定文件及文件夹

Windows 10 在进行操作之前，需要先选定相应的对象，即遵循先选定后操作的原则。文件与文件夹的选定方法如下：

（1）选择一个文件或文件夹：用鼠标单击文件或文件夹。

（2）选择多个文件或文件夹：如果是临近的多个文件或文件夹，则选择第一个文件或文件夹后，按住 Shift 键，再选择其他文件或文件夹；或者如果文件或文件夹在一个矩形区域内，用鼠标拖动矩形框，所经过的文件或文件夹都将被选中。

（3）不连续选取。

按住 Ctrl 键，再依次单击要选定的每一个文件（夹），然后释放 Ctrl 键。

（4）全选。单击“主页”菜单中的“全部选择”命令，或按 Ctrl+A 组合键。

6. 文件及文件夹的复制和移动

在进行文件或文件夹的复制、移动、删除等操作时，应首先选中文件或文件夹。复制和移动文件或文件夹的操作步骤如下：

（1）复制文件或文件夹。

1）选定要复制的文件或文件夹。

2）选择菜单“主页”下的“复制”命令，或右击该文件或文件夹，在弹出的快捷菜单中单击“复制”命令，将所选文件或文件夹复制到剪贴板中。

3）打开目标盘或目标文件夹，选择菜单“主页”下的“粘贴”命令，或右击鼠标，在弹出的快捷菜单中单击“粘贴”命令，将所选文件或文件夹复制到目标位置。

（2）移动文件和文件夹。

1）选定要移动的文件或文件夹。

2）选择菜单“主页”下的“剪切”命令，或右击该文件或文件夹，在弹出的快捷菜单中单击“剪切”命令，将所选文件或文件夹剪切到剪贴板中。

3）打开目标盘或目标文件夹，选择菜单“主页”下的“粘贴”命令，或右击该文件或文件夹，在弹出的快捷菜单中单击“粘贴”命令，将所选文件或文件夹移动到目标位置。

7. 删除文件和文件夹

删除文件和文件夹的方法主要有两种：

（1）先选定要删除的文件或文件夹，然后按 Delete 键。

（2）右击选定的文件或文件夹，在弹出的快捷菜单中选择“删除”命令。

8. 设置文件属性

（1）选择所要设定某种属性的文件或文件夹。

（2）在“文件资源管理器”窗口中，从“主页”菜单中选择“属性”或将指针移至需设定属性的文件或文件夹上，单击鼠标右键，从快捷菜单中选择“属性”，则出现“属性”对话框。

（3）在所要设定的属性选项中单击鼠标左键，然后单击“确定”按钮。

Windows 操作系统的一些重要的文件或文件夹是不能进行任何修改操作的，一般操作系统会将它们隐藏起来。此外，从光盘中复制到硬盘中的文件，文件属性是只读的，也不能进行编辑修改。要想修改文件或文件夹，必须先修改它们的属性。

Windows 10 中的文件属性有两种：只读和隐藏，如图 1-22 所示。

图 1-22　Windows 10 中的文件属性

1）只读：指文件或文件夹只能读取而不能删除或修改。

2）隐藏（含）：指文件或文件夹不能用普通显示命令显示。

1.3.5　控制面板的使用

1. 打开“控制面板”窗口

右键单击“此电脑”，单击“属性”—“控制面板主页”，打开“控制面板”窗口，如图 1-23 所示。

2. 设置桌面背景

设置桌面背景的具体操作步骤如下：

（1）在“控制面板”窗口中单击“外观和个性化”图标，再单击“任务栏和导航”图标，打开“设置”对话框。

（2）单击“背景”标签可以打开“图片”选项卡，如图 1-24 所示。

（3）在列表框中，可以选择喜爱的图片。若没有合适的图片，可以单击右侧的“浏览”按钮，打开如图 1-25 所示的“浏览”对话框，从电脑中选择需要的图片，然后单击“确定”按钮。

图 1－23 “控制面板”窗口

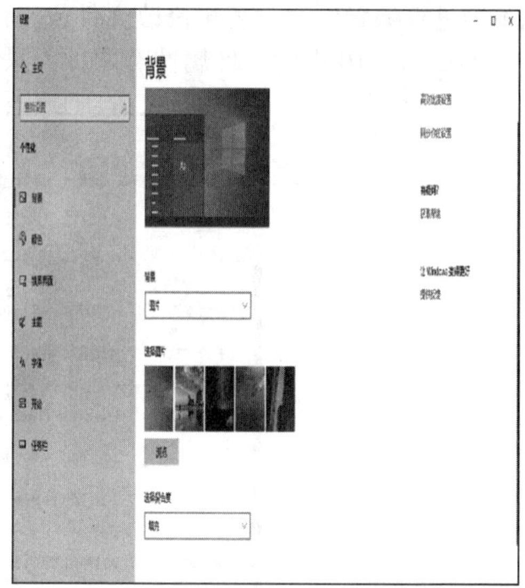

图 1－24 打开“图片”选项卡

3. 设置屏幕保护程序

设置屏幕保护程序的操作步骤如下：

（1）按前面的方法打开如图 1－25 所示的对话框，单击锁屏界面的“屏幕保护程序设置”标签，打开“屏幕保护程序设置”对话框，如图 1－26 所示。

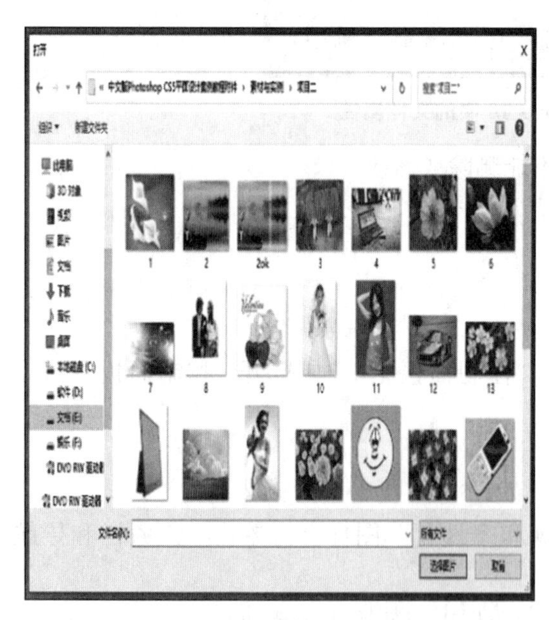

图 1－25 “浏览”对话框

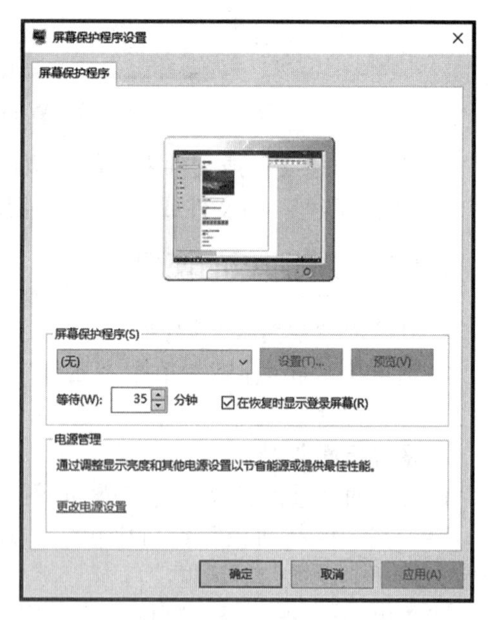

图 1－26 “屏幕保护程序设置”对话框

（2）在“屏幕保护程序”选项组的下拉列表框中选择一种保护程序，如图 1－27 所示。

（3）在该对话框的显示器中即可看到该屏幕保护程序的显示效果。单击“设置”按钮，可以对所选屏幕保护程序进行具体设置。

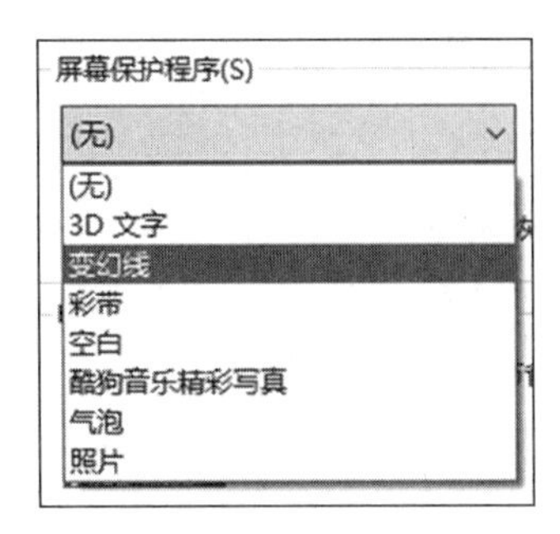

图 1－27　选择一种屏幕保护程序

（4）单击“预览”按钮，可预览该屏幕保护程序的效果，在“等待”文本框中可输入或调节等待时间，若计算机在设定的时间内无人使用，则启动该屏幕保护程序。

（5）单击“确定”按钮，设置完成。

4. 利用“控制面板”设置日期时间

在“控制面板”中单击“时钟和区域”，再单击“日期和时间”图标，打开“日期和时间”属性对话框，单击“更改日期和时间”按钮，然后根据需要设置好日期和时间。如图 1－28 所示。

5. 更改显示器的分辨率

在桌面空白处单击鼠标右键，然后选择“显示设置”命令，完成如图 1－29 所示的设置。

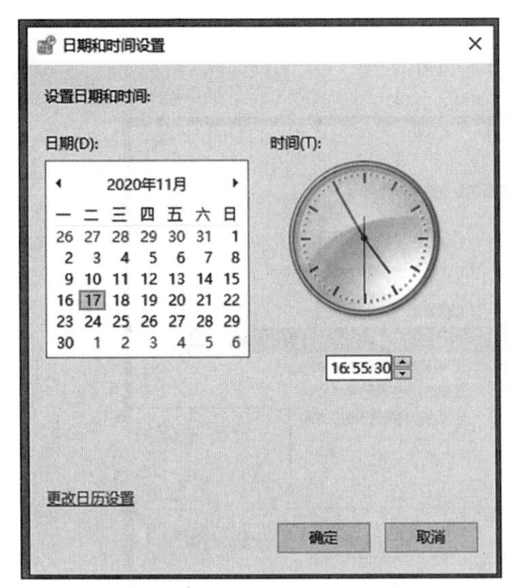

图 1－28　设置日期和时间

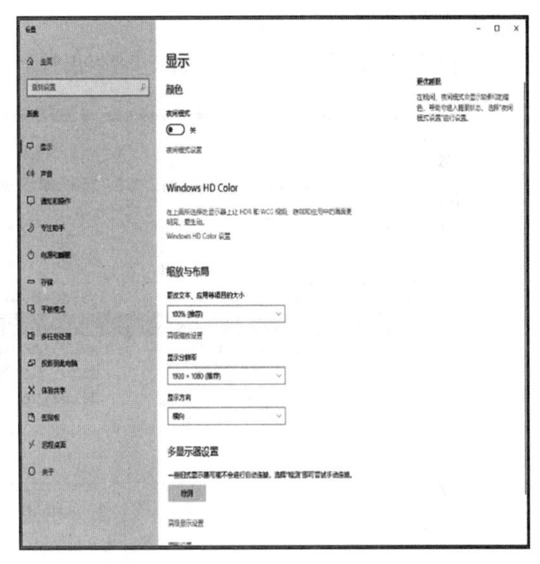

图 1－29　设置显示器的分辨率

6. Windows 10 中程序的卸载

在“控制面板”中单击“程序”图标，再单击“程序和功能”图标，打开“程序和功能”对话框，会显示出所有已经安装的程序，如图 1－30 所示。按照对话框中向导的引导，可完成程序卸载的操作。

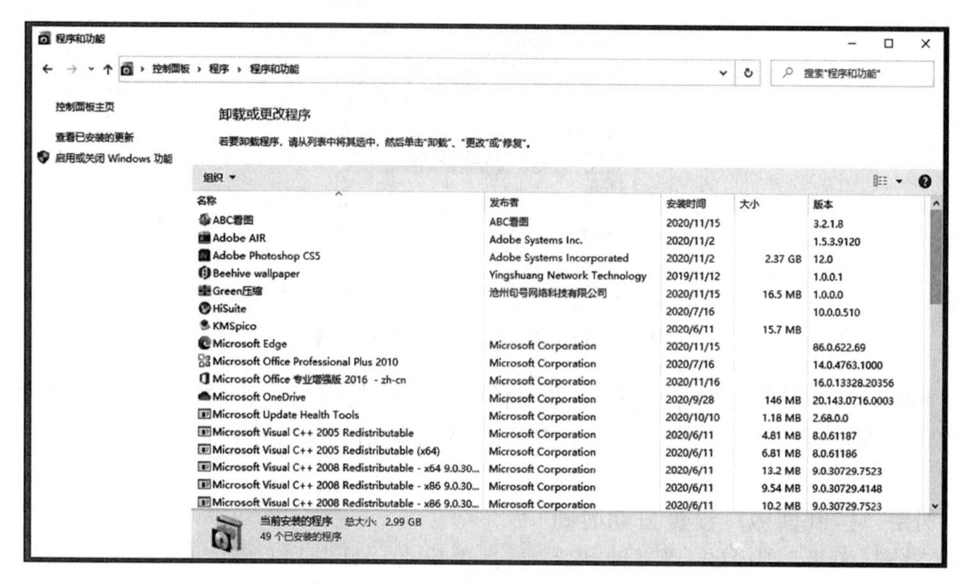

图 1－30 “程序和功能”对话框

1.3.6 使用 Windows 10 自带程序

1. 对 C 盘进行磁盘碎片整理

（1）单击“开始”菜单—“Windows 管理工具”—“碎片整理和优化驱动器”命令，打开“优化驱动器”对话框。

（2）整理 C 盘磁盘碎片，操作步骤如图 1－31 所示。

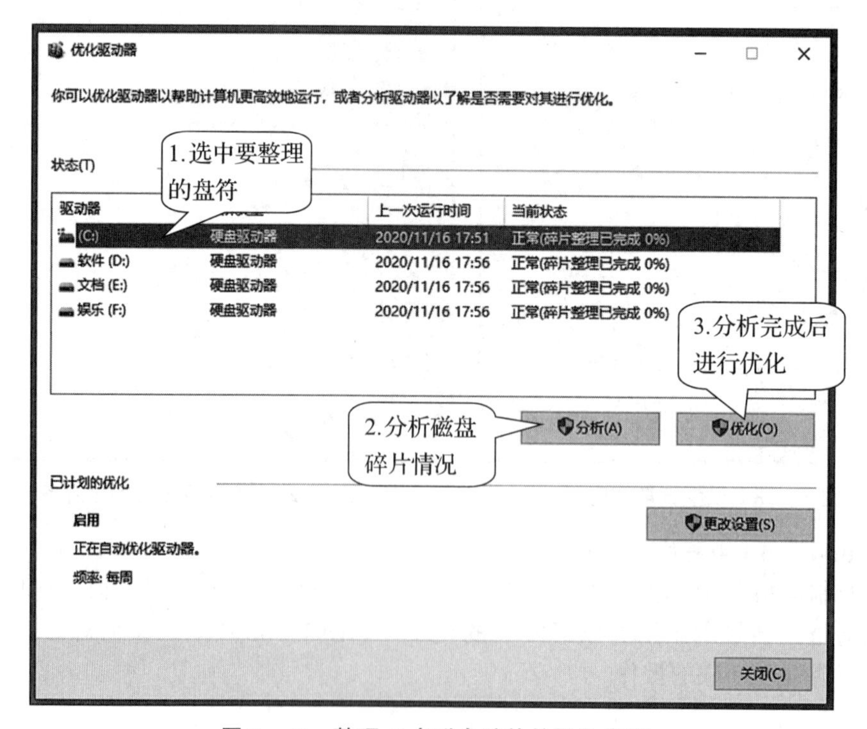

图 1－31 整理 C 盘磁盘碎片的操作步骤

2. 对 C 盘进行磁盘清理

使用磁盘清理程序，可以帮助清理释放硬盘空间，清理工作包括删除临时 Internet 文件、删除不再使用的已安装组件和程序并清空回收站。

（1）单击“开始”菜单—“ Windows 管理工具”—“磁盘清理”命令，打开“选择驱动器”对话框。

（2）清理 C 盘，操作步骤如图 1 - 32 所示。

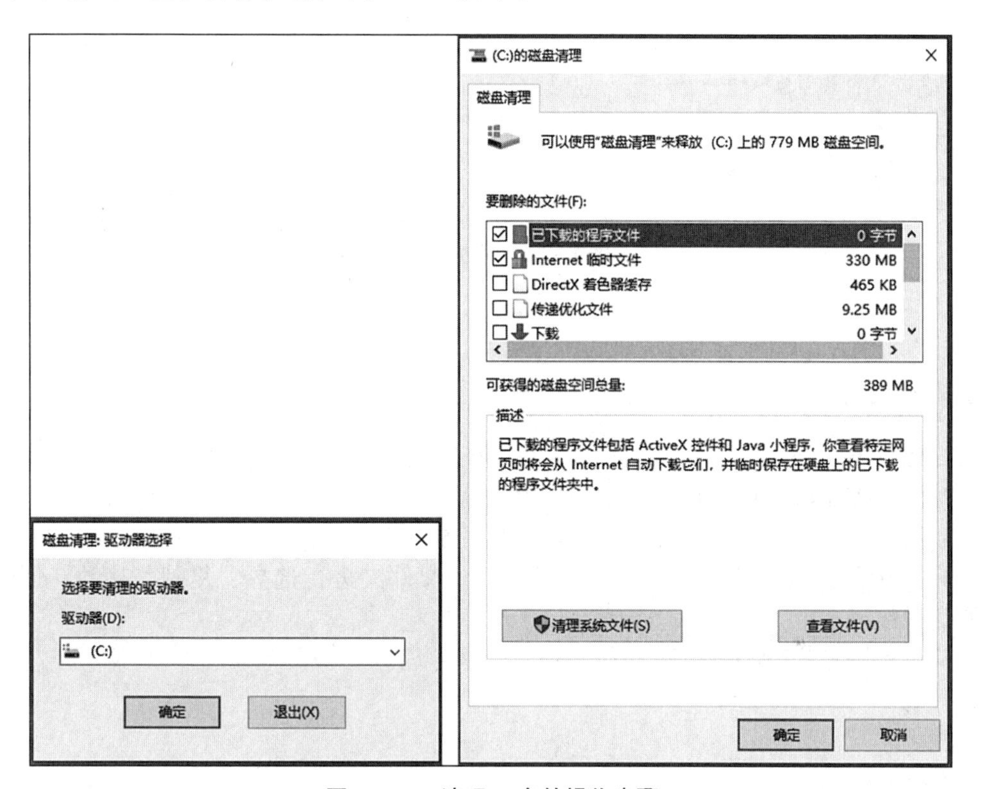

图 1 - 32　清理 C 盘的操作步骤

3. 打开计算器及画图工具

（1）打开计算器的操作方法：打开“开始”菜单，在应用列表中下滑找到字母 J 下面的计算器，单击即可。

（2）打开画图工具的操作方法：打开“开始”菜单，在 Windows 附件中找到画图，单击即可。

1.3.7　安装打印机

（1）打开“开始”菜单，单击“设置”，在“设置”窗口中单击“设备”，选择“打印机和扫描仪”。

（2）单击“添加打印机或扫描仪”，再单击“我需要的打印机不在列表中”，在打开的“添加打印机”向导对话框中，选择添加本地打印机或网络、无线、蓝牙打印机。如图 1 - 33 所示。

（3）根据向导继续操作，完成打印机的安装。

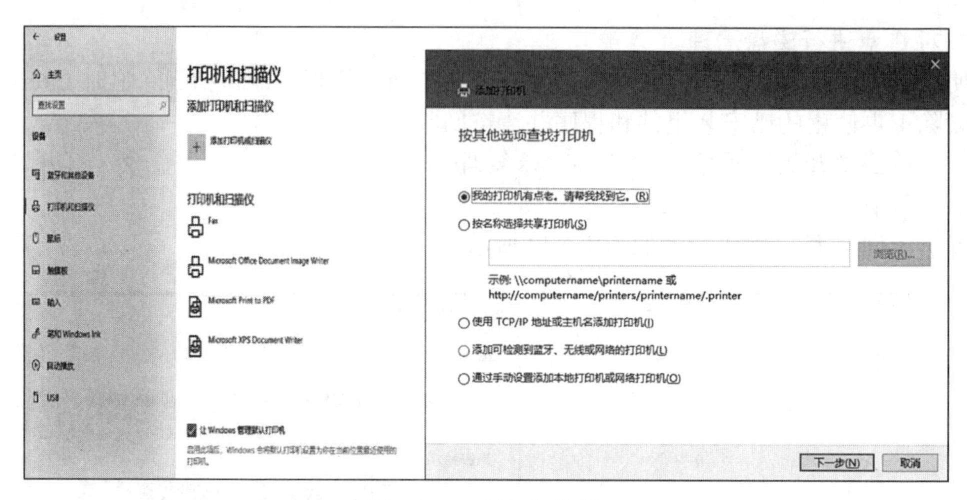

图 1-33　添加打印机

任务实施

1. 比较 Windows 10 和 Windows 7 有什么区别。
2. 使用控制面板设置计算机主题、桌面背景等。
3. 区分窗口和对话框，并学习自定义任务栏。
4. 打开和认识文件资源管理器，对文件和文件夹进行选择、复制、移动、创建、删除等操作。
5. 设置用户账户和进行磁盘的维护与安全管理。

知识拓展

1. 控制面板部分功能见表 1-9。

表 1-9　控制面板功能表

控制面板功能	功能说明
外观和个性化	更改桌面项目的外观，应用主题或屏幕保护程序，或自定义“开始”菜单和任务栏
硬件和声音	更改打印机、键盘、鼠标、照相机和其他硬件的设置
网络和 Internet	连接到 Internet，创建家庭或小型办公网络，配置网络设置以便在家工作，或者更改调制解调器、电话和 Internet 设置
用户账户	更改用户账户设置，创建密码和更改图片
程序	卸载程序和 Windows 组件
时钟和区域	更改时间、日期、时区、使用的语言以及货币、日期、时间显示的方式
系统和安全	更改电源选项、安全和维护、防火墙、系统、管理工具等设置

2. Windows 10 的自带程序大部分都集中在“Windows 附件”中，基本为工具软件。除了上面介绍的几种常用工具，还有计算器、录音机等实用工具。

3. 打印机的设置与使用。

（1）设置默认打印机。

如果计算机上安装了多台打印机，可以将其中的一台设为默认打印机。在设置窗口中，选中要设置的打印机，单击“打开队列”，在打开的窗口中单击“打印机”菜单栏，再单击“设置为默认打印机”后，单击“确定”，一个“默认”标记字样会出现在打印机图标旁边。

（2）设置共享打印机。

在默认情况下，安装在 Windows 10 上的打印机是不共享的，可以选择将自己计算机上安装的打印机共享，方便局域网中的其他用户使用。

（3）打印机的使用。

在打印机属性对话框中，可以选择打印方向（“纵向”或“横向”）、纸张规格、打印区域等。

使用打印机打印文件时，会出现一个显示打印状态的窗口。在这个窗口中可以查看待打印的文档，也可以暂停、继续、重启和取消文档打印作业。

4. Windows 快捷键，又称快速键或热键，指通过某些特定的按键、按键顺序或按键组合来完成一个操作，很多快捷键往往与 Ctrl 键、Shift 键、Alt 键、Fn 键以及 Windows 平台下的 Windows 键等配合使用。利用快捷键可以代替鼠标做一些工作，如打开、关闭和导航“开始”菜单、桌面、菜单、对话框以及网页。Windows 10 的快捷键见表 1-10。

表 1-10　Windows 10 快捷键

A. 常规键盘快捷键	
请按	目的
Ctrl + C	复制
Ctrl + X	剪切
Ctrl + V	粘贴
Ctrl + Z	撤销
Delete	删除
Shift + Delete	永久删除所选项，而不将它放到“回收站”中
拖动某一项时按 Ctrl	复制所选项
拖动某一项时按 Ctrl + Shift	创建所选项目的快捷键
F2	重新命名所选项目
Ctrl + 向右键	将插入点移动到下一个单词的起始处
Ctrl + 向左键	将插入点移动到前一个单词的起始处
Ctrl + 向下键	将插入点移动到下一段落的起始处
Ctrl + 向上键	将插入点移动到前一段落的起始处
Ctrl + Shift + 任何箭头键	突出显示一段文本

Shift + 任何箭头键	在窗口或桌面上选择多项，或者选中文档中的文本
Ctrl + A	选中全部内容
F3	搜索文件或文件夹
Alt + Enter	查看所选项目的属性
Alt + F4	关闭当前项目或者退出当前程序
Alt + Enter	显示所选对象的属性
Alt + 空格键	为当前窗口打开快捷菜单
Ctrl + F4	在允许同时打开多个文档的程序中关闭当前文档
Alt + Tab	在打开的项目之间切换
Alt + Esc	以项目打开的顺序循环切换
F6	在窗口或桌面上循环切换屏幕元素
F4	显示“我的电脑”和“Windows 资源管理器”中的“地址”栏列表
Shift + F10	显示所选项的快捷菜单
Alt + 空格键	显示当前窗口的“系统”菜单
Ctrl + Esc	显示“开始”菜单
Alt + 菜单名中带下划线的字母	显示相应的菜单
在打开的菜单上显示的命令名称中带有下划线的字母	执行相应的命令
F10	激活当前程序中的菜单条
右箭头键	打开右边的下一菜单或者打开子菜单
左箭头键	打开左边的下一菜单或者关闭子菜单
F5	刷新当前窗口
BackSpace	在“我的电脑”或“Windows 资源管理器”中查看上一层文件夹
Esc	取消当前任务
将光盘插入 CD-ROM 驱动器时按 Shift 键	阻止光盘自动播放
B. 对话框快捷键	
请按	目的
Ctrl + Tab	在选项卡之间向前移动
Ctrl + Shift +Tab	在选项卡之间向后移动
Tab	在选项之间向前移动
Shift + Tab	在选项之间向后移动
Alt + 带下画线的字母	执行相应的命令或选中相应的选项
Enter	执行活动选项或按钮所对应的命令
空格键	如果活动选项是复选框，则选中或清除该复选框
箭头键	如果活动选项是一组选项按钮，则选中某个按钮
F1	显示帮助
F4	显示当前列表中的项目
BackSpace	如果在“另存为”或“打开”对话框中选中了某个文件夹，则打开上一级文件夹

C. 自然键盘快捷键

在“Microsoft 自然键盘”或包含 Windows 徽标键（ ）和“应用程序”键（ ）的其他兼容键盘中，您可以使用以下快捷键。

请按	目的
	显示或隐藏“开始”菜单
+ Break	显示“系统属性”对话框
+ D	显示桌面
+ M	最小化所有窗口
+ Shift + M	还原最小化的窗口
+ E	打开“我的电脑”
+ F	搜索文件或文件夹
Ctrl+ + F	搜索计算机
+ F1	显示 Windows 帮助
+ L	如果连接到网络域，则锁定您的计算机，或者如果没有连接到网络域，则切换用户
+ R	打开“运行”对话框
	显示所选项的快捷菜单
+ U	打开“工具管理器”

D. 辅助键盘快捷键

请按	目的
右侧 Shift 键八秒钟	切换“筛选键”的开和关
左边的 Alt + 左边的 Shift + Print Screen	切换“高对比度”的开和关
左边的 Alt + 左边的 Shift + Num Lock	切换“鼠标键”的开和关
Shift 键五次	切换“粘滞键”的开和关
Num Lock 键五秒钟	切换“切换键”的开和关
+ U	打开“工具管理器”

E.“Windows 资源管理器”键盘快捷键

请按	目的
End	显示当前窗口的底端
主页	显示当前窗口的顶端
Num Lock + 数字键盘的星号（*）	显示所选文件夹的所有子文件夹
Num Lock + 数字键盘的加号（+）	显示所选文件夹的内容
Num Lock + 数字键盘的减号（-）	折叠所选的文件夹
左箭头键	当前所选项处于展开状态时折叠该项，或选定其父文件夹
右箭头键	当前所选项处于折叠状态时展开该项，或选定第一个子文件夹

任务 4　计算机录入技术基础

任务目标

1. 熟悉标准键盘的结构；
2. 掌握使用键盘的标准指法；
3. 能够熟练地用正确指法在标准键盘上输入英文、数字、汉字及其他常用字符。
4. 了解典型的五笔输入法的功能与使用方法；
5. 至少掌握一种中文输入法的使用方法。

任务引入

人们常常利用电脑查询资料、听音乐、看电影、玩游戏等，但如果没有键盘的话，人们做以上事情的时候就会很不方便，甚至某些事情是根本无法完成的。我们在工作中要把大量的时间用在利用键盘输入信息上，那么我们是不是应该尽量让自己在使用键盘的时候更轻松、更高效呢？

相关知识

1.4.1　标准键盘结构及指法

1. 键盘简介

键盘是用户向计算机输入数据或命令的最基本的设备。常见的键盘上有 101 个键或 103 个键，分别排列在四个键区：打字键区、功能键区、编辑键区、小键盘区，如图 1－34 所示。

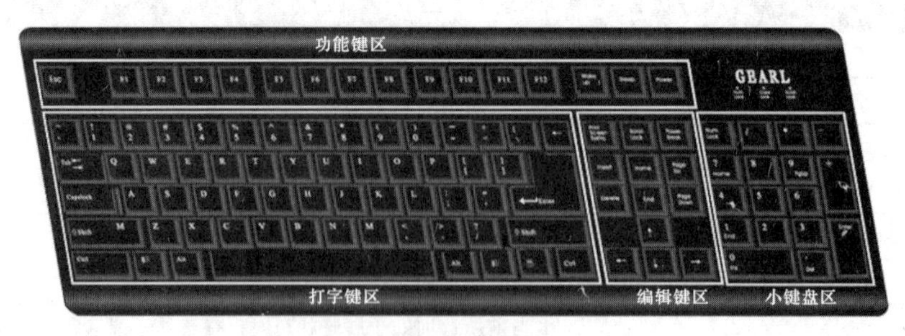

图 1－34　键盘的分区

（1）打字键区。

打字键区是键盘的主要组成部分，该键区的键位排列与标准英文打字机的键位排列是一样的。该键区包括数字键、字母键、常用运算符以及标点符号键，除此之外还有几个必要的控制键。

下面对几个特殊的键及用法做简单介绍。

1）空格键。

空格键是键盘上最长的条形键。按一次该键，将在当前光标的位置上空出一个字符的位置。

2）“Enter”键（回车键）。

按一次该键，将换到下一行的行首输入，即按下该键后，表示输入的当前行结束，以后的输入将另起一行。在输入完命令后按下该键，表示确认命令并执行。

3）“CapsLock”键（大写字母锁定键）。

“CapsLock”键在打字键区的左边。该键是一个开关键，用来转换字母大小写状态。按一次该键，键盘右上角标有CapsLock的指示灯会由不亮变成发亮，或由发亮变成不亮。如果CapsLock指示灯发亮，则键盘处于大写字母锁定状态，这时直接按下字母键，输入的是大写字母；如果按住“Shift”键的同时，再按字母键，输入的则是小写字母。如果CapsLock指示灯不亮，则大写字母锁定状态被取消。

4）“Shift”键（换档键）。

换档键在打字键区共有两个，它们分别在主键盘区第四排（从上往下数，下同）左右两边对称的位置上。

对于符号键（键面上标有两个符号的键，如冒号/分号键等，这些键也称为上下档键或双字符键）来说，直接按下这些键时，所输入的是该键键面下半部所标的那个符号（称为下档键）；如果按住“Shift”键的同时再按下双字符键，则输入的是键面上半部所标的那个符号（称为上档键）。如：按“Shift”+ 5键会显示“%”。

对于字母键来说，当键盘右上角标有CapsLock的指示灯不亮时，按住“Shift”键的同时再按字母键，输入的是大写字母。例如：按“Shift”+S键会显示大写字母“S”。

5）“BackSpace”键（退格删除键）。

该键在打字键区的右上角。按一次该键，将删除当前光标位置的前一个字符。

6）“Ctrl”键（控制键）。

“Ctrl”键在打字键区的第五行，左右两边各一个。该键必须和其他键配合才能实现各种功能，这些功能是在操作系统或其他应用软件中进行设定的。例如按“Ctrl”+“Break”键，起中断程序运行或命令执行的作用。

7）“Alt”键（转换键）。

“Alt”键在打字键区的第五行，左右两边各一个。该键要与其他键配合起来才有用。例如，按“Ctrl”+“Alt”+“Del”键，可重新启动计算机（称为热启动）。

8）“Tab”键（制表键）。

“Tab”键在打字键区第二行左首。该键用来将光标向右跳动8个字符间隔（除非另做改变）。

（2）功能键区。

1）“Esc”键（取消键或退出键）。

在操作系统和应用程序中，该键经常用来退出某一操作或正在执行的命令。

2）“F1”～“F12”键（功能键）。

在计算机系统中，这些键的功能由操作系统或应用程序来定义。如按“F1”键常常能得到帮助信息。

3）“Print Screen”键（屏幕硬拷贝键）。

在打印机已联机的情况下，按下该键可以将计算机屏幕的显示内容通过打印机输出。

4）“Scroll Lock”键（屏幕滚动显示锁定键）。

到了 Windows 时代，“Scroll Lock”键基本退出了历史的舞台，显得英雄无用武之地。

5）“Pause”或“Break”键（暂停键）。

按下该键，能使得计算机正在执行的命令或应用程序暂时停止工作，直到按下键盘上任意一个键则继续。另外，按“Ctrl”+“Break”键可中断命令的执行或程序的运行。

（3）编辑键区。

1）“Insert”或“Ins”键（插入字符开关键）。

按一次该键，进入字符插入状态；再按一次，则取消字符插入状态。

2）“Delete”或“Del”键（字符删除键）。

按一次该键，可以把当前光标所在位置的字符删除掉。

3）“Home”键（行首键）。

按一次该键，光标会移至当前行的开头位置。

4）“End”键（行尾键）。

按一次该键，光标会移至当前行的末尾。

5）“Page Up”或“PgUp”键（向上翻页键）。

用于浏览当前屏幕显示的上一页内容。

6）“Page Down”或“PgDn”键（向下翻页键）。

用于浏览当前屏幕显示的下一页内容。

7）“←”“↑”“→”“↓”键（光标移动键）。

使光标分别向左、向上、向右、向下移动一格。

说明：“Ins”“Del”“PgUp”“PgDn”“Home”“End”键及光标移动键在小键盘区也有。

（4）小键盘区（辅助键盘）。

它主要是为大量的数据输入提供方便的。该键区位于键盘的最右侧。在小键盘区，大多数键都是上下档键，它们一般具有双重功能：一是代表数字键，二是代表编辑键。小键盘的转换开关键是“Num Lock”键（数字锁定键）。该键是一个开关键。按一次该键，键盘右上角标有 Num Lock 的指示灯会由不亮变为发亮，或由发亮变为不亮。如果 Num Lock 指示灯亮，则小键盘的上下档键作为数字符号键来使用，反之，则具有编辑键或光标移动键的功能。

2. 键盘的操作规范及使用技巧

（1）键盘的操作规范。

在使用键盘时，必须要有正确的姿势和操作键盘的正确指法，这对初学者而言尤为重要。

1）正确的姿势。

在初学键盘操作时，必须注意打字的姿势。如果打字姿势不正确，就不能准确、快速地输入，也容易疲劳。

正确的姿势应做到：

- 坐姿要端正，腰要挺直，肩部放松，两脚自然平放于地面。
- 手腕平直，两肘微垂，轻轻贴于腋下，手指弯曲自然、适度，轻放在基准键上。

◆ 原稿放在键盘左侧，显示器放在打字键的正后方，视线要投注在显示器上，不可常看键盘，以免视线一往一返，增加眼睛的疲劳，降低打字的速度。

◆ 座椅的高低应调至适当的位置，以便手指击键。

2）键位及手指分工。

操作者每次操作键盘时，应将手指放到键盘的 8 个基准键上。基准键是指主键盘区第二行字母键中的“A”“S”“D”“F”和“J”“K”L”“；”，共有 8 个键，字符“A”“S”“D”“F”为左手的基本键位，字符“J”“K”“L”“；”为右手的基本键位。如图 1－35 所示。

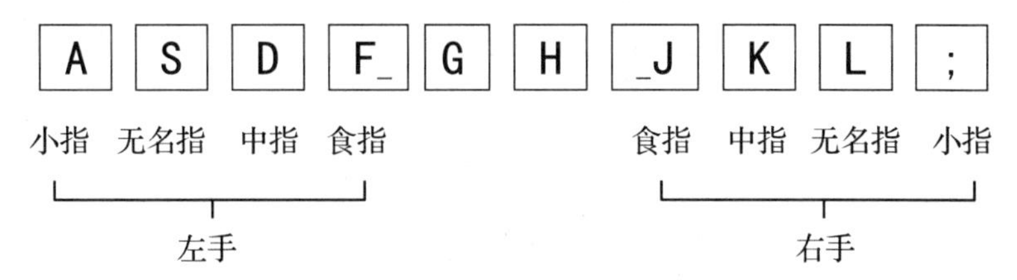

图 1－35　键盘基本键位

当要敲击其他键位时，手指从基准键位出发，打完后必须回到基准键位上。十个手指都分配了自己的操作范围，每个手指只能在自己的范围内活动，不能越界。如图 1－36 所示。

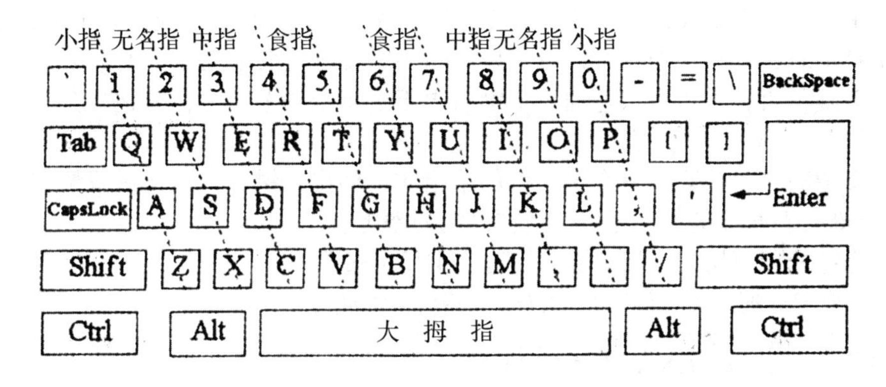

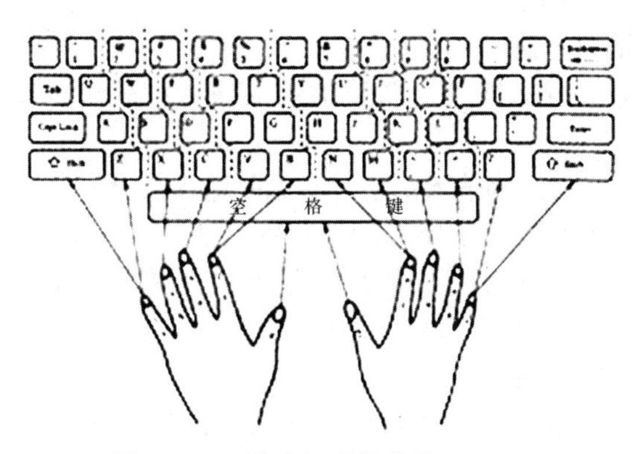

图 1－36　键盘的手指分区

3）数字小键盘的基本指法。

数字小键盘区有 4 列 17 个键位，输入数据时可用左手翻阅资料，右手击键。右手手指的分工如图 1－37 所示。

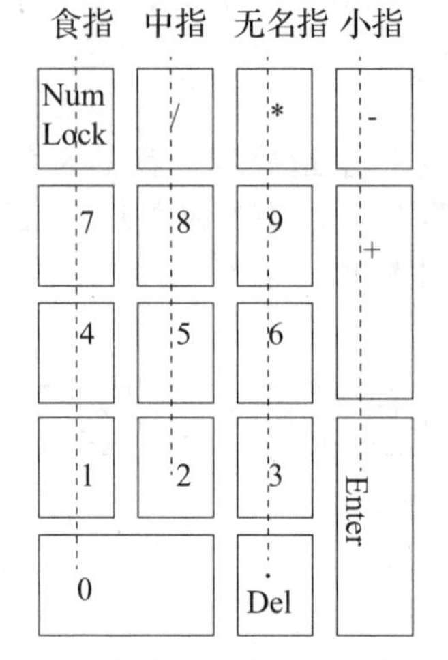

图 1－37　数字小键盘右手手指的分工

（2）键盘的使用技巧。

在练习键盘操作时，必须从一开始就坚持练习盲打，即眼睛不看键盘也不看屏幕，只看稿件，通过大脑来控制击键的位置。击键时应遵守如下规则：

1）平时各手指要放在基准键上。打字时，每个手指只负责相应的几个键，不可混淆。

2）打字时，一只手击键时，另一只手必须停留在基准键上处于预备状态。

3）手腕平直，手指自然弯曲，击键只限于手指指关节，身体其他部分不得接触工作台或键盘。

4）击键时，手抬起，只有要击键的手指才可伸出击键，不可压键或按键。击键之后手指要立刻回到基准键上，不可停留在已击的键上。

5）击键速度要均匀，有节奏感，且不可用力过猛。

6）初学打字时，先要讲求击键准确，然后再求速度。

1.4.2　安装使用汉字录入软件

1. 汉字输入常用的方法

（1）利用汉语拼音输入汉字。常见的输入法有微软拼音输入法、智能 ABC 输入法、搜狗拼音输入法等。

（2）利用汉字的字形结构输入汉字。常见的输入法有五笔字型输入法、笔画输入法等。

（3）利用手写技术来输入汉字，即手写输入法。

值得一提的是，为了方便不同用户，很多软件都集成了多种输入方式，如搜狗输入法既有拼音输入功能，也有五笔输入功能。

2. 汉字输入软件的安装

中文操作系统中一般都自带了一些输入法，比如 Windows 各个版本的系统中都带有微软拼音输入法。如果我们想要使用系统中没有的中文输入法，就需要从磁盘上安装或从网络上下载安装，绝大部分中文输入法都是可以免费使用的，下面我们以最常用的搜狗输入法为例简单介绍一下输入法的下载安装方法。

（1）打开网页，通过搜索窗口搜索“搜狗输入法”。

（2）找到自己操作系统适用的版本，选择“下载”，或选择“直接打开”。

（3）找到下载的文件并双击打开，如果上一步选择了“直接打开”，本步骤可以省略。

（4）根据提示完成安装后就可以使用了，如图 1－38 所示。

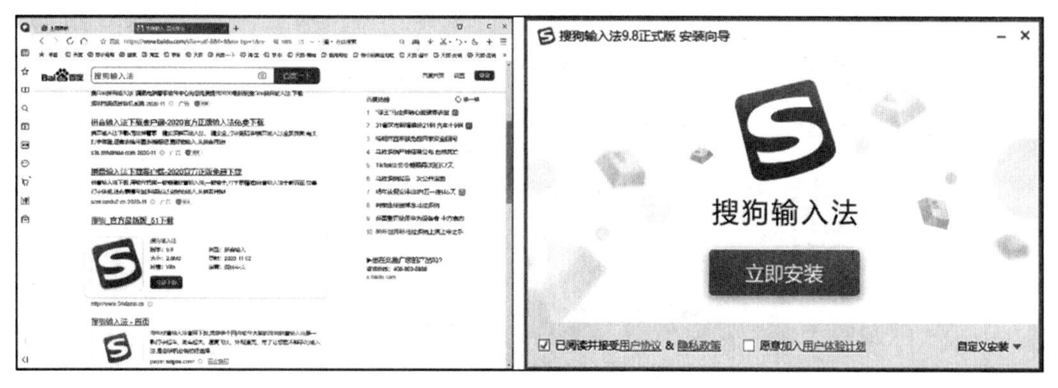

图 1－38　下载安装搜狗输入法

3. 汉字输入软件的使用与切换

目前的中文操作系统一般都会提供多种中文输入法软件，当需要输入中文时，必须调入其中的一种输入法。

（1）在 Windows 系统中单击任务栏右侧的输入法图标 En，在弹出的输入法选择菜单中选择一种中文输入法即可。快捷切换方法如下：Ctrl+ 空格键——转换中英文输入法；Ctrl+Shift——在各种输入法和英文之间切换。

（2）在 Linux 发行版中，输入法的快捷切换方式为：Ctrl+ 空格键——启用输入法；Alt+Shift——切换各种输入法；Shift——切换中文和英文。

（3）在 Mac OS X 操作系统中，输入法的快捷切换方式为：command+ 空格键。

（4）在 Android、iPhone 等智能手机上使用输入法一般在进入文字编辑的时候会自动启动输入法软件。

1.4.3　中文输入法

1. 认识中文输入法

（1）添加和删除输入法。

单击语言栏，在弹出的快捷菜单中单击“语言首选项”，即可打开“设置”窗口，在打开的设置界面中，可以看到语言中有“中文（中华人民共和国）”，单击“选项”，在其中可以添加和删除输入法，如图 1－39 所示。

（2）切换输入法。

Windows 10 中默认的是英文输入状态，要切换到中文输入法状态或者在两种中文输入法之间切换，可以单击“语言栏”中的输入法图标，打开“输入法”菜单，如图 1－40 所示，选择所要使用的中文输入法即可。

选择输入法后，桌面上会出现输入法的状态条，智能 ABC 输入法的状态条及各按钮的作用如图 1－41 所示。

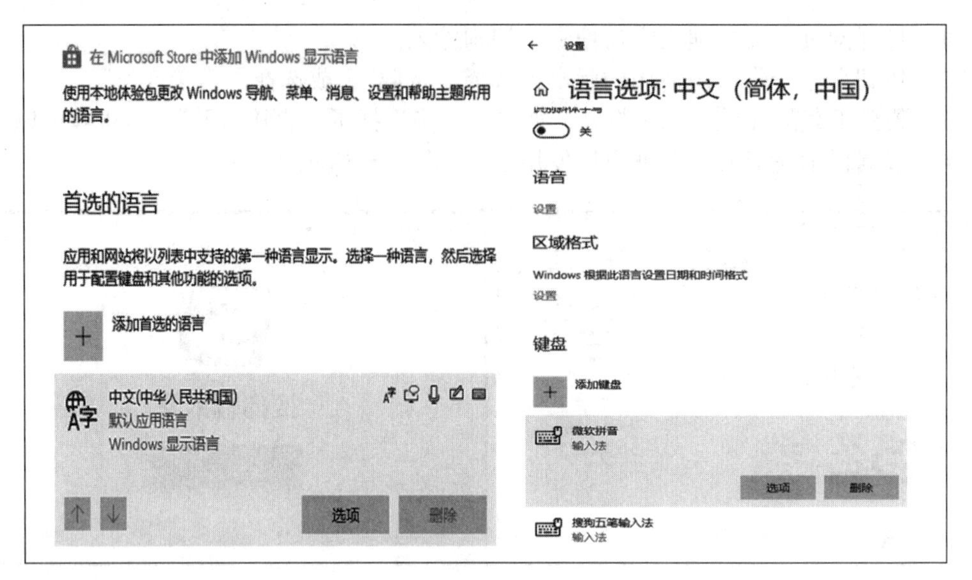

图 1－39　添加和删除输入法

图 1－40　切换输入法

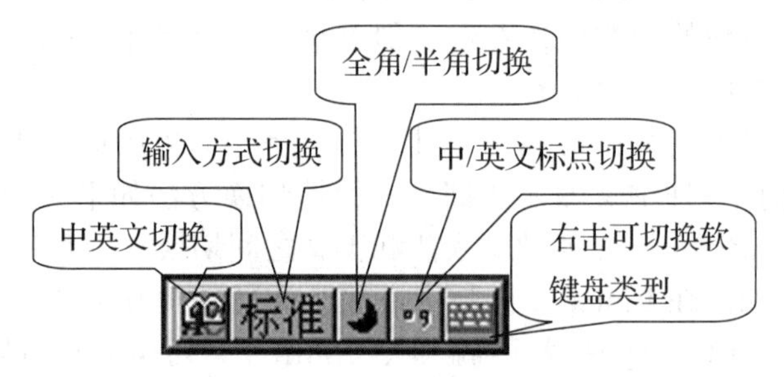

图 1－41　智能 ABC 输入法的状态条及各按钮的作用

2. 智能 ABC 输入法的使用

（1）打开“开始”菜单，选择“ Windows 附件”，再单击“记事本”，进入如图 1－42 所示的记事本编辑窗口。

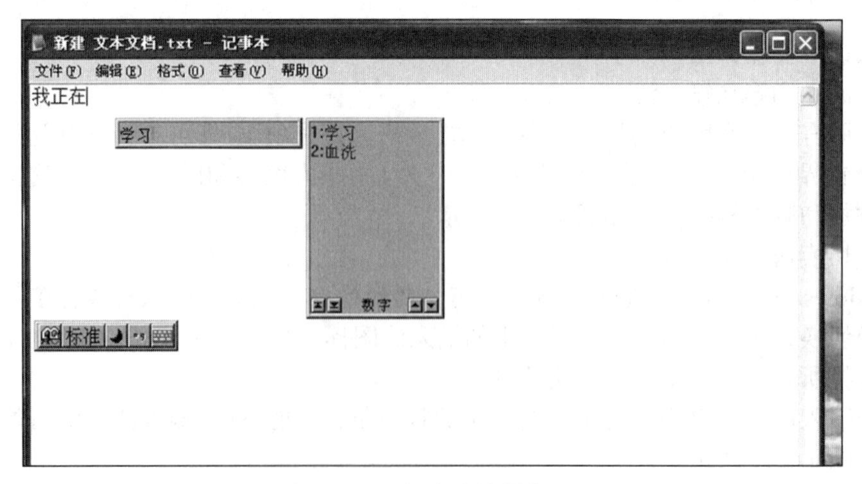

图 1－42　记事本编辑窗口

（2）将输入法切换至智能 ABC 输入法，输入“wo”，按空格，再输入“zhengzai”按空格，再用同样的方法输入剩余的汉字。

（3）输入完成后，单击“文件”—“保存”命令，保存文件。

3. 搜狗拼音输入法

搜狗拼音输入法是 2006 年 6 月由搜狐公司推出的一款 Windows 平台下的汉字拼音输入法。搜狗拼音输入法是基于搜索引擎技术的新一代输入法产品，用户可以通过互联网备份自己的个性化词库和配置信息。搜狗拼音输入法是目前国内主流汉字拼音输入法之一，奉行永久免费的原则。

4. 五笔字型输入法

（1）五笔字型输入法下的笔画与字根。

五笔字型输入法的原理是按照汉字的笔形将汉字划分为笔画、字根和汉字三个层次，五种基本笔画可以组合成 130 个字根，字根再拼合组成汉字。所以说，笔画是构成汉字的基础，字根是组成汉字的基本单元。

所有的汉字都是由笔画构成的，在书写汉字时，一次写成的一个连续不断的线段称作汉字的笔画，笔画是构成汉字的最小元素，它包括两层含义：1）笔画是一条线段。2）笔画必须是不间断地一次写成，不能主观地把一个连贯的笔画分解成几段来处理。按某个笔画书写时的运笔方向作为分类的依据，五笔字型将众多的笔画分为五类，分别是横、竖、撇、捺、折，依次用 1、2、3、4、5 编码，如表 1－11 所示。

表 1－11　汉字的 5 种笔画

编码	笔画名称	笔画走向	笔画	说明	例字
1	横	左→右	一 ㇀	提笔均为横	画、二、凉、坦
2	竖	上→下	丨 亅	左竖钩为竖	竖、归、到、利
3	撇	右上→左下	丿		用、番、禾、种
4	捺	左上→右下	丶 ㇏	点点均为捺	入、宝、术、点
5	折	带转折	乙 ㇖ ㇈	带折均为折	飞、发、买、专

其中，把笔画“提”作为“横”处理，把笔画“左竖钩”作为“竖”处理，把笔画“点”作为“捺”处理，把带折的笔画均作为“折”处理，带折的笔画类型很多，只要记清“一笔一下且带拐弯均视为折”（左竖钩除外）即可。

一个汉字一般又可以拆成几部分，这每一个部分称为字根。字根是由若干笔画单独或者经过交叉连接而成的，在组成汉字时它是相对不变的结构。汉字有很多字根，将那些组字能力强，而且在日常汉语中出现次数多的笔画结构选作基本字根。

五笔字型选定 130 个字根作为基本字根。五笔字型输入法将 130 个基本字根按起笔的笔画分为五大区，即横区、竖区、撇区、捺区、折区，同时又把每个分区分成 5 个位，从 1 到 5 进行编号，这样位号和区号共同组成了 25 个区位号。每个区位号由两位数字组成，其中个位数是位号，十位数是区号，而且每个区的位号都是从打字键区的中间向两端排序，如图 1－43 所示。

3区（撇起笔字根）				←	→				4区（点起笔字根）
金 35 Q	人 34 W	月 33 E	白 32 R	禾 31 T	言 41 Y	立 42 U	水 43 I	火 44 O	之 45 P
1区（横起笔字根）				←	→				2区（竖起笔字根）
工 15 A	木 14 S	大 13 D	土 12 F	王 11 G	目 21 H	日 22 J	口 23 K	田 24 J	: ;
5区（折起笔字根）					←				
Z	纟 55 X	又 54 C	女 53 V	子 52 B	已 51 N	山 25 M	< ,	> .	? /

图 1－43　区位号分布

五笔字型的字根键盘的键位代码，既可以用区位号（11 ～ 55）来表示，也可以用对应的英文字母来表示。键盘上 25 个字母键，每个键都对应着一个唯一的区位号。第 1 区的区位号为 11 ～ 15，第 2 区的区位号为 21 ～ 25，第 3 区的区位号为 31 ～ 35，第 4 区的区位号为 41 ～ 45，第 5 区的区位号为 51 ～ 55。

为键盘分好区、为每个字母键编好了位之后，再将字根按照起笔笔画类型放置到键盘的 5 个区中。横起笔类的字根放置在 1 区，竖起笔类的字根放置在 2 区，撇起笔类的字根放置在 3 区，捺起笔类的字根放置在 4 区，折起笔类的字根放置在 5 区。例如某字根的区位号为“12”，表示该字根在 1 区 2 位，也就是字母键 F 上。

经过了科学归类之后，25 个字母键的每个键上都分配了字根，多的十几个，少的也有三四个，这就构成了一张完整的五笔字型 86 版字根分布图，如图 1－44 所示。

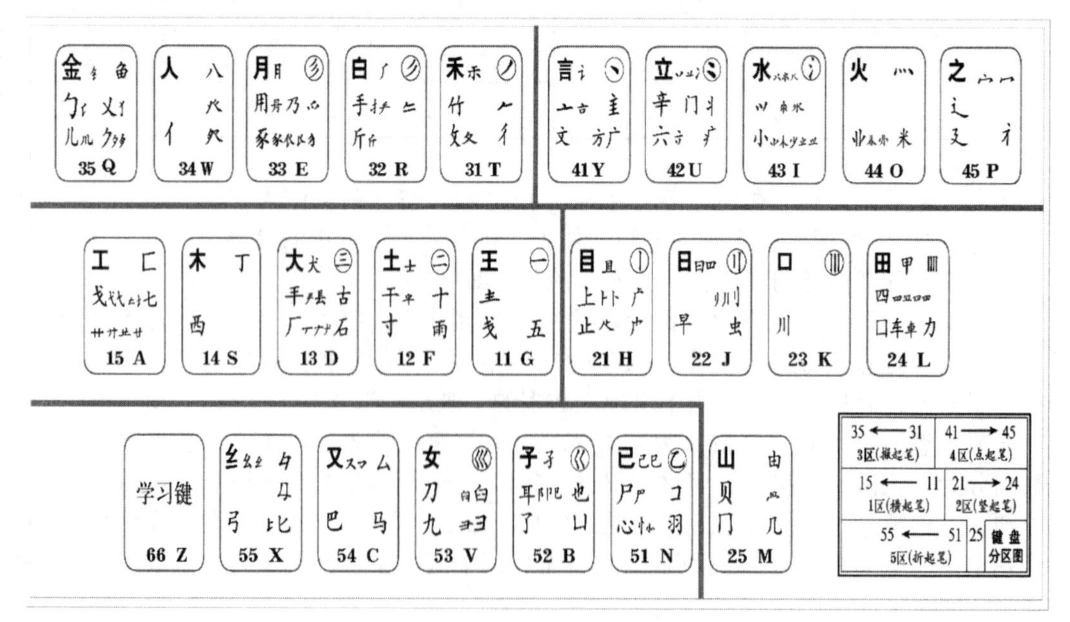

图 1－44　五笔字型 86 版字根分布图

标准五笔字型字根助记词如图 1 - 45 所示。

第3区

区位	键	助记词
31	T	禾竹反文双人立
32	R	白斤气头手边提
33	E	月乃用舟家衣下
34	W	人八登祭把头取
35	Q	金夕乂儿包头鱼

第4区

区位	键	助记词
41	Y	言文方广在四一
42	U	立辛两点病门里
43	I	水族三点兴头小
44	O	火里业头四点米
45	P	之字宝盖补礻衤

第1区

区位	键	助记词
11	G	王旁青头戋五一
12	F	土士二干十寸雨
13	D	大犬三羊古石厂
14	S	木丁西在一四里
15	A	工戈草头右框七

第2区

区位	键	助记词
21	H	目止具头卜虎皮
22	J	日早两竖与虫依
23	K	口中一川三个竖
24	L	田甲方框四车力
25	M	山由贝骨下框几

第5区

区位	键	助记词
51	N	已类左框心尸羽
52	B	子耳了也框上举
53	V	女刀九巛臼山倒
54	C	又巴劲头私马依
55	X	绞丝互腰弓和匕

注:
11. 戋读兼　　45. 衤读衣
13. 羊指手　　53. 巛读川
25. 骨指冎　　53. 臼读旧
35. 乂读叉　　54. 私指厶
45. 礻读示　　55. 互腰指夕

图 1 - 45　标准五笔字型字根助记词

（2）五笔字型输入法下汉字的结构。

在使用五笔字型输入汉字时，能够正确地判断汉字的结构并将其拆分是输入汉字的前提。在五笔字型中，汉字的构成主要有三种情况：第一，笔画、字根和整字同一体，如“乙”等。第二，字根本身也是汉字，这类字根称作键面字，包括键名字和成字字根，如“王、甲、手、言、耳”等。第三，每个汉字可拆分成几个字根，称为合体字，如“思、意、照”等。

1）汉字的三种字型结构。

汉字的字型，是指构成汉字的各个字根在整字中所处的位置关系。在五笔字型中，将汉字的字型分为三种。

左右型：左右型的汉字由左右两部分或左中右三部分构成。左右型包括两种情况，一种是双合字，即一个字可以明显地分成左右两个部分，如“好、她、拍、根、浪”等；另一种是三合字，如“侧、鸿、搬、淅”等，或者分成左右两部分，其间有一定距离，如“别、部、港、抢”等。

上下型：上下型的汉字由上下两部分或自上往下几部分构成。上下型也包括两种情况，一种是双合字，即一个字可以明显地分成上下两部分，并且这两部分间有一定距离，如“节、香、章、声”等；另一种是三合字，即字可以明显地分为三部分，或者分为上、中、下三层，或者分为上下两层，其中一层又可以分为左右两部分，如“意、想、范、窍、罚”等。

杂合型：一个汉字的各成分之间无明显简单的左右或上下关系，都视为杂合型。如“千、自、里、句、头、达、园”等。

2）字根间的四种结构关系。

单：字根本身就是一个独立汉字的情况称作“单”。“单”的情况可以分为两种，一种是键名字，另一种是成字字根，还包括五种基本笔画。例如“日、木、文、甲、干、用、乙、马、丨”等。

散：当几个字根共同组成一个汉字时，字根与字根之间保持一定的距离，它们既不相连又不相交，称作“散”。例如“汉、她、识、意、树、相、思”等。

连：单笔画与某一字根相连或带点的结构称作“连”。“连”是指两个字根刚刚挨上，但不相交的情况。例如“太、且、千、术、勺、自、主、尺”等。

交：两个或两个以上的字根交叉、套叠的情况称作“交”。例如“农、申、夷、里、内”等。属于“连”和“交”的汉字一律属于杂合型。

（3）键名字和成字字根。

在五笔字型输入法中，字根是构成汉字的基本单元。输入汉字时首先要将汉字拆分成一系列的字根，再通过敲击各字根所在的键位将汉字输入。

字根的主要组成部分是汉字的偏旁部首，在这众多的偏旁部首中有的本身就是汉字，其使用频率很高，称为键面字。由于键面字本身就是字根，使用普通汉字的拆分方法无法再继续分解它们，为了解决这个问题，五笔字型特别为键面字制定了一套拆分规则和编码规则。键面字分为两种，一种是键名字，另一种是成字字根，它们的输入方法是不同的。

1）键名字。

在同一个键位上的几个基本字根中，选择一个具有代表性的字根，也就是第一个字根，称为键名字。键名字的输入方法是连续敲4下相应的字母键即可，如：输入“王”，只需要敲“GGGG”；输入“目”，只需敲“HHHH”。把每一个键都连敲4下，即可输入25个键名字。25个键名字如表1－12所示。

表1－12　25个键名字

金 Q	人 W	月 E	白 R	禾 T	言 Y	立 U	水 I	火 O	之 P
工 A	木 S	大 D	土 F	王 G	目 H	日 J	口 K	田 L	: ;
Z	纟 X	又 C	女 V	子 B	已 N	山 M	《 ,	》 。	? /

2）成字字根。

在键盘的每个键位上，除一个键名字根外，还有数量不等的其他字根。在它们中间，有一部分字根本身也是汉字，这样的字根，称为成字字根。成字字根的输入方法为：键名代码＋首笔代码＋次笔代码＋末笔代码（不足四码，加打空格键）。如输入“文”，只需敲入“YYGY”；输入“西”，只需敲入“SGHG”；输入“甲”，只需敲入“LHNH”。

（4）单笔画字根。

单笔画字根有横、竖、撇、捺、折五种笔画，这五种单笔画的编码为：

一：GGLL　　丨：HHLL　　丿：TTLL

丶：YYLL　　乙：NNLL

（5）汉字拆分原则。

汉字在具体拆分的过程中需要掌握 5 个要点，这 5 个要点可以概括为四句口诀：书写顺序、取大优先、兼顾直观、能连不交、能散不连。各部分的含义如表 1－13 所示。

表 1－13　汉字拆分原则

拆分原则	含义	举例	拆分字根	编码
书写顺序	在拆分汉字时，一定要根据汉字正确的书写顺序进行。汉字正确的书写顺序是：先左后右，先上后下，先横后竖，先撇后捺，先外后里，先中间后两边，先进门后关门等	体	亻 木 一	WSG
		则	贝 刂	MJ
		必	心 丿	NT
		夷	一 弓 人	GXW
取大优先	尽量将汉字拆分成结构最大的字根。所谓“大”，是指在字根中包含的笔画多，包含笔画多的字根“大”于包含笔画少的字根。如果一个字根上再加一笔就不能构成一个字根了，这时得到的字根为最大字根	奉	三 人 二 丨	DWFH
		平	一 丷 丨	GUH
		无	二 儿	FQ
		重	丿 一 日 土	TGJF
兼顾直观	在拆分汉字时，为了照顾字根的完整性，有时不能按“书写顺序”和“取大优先”的规则来拆分	自	丿 目	TH
		乘	禾 丬 匕	TUX
		国	囗 王 丶	LGY
		末	一 木	GS
能连不交	有些汉字既可以按“连”的结构对待，又可以按“交”的方式处理，此时就应该按“连”来拆分而不要按“交”的关系来拆分	牛	𠂉 丨	RHK
		于	一 十 ±	GF
		矢	𠂉 大	TDU
		生	丿 主	TG
能散不连	当一个汉字的结构既能被看成“散”的关系又能被看成“连”的关系时，应该按“散”的关系处理	午	𠂉 十	TFJ
		占	⺊ 口	HK
		非	三 刂 三	DJD
		严	一 业 厂	GOD

（6）合体字的输入。

任何汉字，不管拆分成多少字根，最多只能取 4 个字根。这样，键外字的编码规则如下：含 4 个或 4 个以上字根的汉字，按照书写顺序取第 1、第 2、第 3 个字根和最后 1 个字根。不足 4 个字根的汉字，编码除包括字根码以外，还要补加一个识别码。如仍不足 4 码，可按空格键。如：“输”字拆分成“车”“人”“一”“刂”，即：LWGJ；“思”字可拆分成“田”“心”，即：LNU。

（7）末笔识别码。

末笔识别码是由汉字的字型和最后一笔的笔画决定的，当一个汉字拆分成的字根少于4个时，依次输完字根码后，还需要补加一个末笔识别码。末笔识别码由单字的末笔画的类型编号和单字的字型编号组成。具体来说，末笔识别码为两位数字，第一位（十位）是末笔画类型编号（横1、竖2、撇3、捺4、折5），第二位（个位）是字型代码（左右型1、上下型2、杂合型3）。如表1-14所示。

表1-14 末笔识别码

字型		左右型	上下型	杂合型
笔型	编号	1	2	3
横	1	11 (G)	12 (F)	13 (D)
竖	2	21 (H)	22 (J)	23 (K)
撇	3	31 (T)	32 (R)	33 (E)
捺	4	41 (Y)	42 (U)	43 (I)
折	5	51 (N)	52 (B)	53 (V)

末笔识别码的作用是减少重码，加快选字速度，举例如表1-15所示。

表1-15 末笔识别码举例

单字	字根	字根码	末笔画代号	字型	识别码	编码
杠	木 工	S A	一 1	1 左右型	11 G	SAG
元	二 儿	F Q	乙 5	2 上下型	52 B	FQB
自	丿 目	T H	一 1	3 杂合型	13 D	THD
奴	女 又	V C	丶 4	1 左右型	41 Y	VCY
旷	日 广	J Y	丿 3	1 左右型	31 T	JYT

（8）简码。

为了提高输入速度，五笔字型方案还设计了简码输入，使常用汉字只取其前边的1个、2个或3个字根即可，因为末笔识别码总是在全码的最后位置，所以简码的设计不但减少了击键次数，而且省去了对于部分汉字的“末笔识别码”的判别和编码，给击键带来了很大的方便。简码汉字共分以下3级：

1）一级简码。

在五笔字型输入法中，根据每个字母键上的字根形态特征，每个键安排一个最为常用的高频汉字，这类字共25个，它们的编码只有一位，输入时只要输入该字所在的键，再按空格键即可，如图1-46所示。

键名	Q	W	E	R	T	Y	U	I	O	P
简码	我	人	有	的	和	主	产	不	为	这
键名	A	S	D	F	G	H	J	K	L	
简码	工	要	在	地	一	上	是	中	国	
键名	Z	X	C	V	B	N	M			
简码		经	以	发	了	民	同			

图 1－46　一级简码

2）二级简码。

二级简码是指编码时取单字全码的前两个字根代码，例如“天、理、燕、离、呈、站、季、增、淡、信、断、科、睡、格”等。

3）三级简码。

三级简码由一个汉字的前 3 个字根组成，只要一个汉字的前 3 个字根码在整个编码体系中是唯一的，一般都作为三级简码，例如“华、意、想”等。

（9）简码词语的输入。

为了使汉字的输入速度更快一些，除设计了简码输入之外，五笔字型还允许直接输入词组，仍然使用四码，只需敲击 4 次即可。词组是由两个汉字组合而成的，一般分为 2 字词、3 字词、4 字词及多字词 4 种。

1）2 字词。

2 字词就是由两个汉字组成的词组，在汉字文章中随处可见。在五笔字型输入法中 2 字词也是由 4 个编码组成，平均一个字敲两次键便可输入。

如：如果：女 口 日 木　VKJS
　　计算：言 十 竹 目　YFTH
　　数量：米 女 日 一　OVJG
　　早晨：早 丨 日 厂　JHJD

2）3 字词。

3 字词就是由 3 个汉字组成的词组，它的编码规则是取前两个字的第 1 码，最后一个字的前两个码。

如：计算机：言 竹 木 几　YTSM
　　工艺品：工 艹 口 口　AAKK
　　现代化：王 亻 亻 匕　GWWX
　　合格证：人 木 言 一　WSYG

3）4 字词。

4 字词就是由 4 个汉字组成的词组，它的编码规则是各取 4 个汉字的第 1 码。

如：花言巧语：艹 言 工 言　AYAY
　　落花流水：艹 艹 氵 水　AAII
　　强词夺理：弓 言 大 王　XYDG
　　巧夺天工：工 大 一 工　ADGA

4）多字词。

由 4 个以上汉字组成的词组称为多字词，多字词的编码规则是取前 3 个字加最后一个字的第 1 码。

如：中华人民共和国：口 亻 人 囗　　KWWL

　　中国人民解放军：口 囗 人 冖　　KLWP

5. 新型输入法

目前一些互联网公司根据互联网新词变化多、发展快的特点，陆续开发了基于网站服务器在线更新词库以及用户词库同步上传到服务器的功能，进一步加快了热词、新词的更新，这方面的代表有谷歌拼音输入法、QQ 输入法和搜狗输入法。但这一类输入法的这个功能带来了几个问题：一是网络更新频繁造成用户机器输入反应变慢，有用户抱怨一开机系统就经常更新，希望不要那么频繁地更新与同步；二是用户担心隐私泄露，毕竟用输入法写的东西有不少涉及用户隐私，上传的话，担心信息外泄，即使到了互联网公司的机器里，也难以保证绝对安全；三是用户机器上的输入法可能越来越庞大，占用资源更多。

任务实施

在输入法的选择和使用上，每个人都有自己的习惯和偏好。同学们都是用什么输入法打字呢？谈一谈自己使用该输入法的感想。

知识拓展

可以使用鼠标进行输入法的选择、全角 / 半角的切换等。但更快捷的方式是设置键盘快捷键。设置输入法的热键，有利于加快切换输入法、切换全角和半角以及关闭输入法的速度，从而提高文字输入的速度和工作效率。

系统默认的输入法快捷键如表 1－16 所示。

表 1－16　系统默认的输入法快捷键

Ctrl+ 空格	在中文输入法与英文输入法之间切换
Shift+ 空格	在全角与半角之间进行切换
Ctrl+Shift	在不同的输入法之间切换
Ctrl+ 圆点	在中文标点符号与英文标点符号之间切换

练习题

一、填空题

1. 存储器可分为________和________两大类。
2. CPU 的主要性能参数有________、________、________、________、________等。
3. 微型计算机软件系统由________、________和________三部分组成。

4. 十六进制的符号 D 表示成十进制数为________。

5. $(70.5)_{10}=(\_\_\_\_\_\_\_\_)_2$。

6. 十进制数 28.125 转换为二进制数是________。

7. 与二进制数 101101 等值的八进制数是________。

8. 任务栏包括________、________、________和________等部分。

9. Windows 10 操作系统启动完成后所显示的整个屏幕称为________。

10. 在“文件资源管理器”窗口中，选择________菜单中的________命令，可以将所有的文件和文件夹全部选中。

二、选择题

1. 下列存储器中，存取速度最快的是（　　）。

A.U 盘　　B. 硬盘　　C. 光盘　　D. 内存

2. CPU 不能直接访问的存储器是（　　）。

A. ROM　　B. RAM　　C. Cache　　D. CD-ROM

3. 下列四个选项中，属于 RAM 特点的是（　　）。

A. 可随机读写数据，断电后数据不会丢失

B. 可随机读写数据，断电后数据将全部丢失

C. 只能顺序读写数据，断电后数据将部分丢失

D. 只能顺序读写数据，断电后数据将全部丢失

4. 在微型计算机中，ROM 是（　　）。

A. 读写存储器　　B. 随机读写存储器

C. 只读存储器　　D. 调整缓冲存储器

5. 下列设备中，属于输出设备的是（　　）。

A. 扫描仪　　B. 显示器　　C. 鼠标　　D. 光笔

6. 在 Windows 10 中，连续两次快速按下鼠标左键的操作是（　　）。

A. 单击　　B. 双击　　C. 拖动　　D. 启动

7. 文件名由（　　）两部分组成。

A. 主文件名和辅文件名　　B. 主文件名和扩展名

C. 文件属性和文件大小　　D. 以上说法都不正确

8. 在 Windows 10 的支持下，用户（　　）。

A. 最多只能打开一个应用程序窗口

B. 最多只能打开一个应用程序窗口和一个文档窗口

C. 最多只能打开一个应用程序窗口，而文档窗口可以打开多个

D. 可以打开多个应用程序窗口和多个文档窗口

三、判断题

1. 内存属于外部设备，不能与 CPU 直接交换信息。（　　）

2. 微型计算机中，打印机是标准输出设备。（　　）

3. 分辨率越高的显示器，越容易引起眼睛的疲劳。（　　）

4. 和外存储器相比，内存的速度更快、容量更大。（　　）

5. 硬盘容量的单位是 MB。（　　）

6. 计算机软件可分为操作系统和应用软件。（　　）

7. 一个完整的计算机系统由硬件和软件组成。 ( )

四、上机实践题

1. Windows 10 基本操作：

（1）隐藏任务栏；把任务栏放在屏幕顶端。

（2）设置回收站的属性：所有驱动器均使用同一设置（勾选底部的“显示删除确认对话框”）。

（3）以“详细资料”的查看方式显示C盘下的文件，并将文件按从小到大的顺序进行排序。

（4）设置屏幕保护程序为“3D 文字”，等待时间为1分钟。

2. 文件及文件夹操作：

（1）在D盘的根目录下建立一个新文件夹，以学生自己的姓名命名。

（2）在该文件夹中建立一个名为brow的文件夹与一个名为word的文件夹，并在brow文件夹下，建立一个名为bub.txt的空文本文件和一个名为teap.bmp的图像文件。

（3）将bub.txt文件移动到word文件夹下并重新命名为best.txt。

（4）为brow文件夹下的teap.bmp文件建立一个快捷方式图标，并将该快捷方式图标移动到桌面上。

（5）删除brow文件夹，并清空回收站。

（6）在桌面上创建一个指向学生姓名的文件夹的快捷方式，命名为“华池中职”。

项目 2

网络应用基础

任务 1　了解网络的形成与发展

任务目标

1. 理解网络的概念，了解网络的发展过程；
2. 了解网络的分类方法；
3. 了解我国互联网的现状以及互联网接入技术。

任务引入

同学们不难发现，我们从吃、穿、住、行到学习、娱乐、工作等方方面面都离不开网络，下面我们就一起探讨我们身边的网络是怎么来的、它的内涵是什么，等等。

相关知识

2.1.1　网络的基本知识

1. 网络的概念

计算机网络是以能够相互共享资源的方式互连起来的自治计算机系统的集合。它是计算机技术与通信技术高度发展、紧密结合的产物，网络技术的进步正在对当代社会发展产生重要的影响。

计算机网络的发展大致可分为以下几个阶段：

第一阶段可以追溯到 20 世纪 50 年代。那时，人们将彼此独立发展的计算机技术与通信技术结合起来，进行数据通信技术与计算机通信网络的研究，为计算机网络的产生做好了理论与技术方面的准备。

第二阶段从20世纪60年代美国的ARPAnet与分组交换技术开始。ARPAnet是计算机网络技术发展史上的一个里程碑，它的研究成果对促进网络技术发展和理论体系研究产生了重要作用，并为互联网的形成奠定了基础。

第三阶段从20世纪70年代中期算起。当时，国际上各种广域网、局域网与公用分组交换网发展迅速，各计算机厂商纷纷发展各自的计算机网络系统，随之而来的是网络体系结构与网络协议的标准化问题。国际标准化组织（International Organization for Standardization，ISO）在推动开放系统参考模型与网络协议的研究方面做了大量的工作，对网络理论体系的形成起了重要的作用。

第四阶段从20世纪90年代开始。这个阶段最有挑战性的是Internet、高速通信网络、无线网络与网络安全技术。互联网作为国际性的网际网与大型信息系统，正在经济、文化、科研、教育与社会生活等方面发挥越来越重要的作用。宽带城域网技术的发展为社会信息化提供技术支持，网络安全技术为网络应用提供安全保障。基于P2P的网络应用正在成为互联网产业与现代信息服务业新的增长点。

2. 计算机网络的分类

计算机网络按照其覆盖的地理范围进行分类，可以很好地反映不同类型网络的技术特征。由于网络覆盖的地理范围不同，它们所采用的传输技术也就不同，因此形成了不同的网络技术特点与网络服务功能。

按覆盖的地理范围划分，计算机网络可以分为以下几类。

（1）局域网。

局域网（Local Area Network，LAN）用于将有限范围内（例如一个实验室、大楼或校园）的各种计算机、终端与外部设备互联成网。按照采用的技术、应用范围和协议标准的不同，局域网可以分为共享局域网与交换局域网。局域网技术的发展非常迅速并且应用日益广泛，是计算机网络中最为活跃的领域之一。

从局域网应用的角度来看，局域网的技术特点主要表现在以下几个方面：

1）局域网覆盖有限的地理范围，它适用于机关、校园、工厂等有限范围内的计算机、终端与各类信息处理设备联网的需求。

2）局域网提供高数据传输速率（10Mbps ～ 10Gbps）、低误码率的数据传输环境。

3）局域网一般属于一个单位所有，易于建立、维护与扩展。

从介质访问控制方法的角度来看，局域网可以分为共享介质式局域网和交换式局域网；从使用的传输介质类型的角度来看，局域网可以分为使用有线介质的局域网和使用无线通信信道的无线局域网。

局域网可以用于个人计算机局域网、大型计算设备群的后端网络与存储区域网络、高速办公网络、企业与学校的主干局域网。

（2）城域网。

城市地区的网络常简称为城域网（Metropolitan Area Network，MAN）。城域网是介于广域网与局域网之间的一种高速网络。城域网的设计目标是满足几十千米范围内的大量国家机关、企事业单位的多个局域网的互联需求，以实现大量用户之间的数据、语音、图形与视频等多种信息的传输。

（3）广域网。

广域网（Wide Area Network，WAN）又称远程网，其所覆盖的地理范围从几十千米到几千千米。广域网可覆盖一个国家、地区或横跨几个洲，形成国际性的远程计算机网络。广域网的通信子网可以利用公用分组交换网、卫星通信网和无线分组交换网，将分布在不同地区的计算机系统互连起来，以达到资源共享的目的。

（4）互联网（Internet）。

互联网是全球性的，互联网可以理解为是全球互连的广域网。这就意味着这个网络不管是谁发明的，它都是属于全人类的。互联网的结构是按照“包交换”的方式连接的分布式网络。因此，在技术层面上，互联网绝对不存在中央控制的问题。也就是说，不可能存在某一个国家或者某一个利益集团通过某种技术手段来控制互联网的问题。相反，也无法把互联网封闭在一个国家之内，除非建立的不是互联网。

计算机网络要完成两大基本功能：数据处理与数据通信。因此，计算机网络在结构上必然分成两个部分：负责数据处理的主计算机与终端；负责数据通信处理的通信控制处理设备与通信线路。所以，从计算机网络组成的角度来看，典型的计算机网络从逻辑功能上可以分为两部分：资源子网和通信子网。

3. 计算机网络体系结构与协议标准化

国际标准化组织（ISO）成立了计算机与信息处理标准化技术委员会，从事网络体系结构与网络协议的国际标准化研究。经过多年的努力，ISO 正式制定开放系统互连（Open System Interconnection，OSI）参考模型，即 ISO/IEC 7498 国际标准。OSI 参考模型与协议的研究成果对推动网络体系结构理论的发展有很大作用。

早在 1969 年 ARPAnet 的实验性阶段，研究人员就已开始了 TCP/IP 协议雏形的研究。1979 年，越来越多的研究人员投入 TCP/IP 协议的研究。1980 年，ARPAnet 的所有主机都转向 TCP/IP 协议。1983 年 1 月，ARPAnet 向 TCP/IP 协议的转换结束。在 OSI 参考模型制定过程中，TCP/IP 协议已经成熟并开始应用，并且赢得了大量的用户和投资。TCP/IP 协议的成功促进了互联网的发展，互联网的发展又进一步扩大了 TCP/IP 协议的影响，IBM、DEC 等大公司纷纷宣布支持 TCP/IP 协议。相比之下，符合 OSI 参考模型与协议标准的产品迟迟没有推出，妨碍了其他厂家开发相应的硬件和软件，从而影响了 OSI 研究成果的市场占有率。随着互联网的高速发展，TCP/IP 协议与体系结构已成为业内公认的标准。

2.1.2 互联网

1. 互联网概述

（1）互联网的概念。

互联网，即广域网、局域网及单机按照一定的通信协议组成的国际计算机网络。互联网是将两台计算机或者是两台以上的计算机终端、客户端、服务端通过计算机信息技术的手段互相联系起来的结果，通过互联网，人们可以与远在千里之外的朋友相互发送邮件、共同完成一项工作、一起娱乐等。

互联网、因特网、万维网三者的关系是：互联网包含因特网，因特网包含万维网。凡是能彼此通信的设备组成的网络就称作互联网。所以，即使仅有两台机器，只要能用某种技术使其彼此通信，就可以称作互联网。因特网是互联网的一种。因特网可不是仅由两台机器组成的互联网，它是由成千上万台设备组成的互联网。因特网使用 TCP/IP 协议让不同的设备可以彼此通信，但使用 TCP/IP 协议的网络并不一定是因特网，一个局域网也可以使用 TCP/IP 协议。判断自己接入的是否是因特网，首先看自己电脑是否安装了 TCP/IP 协议，其次看是否拥有一个公网地址。

本文后续讲解的互联网都是指与因特网连接的互联网，强调的是互联性、广泛性，是指全世界范围的连接。

（2）互联网的接入方式。

1）PSTN 拨号（一般称拨号上网）。

2）综合业务数字网 ISDN。

3）非对称数字用户环路 ADSL。

4）DDN 专线。

5）光纤接入。

6）无线连接。

7）有线电视网 HFC。

8）公共电力网 PLC。

（3）我国互联网现状。

百度、阿里巴巴和腾讯三大巨头在日益深刻地影响着我国互联网领域。除此之外，一大批创业公司和新业务、新产品的崛起，以及一系列频繁的并购事件，也在重塑着我国互联网行业的格局。随着移动互联网、互联网金融、大数据、电子商务、云计算、下一代互联网、网络安全等热点领域的深入发展，我国互联网行业将迎来新的规模高速增长与格局快速变换的时期。未来，产品创新和资本并购将是互联网行业生存和发展的主要推动力。

2. 互联网的接入技术

互联网是一个集各部门、各领域的信息资源为一体，供网络用户共享的信息资源网。家庭用户或单位用户要接入互联网，可通过某种通信线路连接到 ISP，由 ISP 提供互联网的入网连接和信息服务。互联网接入是指通过特定的信息采集与共享的传输通道，利用某种传输技术完成用户与 IP 广域网的高带宽、高速度的物理连接。前文已经介绍了主要的互联网接入方式，下面我们重点介绍当前家庭和中、小型用户主要使用的 ADSL 接入技术。

ADSL（Asymmetrical Digital Subscriber Loop，非对称数字用户环路）技术以现有普通电话线作为传输介质，只需要在 ADSL 线路两端加装 ADSL 设备，即可使用 ADSL 提供的宽带上网服务，如图 2－1 所示。ADSL 和固定电话使用同一条线路实现宽带上网和语音通信，在上网的同时也可以使用语音通信服务，上网和接听、拨打电话互不干扰。用户通过 ADSL 接入因特网，可以同时收看影视节目或举行视频会议，还可以高速下载数据文件。

使用 ADSL 方式接入网络，首先要在网络运营商（中国电信、中国联通、中国移动等公司）处开通 ADSL 服务，获取用户名和密码，安装好 ADSL Modem，然后在操作系统中建立拨号连接。这里以网通的 ADSL 连接为例来介绍。

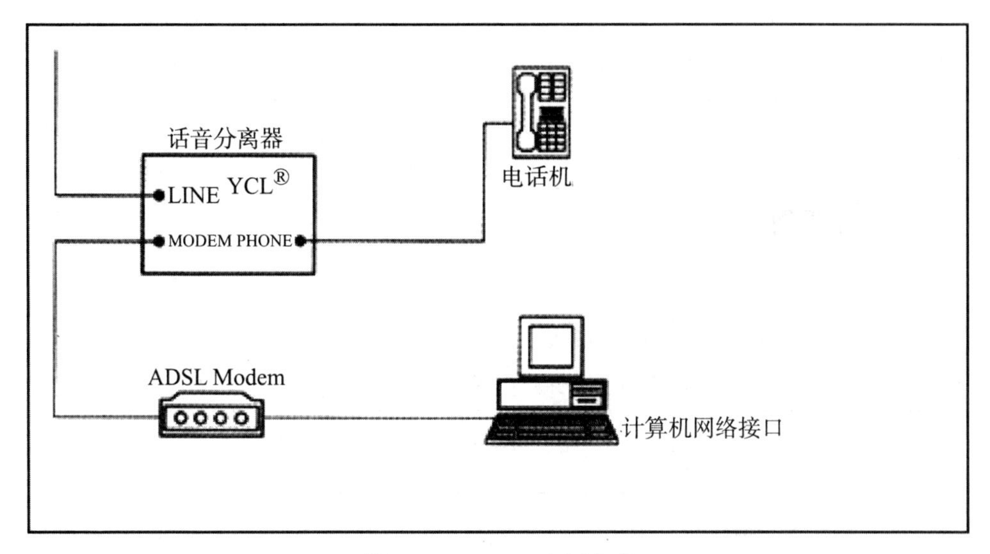

图 2-1　ADSL 上网方式

（1）建立 ADSL 连接。

右击桌面上的“网络”图标，在弹出的快捷菜单中选择“属性”命令，打开“网络和共享中心”窗口，按照如图 2-2 至图 2-4 所示的步骤操作。

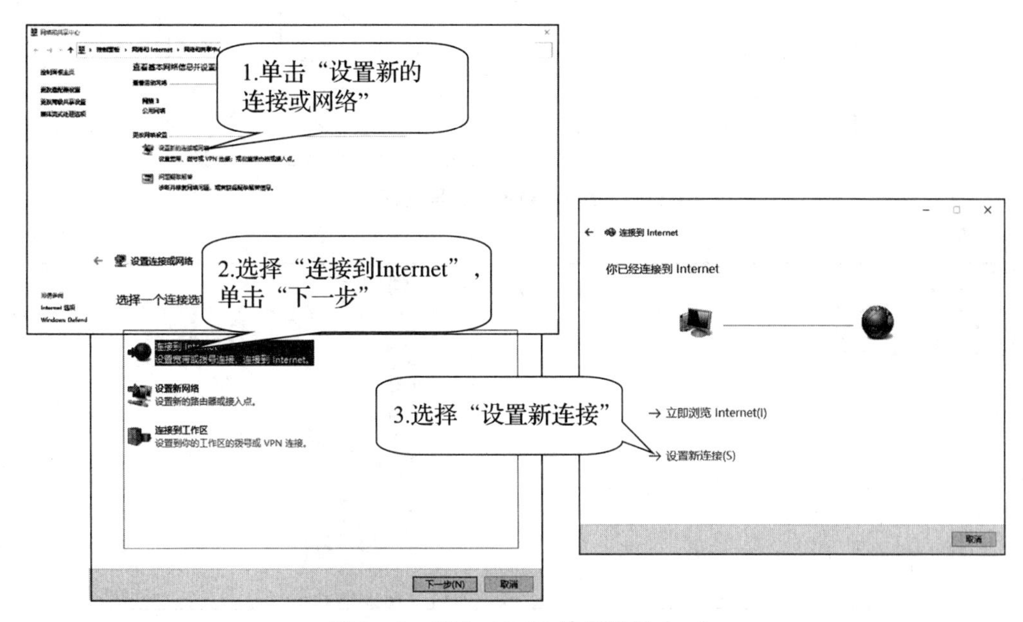

图 2-2　建立 ADSL 拨号连接（一）

（2）接入 Internet。

建立好 ADSL 拨号连接后，打开“网络连接”窗口，就可以看到刚才创建的“宽带连接”图标，使用它就可以接入 Internet。也可以单击桌面右下角的网络图标，然后选择宽带连接，在左边选择“拨号”，然后在右边选择“连接”就可以上网了。具体操作步骤如图 2-5 所示。

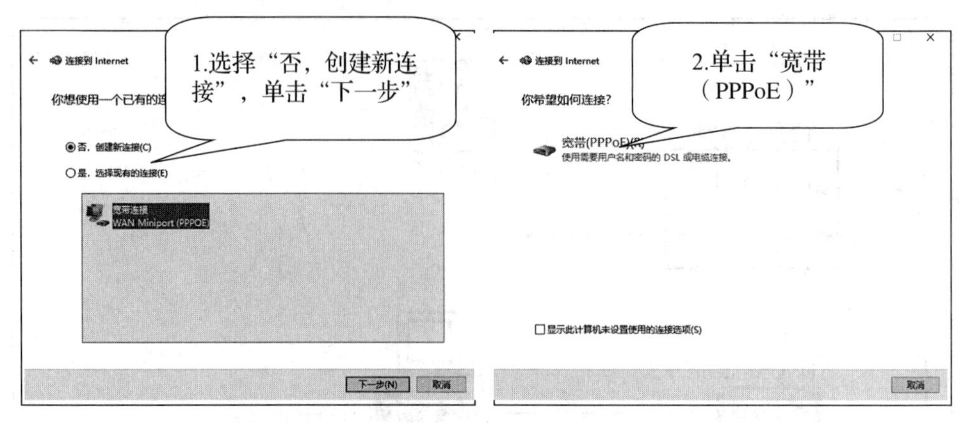

图 2－3　建立 ADSL 拨号连接（二）

图 2－4　建立 ADSL 拨号连接（三）

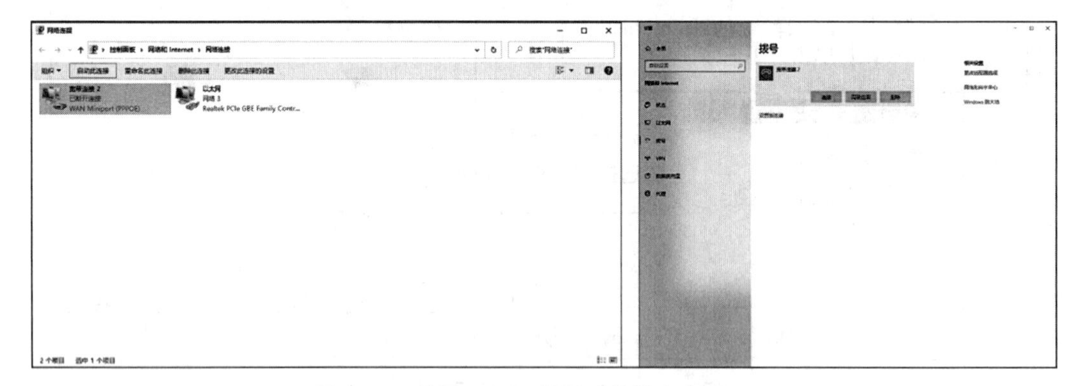

图 2－5　使用 ADSL 拨号连接接入 Internet

任务实施

根据所学知识，分组完成互联网接入操作。

知识拓展

云培训、云招聘、云签约，“互联网 +”开启发展新模式

2020 年注定是不平静的一年，在全球人民共同抗击新型冠状病毒肺炎疫情的过程中，我们也体会到互联网正在悄悄地改变着我们的学习、工作和生活。

云培训、云招聘、云签约不停歇；搭上“互联网 +”，传统农业向智慧农业转型的步伐进一步加快；数字展厅、线上逛博，“宅”在家里也可以“不断电”；甚至连体育锻炼、心理医疗，都可以借助“互联网 +”实现。疫情之下，“互联网 +”对都市圈内外各行各业的发展方式、居民生活模式，都产生了不同程度的影响。

（1）全国范围的停课，并没有给莘莘学子带来困扰，在教育部等有关部门的领导下，各方力量借助互联网高效互连的大平台，搭建了各类“互联网 +”教育平台，线上教学第一次在全国范围展开。

（2）不仅仅在校的学生获得了“互联网 +”教育的资源，疫情防控期间，为了避免人群聚集，农技专家无法像往年一样到田间地头开展指导，面向广大农民的技术培训也在互联网上展开。技术专家利用“云平台”培训蔬菜、果树、养殖、粮食等各行业春季生产管理技术。

（3）很多城市将多项工作从线下转移至线上，如招商项目“云签约”仪式、网上就业创业、网上办公等。

基于大数据和先进网络（如华为 5G 网络）的“人工智能化中枢信息神经元”的广泛运用，未来经济社会发展的方式就是社会生产方式和生活方式逐步向网络化、数字化方向转变。比如通过“互联网 +”形成智能化农业生产、智能化工业生产、智能化在线教育、智能化在线医疗、智能化的网络生活、智能化的在线办公和管理等。

任务 2　互联网的应用

任务目标

1. 了解 IP 地址的含义、结构及设置方法；
2. 能够熟练运用浏览器完成信息查询、检索任务；
3. 能够注册并使用电子邮箱；
4. 学会使用即时通信软件。

任务引入

我们了解了网络的发展过程，理解了什么是网络，那么在已经全球互连的今天，我们能够在互联网上做些什么呢？下面我们先分组讨论。

我们现在要设计一个杂志封面，需要若干个素材的图片，还要接收老师通过邮件发过来的资料，并需要使用解压软件把老师发来的资料解压，我们怎样完成这个任务呢？

相关知识

2.2.1　互联网通信技术

互联网通信使用的是 TCP/IP 协议，任何一个终端要接入互联网，都要设置和管理 IP 地址等信息，下面我们就来介绍一下关于 IP 地址的知识。

1. IP 地址

（1）IP 地址的含义。

IP 地址是网络资源的标识符，用二进制数字来表示，长度有 32 位与 128 位之分，目前主要采用 32 位，分为 4 段，每段 8 位，每段对应的十进制数范围为 0 ～ 255，段与段之间用句点隔开，如 192.168.1.1。

（2）域名管理系统。

因为 IP 地址是以数字来代表主机地址，不易记忆和使用，因此 Internet 采用了域名管理系统（Domain Name System，DNS），入网的每台主机都具有类似于下列结构的域名：计算机名 . 机构名 . 二级域名 . 顶级域名，实际上就是对应于 IP 地址的用于在因特网上标识机器的有意义的字符串。例如网易的 IP 地址是 61.135.253.17，域名是 163.com。比起 IP 地址，域名更形象，也更容易记忆。当我们访问一台主机时，可直接使用域名，DNS 服务器能将该域名解释为 IP 地址。在域名空间中注册的域名都可以转化为 IP 地址。同理，IP 地址也可以转换成域名，用户可以等价使用域名或 IP 地址。

域名不是网址。一般来说，在通过注册获得了一个域名之后，需要根据网址所载信息内容的性质，在域名的前面加上一个具有一定标识意义的字符串，才构成一个网址。

如新浪的网址 www.sina.com.cn，其中 www 表示服务器是 www 服务器，而 sina.com.cn 则是域名。

域名采用分层次定义命名，如从 sina.com.cn 来看，它是由几个不同的部分组成的，这几个部分彼此之间具有层次关系。其中，最后的 .cn 是域名的第一层，.com 是第二层，sina 是真正的域名，处在第三层，至此我们可以看出，域名从后到前的层次结构类似于一个倒立的树状结构。第一层的 .cn 称为地理顶级域名。

目前因特网上的域名体系中共有三类顶级域名：一是地理顶级域名，例如，.cn（中国）、.jp（日本）、.uk（英国）、.us（美国）等；二是类别顶级域名，例如，.com（公司）、.net（网络机构）、.org（组织机构）、.int（国际组织）等，其中只有 .com、.net、.org 是供全球使用的顶级域名；三是个性化域名或者新顶级域名，例如，.ibm（IBM 公司）、.hp（惠普公司）、.qq（腾讯公司）、.baidu（百度公司）等。

（3）IP 地址的分类。

IP 地址可划分为 5 大类，即 A，B，C，D，E。

A 类地址：范围在 0 ～ 127，0 是保留的并且表示所有 IP 地址，而 127 也是保留的地址，并且是用于测试环回的。因此，A 类地址的范围其实是从 1 ～ 126。如：10.0.0.1，第一段号码为网络号码，剩下的三段号码为本地计算机的号码。转换为二进制来说，一个 A 类 IP 地址由 1 字节的网络地址和 3 字节的主机地址组成，网络地址的最高位必须是“0”，地址范围从 0.0.0.1 到 126.0.0.0。可用的 A 类网络有 126 个，每个网络能容纳约 1 670 万个主机。以子网掩码来进行区别：255.0.0.0。

B 类地址：范围在 128 ～ 191，如 172.168.1.1，第一和第二段号码为网络号码，剩下的 2 段号码为本地计算机的号码。转换为二进制来说，一个 B 类 IP 地址由 2 字节的网络地址和 2 字节的主机地址组成，网络地址的最高位必须是“10”，地址范围从 128.0.0.0 到 191.255.255.255。可用的 B 类网络有 16 382 个，每个网络能容纳 6 万多个主机。以子网掩码来进行区别：255.255.0.0。

C 类地址：范围在 192 ～ 223，如 192.168.1.1，第一、第二、第三段号码为网络号码，剩下的最后一段号码为本地计算机的号码。转换为二进制来说，一个 C 类 IP 地址由 3 字节的网络地址和 1 字节的主机地址组成，网络地址的最高位必须是“110”。范围从 192.0.0.0 到 223.255.255.255。C 类网络达 209 万余个，每个网络能容纳 254 个主机。以子网掩码来进行区别：255.255.255.0。

D 类地址：范围在 224 ～ 239。D 类 IP 地址第一个字节以“1110”开始，它是一个专门保留的地址。它并不指向特定的网络，目前这一类地址被用在多点广播（Multicast）中。多点广播地址用来一次寻址一组计算机，它标识共享同一协议的一组计算机。

E 类地址：范围在 240 ～ 254。以“11110”开始，为将来使用保留。

需要注意的是，全“0”的 IP 地址（0.0.0.0）对应于当前主机。全“1”的 IP 地址（255.255.255.255）是当前子网的广播地址。

在日常网络环境中，基本都在使用 B、C 两大类地址。

2. IP 地址设置

（1）IP 地址的组成。

每个 IP 地址都包含两部分内容，分别是网络地址和主机地址。为了把两者区分开来，就要用到子网掩码（子网掩码是一个 32 位地址，用于屏蔽 IP 地址的一部分以区别网络标识和主机标识，并说明该 IP 地址是在局域网上，还是在远程网上）。简单来说，就是把 IP 地址和子网掩码转化为二进制后做逻辑“与”运算（逻辑“与”运算的规则是同时为 1 时得 1，否则为 0），在运算结果中，非零部分就是网络地址，另一部分就是主机地址。

例：IP 地址为 221.202.70.150，子网掩码为 255.255.255.0。

两者做“与”运算后结果为 221.202.70.0，那么可以得出，该 IP 地址的网络地址为 221.202.70.0，将子网掩码取反，两者做“与”运算后结果为主机地址为：0.0.0.150。

所以在设置地址时，为了区分出网络地址和主机地址，不仅要给出 IP 地址，还要给出子网掩码。

（2）Windows 系统中 IP 地址的设置方法。

在“控制面板”→“网络和共享中心”→“以太网”→“属性”窗口中，按照图 2－6 所示的步骤操作，配置 TCP/IP 协议参数。

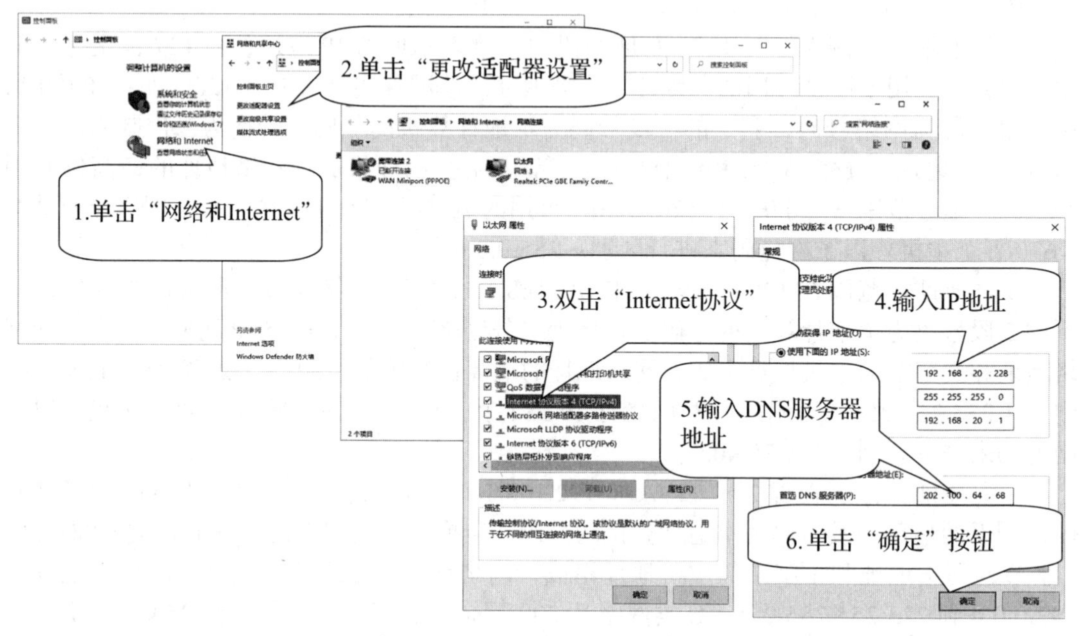

图 2－6　配置 TCP/IP 协议参数

2.2.2　互联网的简单应用

1. 获取网络信息

网页是网站的基本信息单位，通常一个网站是由众多内容不同的网页组成的。网页一般由文字、图片、声音、动画等多种媒体内容构成。网页实际上也是一个文件，它存放在某一台计算机中，当这台计算机与 Internet 相连时，网页经由网址来识别与存取，当在浏览器中输入网址后，经过一段复杂而又快速的数据处理，网页文件会被传送到用户的计算机中，然后通过浏览器解释网页的内容，再展示到用户的眼前。

浏览网页是 Internet 提供的主要服务之一，目前使用最广泛的网页浏览工具是 IE（Internet Explorer）浏览器。现在的主流 Windows 操作系统都自带 IE 浏览器。网页的浏览不仅支持文本，还支持图像、动画和声音等多媒体。

（1）启动浏览器。

双击桌面上的“Internet Explorer”图标，启动 IE 浏览器。IE 浏览器界面如图 2－7 所示。

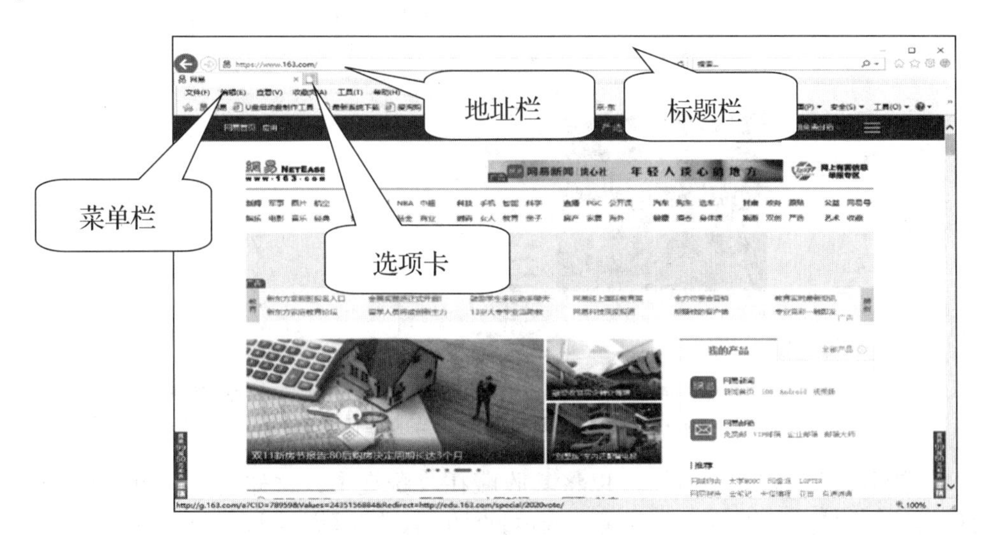

图 2－7　IE 浏览器界面

标题栏：显示当前浏览的网页名称。

地址栏：输入和显示网页的地址。

菜单栏：包含对 IE 进行操作的所有命令。

选项卡：通过新建和关闭选项卡，可在一个浏览器窗口中查看不同的网页。

如果知道某个网页的地址，则可在地址栏中直接输入该地址，例如“www.163.com”，然后按 Enter 键，IE 会自动通过超文本传输协议“HTTP”将站点的代码翻译成网页。

（2）保存和收藏网页。

当浏览到喜欢的网页时，可以将其保存下来。保存网页的操作步骤如图 2－8 所示。

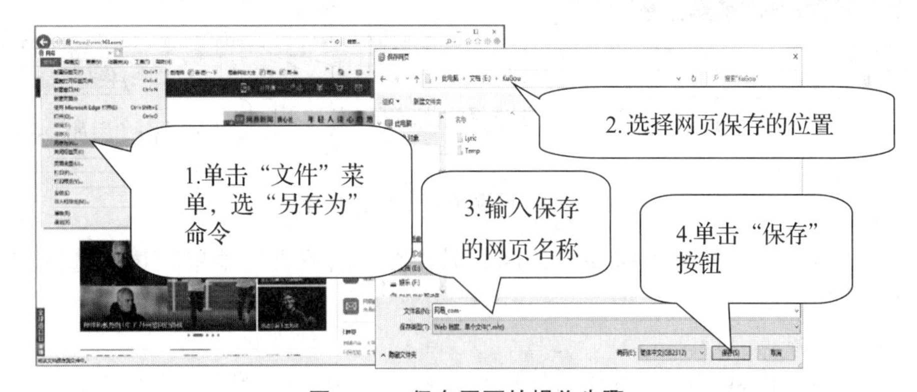

图 2－8　保存网页的操作步骤

对于网页中喜欢的图片，可以单独进行保存，在图片上右击，打开快捷菜单，操作步骤如图 2－9 所示，选择保存图片的位置后保存即可。

图 2-9 保存网页中的图片的操作步骤

对于需要经常访问的网页，可以将其收藏在收藏夹中，这样就不必每次访问都要输入网址，只需直接选择网页名称即可。收藏网页的操作步骤如图 2-10 所示。

图 2-10 收藏网页的操作步骤

收藏了网页以后，如果下次要再访问，只需在“收藏夹”菜单中直接选择相应的网页名称即可，如图 2-11 所示。

（3）下载资源。

对于在网络中检索到的文本和图片信息，可以采用前面介绍过的方法进行保存，但如果是其他的文件，则需要下载。如图 2-12、图 2-13 所示是下载“美图秀秀”软件的步骤。

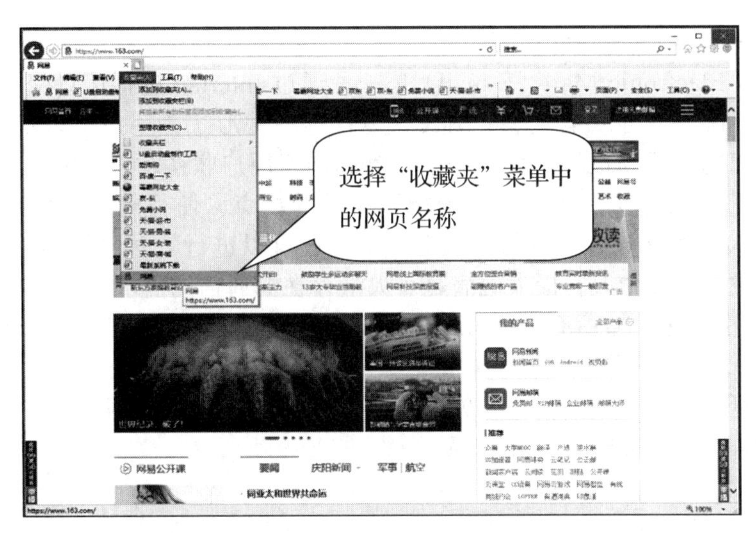

图 2-11　访问已收藏的网页

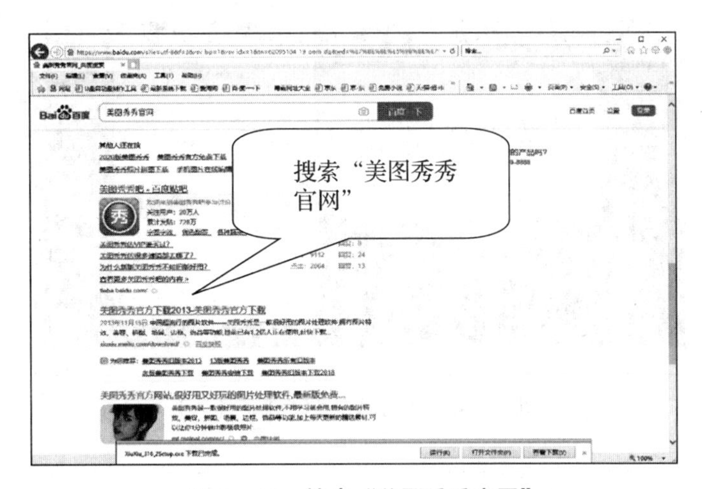

图 2-12　搜索“美图秀秀官网”

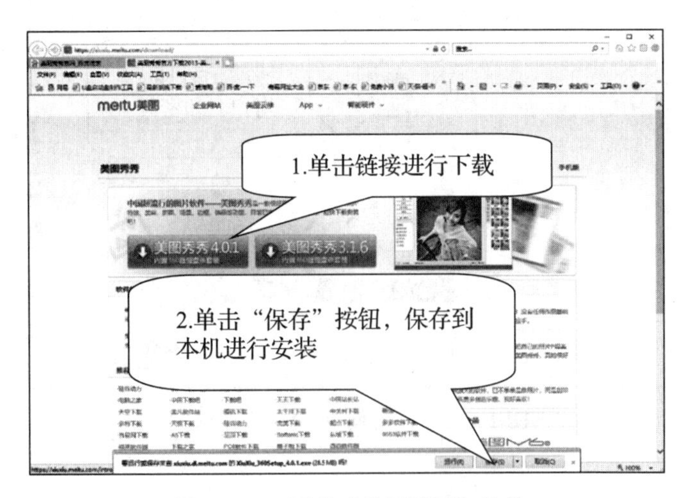

图 2-13　下载“美图秀秀”软件

2. 收发电子邮件

电子邮件（Electronic Mail，E-mail）是一种通过 Internet 进行信息交换的通信方式，这些信息（电子邮件）可以是文字、图像、声音等各种形式，用户可以用非常低廉的价格，以非常快速的方式与世界上任何一个角落的网络用户联系。正是电子邮件使用简易、投递迅速、收费低廉、易于保存、全球畅通无阻的特点，使得电子邮件被广泛地应用，极大地改变了人们的交流方式。另外，电子邮件还可以进行一对多的邮件传递，即同一邮件可以一次发送给多个人，极大地满足了大量存在的通信的需求。

当前，常用的免费邮箱有：mail.126.com 或 mail.163.com（网易）、mail.sina.com.cn（新浪）、mail.qq.com（腾讯）等。下面介绍申请 126 免费邮箱的方法。

（1）在浏览器中输入网址：http://www.126.com，打开 126 邮箱主页，按提示完成注册，见图 2－14、图 2－15。

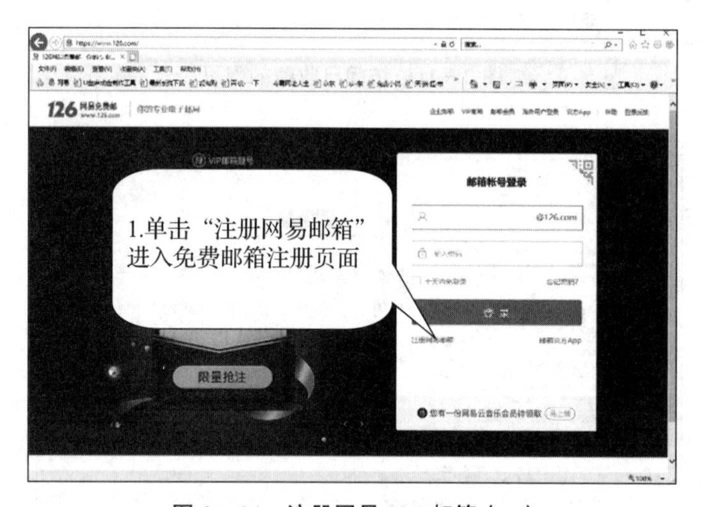

图 2－14　注册网易 126 邮箱（一）

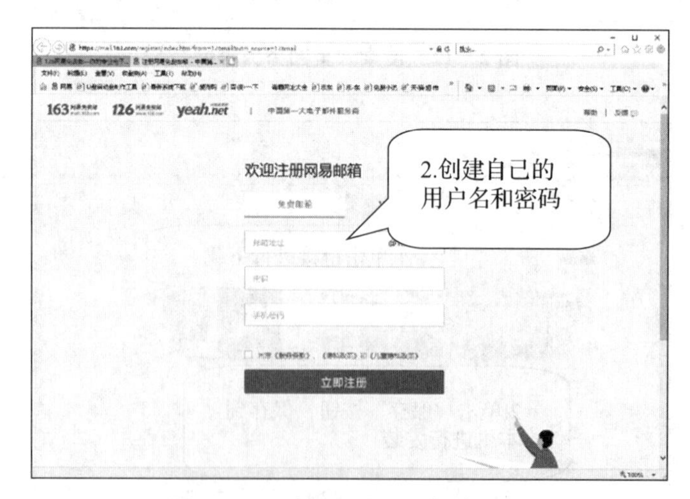

图 2－15　注册网易 126 邮箱（二）

（2）邮箱的使用。

在浏览器中输入网址：http：//www.126.com，出现如图 2－14 所示的 126 邮箱主页；在该页面中填写用户名和密码，单击“登录”按钮，如图 2－16 所示，将进入 126 邮箱页面。

图 2－16　126 邮箱登录页面

单击“写信”按钮，进入 126 邮箱写信页面，如图 2－17 所示。给对方写信时，要填写收件人的邮箱地址，并可在正文框中输入邮件内容，还可以用“添加附件”功能发送有关文件或图片。

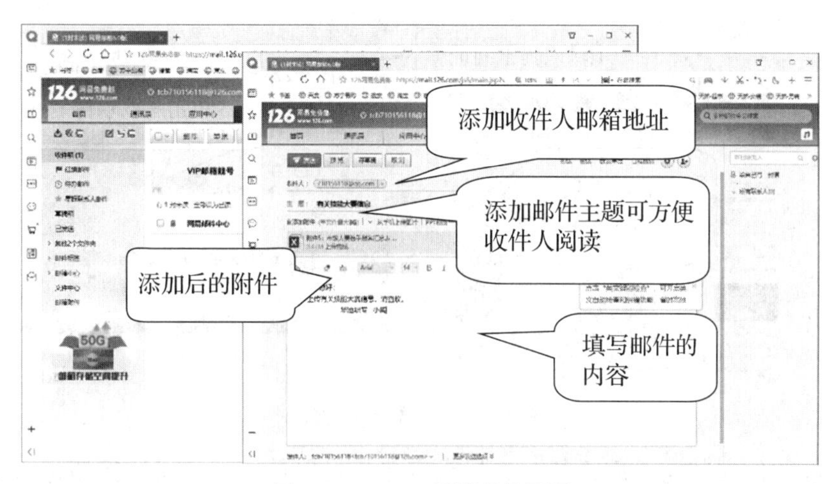

图 2－17　126 邮箱写信页面

单击“添加附件”，将出现如图 2－18 所示的选择附件文件的对话框，可以在不同的目录中选择要发送的文件，如选择“附件 5：市级大赛选手报名汇总表　动画”文件。

当邮件内容写好并且附件添加完毕后，单击“发送”按钮，邮件发送成功后的页面如图 2－18 所示。

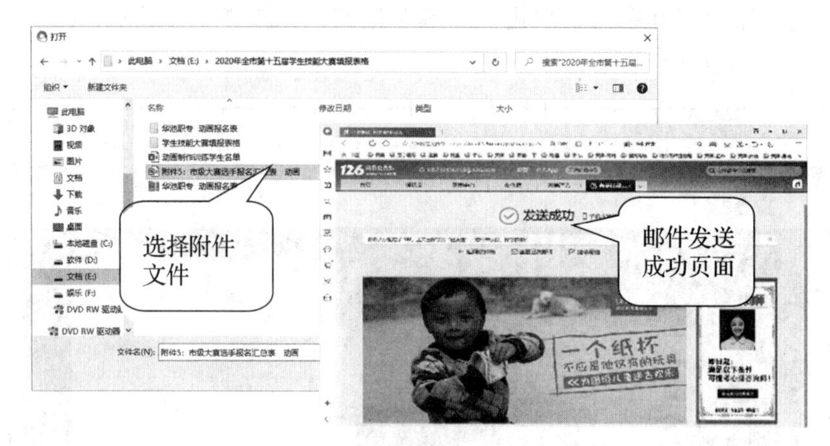

图 2－18　添加附件后发送邮件

3. 即时通信

即时通信软件是一种能跟踪网络用户在线状态并允许用户双向实时沟通的交流软件，用户必须下载到本机中才能使用。下面我们了解一下即时通信软件中的 QQ 软件的注册及使用。QQ 软件是腾讯公司开发的基于 Internet 的即时通信软件，它可以实现在线聊天、传输文件、音视频对话等多种功能。

（1）QQ 软件的下载与安装方法。

在浏览器地址栏中，输入腾讯网址 www.qq.com，进入腾讯网主页。

在腾讯网主页中，单击“QQ 软件”，进入该网站的软件中心页面，进行软件下载，完成 QQ 软件下载后即可在计算机中安装，如图 2－19 所示。

图 2－19　下载 QQ 软件

（2）QQ 软件安装完成后运行，如果没有账号可以单击“注册”按钮进入如图 2－20 所示的 QQ 账号注册界面申请 QQ 账号，根据提示填写，然后提交申请即可完成注册。

（3）注册了 QQ 账号后，在登录界面填写刚才设置的密码，就可以登录 QQ 了。在 QQ 界面上，可以实现许多功能，如聊天、发送文件、QQ 游戏、QQ 音乐等。

图 2－20　QQ 账号注册界面

任务实施

根据所学知识，分组完成以下任务：

（1）注册 126 网易邮箱，通过邮件接收老师发送的资料。

（2）下载 RAR 解压缩软件并安装，对收到的资料进行解压操作。

知识拓展

物联网概述

1. 什么是物联网

物联网（Internet of Things，IoT）即“万物相连的互联网”，是在互联网基础上进行延伸和扩展，将各种信息传感设备与互联网结合起来而形成的一个巨大网络，可实现在任何时间、任何地点人、机、物的互联互通。

物联网是新一代信息技术的重要组成部分，IT 行业又称其为泛互联，意指物物相连，万物万连。由此，“物联网就是物物相连的互联网”。这有两层意思：第一，物联网的核心和基础仍然是互联网，它是在互联网基础上延伸和扩展的网络；第二，其用户端延伸和扩展到了任何物品与物品之间进行信息交换和通信。因此，物联网可定义为通过射频识别、红外感应器、全球定位系统、激光扫描器等信息传感设备，按约定的协议，把物品与互联网相连接，进行信息交换和通信，以实现对物品的智能化识别、定位、跟踪、监控和管理的一种网络。

2. 物联网的特征

从通信对象和过程来看，物与物、人与物之间的信息交互是物联网的核心。物联网的基本特征可概括为整体感知、可靠传输和智能处理。

整体感知：可以利用射频识别、二维码、智能传感器等感知设备感知获取物体的各类信息。

可靠传输：通过对互联网、无线网络的融合，实时、准确地传送物体的信息，以实现信息交流、分享。

智能处理：使用各种智能技术，对感知和传送到的数据、信息进行分析处理，实现监测与控制的智能化。

3. 物联网对信息的处理功能

根据物联网的以上特征，结合信息科学的观点，围绕信息的流动过程，可以归纳出物联网对信息的处理功能：

（1）获取信息的功能。这主要是信息的感知、识别。信息的感知是指对事物属性状态及其变化方式的知觉和敏感；信息的识别是指能把所感受到的事物状态用一定方式表示出来。

（2）传送信息的功能。这主要是信息发送、传输、接收等环节，最后把获取的事物状态信息及其变化的方式从时间（或空间）上的一点传送到另一点，这就是常说的通信过程。

（3）处理信息的功能。这是指信息的加工过程，即利用已有的信息或感知的信息产生新的信息，实际是制定决策的过程。

（4）施效信息的功能。这是指信息最终发挥效用的过程，有很多的表现形式，比较重要的是通过调节对象事物的状态及其变换方式，始终使对象事物处于预先设计的状态。

4. 物联网的应用

物联网的应用涉及方方面面，其在工业、农业、环境、交通、物流、安保等基础设施领域的应用，有效地推动了这些方面的智能化发展，使有限的资源得到了更加合理的使用和分配，从而提高了行业效率、效益。物联网在家居、医疗健康、教育、金融与服务业、旅游业等与生活息息相关的领域的应用，使其从服务范围、服务方式到服务质量等方面都有了极大的改进，大大提高了人们的生活质量。在国防军事领域，物联网的应用虽然还处在研究探索阶段，但带来的影响也不可小觑，大到卫星、导弹、飞机、潜艇等装备系统，小到单兵作战装备，物联网技术的嵌入有效提升了军事智能化、信息化、精准化水平，极大地提升了军事战斗力，是未来军事变革的关键。

任务 3 工具软件的应用

任务目标

1. 了解常用工具软件的使用方法；
2. 学会使用迅雷等下载工具；
3. 掌握 QQ 影音的安装与使用方法。

任务引入

下载工具可以从网上下载图片、视频、软件等资源。下载方式分为 HTTP 与 FTP 两种类型，它们是计算机之间交换数据的方式，其原理是用户遵循一定规则（协议）和提供文件的服务器取得联系并将文件搬到自己的计算机中，从而实现下载。

我们经常播放音乐或视频，播放视频或音频文件时需要影音播放软件的支持，那么我们该怎样安装并使用这些软件呢？

相关知识

2.3.1 使用资源下载工具

在日常生活和工作中，我们经常会到网络上检索各类资源数据，经常要将重要数据下载到自己的计算机中，这就需要用到资料下载工具。

1. 常见的下载工具

常见的下载软件有 FlashGet、QQ 旋风、迅雷等。

迅雷采用了“多点连接（分段下载）”技术，充分利用了网络上的多余带宽，采用“断点续传”，随时接续上次中止的位置继续下载，避免了重复下载。迅雷软件的运行界面如图 2－21 所示。下面我们重点介绍迅雷软件的使用方法。

2. 使用迅雷下载网络资源

安装迅雷后，程序将自动在右键菜单中创建“使用迅雷下载”命令，使用此命令可以轻松地下载网络资源，如使用迅雷下载 QQ 的操作方法如下。

方法一：

启动百度搜索，在搜索框中输入“ QQ”，按回车键后找到相应的下载地址，在弹出的快捷菜单中单击“使用迅雷下载”。

在打开的“新建任务”对话框中，单击存储位置项中的“浏览”按钮，在弹出的“浏览文件夹”对话框中选择文件的下载位置，如“ E:\ 常用软件”，单击“确定”后返回到新建任务对话框，单击“下载”按钮，出现下载进度条，直到下载结束为止，如图 2－22 所示。

图 2－21　迅雷软件的运行界面

图 2－22　迅雷下载界面（一）

方法二：

启动迅雷后，电脑桌面上默认显示悬浮迅雷图标，使用迅雷下载资源时，可以直接应用悬浮图标下载资源，操作步骤如下：

右击桌面上的迅雷悬浮图标，在弹出的快捷菜单中单击“显示主界面”命令，打开迅雷程序窗口，单击工具栏中的“新建”按钮，在弹出的“新建任务”对话框中将需要下载的文件下载链接地址粘贴到“输入下载 URL”文本框中，单击存储位置项中的“浏览”按钮，设置文件的保存路径，如“F:\迅雷下载”，最后单击“立即下载”按钮即可开始下载，如图 2－23 所示。

3. 迅雷软件的设置方法

（1）设置下载进程数。

如果觉得迅雷的下载速度较慢，可以通过适量增加下载进程数来提高下载速度。

启动迅雷，在程序窗口中选择“设置中心”按钮，在弹出的窗口中选择“下载设置”，设置下载进程数及相关选项，如图 2－24 所示。

图 2－23　迅雷下载界面（二）

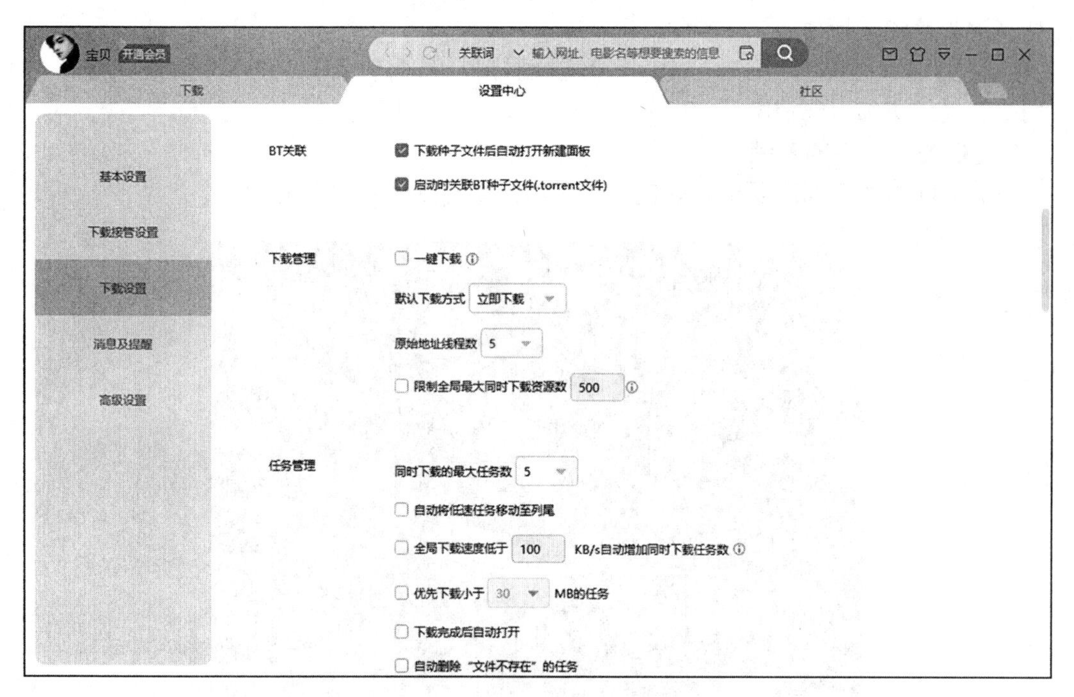

图 2－24　设置下载进程数

（2）更改迅雷下载目录。

为了避免每次下载都重新更改下载目录的麻烦，可以通过设置让下载的文件存放到指定的目录中，从而方便管理。更改迅雷默认下载目录的操作方法是：启动迅雷，在程序窗口中选择“设置中心”按钮，在弹出的窗口中选择“基本设置”，在此更改保存位置。

（3）取消迅雷悬浮窗。

启动迅雷后，在电脑桌面上会显示一个悬浮窗，以供用户进行快速操作。如果不需要在启动时自动显示悬浮窗，可以将其隐藏，操作方法是：右击悬浮窗，在弹出的快捷菜单中单击“隐藏悬浮窗”命令。

使用迅雷下载文件时，如果遇到突然断电或者电脑死机等情况导致下载任务被中断，重新开机后可继续下载未完成的任务。

2.3.2 安装使用影音播放软件

在生活中，我们经常会使用影音播放软件收听音乐、观看视频资源，下面我们就来学习 QQ 影音播放软件的安装和使用方法。

1. QQ 影音简介

QQ 影音是由腾讯公司推出的一款支持任何格式影片和音乐文件的本地播放器，主要有下列特点：

（1）全格式支持：Flash、RM、MPEG、AVI、WMV、DVD 等一切电影、音乐格式都支持。

（2）专业级高清晰支持：QQ 影音深入挖掘和发挥新一代显卡的硬件加速能力，全面支持高清影片流畅播放。

（3）更小、更快、更流畅：QQ 影音首创轻量级多播放内核技术，安装包小、CPU 占用少，播放更加流畅清晰。

2. QQ 影音软件的安装

下载 QQ 影音软件后双击安装包，出现如图 2－25 所示安装界面。

图 2－25 QQ 影音安装界面

单击“快速安装”，软件会智能地快速完成安装过程，也可以选择“自定义安装”，选择安装到不同的文件夹。

3. QQ 影音软件的使用

QQ 影音可以播放任何格式的视频文件，若有不能播放的视频格式，QQ 影音会自动下载解码器，下载后即可播放。

（1）播放视频文件。

在图2－26所示的界面中单击“打开文件”，弹出“打开”窗口，选择需要播放的视频文件，单击“打开”即可播放。

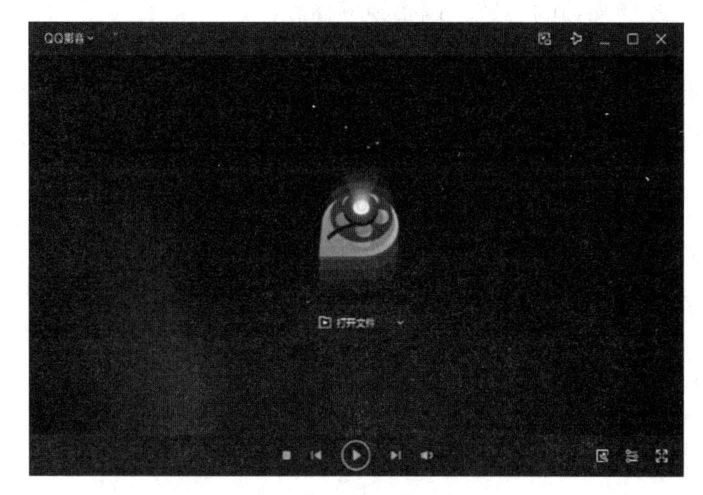

图2－26　QQ影音待播放界面

（2）播放音频文件。

播放音频时，QQ影音会自动下载歌词，其他功能和播放视频一样。

（3）播放光盘。

把光盘放入光驱，打开QQ影音，单击右上角按钮选择“播放光盘”即可。

4. QQ影音软件辅助功能

（1）影音工具箱。

单击右下角图标，在弹出的“影音工具箱”中有截图、连拍等辅助功能图标，如图2－27所示。

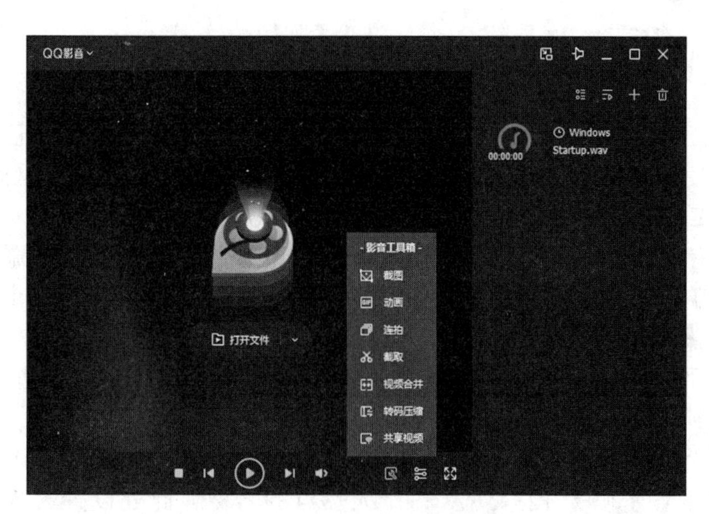

图2－27　QQ影音辅助功能

部分辅助功能的具体功能如下：

截图：截取当前播放画面；动画：截取一段视频作为 GIF 图片，可以用作 QQ 表情；连拍：随机截取整部影片的若干画面；截取：单独截取某段视频或者音频；视频合并：合并两个视频，或者合并视频和音频；转码压缩：转码指转换视频的格式，比如 RMVB 转成 MP4，压缩指改变视频的参数，调整视频体积。

（2）载入字幕。

有些视频没有字幕，需要加载外挂字幕。在播放界面单击鼠标右键，选择“手动载入字幕”，打开下载好的字幕文件即可。一般情况下，热门影片只要选择自动载入字幕就可以了。

（3）调整画面。

有些影片的画面可能会不适合自己屏幕的比例，看起来会很别扭，这就需要调整影片的比例。在播放界面单击鼠标右键选择“画面”，然后选择适合自己屏幕比例的尺寸即可。

（4）画质增强。

画质增强功能可以优化视频的画面，让视频看上去更舒服、清晰。在播放界面单击鼠标右键选择“画面”，然后选择“画质增强”即可。

任务实施

下载并安装迅雷软件，使用迅雷从网上下载 RAR 压缩软件、QQ 影音等。

下载并播放一段视频，学会控制操作；在播放过程中，截取一张图片和一段视频并保存到桌面。

知识拓展

电脑使用手机热点上网

在平时的工作、生活中，往往会碰到这样的小尴尬：在网络不稳定的情况下，有紧急任务需要使用网络。这时我们可以使用手机热点功能解决电脑上网问题。

1. 材料 / 工具

电脑（要有无线网卡，笔记本电脑都有，新型号台式机也开始内置无线网卡了）、手机。如果电脑没有内置网卡，则还需要 1 个带有 USB 接口的无线网卡。

2. 操作步骤

（1）打开手机的热点功能。在手机桌面上选择“设置”，进入设置页面，在设置页面下可以看到“个人热点”选项，点击进入，如图 2－28 所示。

（2）进入个人热点页面后，我们需要注意 3 个地方：个人热点的开关；个人热点的密码，此处设置密码为 12345678；个人热点的名称，此处设置为 ABC。接下来，开启个人热点，这时手机热点就已经打开了。

（3）单击电脑右下角的“网络连接”小图标，如图 2－29 所示。在“无线连接”中，可以看到有一个名为“ABC”的网络，正是我们使用手机打开的个人热点。

图 2－28 “个人热点”选项

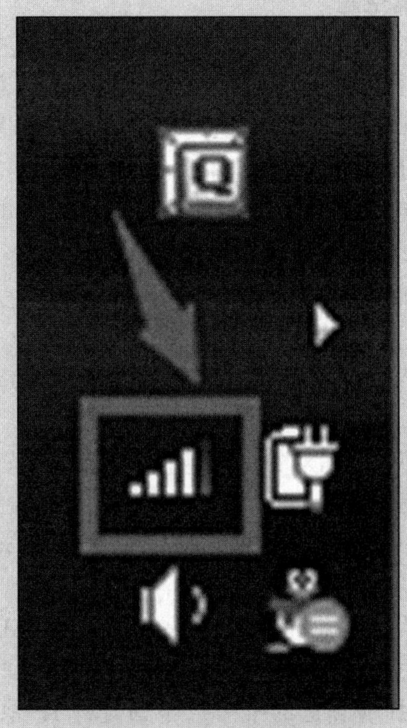

图 2－29 “网络连接”图标

选择“ABC”网络并连接。在密码输入框中输入我们在第（2）步设置好的密码，单击“确定”按钮，如图 2－30 所示，这样就成功连上热点可以上网了。

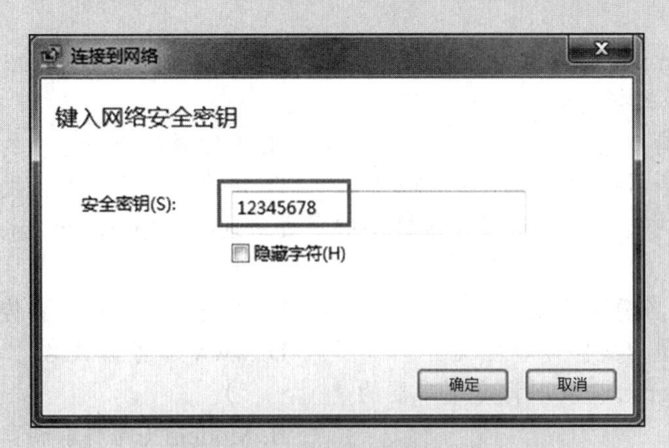

图 2－30 输入密码连接热点

3. 注意事项

电脑上网可能会消耗很多流量，要确保手机流量充足。

练习题

一、填空题

1. 目前较为常用的宽带上网方式有________、________等。

2. 计算机网络中，通信双方必须共同遵守的规则或约定，称为________。

3. 如果想要保存网页上的图片，应该选择快捷菜单中的________命令。

4. URL 是指________。

5. 浏览网页必须使用________，最常用的是________。

6. Internet 使用的通信协议是________。

7. 目前 IP 地址长度主要有________位和________位，每段 IP 地址数字范围为________。

8. 个人计算机要通过 ADSL 接入 Internet，除计算机和光纤线以外，需要购买的硬件设备是________。

9. www 的中文名称为________。

二、选择题

1. 在 Internet 中，用字符串表示的 IP 地址称为（　　）。

A. 账户　　B. 域名　　C. 主机名　　D. 用户名

2. 个人计算机申请了账号并采用 ADSL 方式接入 Internet 后，该计算机（　　）。

A. 拥有与 Internet 服务商主机相同的 IP 地址

B. 拥有自己的唯一但不固定的 IP 地址

C. 拥有自己的唯一且固定的 IP 地址

D. 只作为 Internet 服务商主机的一个终端，因而没有自己的 IP 地址

3. 假设用户名为 xyz，Internet 邮件服务器的域名为 sina.com，则该用户的电子邮箱地址为（　　）。

A. sina.com.xyz　　B. xyz.xyz.tpt.tj.cn　　C. sina.com@xyz　　D. xyz@sina.com

4. 用户的电子邮箱是（　　）。

A. 通过邮局申请的个人信箱　　B. 邮件服务器内存中的一块区域

C. 邮件服务器硬盘上的一块区域　　D. 用户计算机硬盘上的一块区域

5. 在 Internet 中，某 www 服务器提供的网页地址为 http://www.microsoft.com，其中的“http”指的是（　　）。

A. www 服务器主机名　　B. 访问类型为超文本传输协议

C. 访问类型为文件传输协议　　D. www 服务器域名

6. 接入 Internet 时，以下肯定不需要的是（　　）。

A. 光纤线　　B. Modem（调制解调器）

C. Internet 账号　　D. 打印机

7. www 的全称是（　　）。

A. World Wide Wait　　B. World Wais Web

C. World Wide Web　　D. World Life Web

8. 如果电子邮件到达时，收信人的计算机没有开机，那么电子邮件将（　　）。

A. 退回给发信人　　B. 保存在 ISP 的邮件服务器上
C. 过一会儿再重新发送　　D. 丢失

三、判断题

1. ISP 是个人计算机接入 Internet 的内容服务商。（　　）
2. 使用 ADSL 上网就不能打电话。（　　）
3. 目前的电子邮件只能传送文本。（　　）
4. 一旦关闭计算机，别人就不能给你发电子邮件了。（　　）
5. 没有主题的邮件不可以发送。（　　）
6. 电子邮件一次只能发送给一个人。（　　）
7. 接入 Internet 使用的网络协议是 TCP/IP。（　　）
8. 域名就是网址。（　　）
9. 使用 QQ 只能进行文字聊天，不能进行视频和音频聊天。（　　）
10. 迅雷是下载工具软件。（　　）

项目 3

图文编辑软件应用

任务 1　认识 Word 2016

任务目标

1. 认识 Word 2016；
2. 了解 Word 2016 的五种视图方式；
3. 掌握 Word 2016 的基本操作。

任务引入

我们经常看到的报纸、杂志、书籍上的文章，一般都经过了文字处理，这样的文章便于阅读，更能突出主题、引人入胜。计算机的文字处理软件已经在很大程度上取代了纸、笔、橡皮，成为人们学习和工作中处理文字的重要工具。

相关知识

3.1.1　Word 2016 简介

Word 2016 是 Microsoft 公司开发的 Office 2016 办公组件之一，主要用于文字处理工作。

1. Word 2016 的启动

方法一：单击“开始”→“所有程序”→ Word 2016。

方法二：双击桌面上的 Word 2016 应用程序图标。

2. Word 2016 的操作界面

Word 2016 的操作界面主要包括标题栏、快速访问工具栏、功能区、文档编辑区、垂直滚动条、状态栏、视图切换区以及比例缩放区等组成部分，如图 3－1 所示。

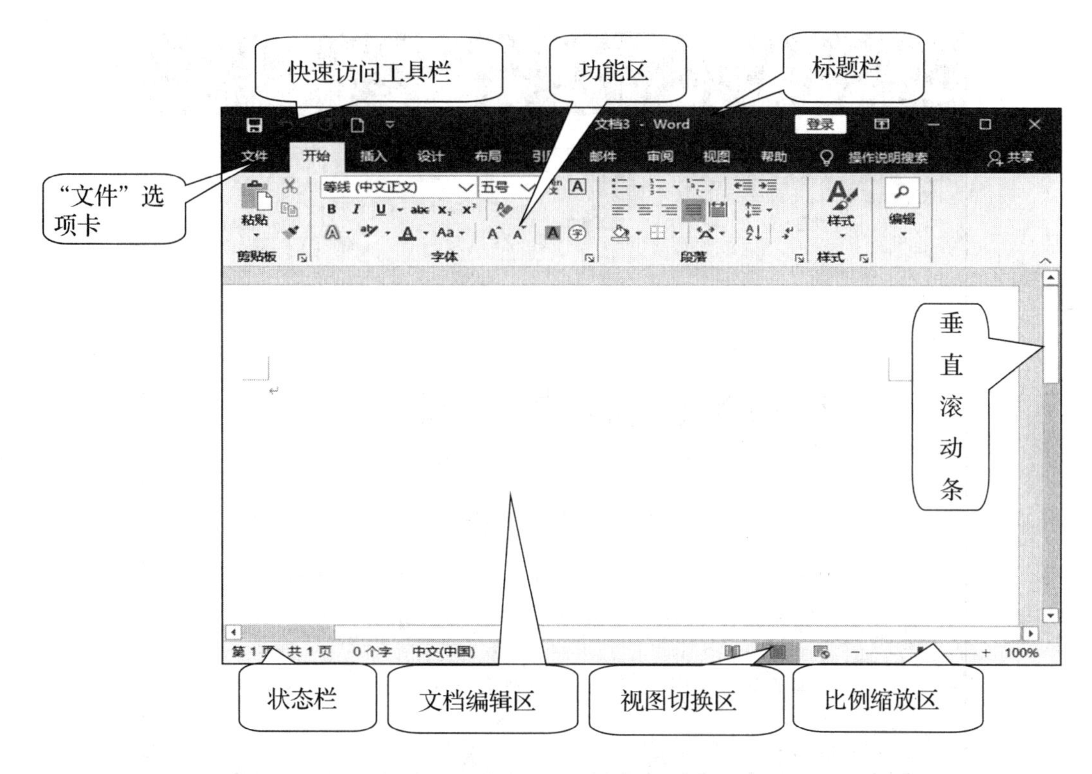

图 3－1　Word 2016 的操作界面

下面对其中几个部分的功能进行简要介绍：

（1）标题栏：主要用于显示正在编辑的文档的文件名以及所使用的软件名，另外还包括标准的“最小化”“还原”“关闭”按钮。

（2）快速访问工具栏：主要包括一些常用命令，例如“保存”“撤销”“恢复”按钮。在快速访问工具栏的最右端有一个下拉按钮，单击此按钮，在弹出的下拉列表中可以添加其他常用命令或经常需要用到的命令。

（3）功能区：主要包括“文件”“开始”“插入”“设计”“布局”“引用”“邮件”“审阅”“视图”等选项卡，以及工作时需要用到的命令。

（4）“文件”选项卡：这是一个类似于菜单的按钮，位于 Office 2016 窗口左上角。单击“文件”选项卡可以打开“文件”面板，其中包含“开始”“新建”“打开”“信息”“保存”“另存为”“打印”“共享”“导出”“关闭”等常用命令。

3. Word 2016 的视图模式

Word 2016 提供了多种视图模式供用户选择，包括“页面视图”“阅读视图”“ Web 版式视图”“大纲视图”“草稿视图”等五种视图模式。用户可以在“视图”功能区中选择需要的文档视图模式，也可以在 Word 2016 文档窗口的右下方单击“视图”按钮选择视图。

（1）页面视图。

页面视图可以显示 Word 2016 文档的打印结果外观，主要包括页眉、页脚、图形对象、分栏设置、页面边距等元素，是最接近打印结果的页面视图，如图 3－2 所示。

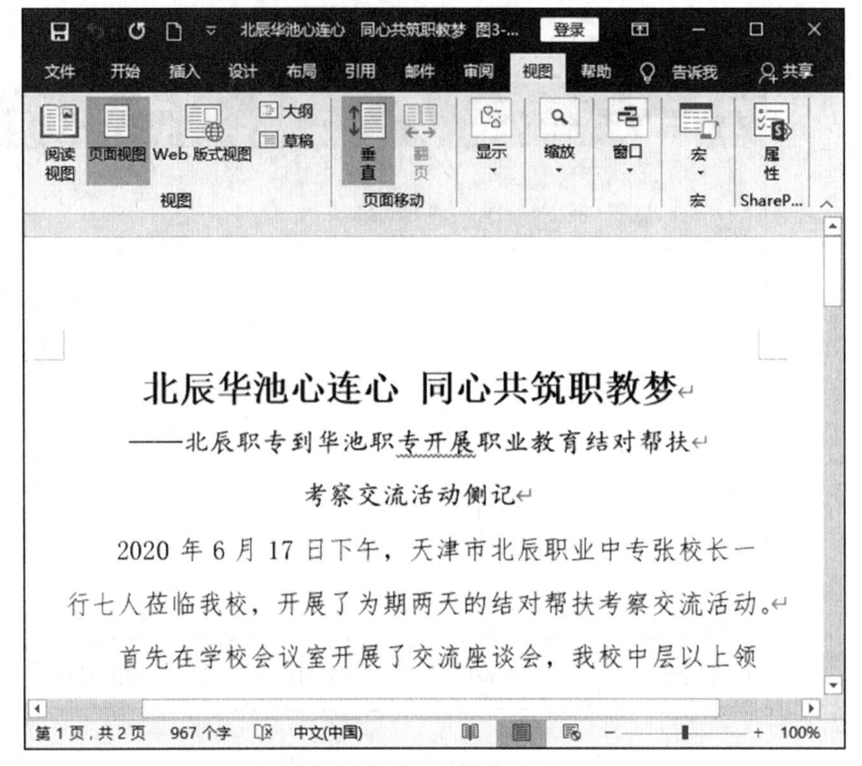

图 3－2 页面视图

（2）阅读视图。

阅读视图以图书的分栏样式显示 Word 2016 文档，“文件”选项卡、功能区等窗口元素被隐藏起来。在阅读视图中，还可以单击“工具”菜单选择各种阅读工具，如图 3－3 所示。

（3）Web 版式视图。

Web 版式视图以网页的形式显示 Word 2016 文档，Web 版式视图适用于发送电子邮件和创建网页，如图 3－4 所示。

（4）大纲视图。

大纲视图主要用于 Word 2016 文档的设置和显示标题的层级结构，并可以方便地折叠和展开各种层级的文档。大纲视图广泛用于 Word 2016 长文档的快速浏览和设置，如图 3－5 所示。

（5）草稿视图。

草稿视图取消了页面边距、分栏、页眉页脚和图片等元素，仅显示标题和正文，是最节省计算机系统硬件资源的视图方式，如图 3－6 所示。当然现在计算机系统的硬件配置都比较高，基本上不存在由于硬件配置偏低而使 Word 2016 运行遇到障碍的问题。

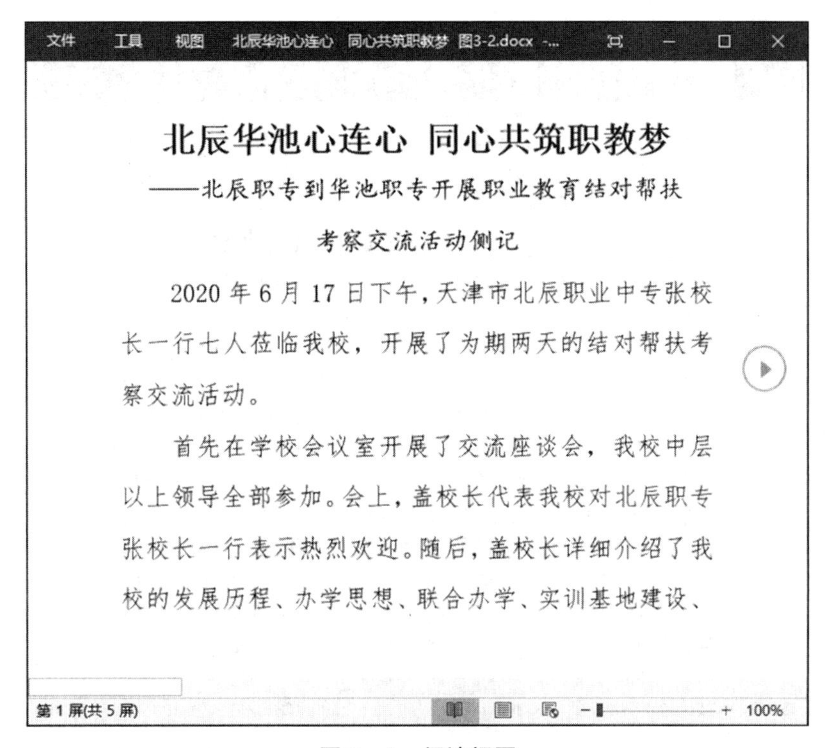

图 3－3　阅读视图

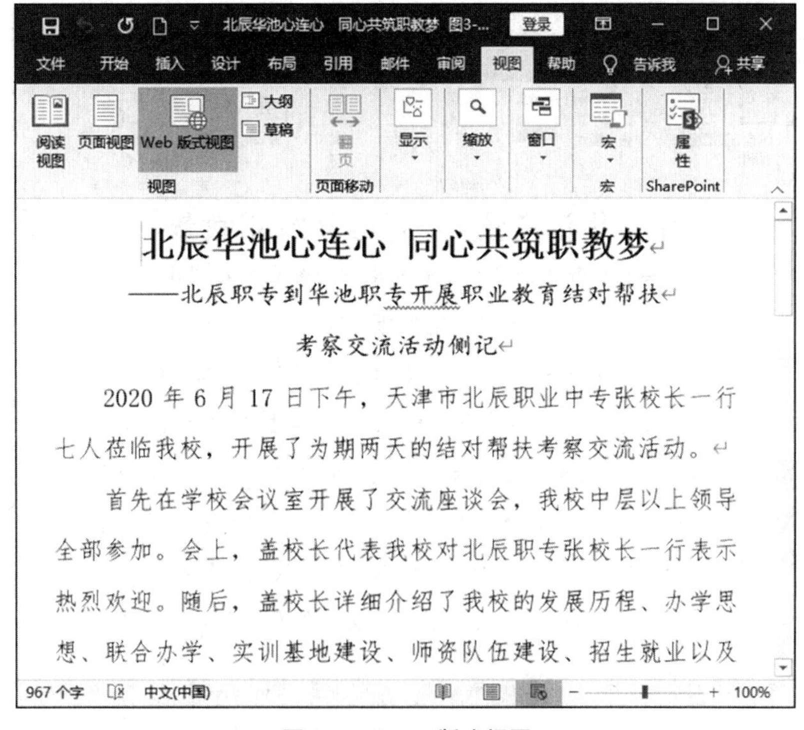

图 3－4　Web 版式视图

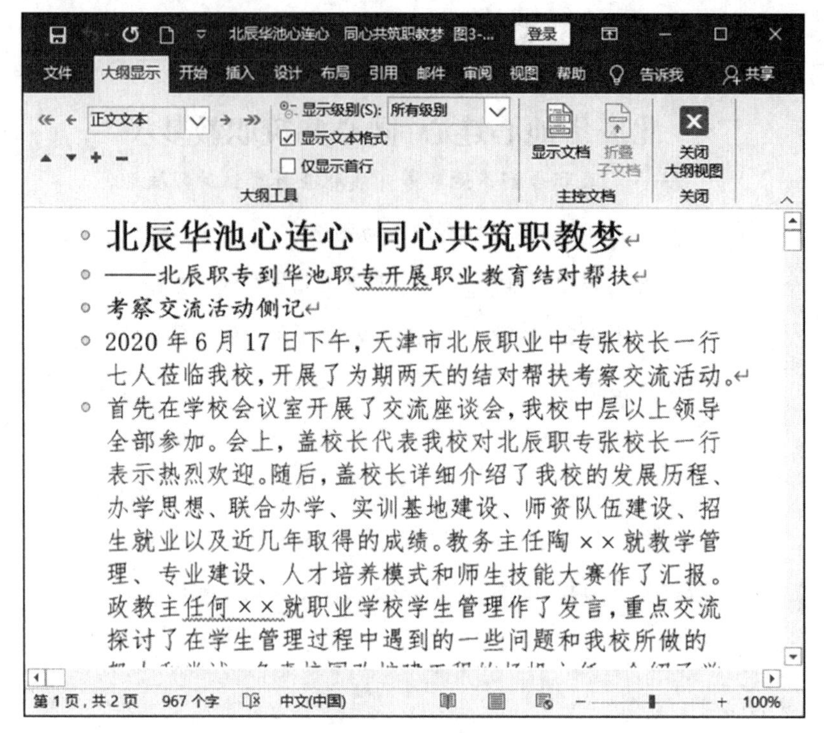

图 3－5　大纲视图

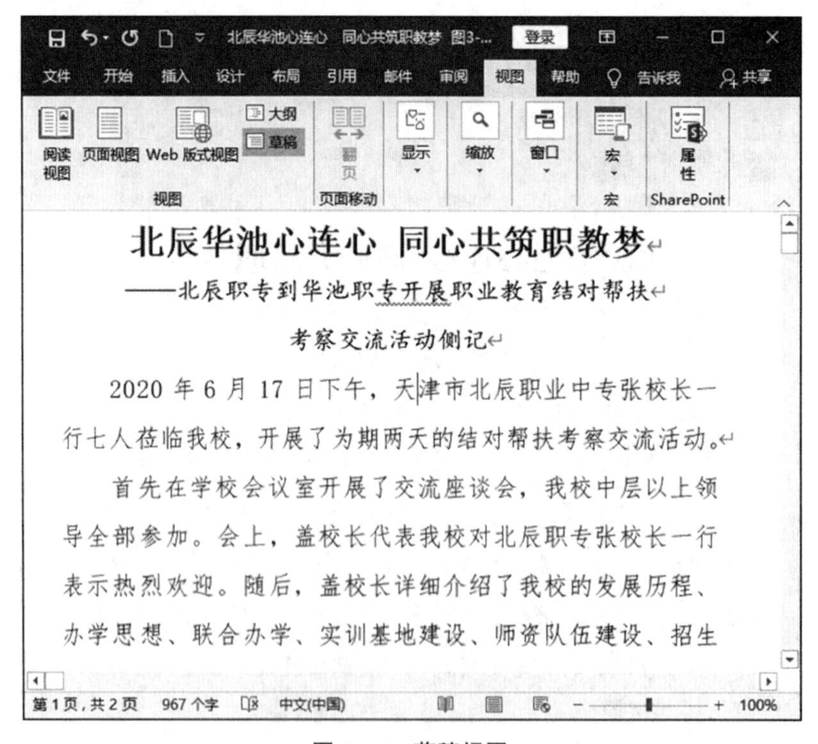

图 3－6　草稿视图

（6）调整视图比例。

在 Word 2016 中，我们还可以根据需要调整文档的缩放比例，在比例缩放区直接左右拖动“显示比例”滑块，或者直接单击“缩小”“放大”按钮即可。

3.1.2 Word 2016 的基本操作

1. 文档的基本操作

（1）新建文档。

1）使用“文件”选项卡。单击“文件”选项卡，在弹出的菜单中选择“开始 / 新建”菜单项，然后在“新建”列表框中单击“空白文档”即可创建一个新的空白文档。

2）使用快捷键。按“Ctrl+N”组合键即可创建一个新的空白文档。

3）使用“新建”按钮。单击自定义快速访问工具栏中的下拉按钮，在弹出的下拉列表中选择“新建”选项。此时，“新建”按钮就添加在了自定义快速访问工具栏中。单击“新建”按钮即可创建一个空白文档。

（2）保存文档。

1）保存新建的文档。新建文档以后，用户可以将其保存起来。步骤如下：单击“文件”选项卡，再单击“保存”菜单项，然后单击“浏览”按钮或双击“这台电脑”按钮，在打开的“另存为”对话框中选择保存位置，输入文件名，然后单击“保存”按钮即可。

2）保存已有的文档。我们对已经保存过的文档进行编辑之后，可以使用下列方法再次保存：

方法一：单击快速访问工具栏中的“保存”按钮。

方法二：单击“文件”选项卡，在弹出的菜单中选择“保存”菜单项。

方法三：按“Ctrl+S”快捷键。

3）将文档另存为。对已有文档进行编辑后，还可以另存为同类型文档或其他类型文件。

- 另存为同类型文档。单击“文件”选项卡，在弹出的菜单中选择“另存为”菜单项，单击“浏览”按钮或双击“这台电脑”按钮，弹出“另存为”对话框，选择保存位置、输入文件名，然后单击“保存”按钮即可。
- 另存为其他类型文件。单击“文件”选项卡，在弹出的菜单中选择“导出”菜单项，然后选择“更改文件类型”选项，在右侧的“更改文件类型”列表框中选择文件类型，然后单击“另存为”按钮即可。

4）设置自动保存。使用 Word 的自动保存功能，可以在断电或死机的情况下最大限度地减少损失，方法如下：单击“文件”选项卡，在弹出的菜单中选择“选项”菜单项，在“ Word 选项”对话框中，切换到“保存”选项卡，选中“保存自动恢复信息时间间隔”复选框，这里我们将时间间隔值设置为“10 分钟”，设置完毕，单击“确定”按钮即可，如图 3－7 所示。

（3）保护文档。

Word 2016 可以通过设置只读文档、设置加密文档和启动强制保护等方法对文档进行保护，以防止无操作权限的人员打开或修改文档。

1）设置只读文档。只读文档是指开启的文档处在“只读”状态，无法被修改。设置方法如下：

图 3-7　设置文档的自动保存

◆ 标记为最终状态。将文档标记为最终状态，可以让读者知晓文档是最终版本，并将其设置为只读。标记为最终状态的具体操作步骤如下：

打开文档，单击“文件”选项卡，在弹出的菜单中选择“信息”菜单项，然后单击“保护文档”按钮，在弹出的下拉列表中选择“标记为最终”选项，如图 3-8 所示。

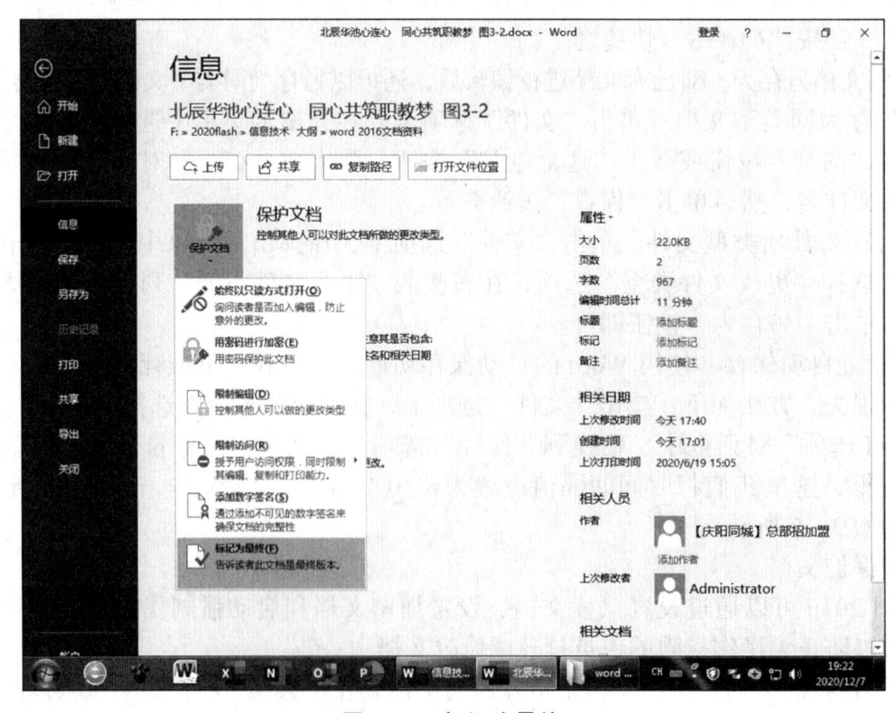

图 3-8　标记为最终

弹出“Microsoft Word”对话框，并提示用户“此文档将标记为最终，然后保存”。

单击“确定”按钮，弹出“Microsoft Word”对话框，并提示用户“此文档已标记为最终，表示编辑已完成，这是文档的最终版本”，单击“确定”按钮即可。

再次启动文档，弹出提示对话框，并提示用户“作者已将此文档标记为最终以防止编辑”，此时文档的标题栏上显示“只读”，如果要编辑文档，单击“仍然编辑”按钮即可。

◆ 使用常规选项。具体操作步骤如下：

单击“文件”选项卡，在弹出的菜单中选择“另存为”菜单项，单击“浏览”按钮或双击“这台电脑”按钮，弹出“另存为”对话框，单击“工具”按钮，在弹出的下拉列表中选择“常规选项”选项。如图 3 - 9 所示。

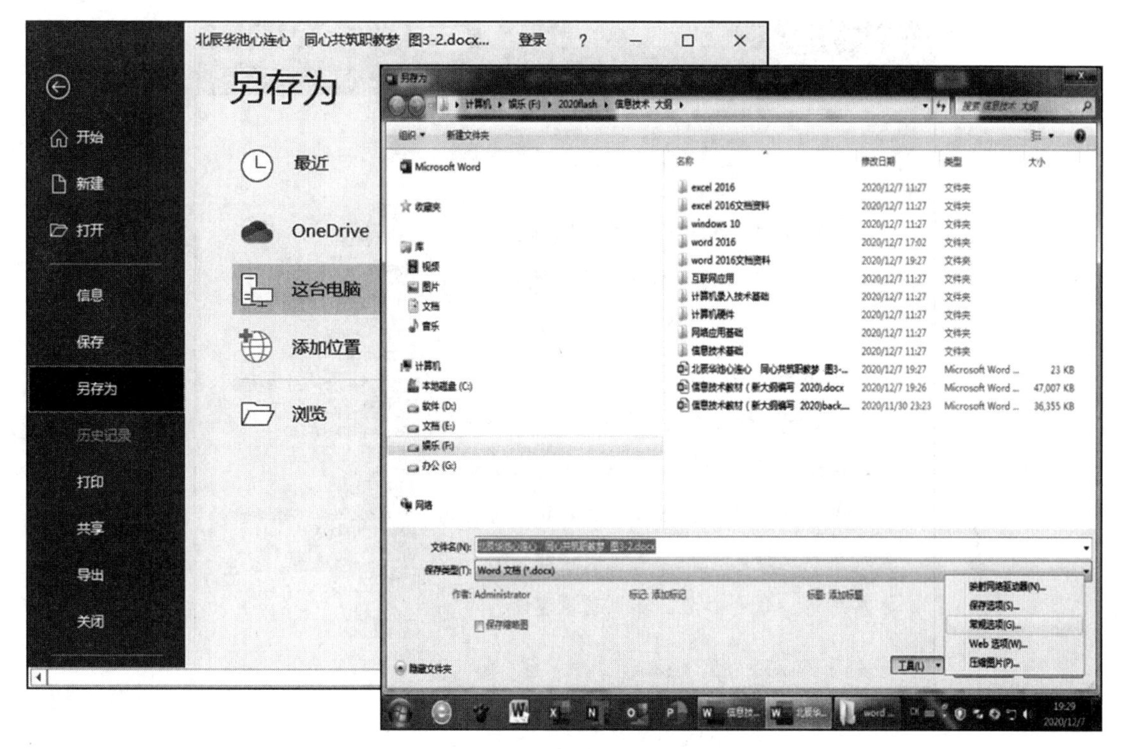

图 3 - 9　使用常规选项

弹出“常规选项”对话框，选中“建议以只读方式打开文档”复选框。单击“确定”按钮，返回“另存为”对话框，然后单击“保存”按钮即可。

再次启动该文档时弹出“Microsoft Word”对话框，并提示用户“是否以只读方式打开?”，单击“是”按钮，启动 Word 文档，此时该文档处于“只读”状态。

2）设置加密文档。设置加密文档的具体操作步骤如下：

打开文档，单击“文件”选项卡，在弹出的菜单中选择“信息”菜单项，然后单击“保护文档”按钮，在弹出的下拉列表中选择“用密码进行加密”选项。

弹出“加密文档”对话框，在“密码”文本框中输入密码，如“tcb9135”，然后单击“确定”按钮。

弹出“确认密码”对话框，在“重新输入密码”文本框中输入“tcb9135”，然后单击“确定”按钮。

再次启动该文档时弹出“密码”对话框，在“请键入打开文件所需的密码”文本框中输入密码“tcb9135”，然后单击“确定”按钮即可打开 Word 文档。

3）启动强制保护。我们还可以通过设置文档的编辑权限来启动文档的强制保护功能，保护文档的内容不被修改，具体操作步骤如下：

单击“文件”选项卡，在弹出的菜单中选择“信息”菜单项，然后单击“保护文档”按钮，在弹出的下拉列表中选择“限制编辑”选项。

在文档编辑区的右侧出现一个“限制编辑”窗格，在“编辑限制”组合框中选中“仅允许在文档中进行此类型的编辑”复选框，然后在其下方的下拉列表中选择“不允许任何更改（只读）”选项，如图 3－10 所示。

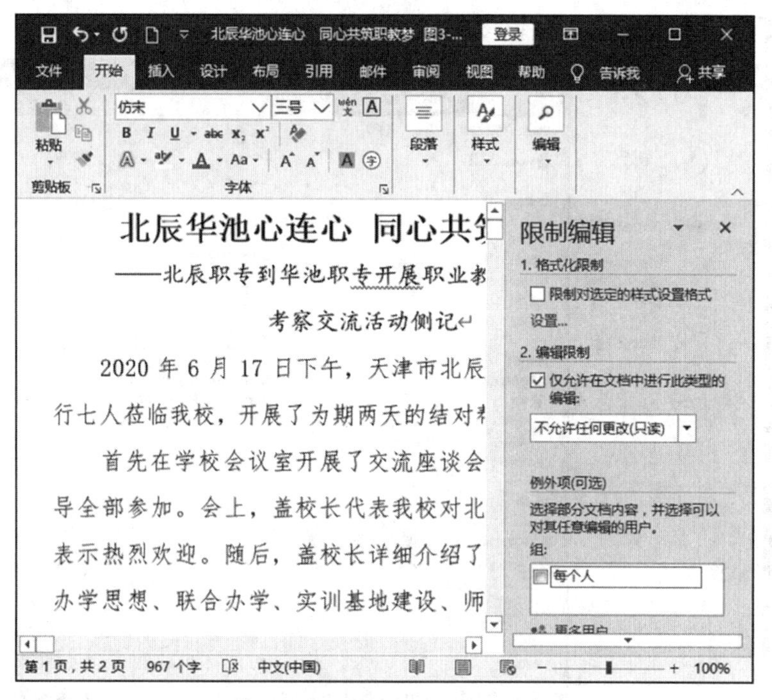

图 3－10　设置文档的编辑权限

单击“是，启动强制保护按钮”，弹出“启动强制保护”对话框，在“新密码”和“确认新密码”文本框中输入密码。单击“确定”按钮，此时文档处于保护状态。

如果要取消强制保护，单击“停止保护”按钮，弹出“取消保护文档”对话框，在“密码”文本框中输入密码，然后单击“确定”按钮即可。

2. 文本的基本操作

（1）文本输入。

1）输入中文。新建一个 Word 空白文档后，就可以在文档中输入中文了。具体做法是：切换到任意一种汉字输入法，单击文档编辑区，在光标闪烁处输入文本内容即可。

2）输入数字。在编辑文档的过程中，如果用户需要用到数字内容，只需利用数字键直接输入即可。

3）输入当前日期和时间。需要输入日期或时间时，则可使用 Word 自带的插入日期和时间功能，操作方法有以下两个：

方法一：将光标定位在需要插入日期和时间的位置，然后切换到“插入”选项卡，在“文本”组中单击“日期和时间”按钮，弹出“日期和时间”对话框，在“可用格式”列表框中选择一种日期格式即可。此时，当前日期就插入了 Word 文档中。

方法二：按“Alt+Shift+D”组合键，即可输入当前的系统日期。

4）输入英文。在编辑文档的过程中，如果想要输入英文文本，要先将输入法切换到英文状态，然后进行输入。如果要改写英文的大小写，如将小写改为大写，要先选择英文，然后切换到“开始”选项卡，在“字体”组中单击“更改大小写”按钮，在弹出的下拉列表中选择“大写”选项即可。

（2）选择文本。

对 Word 文档中的文本进行编辑之前，首先要选择待编辑的文本。

1）选择一段文字。将鼠标定位在所选文本开始位置，拖动鼠标左键不放移动到所选文本结尾处，松开鼠标即可。

2）选取垂直的文本。按住 Alt 键，鼠标拖动所选区域，然后松开鼠标即可。

3）选取不相邻的文本。按住 Ctrl 键，依次用鼠标拖动所选文字，选完后松开鼠标即可。

4）选择一行。将鼠标定位在要选中的行的左侧空白区域，当鼠标指针变成向右的箭头时，单击左键即可选取一行。

5）选择段落。将鼠标定位在要选中段落的左侧空白区域，当鼠标指针变成向右的箭头时，双击左键即可选择整段文本。

6）选中整篇文档。将鼠标放在文本编辑区的左侧，当鼠标指针变成向右的箭头时，三击鼠标左键即可选中整篇文档。

7）选取单个字或词组。定位鼠标指针，选哪个字就将鼠标指针放在那个字左侧，选哪个词组就将指针放在那个词组中间或者左侧，然后双击左键即可。

8）使用快捷键选择文本。文本选择快捷键如表 3－1 所示。

表 3－1　文本选择快捷键

快捷键	功能
Ctrl+A	选择整篇文档
Ctrl+Shift+Home	选择光标所在处至文档开始处的文本
Ctrl+Shift+End	选择光标所在处至文档结束处的文本
Alt+Ctrl+Shift+PageUp	选择光标所在处至本页开始处的文本
Alt+Ctrl+Shift+PageDown	选择光标所在处至本页结束处的文本
Shift+ ↑	向上选中一行
Shift+ ↓	向下选中一行
Shift+ ←	向左选中一个字符
Shift+ →	向右选中一个字符
Ctrl+Shift+ ←	选择光标所在处左侧的词语
Ctrl+Shift+ →	选择光标所在处右侧的词语

（3）移动文本。

1）使用快捷键。利用快捷键“Ctrl+X”和“Ctrl+V”，先选中文本后剪切到剪贴板（剪贴板是 Windows 的一个临时存储区，可以在剪贴板上对文本进行复制、剪切或粘贴等操作）上，然后移动光标至目标位置后粘贴文本，此方法适用于跨页移动文本。

2）使用鼠标左键。先选中文本，然后用鼠标左键拖曳文本到目标位置，松开左键即可完成文本移动。

3）使用鼠标右键。在选中的文本上用鼠标右键拖曳文本至目标位置，松开右键会出现一个菜单，这时选择“移动到此位置”即可。鼠标法适用于单页中或某段落中的文本移动。

（4）复制文本。

1）使用快捷键。利用快捷键“Ctrl+C”和“Ctrl+V”将文本复制到剪贴板，然后移动光标至目标位置后粘贴文本，此方法适用于跨页复制文本。

2）使用鼠标左键。先选中文本，按住 Ctrl 键，再用左键拖曳文本到目标位置，松开左键完成内容复制。

3）使用鼠标右键。先选中文本，按住 Ctrl 键，再用鼠标右键拖曳文本至目标位置，松开右键会出现一个菜单，这时选择“复制到此位置”即可。鼠标法适用于单页中或某段落中的文本复制。

（5）删除文本。

可用快捷键删除文本。文本删除的快捷键如表 3－2 所示。

表 3－2　文本删除快捷键

快捷键	功能
Backspace	向左侧删除一个字符
Delete	向右侧删除一个字符
Ctrl+Backspace	向左侧删除一个字词
Ctrl+ Delete	向右侧删除一个字词

对于删除选中的某段文档来说，使用退格键和删除键的结果是一样的。另外，还可利用剪切快捷键“Ctrl+X”删除选中的文本，若操作有误，剪切掉的内容可在剪贴板中找到。

（6）查找和替换文本。

在编辑文档的过程中，有时要查找并替换某些字词。使用 Word 2016 强大的查找和替换功能可以节约大量的时间。

1）查找文本：打开文档，按“Ctrl+F”组合键，弹出“查找和替换”对话框，然后在查找文本框中输入“领导关怀”，按下“Enter”键，即可查找到该文本所在的位置，同时文本“领导关怀”在文档中呈反色显示。

2）替换文本：按“Ctrl+H”组合键，弹出“查找和替换”对话框，自动切换到“替换”选项卡，然后在“替换为”文本框中输入“领导关心”，如图 3－11 所示。单击“全部替换”按钮，弹出“Microsoft Word”对话框，单击“是”按钮，再次弹出“Microsoft Word”对话框，单击“确定”按钮，然后单击“关闭”按钮，完成替换。

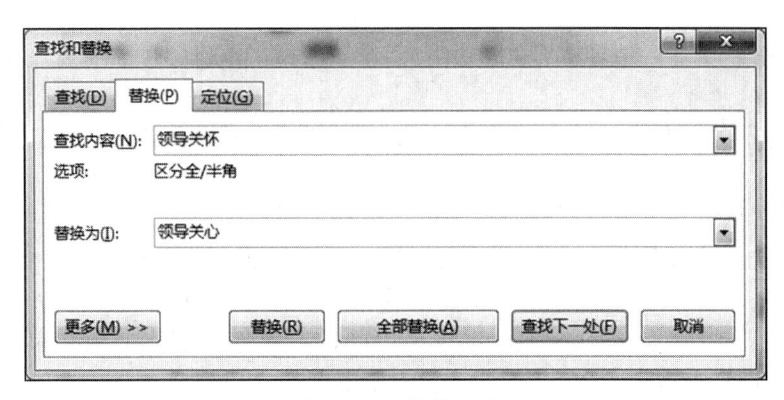

图 3－11　替换文本

（7）改写文本。

在 Word 文档中改写文本的方法主要有以下两种：

1）改写法。单击状态栏中的“插入”按钮，随即变为“改写”按钮，进入改写状态，此时输入的文本将会按照相等的字符个数依次覆盖右侧文本。

2）选中法。首先用鼠标选中要替换的文本，然后输入需要的文本，此时新输入的文本会自动替换掉选中的文本。

任务实施

使用不同的视图方式浏览文档。

知识拓展

1. 启动 Word 2016 的其他方法

（1）双击文件资源管理器或“此电脑”中的 C:\Program Files（x86）\Microsoft Office\root\Office16\winword.exe 程序。

（2）双击任意 Word 文档文件（*.docx）。

（3）右击“开始”菜单，然后单击“运行”，在文本框中输入“winword”。

2. 批量清除文档中的空行

打开“查找和替换”对话框，单击“替换”选项卡，在“查找内容”文本框中输入“^p^p”，在“替换为”文本框中输入“^p”，单击“全部替换”按钮，弹出“Microsoft Word”对话框，并显示替换结果，此时单击“确定”按钮即可批量清除文档中的空行。

3. 输入数学公式

利用 Word 2016，我们可以快速输入数学公式。方法如下：将光标放在文档中需要插入公式的地方，在“插入”选项卡中，单击“符号”组中的“公式”按钮，进入“公式工具”设计窗口，单击各种算式的图标，就可以进行公式的输入了。

如果“插入”选项卡中没有“公式”按钮，我们可以自己添加进来，方法如下：

（1）单击“文件”选项卡，在弹出的菜单中选择“信息”项，打开“ Word 选项”对话框。

（2）在选项对话框中的左边列表中选择“自定义功能区”，打开自定义功能区列表。

（3）在“从下列位置选择命令”选项中选择“所有选项卡”。

（4）单击“插入”左边的“+”，打开插入下面的所有项目。

（5）单击“符号”左边的“+”，可以看到“公式”选项。

（6）单击选中“公式”选项，再单击中间的“添加”按钮，最后单击右下角的“确定”按钮即可完成。

4. 快速输入文本技巧

（1）输入相同的文本内容。输入文本内容后，按“ Alt+Enter ”组合键，将在该文本后面快速输入与前面相同的内容，同时还可执行多次重新输入。

（2）输入常见中文符号及特殊符号。选择一种通用汉字输入法，如搜狗五笔输入法、智能 ABC 输入法等，按“ Shift+6”键即可快速输入省略号。按“ Ctrl + Alt + –（数字小键盘上的连接号）”组合键可以输入破折号。如果要输入版权符号，不使用任何输入法，按“ Ctrl+Alt+C ”组合键即可；要输入注册符号，可按“ Ctrl+Alt+R ”组合键；要输入商标符号，可按“ Ctrl+Alt+T ”组合键。如果要插入日期，可按“Shift+Alt+D ”组合键；如果要插入时间，可按“Alt+Shift+T ”组合键。

任务 2 Word 2016 的格式设置与排版

任务目标

1. 了解如何进行页面设置；
2. 了解边框和底纹、页面背景的设置方法；
3. 掌握字体格式、段落格式和页眉页脚的设置方法。

任务引入

在对文档进行编辑时，为了使版面规范、美观，增加可读性，可以对版式进行设计，包括页面设置、字体和段落的格式设置、页眉页脚设置等。

相关知识

3.2.1 进行页面设置

为了真实反映文档的实际页面效果，在进行编辑工作之前，首先要进行页面设置。Word 2016 的页面设置主要包括页边距、纸张方向、纸张大小、文档网格四个部分。

1. 设置页边距

页边距通常是指文本与页面边缘的距离。通过设置页边距，可以使 Word 2016 文档的正文部分与页面边缘保持比较合适的距离。设置页边距的方法如下：

方法一：在“布局”选项卡中，单击“页面设置”组中的“页边距”按钮。在弹出的下拉列表中设置页边距，这里我们选择“常规”选项。

方法二：在“布局”选项卡中，单击“页面设置”组右下角的“对话框启动器”按钮，如图 3-12 所示，弹出“页面设置”对话框，如图 3-13 所示，在“页面设置”对话框的“页边距”选项卡中设置页边距，设置完毕单击“确定”按钮即可。在“页边距”选项卡中还可设置装订线的距离和位置等。

2. 设置纸张方向

除了设置页边距，还可以在 Word 2016 文档中非常方便地设置纸张的方向。设置纸张方向的方法如下：

方法一：单击“页面设置”组中的“纸张方向”按钮，在弹出的下拉列表中选择纸张方向，这里我们选择“纵向”选项。

方法二：在“页面设置”对话框的“页边距”选项卡中进行纸张方向设置，设置完毕单击“确定”按钮即可。

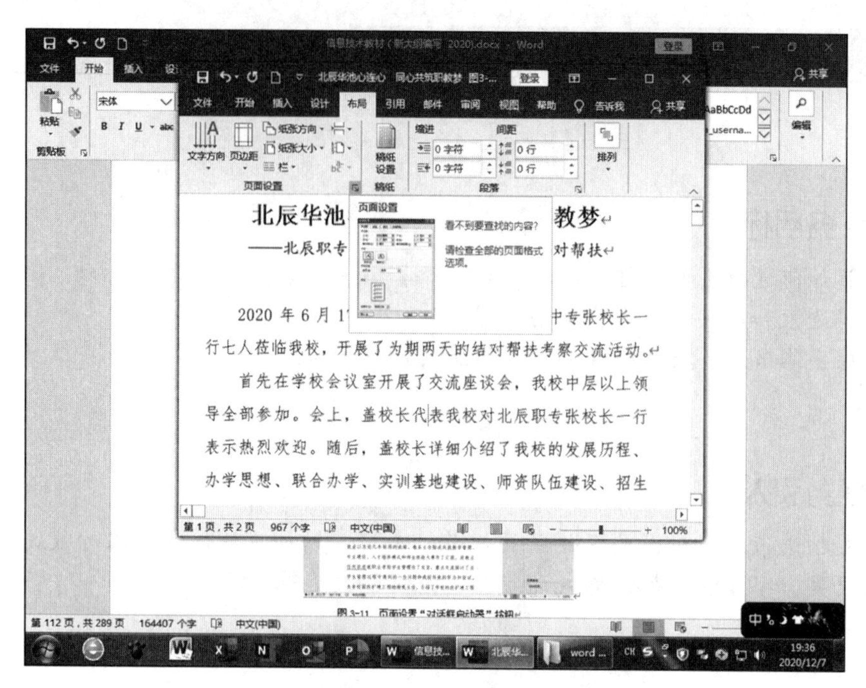

图 3－12　页面设置“对话框启动器”按钮

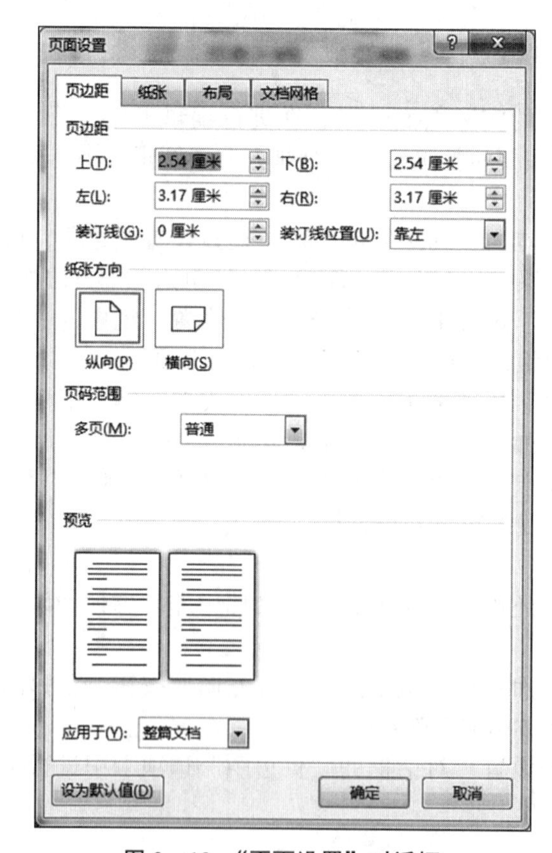

图 3－13　“页面设置”对话框

3. 设置纸张大小

设置纸张大小的方法如下：

方法一：单击“页面设置”组中的“纸张大小”按钮，在弹出的下拉列表中选择纸张大小，这里我们选择“A4”选项。

方法二：在“页面设置”对话框的“纸张”选项卡中进行纸张大小设置。此外还可以在“纸张大小”下拉列表中选择“自定义大小”选项自定义纸张大小，设置完毕单击“确定”按钮即可。

4. 设置文档网格

在设定页边距和纸张大小后，页面的基本版式就已经被确定了，但如果要精确指定文档的每页所占行数以及每行所占字数，则需要设置文档网格，可以在“页面设置”对话框的“文档网格”选项卡中进行设置，设置完毕单击“确定”按钮即可。

3.2.2 设置字体格式

为了使文档更丰富多彩，Word 2016 提供了多种字体格式供用户进行设置。对字体格式进行设置主要包括字体、字号、加粗、字符间距等。

1. 设置字体和字号

要使文档中的文字更利于阅读，就需要对文档中文本的字体和字号进行设置，以区分各种不同的文本。设置字体和字号的方法如下：

（1）使用“字体”组。

1）打开文档，选中文档标题“北辰华池心连心　同心共筑职教梦”，切换到“开始”选项卡，在“字体”组中的“字体”下拉列表中选择合适的字体。

2）在“字体”组中的“字号”下拉列表中选择合适的字号。

（2）使用“字体”对话框。

1）选中文档标题“北辰华池心连心　同心共筑职教梦”，切换到“开始”选项卡，单击“字体”组右下角的“对话框启动器”按钮。

2）弹出“字体”对话框，自动切换到“字体”选项卡，在“中文字体”下拉列表中选择“黑体”选项，在“字形”列表框中选择“加粗”选项，在“字号”下拉列表中选择“三号”选项。如图 3－14 所示。

2. 设置字体加粗

加粗操作是对文本的字形进行设置。设置加粗效果，可以让选择的文本更加突出。设置字体加粗的操作步骤如下：选中文档，切换到“开始”选项卡，单击“字体”组中的“加粗”按钮即可。

3. 设置字符间距

通过设置文档中的字符间距，可以使文档的页面布局更符合实际需要。设置字符间距的操作步骤如下：

（1）选中文档标题“北辰华池心连心　同心共筑职教梦”，切换到“开始”选项卡，单击“字体”组右下角的“对话框启动器”按钮。

（2）弹出“字体”对话框，切换到“高级”选项卡，在“字符间距”组合框中的“间距”下拉列表中选择“加宽”选项，将“磅值”调整为“4 磅”。

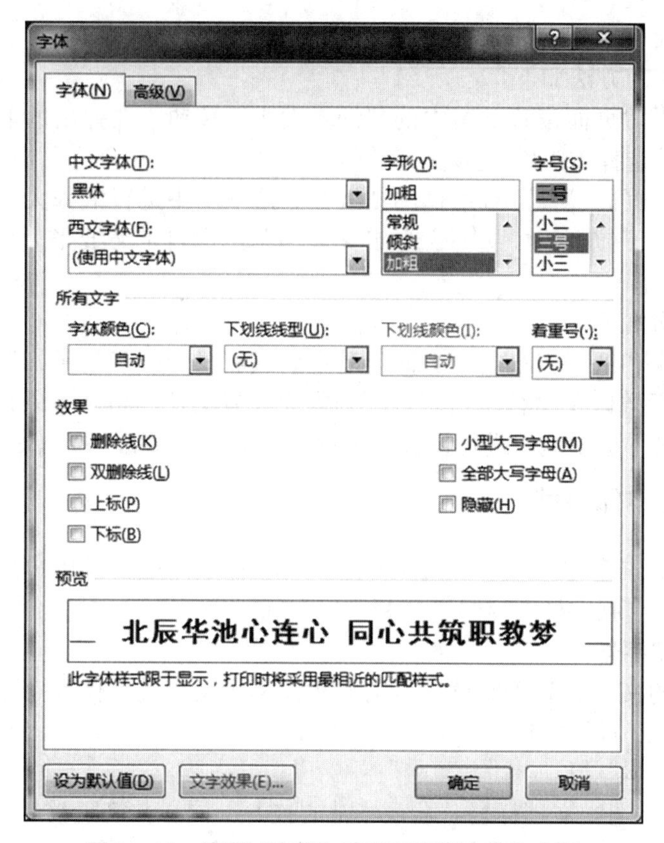

图 3-14 使用“字体”对话框设置字体和字号

3.2.3 设置段落格式

在编辑文档时，我们通常会对文档中的文字段落进行设置，以使文本整体看起来更加和谐。段落格式设置包括对齐方式、段落缩进和间距等。

1. 设置对齐方式

设置对齐方式的方法如下：

（1）使用“段落”组。

使用“段落”组中的各种对齐方式的按钮，可以快速地设置段落和文字的对齐方式。具体操作步骤如下：

选中文档标题“北辰华池心连心 同心共筑职教梦”，切换到“开始”选项卡，在“段落”组中单击“居中”按钮即可。

（2）使用“段落”对话框。

选中文档中的段落或文本，切换到“开始”选项卡，单击“段落”组右下角的“对话框启动器”按钮。弹出“段落”对话框，切换到“缩进和间距”选项卡，在“常规”组合框中的“对齐方式”下拉列表中选择“左对齐”选项，如图 3-15 所示。

2. 设置段落缩进

通过设置段落缩进，可以调整 Word 2016 文档正文内容与页边距之间的距离。设置段落缩进的方法如下：

图 3－15　使用“段落”对话框设置对齐方式

（1）使用“段落”组。

选中除标题以外的其他文本段落，切换到“开始”选项卡，在“段落”组中单击“增加缩进量”按钮，选中的文本段落就会向右侧缩进一个字符。

（2）使用“段落”对话框。

1）选中文档的文本段落，切换到“开始”选项卡，单击“段落”组右下角的“对话框启动器”按钮。

2）弹出“段落”对话框，自动切换到“缩进和间距”选项卡，在“缩进”组合框中的“特殊”下拉列表中选择“首行”选项，如图 3－16 所示。

3）单击“确定”按钮，返回 Word 文档。

（3）使用标尺。

借助 Word 2016 文档窗口中的标尺，可以很方便地设置 Word 文档的段落缩进，操作步骤如下：

1）单击“视图”选项卡，选中“标尺”复选框，文档中出现标尺，如图 3－17 所示。

2）在标尺上出现 4 个缩进滑块，拖动首行缩进滑块可以调整首行缩进；拖动悬挂缩进滑块可以设置悬挂缩进的字符；拖动左缩进或右缩进滑块可以设置左、右缩进。

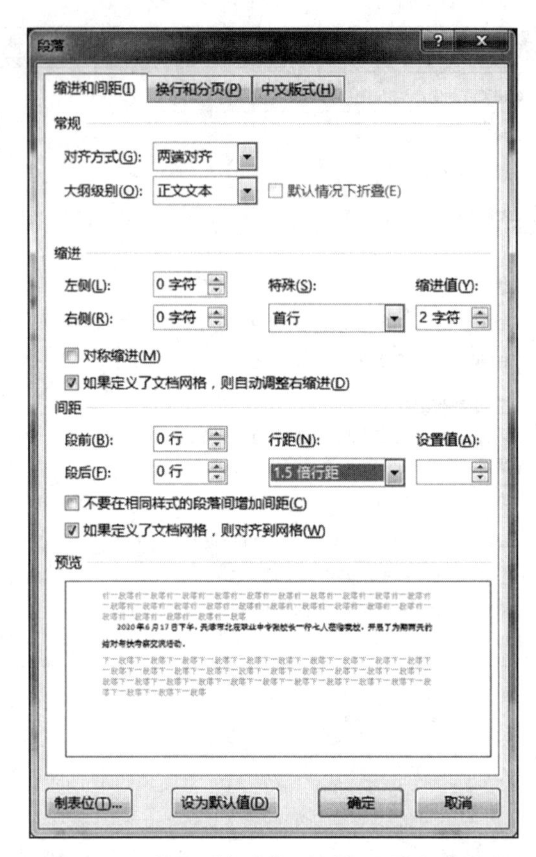

图 3－16　使用“段落”对话框设置段落缩进

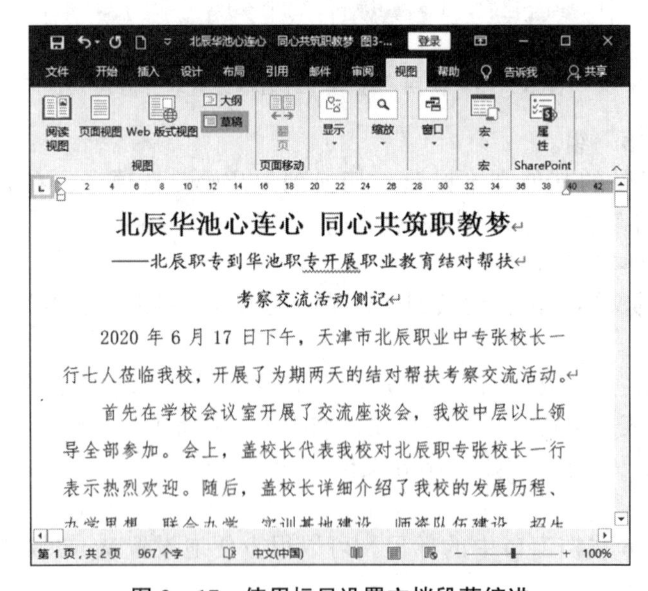

图 3－17　使用标尺设置文档段落缩进

3. 设置间距

间距是指行与行之间、段落与行之间、段落与段落之间的距离。在 Word 2016 中，可以通过如下方法设置行和段落间距：

（1）使用“段落”组。

1）选中全篇文档，切换到“开始”选项卡，在“段落”组中单击“行和段落间距”按钮，在弹出的下拉列表中选择“1.5”选项，行距即会变成 1.5 倍的行距。

2）选中标题行，在“段落”组中单击“行和段落间距”按钮，在弹出的下拉列表中选择“增加段落后的空格”选项，标题所在的段落下方即会增加一块空白间距。

（2）使用“段落”对话框。

选中文档的标题行，切换到“开始”选项卡，单击“段落”组右下角的“对话框启动器”按钮，弹出“段落”对话框，自动切换到“缩进和间距”选项卡，在“间距”组合框中的“段前”微调框中将间距值调整为“3 磅”，在“段后”微调框中将间距值调整为“12 磅”，在“行距”下拉列表中选择“最小值”选项，单击“确定”按钮即可。

（3）使用“布局”选项卡。

选中文档中的各条目，切换到“布局”选项卡，在“段落”组的“段前”和“段后”微调框中同时将间距调整为“0.5 行”即可。

3.2.4　设置项目符号和编号

项目符号是指放在文本之前用以强调效果的符号。合理使用项目符号和编号，可以使文档的层次结构更清晰、更有条理。在 Word 2016 中，我们可以根据需要自定义项目符号和编号，设置方法主要有以下两种。

1. 使用“段落”组

使用“段落”组中的按钮，可以快速添加项目符号和编号，操作步骤如下：

（1）选中需要添加项目符号的文本，切换到“开始”选项卡，在“段落”组中单击“项目符号”按钮，在弹出的下拉列表中选择“菱形”选项，随即在文本前插入了菱形，如图 3－18 所示。

图 3－18　设置项目符号

（2）选中需要添加编号的文本，单击“段落”组中的“编号”按钮，在“编号库”中选择一种编号方式，即可添加编号。

2. 使用浮动工具栏

选中需要添加项目符号或编号的文本，在弹出的浮动工具栏中选择“项目符号”或“编号”菜单项，即可添加“项目符号”或“编号”。

3.2.5 设置边框和底纹

通过在 Word 2016 文档中插入段落边框和底纹，可以使相关段落的内容更加醒目，从而增强 Word 文档的可读性。

1. 添加边框

在默认情况下，段落边框的格式为黑色单直线，可以通过设置段落边框的格式，使其更加美观，操作步骤如下：

打开 Word 文档，选中要添加边框的文本，切换到“开始”选项卡，在“段落”组中单击“边框”按钮右侧的下三角按钮，在弹出的下拉列表中选择“外侧框线”选项即可，如图 3－19 所示。

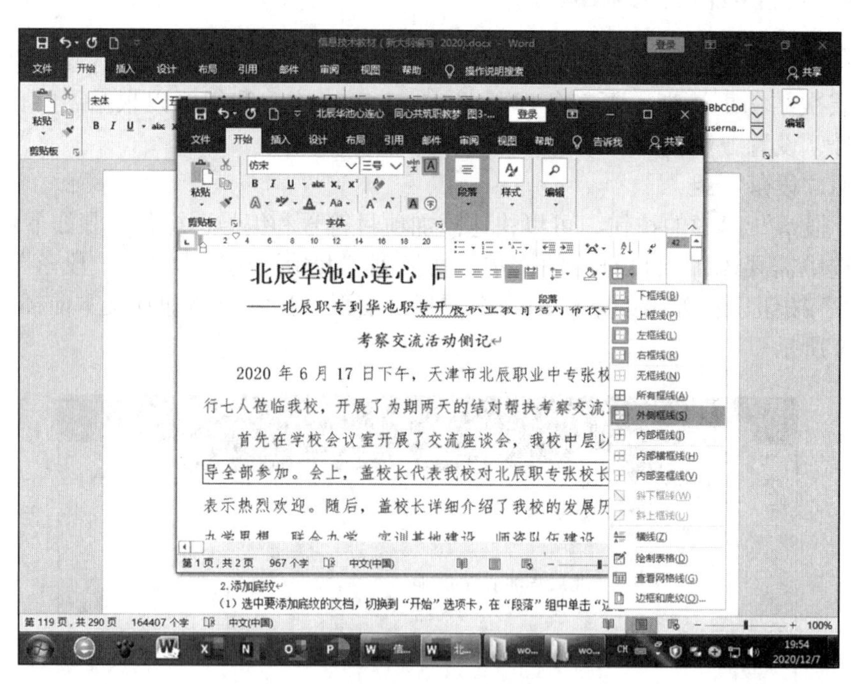

图 3－19 添加边框

2. 添加底纹

添加底纹的操作步骤如下：

（1）选中要添加底纹的文档，切换到“开始”选项卡，在“段落”组中单击“边框”下拉列表，选择“边框和底纹”按钮。

（2）弹出“边框和底纹”对话框，切换到“底纹”选项卡，在“填充”下拉列表中选择“红色”选项。

（3）在“图案”组中的“样式”下拉列表中选择“5%”选项，预览应用于“文字”。

（4）单击“确定”按钮，返回 Word 文档即可。

3.2.6 设置页面背景

为了使 Word 文档看起来更加美观，可以为其添加各种漂亮的页面背景，包括水印、页面颜色以及其他填充效果。

1. 添加水印

Word 文档中的水印是指作为文档背景图案的文字或图像。Word 2016 提供了多种水印模板和自定义水印功能。添加水印的操作步骤如下：

（1）打开文档，切换到“设计”选项卡，在“页面背景”组中单击“水印”按钮，在弹出的下拉列表中选择“自定义水印”选项。

（2）弹出“水印”对话框，选中“文字水印”单选按钮，在“文字”下拉列表中选择“样本”选项，在“字体”下拉列表中选择“隶书”选项，在“字号”下拉列表中选择“80”选项，其他选项保持默认，然后单击“确定”按钮即可。

2. 设置页面颜色

页面颜色是指显示在 Word 文档最底层的颜色或图案，用于丰富 Word 文档的页面显示效果，页面颜色在打印时不会显示。设置页面颜色的操作步骤如下：

（1）切换到“设计”选项卡，在“页面背景”组中单击“页面颜色”按钮，在弹出的下拉列表中选择“白色，背景 1”选项即可。

（2）如果“主体颜色”和“标准色”中显示的颜色依然无法满足需要，那么可以在弹出的下拉列表中选择“其他颜色”选项。

（3）弹出“颜色”对话框，自动切换到“自定义”选项卡，在“颜色”面板上选择合适的颜色，也可以在下方的微调框中调整颜色的 RGB 值，然后单击“确定”按钮即可。

3. 设置其他填充效果

（1）添加渐变效果。

1）切换到“设计”选项卡，在“页面背景”组中单击“页面颜色”按钮，在弹出的下拉列表中选择“填充效果”选项。

2）弹出“填充效果”对话框，自动切换到“渐变”选项卡，在“颜色”组合框中选中“双色”单选按钮，在右侧的“颜色”下拉列表中选择两种颜色，然后选中“斜上”单选按钮，如图 3－20 所示，然后单击“确定”按钮即可。

（2）添加纹理效果。

在“填充效果”对话框中，切换到“纹理”选项卡，在“纹理”列表框中选择“蓝色面巾纸”选项，然后单击“确定”按钮即可。

（3）添加图案效果。

在“填充效果”对话框中，切换到“图案”选项卡，在“背景”列表框中选择合适的颜色，然后在“图案”列表框中选择“点线：5%”选项。单击“确定”按钮，设置效果如图 3－21 所示。

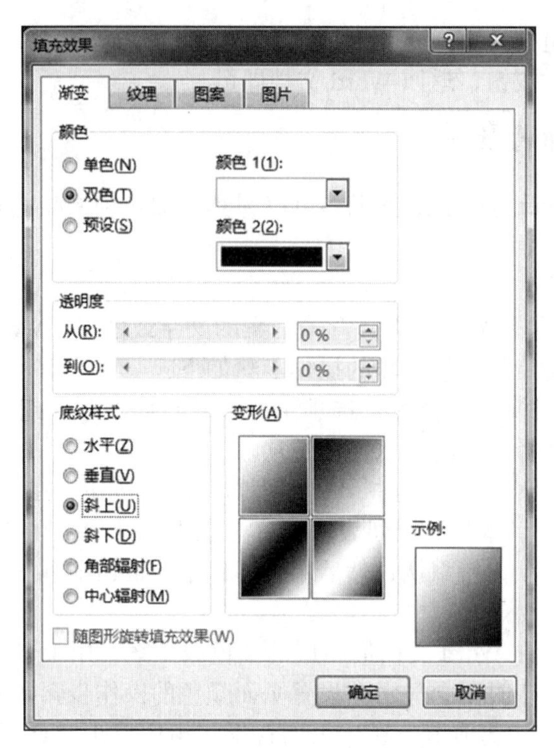

图 3－20　添加渐变效果

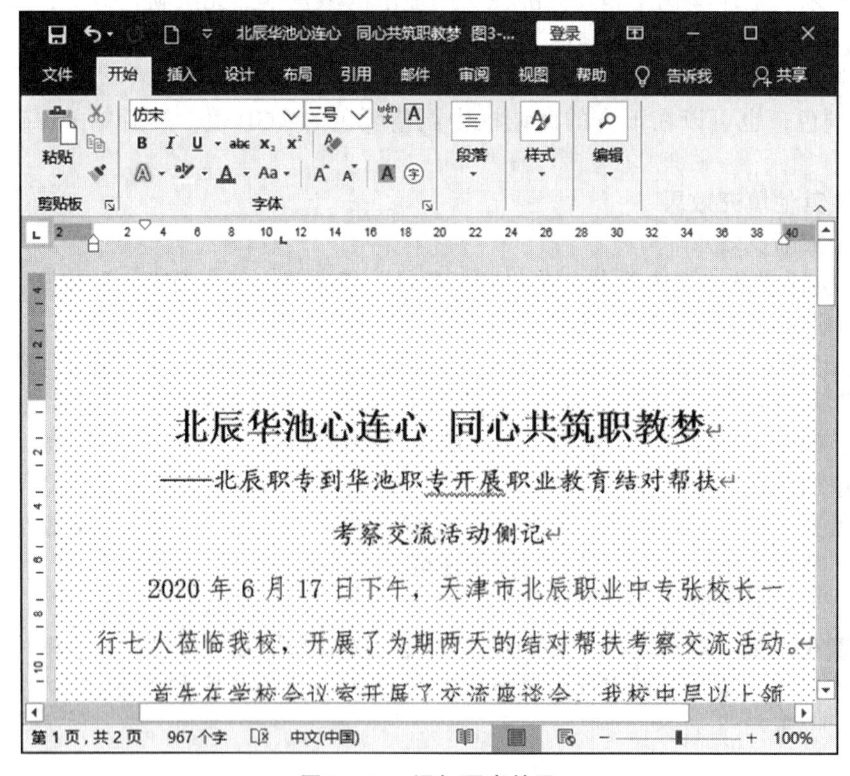

图 3－21　添加图案效果

3.2.7 设置页眉页脚

为了使文档的整体显示效果更具专业水准，文档创建完成后，通常需要为文档添加页眉、页脚、页码等装饰性元素。一般可以插入时间、日期、页码、名称和图片等。

1. 插入页眉

页眉和页脚常用于显示文档的附加信息，既可以插入文本，也可以插入示意图。插入页眉的操作步骤如下：

（1）打开文档，在文档第 1 页的页眉或页脚处双击鼠标左键，此时页眉和页脚处于编辑状态。

（2）在“页眉和页脚工具”栏的“选项”组中选中“奇偶页不同”复选框，单击“页眉和页脚”组中的“页眉”按钮，可以看到内置页眉类型，选择适合的类型，这里我们选择“空白”类型，如图 3－22 所示。

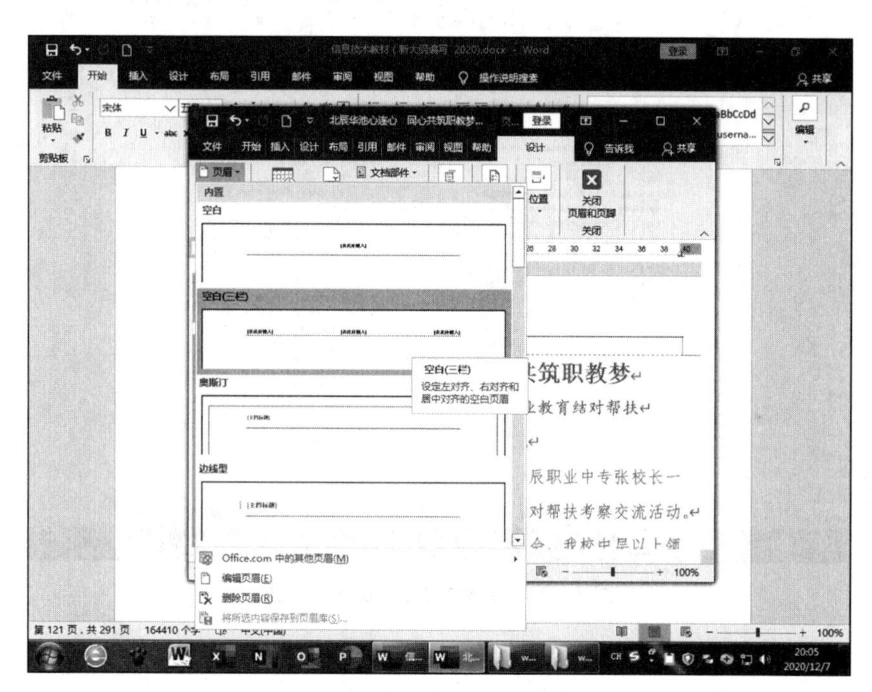

图 3－22 选择“空白”页眉类型

（3）在页眉处出现了输入文字的对话框，输入需要的页眉文字。这里我们输入“交流活动侧记”，对文字进行如下设置：字体为“华文隶书”、字号为“三号”、对齐方式为“右对齐”。

（4）因为设置了“奇偶页不同”选项，所以偶数页页眉也要设置。这里我们把偶数页页眉的对齐方式改为“左对齐”，其他设置不变即可。

2. 插入页码

默认情况下，Word 2016 文档都是从首页开始插入页码的，具体的操作步骤如下：

（1）切换到“插入”选项卡，单击“页眉和页脚”组中的“页码”按钮，在弹出的下拉列表中选择“设置页码格式”选项。

（2）弹出“页码格式”对话框，在“编号格式”下拉列表中选择“Ⅰ，Ⅱ，Ⅲ……”

选项，然后单击“确定”按钮即可。

（3）因为设置页眉和页脚时选中了“奇偶页不同”选项，所以此处的奇偶页页码也要分别进行设置。将光标定位在奇数页中，单击“页眉和页脚”组中的“页码”按钮，在弹出的下拉列表中选择“页面底端”“普通数字 3”选项。此时页眉和页脚处于编辑状态，且在奇数页底部插入了罗马数字样式的页码。

（4）将光标定位在偶数页页脚中，切换到“插入”选项卡，在“页眉和页脚”组中单击“页码”按钮，在弹出的下拉列表中选择“页面底端”“普通数字 1”选项。设置完毕，在“关闭”组中单击“关闭页眉和页脚”按钮即可。

（5）还可以对插入的页码进行字体格式设置。最终效果如图 3－23 所示。

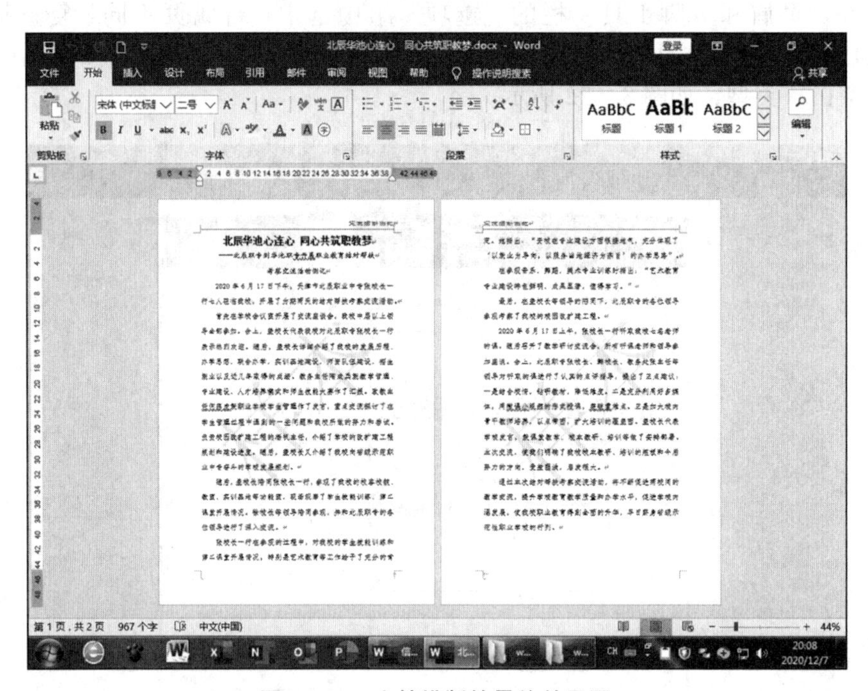

图 3－23　文档排版的最终效果图

任务实施

选择一个文档，对其格式和排版进行设置。

知识拓展

1. 使用制表符精确排版

对 Word 文档进行排版时，要将不连续的文本排列整齐，除使用表格外，还可以使用制表符进行快速定位和精确排版。操作步骤如下：

（1）打开“餐厅服务员劳动合同”文档，切换到“视图”选项卡，在“显示”组中单击“标尺”复选框，打开水平标尺。

（2）将鼠标指针移动到水平标尺上，按住鼠标左键不放，可以左右移动确定制表符的位置。释放鼠标左键后，会出现一个“左对齐式制表符”符号，如图 3－24 所示。

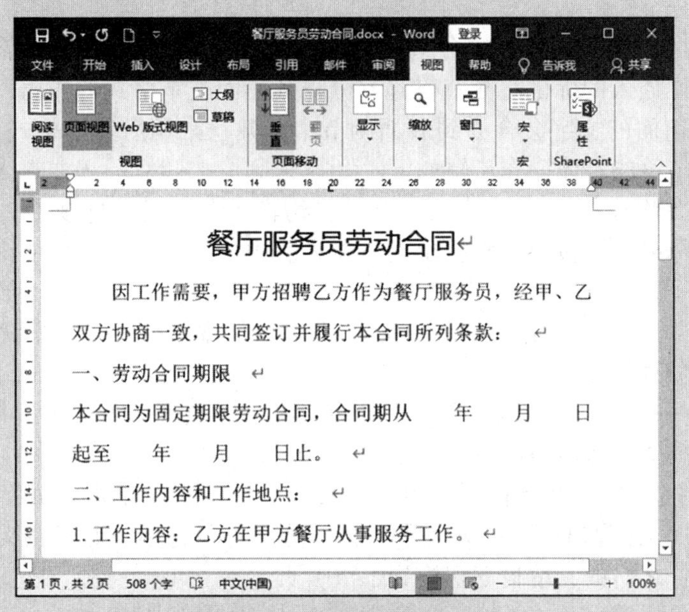

图 3－24　确定制表符的位置

（3）将光标定位到文本“乙方”之前，然后按“Tab”键，此时，光标之后的文本自动与制表符对齐。

（4）使用同样的方法，用制表符定位其他文本，效果如图 3－25 所示。

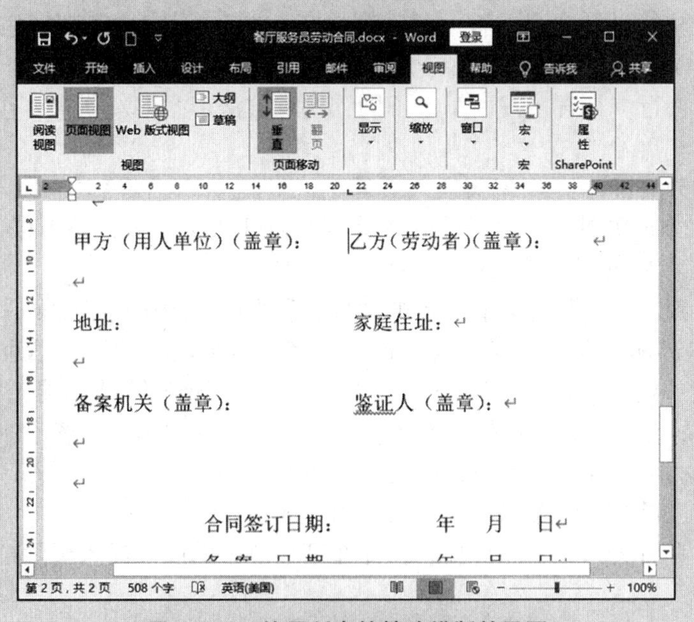

图 3－25　使用制表符精确排版效果图

2. 插入分隔符

当文本或图形等内容填满一页时，Word 文档会自动插入一个分页符开始新的一页。另外，还可以根据需要进行强制分页或分节。

（1）插入分节符。

节是文档的一部分。在插入分节符之前，Word 将整个文档视为节。分节符是指为表示节的结尾插入的标记。分节符起着分隔其前面文本格式的作用，如果删除了某个分节符，它前面的文字会合并到后面的节中，并且采用后者的格式设置。在 Word 文档中插入分节符的具体操作步骤如下：

打开文档，将光标定位在第二页页首，切换到“布局”选项卡，单击“页面设置”组中的“分隔符”按钮，在弹出的下拉列表中选择“下一页分节符”选项，此时在文档中插入了一个分节符，光标之后的文本自动切换到了下一项。如果看不到分节符，在“开始”选项卡“段落”组中单击“显示 / 隐藏编辑标记”按钮即可。

（2）插入分页符。

分页符是一种符号，显示在上一页结束以及下一页开始的位置。在 Word 文档中插入分页符的具体操作步骤如下：

将光标定位在第三页行首，切换到“布局”选项卡，单击“页面设置”组中的“分隔符”按钮，在弹出的下拉列表中选择“分页符”选项。此时在文档中插入了一个分页符，光标之后的文本自动切换到了下一页。

（3）插入分栏符。

分栏符指示符号后面的文字将从下一栏开始。一个文档以及某些段落分区后，Word 文档将自动分区到适当的位置。如果想要使内容出现在下一列的顶部，可以在功能栏中插入“分栏符”。

（4）插入换行符。

换行符的功能是结束当前行，并强制文字在图片、表格或其他项目的下方继续。通常情况下，文本到达文档页面右边距时，Word 将自动换行。在插入点位置插入换行符，可强制换行。与直接按回车键不同，这种方法产生的新行仍将作为当前段的一部分。

3. 利用“分隔符”从第 *N* 页插入页码

在 Word 2016 文档中，除了可以从首页开始插入页码外，还可以使用“分节符”功能从指定的第 *N* 页开始插入页码，操作步骤如下：

（1）切换到“插入”选项卡，单击“页眉和页脚”组中的“页码”按钮，在弹出的下拉列表中选择“设置页码格式”选项，弹出“页码格式”对话框，在“编号方式”下拉列表中选择“1，2，3……”选项，在“页码编号”组合框中选中“起始页码”单选按钮，在右侧的微调框中输入“1”，然后单击“确定”按钮即可。

（2）将光标定位在第 2 节中，单击“页眉和页脚”组中的“页码”按钮，在弹出的下拉列表中选择“页面底端”“普通数字 2”选项。

（3）此时页眉页脚处于编辑状态，并在第 2 节中的底部插入了阿拉伯数字样式的页码。

4. Word 排版技巧

（1）快速调整行间距。在 Word 中，只需先选择需要更改行间距的文本，再同时按下“Ctrl+1”组合键便可将行间距设置为单倍行距，而按下“Ctrl+2”组合键则可将行间距设置为双倍行距，按下“Ctrl+5”组合键可将行间距设置为 1.5 倍行距。

（2）快速设置左缩进和首行缩进。按 Tab 键和 Backspace 键可快速设置左缩进和首行缩进，也可直接通过拖动标尺上的缩进浮标来调整文本的缩进量。拖动时，先按住 Alt 键，再拖动标尺滑块，就可以精确地调整相应的缩进量。

（3）快速设置上标与下标。先选择需要设置上标或下标的文本，按“Ctrl + Shift + ‘ + ’”组合键可将文本设置为上标，再次按该组合键又恢复到原始状态；按“Ctrl + ‘ + ’”组合键可将文本设置为下标，再次按该组合键也可恢复到原始状态。

任务3 Word 2016的表格操作

任务目标

1. 掌握表格的创建和格式化的方法；
2. 了解表格边框和底纹的设置方法；
3. 了解表格数据的计算及排序方法。

任务引入

文档中经常使用表格来组织有规律的文字和数字，有时需要用表格将文字段落并行排列，如个人简历表，有时还需要对表格中的数据进行计算与排序，如销售统计表等。

相关知识

3.3.1 创建表格

在Word 2016文档中，不仅可以通过指定行和列直接插入表格，还可以通过绘制表格功能自定义各种表格。

1. 插入表格

在Word 2016文档中，可以使用“插入表格”对话框插入指定行和列的表格，具体操作步骤如下：

（1）新建文档，切换到“插入”选项卡，单击“表格”组中的“表格”按钮，在弹出的下拉列表中选择“插入表格”选项。

（2）弹出“插入表格”对话框，在“列数”和“行数”微调框中输入要插入表格的行数和列数，然后选中“根据内容调整表格”单选按钮，如图3-26所示。单击“确定”按钮，在Word文档中就插入了一个表格。

2. 手动绘制表格

在Word 2016文档中，还可以使用绘图笔手动绘制需要的表格，具体操作步骤如下：

（1）切换到“插入”选项卡，单击“表格”组中的“表格”按钮，在弹出的下拉列表中选择“绘制表格”选项。此时鼠标指针变成“铅笔”形状，按住鼠标左键不放向右下角拖动即可绘制出一个虚线框。

（2）释放鼠标左键，此时就绘制出了表格的外边框。

（3）将鼠标指针移动到表格的边框内，然后用鼠标左键依次绘制表格的行与列即可。

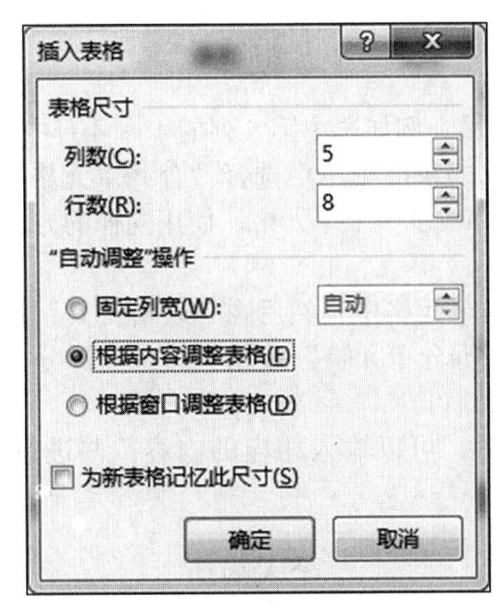

图 3－26　设置插入的表格

3. 使用内置样式创建表格

为了便于进行表格编辑，Word 2016 提供了一些简单的内置样式，如表格式列表、带副标题式列表、矩阵、日历等，具体操作步骤如下：

（1）切换到“插入”选项卡，单击“表格”组中的“表格”按钮，在弹出的下拉列表中选择“快速表格”“带副标题 2”选项。

（2）此时插入了一个带副标题的表格样式，根据需要进行简单的修改即可。

4. 快速插入表格

在编辑文档的过程中，如果需要插入行与列数比较少的表格，我们可以手动选择适当的行与列，快速插入表格，具体操作步骤如下：

（1）切换到“插入”选项卡，单击“表格”组中的“表格”按钮，在弹出的下拉列表中拖动鼠标选中合适数量的行和列。

（2）通过这种方式插入的表格会占满当前页面的全部宽度，可以通过修改表格属性设置表格的尺寸。

3.3.2　格式化表格

1. 插入行和列

在编辑表格的过程中，有时需要在其中插入行与列。

（1）插入行。选中需要插入的行的上一行，然后单击鼠标右键，在弹出的快捷菜单中选择“插入”，单击“在下方插入行”菜单项，即可在选中行的下方插入一个空白行。

（2）插入列。选中需要插入的列的左侧一列，然后在“表格工具”栏中，切换到“布局”选项卡，单击“行和列”组中的“在右侧插入”按钮，即可在选中列的右侧插入一个空白列。

2. 单元格的合并和拆分

表格是由若干行和若干列组成的，行列的交叉处称为“单元格”。在编辑表格的过程中，经常需要将多个单元格合并成一个单元格，或者将一个单元格拆分成多个单元格，此时就用到了单元格的合并和拆分。

（1）合并单元格。

选中要合并的单元格区域，例如选中第 5 列的 1 ～ 4 行中的所有单元格，然后在选中区域单击鼠标右键，在弹出的快捷菜单中选择“合并单元格”菜单项。此时，第 5 列的 1 ～ 4 行中的所有单元格合并成了一个单元格。使用同样的方法也可以合并其他单元格。

（2）拆分单元格。

将光标定位到要拆分的单元格中，然后在“表格工具”栏中，切换到“布局”选项卡，单击“合并”组中的“拆分单元格”按钮。弹出“拆分单元格”对话框，输入列数和行数。单击“确定”按钮即可。

合并或拆分设置完毕后，可以输入相应的内容，并进行简单的格式设置，效果如图 3－27 所示。

个人简历

<table>
<tr><td colspan="2">姓名</td><td></td><td>性别</td><td></td><td rowspan="4"></td></tr>
<tr><td colspan="2">出生年月</td><td></td><td>民族</td><td></td></tr>
<tr><td colspan="2">籍贯</td><td></td><td>学历</td><td></td></tr>
<tr><td colspan="2">政治面貌</td><td></td><td>专业</td><td></td></tr>
<tr><td colspan="2">学校</td><td colspan="2"></td><td>电话</td><td></td></tr>
<tr><td rowspan="3">个人能力</td><td>性格特点</td><td colspan="4"></td></tr>
<tr><td>计算机能力</td><td colspan="4"></td></tr>
<tr><td>奖励与特长</td><td colspan="4"></td></tr>
<tr><td colspan="2">主修课程</td><td colspan="4"></td></tr>
</table>

图 3－27　单元格的合并和拆分效果

3. 调整行高和列宽

创建 Word 表格时，为了适应不同的表格内容，我们可以随时调整行高和列宽。既可以通过“表格属性”对话框调整行高和列宽，也可以利用“分隔线”进行手动调整。

（1）调整行高。

1）选中整个表格的 1 ～ 5 行，然后在选中区域单击鼠标右键，在弹出的快捷菜单中选择“表格属性”菜单项，弹出“表格属性”对话框，切换到“行”选项卡，选中“指定高度”复选框，然后在其右侧的微调框中输入“0.8 厘米”。单击“确定”按钮，设置完毕。

2）还可以调整个别单元格的行高。将光标定位在要调整行高的单元格中，按下“Enter”键，根据需要通过增加单元格中的行来调整单元格的行高即可。

（2）调整列宽。

将鼠标指针移动到需要调整列宽的表格的分隔线上，此时鼠标指针变成十字箭头形状，然后按住鼠标左键，拖动分隔线到合适的位置然后释放鼠标左键即可。利用同样的方法也可以调整其他单元格的列宽。调整完毕，效果如图 3－28 所示。

个人简历

<table>
<tr><td colspan="2">姓名</td><td></td><td>性别</td><td></td><td rowspan="4"></td></tr>
<tr><td colspan="2">出生年月</td><td></td><td>民族</td><td></td></tr>
<tr><td colspan="2">籍贯</td><td></td><td>学历</td><td></td></tr>
<tr><td colspan="2">政治面貌</td><td></td><td>专业</td><td></td></tr>
<tr><td colspan="2">学校</td><td colspan="2"></td><td>电话</td><td></td></tr>
<tr><td rowspan="3">个人能力</td><td>性格特点</td><td colspan="4"></td></tr>
<tr><td>计算机能力</td><td colspan="4"></td></tr>
<tr><td>奖励与特长</td><td colspan="4"></td></tr>
<tr><td colspan="2">主修课程</td><td colspan="4"></td></tr>
</table>

图 3－28　调整行高和列宽效果

3.3.3　美化表格

为了使表格看起来更加美观，我们可以直接套用表格样式，也可以自定义设置表格的字体格式和对齐方式、边框和底纹、背景颜色等属性。

1. 套用表格样式

在 Word 2016 文档中，为了便于快速创建表格，系统提供了多种漂亮的表格样式，用户可以根据需要直接套用表格样式，操作步骤如下：

选中整个表格，在“表格工具”栏中，切换到“设计”选项卡，单击“表格样式”组中的“其他”按钮，弹出“表格样式”列表框，然后选择“清单表 4 - 着色 6”选项，返回 Word 文档中。套用表格样式的效果如图 3 - 29 所示。

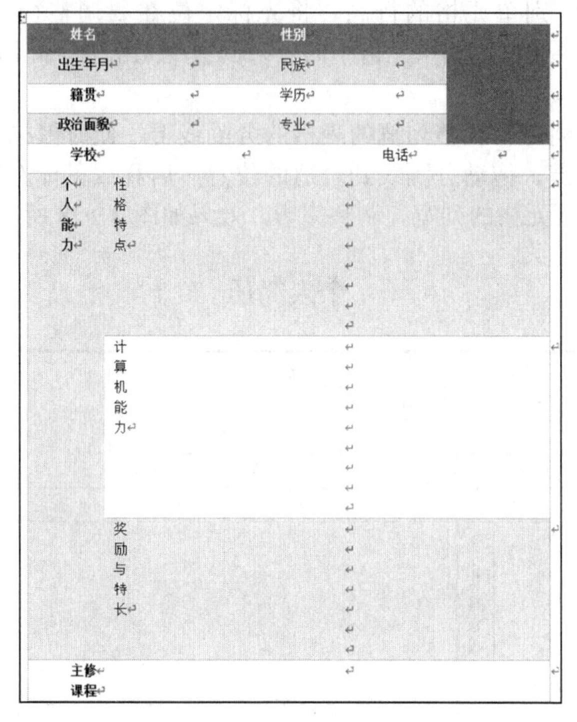

姓名		性别		
出生年月		民族		
籍贯		学历		
政治面貌		专业		
学校			电话	
个人能力	性格特点			
	计算机能力			
	奖励与特长			
主修课程				

图 3 - 29　套用表格样式的效果

2. 设置字体格式和对齐方式

（1）设置字体格式。

选中要设置字体的单元格，切换到“开始”选项卡，单击“字体”组右下角的“对话框启动器”按钮，弹出“字体”对话框，切换到“字体”选项卡，在“中文字体”下拉列表中选择“黑体”选项，在“字形”列表框中选择“加粗”选项，在“字号”列表框中选择“小四”选项，然后单击“确定”按钮。

（2）设置对齐方式。

选中整个表格，在“表格工具”栏中，切换到“布局”选项卡，单击“对齐方式”组中的“水平居中”按钮即可。

3. 设置边框和底纹

在 Word 文档中，为表格绘制边框和底纹可以突出表格的外观。

（1）绘制边框。

选中整个表格，在“表格工具”栏中，切换到“设计”选项卡，在“绘图边框”组中的“笔画样式”下拉列表中选择“双框线”选项。在“绘图边框”组中的“笔画粗细”下拉列表中选择“0.5 磅”选项。单击“边框”组中的“边框”按钮，在弹出的下拉列表中选择“外侧框线”选项即可。

（2）绘制底纹。

选中要绘制的单元格，在“表格工具”栏中，切换到“设计”选项卡，单击“边框”

组右下角的“对话框启动器”按钮，弹出“边框和底纹”对话框，切换到“底纹”选项卡，在“填充”下拉列表中选择“蓝色，个性色 5”选项，然后单击“确定”按钮，返回 Word 文档中，设置效果如图 3－30 所示。

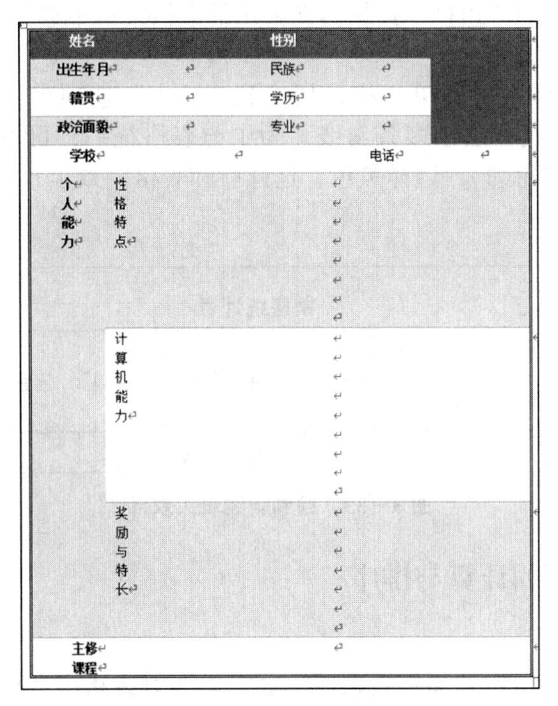

姓名		性别		
出生年月		民族		
籍贯		学历		
政治面貌		专业		
学校		电话		
个人能力	性格特点			
	计算机能力			
	奖励与特长			
主修课程				

图 3－30　设置边框和底纹效果

4. 分布行与列

利用分布行、分布列，可以快速地对多行、多列进行均分。

（1）插入一个五行六列的表格，用鼠标拖动分隔线，表格如图 3－31 所示。

（2）选中第二列到第五列，在“表格工具”栏中，单击“布局”选项卡的“分布列”按钮。

（3）选中第二行到第五行，在“表格工具”栏中，单击“布局”选项卡的“分布行”按钮。

输入数据，效果如图 3－32 所示。

销售统计表

图 3－31　插入表格

销售统计表

		一月	二月	三月	四月	总台数
计算机	联想	674	345	876	945	
	小米	134	321	246	289	
	戴尔	145	256	287	321	
合计						

图 3－32　分布行与列效果

5. 绘制斜线表头

（1）绘制单个斜线表头。

选中需要绘制斜线表头的单元格，然后在“表格工具”栏中，切换到“设计”选项卡，单击“边框”组中的“边框”按钮，在弹出的下拉菜单中选择“斜下框线”即可。

（2）绘制多个斜线表头。

选中需要绘制斜线表头的单元格，切换到“插入”选项卡，单击“插图”组中的“形状”按钮，选择直线，绘制多条斜线。为了与表格统一，可选中斜线，在“绘图工具”栏中，单击“形状轮廓”，选择黑色，这样就和表格一致了，然后输入文字，效果如图 3－33 所示。

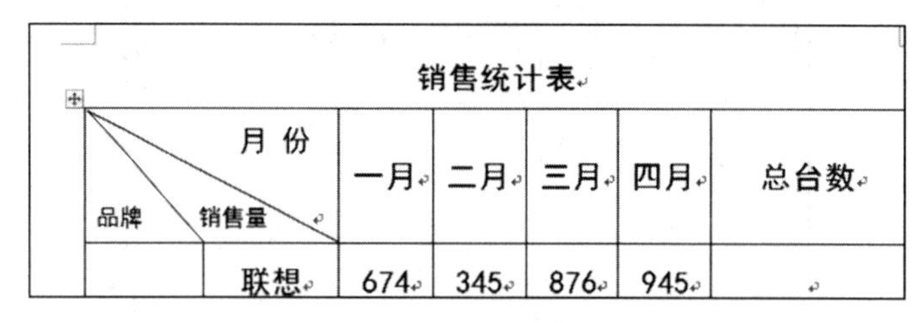

销售统计表						
品牌	销售量 月 份	一月	二月	三月	四月	总台数
	联想	674	345	876	945	

图 3－33　绘制斜线表头效果

3.3.4　表格数据的计算与排序

1. 表格数据的计算

在使用 Word 2016 制作和编辑表格时，如果需要对表格中的数据进行计算，则可以使用公式和函数两种计算方法。

（1）公式计算。

选中准备存放计算结果的表格单元格，在“表格工具”栏中，切换到“布局”选项卡，单击“数据”组中的“公式”按钮，在“公式”编辑框中编辑公式，例如输入“=10*8”，如图 3－34 所示。单击“确定”按钮，即可在当前单元格得到计算结果。

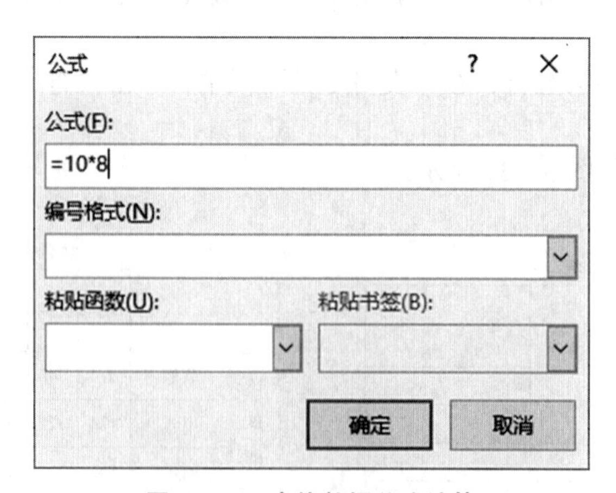

图 3－34　表格数据公式计算

（2）函数计算。

选中准备存放计算结果的表格单元格，在“表格工具”栏中，切换到“布局”选项项卡，单击“数据”组中的“公式”按钮，单击“粘贴函数”下拉列表，如图 3-35 所示。在函数列表中选择需要的函数，例如可以选择求和函数 SUM 计算所有数据的和，或者选择平均数函数 AVERAGE 计算所有数据的平均数，单击“确定”按钮即可得到计算结果。（函数参数 LEFT 表示求和的范围为该单元格左边的数据；ABOVE 表示求和的范围为该单元格上边的数据。）

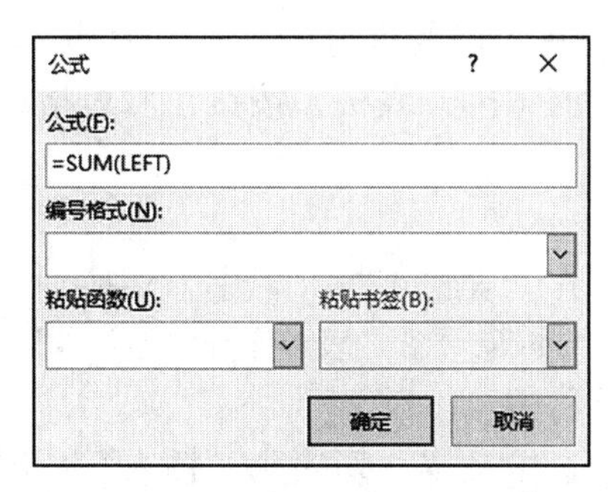

图 3-35　表格数据函数计算

2. 表格数据的排序

在表格中选中需要排序的列，在“表格工具”栏中，切换到“布局”选项卡，单击“数据”组中的“排序”按钮，在排序对话框中选择主要关键字，选择“升序”“有标题行”，如图 3-36 所示，单击“确定”按钮得到结果。

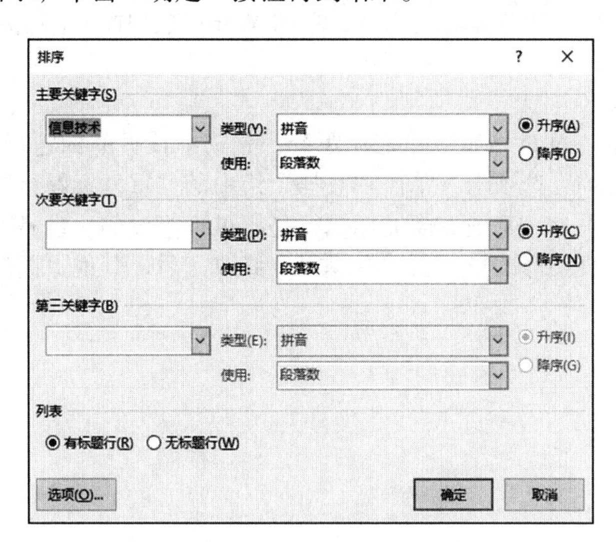

图 3-36　表格数据的排序

任务实施

利用创建表格的几种方式创建表格，并对其进行格式设置。

知识拓展

1. 拆分表格

拆分表格是指将表格从某一行截断分为两个表格，这与拆分单元格是不同的。拆分表格的方法是将插入点放在表格的拆分处，在“表格工具”栏中，切换到“布局”选项卡，单击“合并”组中的“拆分表格”按钮，原表格即可被拆分成两部分，插入点所在行被分到下面的表格中。

2. 表格与文本的转换

（1）表格转化为文本。在“表格工具”栏中，切换到“布局”选项卡，单击“数据”组中的“转换为文本”按钮，在“表格转换成文本”对话框中，选择“段落标记”，单击“确定”按钮即可。

（2）文本转化为表格。选中文本，切换到“插入”选项卡，单击“表格”组中的“表格”按钮，在弹出的下拉菜单中，单击“文本转换成表格”按钮，在“将文字转换成表格”对话框中，自行设置表格参数，单击“确定”按钮即可。

3. 插入 Excel 电子表格

在 Word 文档中，切换到“插入”选项卡，单击“表格”组中的“表格”按钮，在弹出的下拉列表中选择“ Excel 电子表格”选项，即可在 Word 文档中插入一个 Excel 电子表格，电子表格编辑完成后，单击 Word 文档中的空白处即可将其转换成普通表格。

4. 标题行重复

当表格转到下一页时，如果需要标题行，先选中首页的标题行，在“表格工具”栏中，切换到“布局”选项卡，单击“数据”组中的“重复标题行”按钮即可。需要注意的是，除第一页外，其他页面的标题行是不可以修改的，也是不可以选择的，如果需要修改的话，直接修改第一页的标题行，修改完后，其他页面的标题行也会同时被修改。

任务 4　Word 2016 的图文混排

任务目标

1. 掌握在文档中插入图片、艺术字和文本框的方法；
2. 了解设置图片布局和文本框样式的方法；
3. 了解设置图片和艺术字的艺术效果的方法。

任务引入

日常生活中精美的海报、招贴画、广告等让人赏心悦目，Word 的图文混排功能就能够很好地达到这种效果。

相关知识

3.4.1　插入图片

打开文档，把光标定位在要插入图片的位置，单击“插入”选项卡中的“图片”按钮，在弹出的“插入图片”对话框中找到需要插入的图片，单击“插入”按钮即可将图片插入文档中，如图 3 - 37 所示。

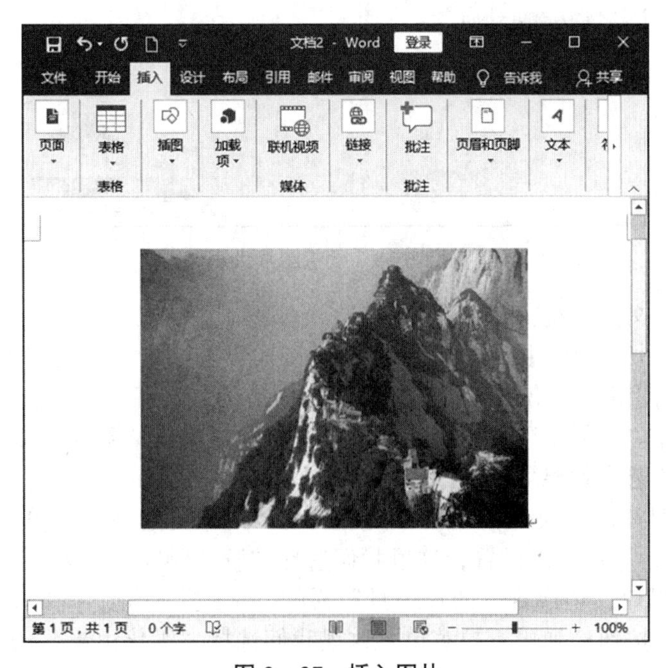

图 3 - 37　插入图片

插入图片后，图片会占据一行，图片两边的位置为空，也就是说，这一行的高度会变成图片的高度，而且不管怎么移动，图片和文字都是如此，因此，我们要对图片的布局、样式以及艺术效果进行设置。

1. 设置图片大小和文字环绕方式

（1）设置图片大小。

方法一：选中该图片，在“图片工具”栏中，切换到“格式”选项卡，在“大小”组的“形状高度”文本框中输入高度和宽度即可。

方法二：选中该图片，然后单击鼠标右键，在弹出的快捷菜单中选择“大小和位置”菜单项，弹出“布局”对话框，切换到“大小”选项卡，即可对图片大小进行设置，如图 3－38 所示，单击“确定”按钮即可。

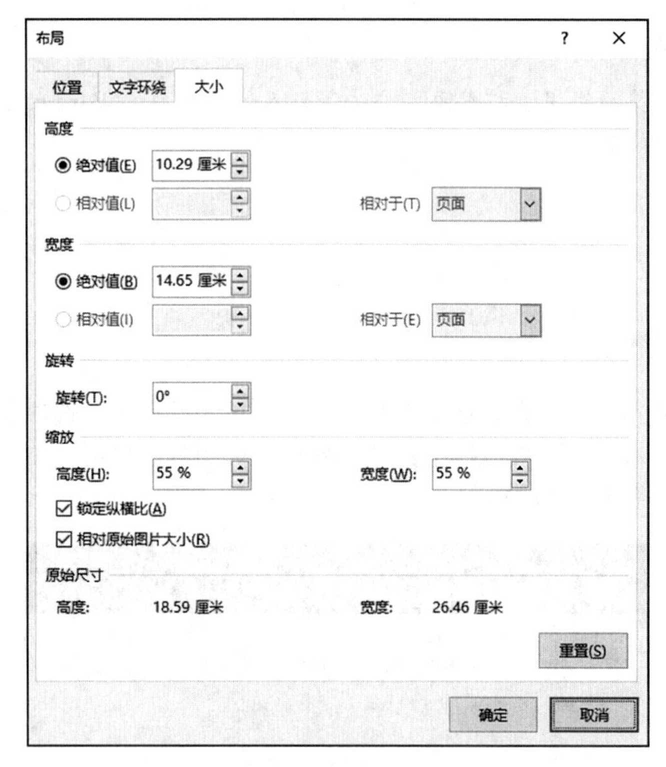

图 3－38　设置图片大小

（2）设置图片文字环绕。

选中该图片，切换到“图片工具”栏的“格式”选项卡，单击“大小”组右下角的“对话框启动器”按钮，弹出“布局”对话框，切换到“文字环绕”选项卡，在“环绕方式”组合框中选择“四周型”选项，如图 3－39 所示，单击“确定”按钮即可。

2. 设置图片的艺术效果

（1）选中该图片，切换到“图片工具”栏的“格式”选项卡，单击“调整”组中的“艺术效果”按钮，进行效果设置，这里我们选择“胶片颗粒”效果。

（2）选中该图片，切换到“图片工具”栏的“格式”选项卡，单击“图片样式”组中的“图片效果”按钮，弹出下拉菜单，这里我们选择“柔化边缘”10 磅效果。

图 3－39　设置图片文字环绕

3.4.2　插入艺术字

打开文档，单击“插入”选项卡，在“文本”组中单击“艺术字”按钮，弹出“艺术字样式”列表框，然后选择一种合适的样式。此时，在 Word 文档中就插入了一个应用了样式的艺术字。为了使艺术字更加美观，我们可以进行字体、文字颜色以及效果的设置。

1. 设置艺术字的字体及颜色

（1）设置字体。

在艺术字文本框中输入文本。选中该文本，单击鼠标右键，在弹出的快捷菜单中选择“字体”菜单项，弹出“字体”对话框，切换到“字体”选项卡，在“中文字体”的下拉列表中选择“华文隶书”选项，在“字号”列表框中输入“48”，单击“确定”按钮。

（2）设置文字颜色。

选中艺术字，在“绘图工具”工具栏中，切换到“格式”选项卡，在“艺术字样式”组中单击“文本填充”按钮，选择合适的颜色对艺术字进行颜色填充，这里我们选择“深红色”。再在“艺术字样式”组中单击“文本轮廓”，可以设置艺术字边线的颜色及线型，这里我们选择“橙色”即可。

2. 设置艺术字的效果

（1）选中艺术字，在“绘图工具”工具栏中，切换到“格式”选项卡，在“艺术字样式”组中选择“文本效果”，可以对艺术字进行多种效果设置，这里我们设置为“发光”中的“蓝色”。

（2）使用“文本效果”选项中的“转换”效果可以将文本更改成多种形状样式，这里我们选择“拱形”。

设置完成后，将鼠标指针移动到艺术字文本框的边线上，当鼠标指针变成上下、左右或对角线可调整的形状时，按住鼠标左键不放，拖动鼠标调整为合适的位置和大小。艺术字设置的最终效果如图 3－40 所示。

图 3－40　艺术字设置最终效果

3.4.3　插入文本框

使用 Word 编辑文档有时需要在页面特定的位置输入文字，一般使用插入文本框功能来实现。

1. 插入文本框的方法

方法一：打开文档，单击“插入”选项卡，在“文本”组中单击“文本框”按钮，在打开的下拉列表中出现很多内置的文本框样式，这里我们选择“简单文本框”样式。接着在 Word 页面上会出现一个该样式的文本框，在文本框中输入文字即可。可以用鼠标拖动调整文本框的位置和大小。这里我们输入“南梁革命纪念馆导游词”，并设置字体和颜色。

方法二：单击“插入”选项卡，在“文本”组中单击“文本框”按钮，在打开的下拉列表中选择“绘制文本框”（或“绘制竖排文本框”），然后用鼠标在文档工作区的某个位置绘制一个文本框，在文本框中输入文字即可。这里我们输入“革命烈士永垂不朽”，并设置字体和颜色。

方法三：单击“插入”选项卡，在“插图”组中单击“形状”按钮，选择一个封闭的形状。然后用鼠标在文档的工作区绘制一个形状，设置形状无填充，在形状上单击鼠标右键，在弹出的快捷菜单中选择“添加文字”，形状中便出现光标闪动，然后输入文字即可。这里我们输入“地址：甘肃省庆阳市华池县南梁镇”，并设置字体和颜色。

利用以上三种方法插入了三个文本框，效果如图 3－41 所示。

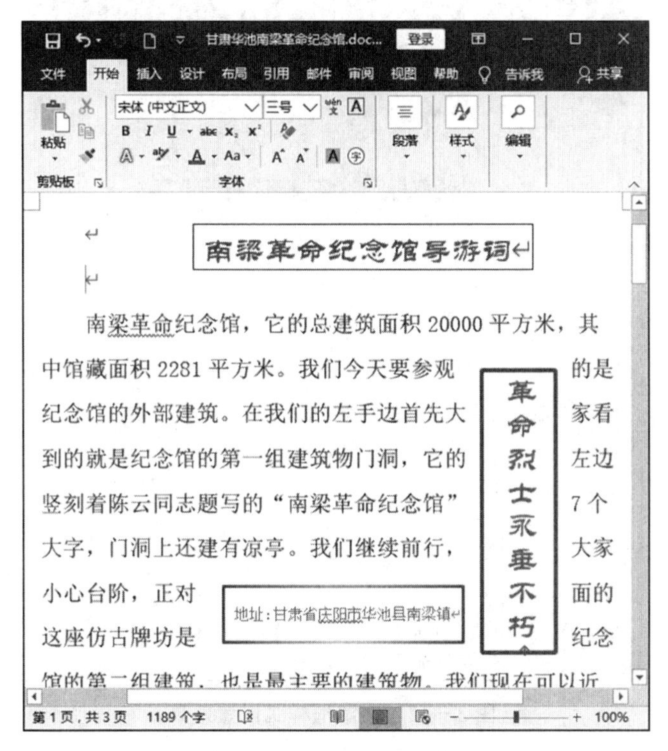

图 3－41　插入文本框效果

2. 设置文本框的样式

（1）设置文本框的形状样式。

选中“南梁革命纪念馆导游词”文本框，在“绘图工具”栏的“格式”选项卡中的“形状样式”组中有很多内置的形状样式，选择应用即可。如果对内置的形状样式不满意，可以单击“形状样式”组的“形状填充”按钮，在弹出的下拉列表中选择某种颜色，或者选择图片、渐变、纹理等进行文本框形状填充，这里我们设置为“纹理”中的“再生纸”，然后在“形状样式”组中单击“形状效果”按钮，设置需要的效果，这里我们设置为“发光”中的“橙色”即可。

（2）设置文本框的颜色和线型。

选中“南梁革命纪念馆导游词”文本框，切换到“绘图工具”栏的“格式”选项卡，在“形状样式”组中单击“形状轮廓”按钮，根据需要选择颜色、线型等，这里我们设置为“无轮廓”，然后再对“革命烈士永垂不朽”文本框进行颜色和线型设置：颜色选择“蓝色”，粗细选择“3 磅”，虚线选择“圆点”。

如果不需要文本框的框线及填充色等，只是要在文档特定的位置插入文本框输入文字，则可以选中文本框框线后单击鼠标右键，在弹出的快捷菜单中选择“设置形状格式”，或者单击“形状样式”组右下角的“对话框启动器”，在打开的“设置形状格式”对话框中，分别设置为“填充：无填充”“线条：渐变线”即可。我们对“地址：甘肃省庆阳市华池县南梁镇”文本框进行此设置。

现在我们已经对插入的三个文本框进行了样式设置，效果如图 3－42 所示。

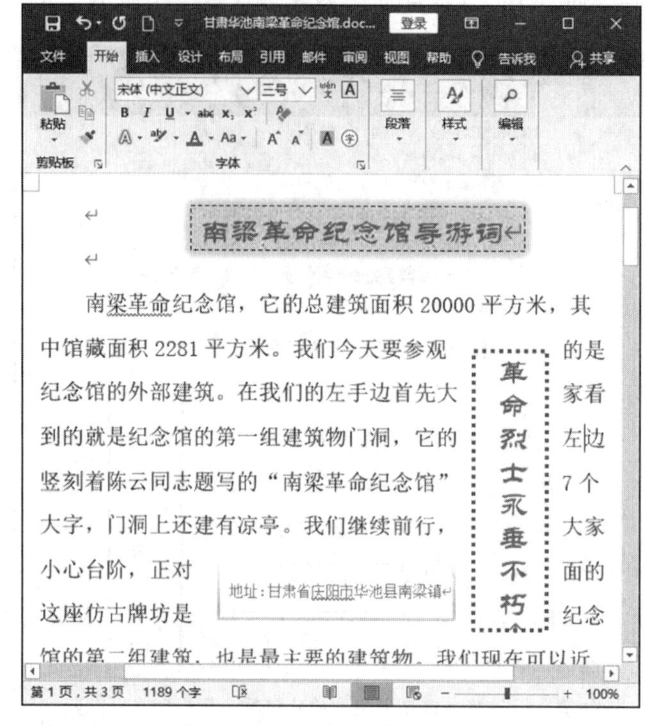

图 3－42　文本框样式设置效果

最后，设置“页面背景”，插入图片，最终效果如图 3－43 所示。

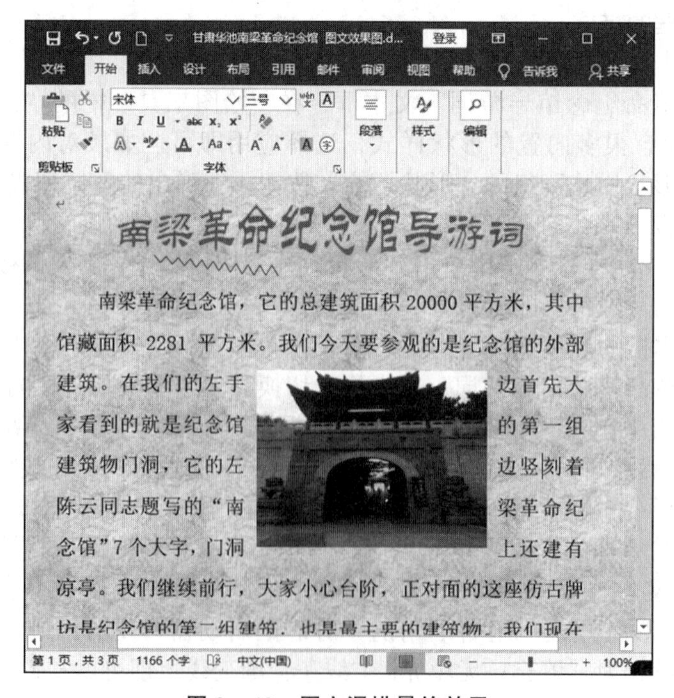

图 3－43　图文混排最终效果

任务实施

1. 利用创建文本框的几种方式分别创建文本框。

2. 打开一个文档，在适当的位置插入一张图片，并对图片的布局、样式以及艺术效果进行设置。

知识拓展

1. 绘制基本图形

在 Word 文档中还可以插入各种形状，操作步骤如下：在“插入”选项卡中，单击“插图”组中的“形状”按钮，在弹出的下拉列表中选择我们需要的形状。插入形状后可对形状进行“大小”“效果”等的设置。

2. 将图片裁剪为某种形状

在 Word 文档中插入一张图片，然后选中该图片，在“图片工具”栏中切换到“格式”选项卡，单击“大小”组中的“裁剪”按钮下方的下三角按钮。在弹出的下拉菜单中选择“剪裁为形状”，可将图片裁剪成各种形状，如图 3 - 44 所示。

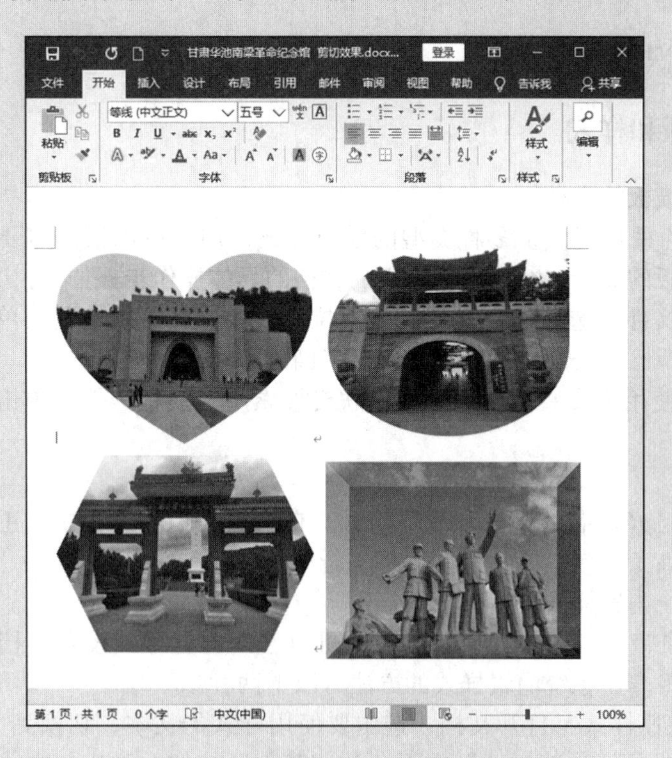

图 3 - 44　将图片裁剪为不同的形状

任务5 Word 2016的其他功能

任务目标

1. 掌握应用、新建、修改样式和保存模板的操作步骤；
2. 了解插入题注、脚注和尾注的操作步骤；
3. 掌握创建文档目录的操作步骤；
4. 掌握邮件合并的操作步骤；
5. 掌握文档的打印预览及打印的操作步骤。

任务引入

一篇文档编排好后，我们就可以进行打印了，在打印前还需进行打印预览，查看打印效果，并设置打印参数。

相关知识

3.5.1 模板和样式

1. 创建基于模板的文档

Word 2016为用户提供了多种类型的模板样式，用户可以根据需要选择模板样式并新建基于所选模板的文档。新建基于模板的文档的具体操作步骤如下：

（1）单击“文件”选项卡，在弹出的下拉列表中选择“新建”菜单项，然后在“新建”列表框中选择已经安装好的模板，单击“创建”按钮即可。

（2）如果要使用未安装的模板，可以联机搜索所需模板，然后单击“创建”按钮即可下载。

2. 使用样式

样式是一组已经命名的字符和段落格式。在编辑文档的过程中，正确设置和使用样式可以极大地提高工作效率。

（1）套用系统内置样式。

Word 2016自带了一个样式库，用户既可以套用内置样式设置文档格式，也可以根据需要更改样式。套用系统内置样式的方法有以下两种：

1）使用“快速样式”打开文档，选中要使用样式的文本，切换到“开始”选项卡，单击“样式”组中的“快速样式”右下角的“其他”按钮，弹出“样式”下拉菜单，从中选择合适的样式，这里我们选择“标题”。

2）使用“样式窗格选项”选中文字，切换到“开始”选项卡，单击“样式”组右下角的“对话框启动器”按钮，弹出“样式”任务窗格，然后单击右下角的“选项”按钮，弹出“样式窗格选项”对话框，在“选择要显示的样式”下拉列表中选择“所有样式”选项，如图 3－45 所示。单击“确定”按钮，返回“样式”任务窗格，在“样式”列表框中选择“标题 4”选项。

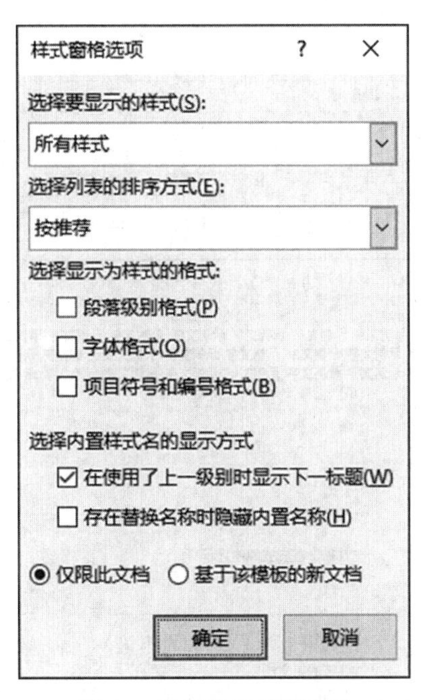

图 3－45　样式窗格选项

（2）自定义样式。

除了直接使用样式库中的样式外，还可以自定义新的样式。

1）新建样式。在 Word 2016 的空白文档窗口中，可以新建一种全新的样式，例如新的文本样式、新的表格样式和新的列表样式等，操作步骤如下：

◆ 选中要应用新建样式的文本，然后在“样式”任务窗格中单击“新建样式”按钮，弹出“根据格式设置创建新样式”对话框。

◆ 在“名称”文本框中输入新样式的名称“着重”，在“后续段落样式”下拉列表中选择“着重”选项，然后在“格式”组合框中单击“居左”按钮。

◆ 单击“格式”按钮，在弹出的下拉列表中选择“段落”选项。弹出“段落”对话框，在“行距”下拉列表中选择“最小值”选项，在“设置值”微调框中输入“12 磅”，然后分别在“段前”和“段后”微调框中输入“0.5 行”。

◆ 单击“确定”按钮，返回“根据格式设置创建新样式”对话框。系统默认选中了“添加到快速样式列表”复选框，所有样式都显示在了样式面板中，如图 3－46 所示。单击“确定”按钮，返回 Word 文档，此时，新建样式“着重”显示在了“样式”任务窗格中，选中段落文本自动应用了该样式。

2）修改样式。无论是 Word 2016 的内置样式还是 Word 2016 的自定义样式，我们随时都可以对其进行修改。将光标定位在需要修改样式的段落文本中，在“样式”任务窗格中选择对应样式，单击鼠标右键，在弹出的快捷菜单中选择“修改”项，在“修改样式”对话框中即可修改样式。

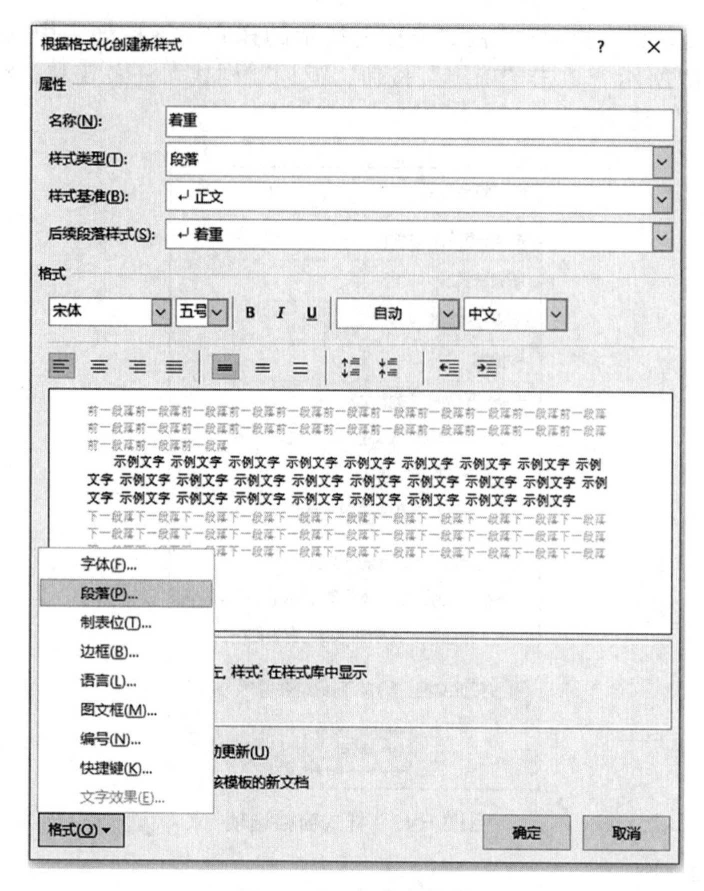

图 3－46　自定义样式

（3）刷新样式。

样式设置完成后，接下来就可以刷新样式了。刷新样式的方法主要有以下两种：

1）使用鼠标。使用鼠标左键可以在“样式”任务窗格中快速刷新样式，操作步骤如下：

◆ 切换到“开始”选项卡，单击“样式”组右下角的“对话框启动器”按钮，弹出“样式”任务窗格，然后单击右下角的“选项”按钮，弹出“样式窗格选项”对话框，然后在“选择要显示的样式”下拉列表中选择“当前文档中的样式”选项。

◆ 单击“确定”按钮，返回“样式”任务窗格，此时“样式”任务窗格中只显示当前文档中用到的样式，便于刷新格式。

◆ 按下“Ctrl”键，同时选中所有要刷新的标题文本，然后在“样式”列表框中选择“标题 3”选项，此时，所有选中的标题文本都应用了该样式。

2）使用格式刷。除了使用鼠标刷新格式外，还可以使用剪贴板上的“格式刷”按钮，复制一个位置的样式，然后将其应用到另一个位置，操作步骤如下：

◆ 在文档中，选中已经应用了“着重”样式的文本，然后切换到“开始”选项卡，单击“剪贴板”组中的“格式刷”按钮，此时格式刷呈深灰显示，说明已经复制了选中文本的样式。

◆ 将鼠标指针移动到文档的编辑区，此时鼠标指针变成“刷子”形状。滑动鼠标滚轮或拖动文档中的垂直滚动条，将鼠标指针移动到要刷新样式的文本段落上，然后单击鼠标左键，此时该文本段落就自动应用了格式刷复制的“着重”样式。

◆ 如果要将多个文本段落刷新成同一样式，就要先选中已经应用了“着重”样式的文本，然后双击“剪贴板”组中的“格式刷”按钮。此时格式刷呈深灰显示，说明已经复制了选中文本的样式。然后依次在想要刷新该样式的文本段落中单击鼠标左键，随即选中的文本段落都会自动应用格式刷复制的“着重”样式。

◆ 该样式刷新完毕后，单击“剪贴板”组中的“格式刷”按钮，即可退出复制状态。使用同样的方式，我们还可以刷新其他样式。

3.5.2 插入题注、脚注，插入和删除尾注

1. 插入题注

当 Word 2016 文档中含有大量图片时，为了能更好地管理这些图片，可以为图片添加题注。添加了题注的图片会获得一个编号，并且在删除或添加图片时，所有的图片编号会自动改变，以保持编号的连续性。操作步骤如下：

（1）打开 Word 2016 文档，右键单击需要添加题注的图片，在打开的快捷菜单中选择“插入题注”选项；或者选中图片，在“引用”选项卡中单击“题注”组中的“插入题注”按钮。

（2）在打开的“题注”对话框中单击“编号”按钮，打开“题注编号”对话框，单击“格式”下拉三角按钮，在打开的格式列表中选择合适的编号格式。如果希望在题注中包含 Word 2016 文档章节号，则需要选中“包含章节号”复选框。设置完毕后单击“确定”按钮。

（3）返回“题注”对话框，单击“新建标签”按钮，在打开的“新建标签”对话框中创建自定义标签（例如“图 1”），并在“标签”列表中选择自定义的标签。如果不希望在图片题注中显示标签，可以选中“从题注中排除标签”复选框。

（4）单击“位置”下拉列表选择题注的位置（例如“所选项目下方”），如图 3－47 所示，设置完毕后，单击“确定”按钮即可在 Word 2016 文档中添加图片题注。

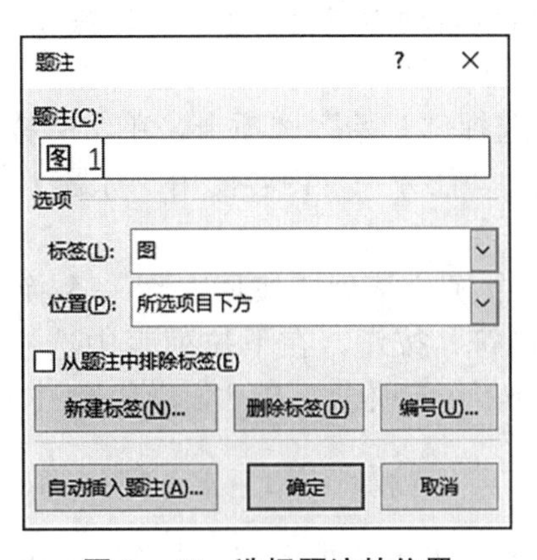

图 3－47　选择题注的位置

（5）选中下一张图片，然后单击鼠标右键，在弹出的快捷菜单中选择“插入题注”菜单项。弹出“题注”对话框，此时在“题注”文本框中自动显示“图 2”，在“标签”下拉列表中自动选择“图”选项，在“位置”下拉列表中自动选择“所选项目下方”选项。单击“确定”按钮，返回 Word 文档，此时在选中图片的下方便显示题注“图 2”。

2. 插入脚注

插入脚注的操作步骤如下：

（1）将光标定位在准备插入脚注的位置，切换到“引用”选项卡，单击“脚注”组中的“插入脚注”按钮。

（2）此时，在文档底部会出现一个脚注分隔符，在分隔符下方输入脚注内容即可。

（3）将光标移动到插入脚注的标识上，可以查看脚注内容。

3. 插入和删除尾注

插入尾注的操作步骤如下：

（1）将光标定位在准备插入尾注的位置，切换到“引用”选项卡，单击“脚注”组中的“插入尾注”按钮。此时，在文档的结尾会出现一个尾注分隔符，在分隔符下方输入尾注内容即可。

（2）将光标移动到插入尾注的标识上，可以查看尾注内容。

（3）如果要删除尾注分隔符，那么切换到“视图”选项卡，单击“视图”组中的“草稿”按钮，切换到草稿视图模式下。

（4）将光标移动到尾注分隔符附近，按下“Ctrl+Alt+D”组合键，在文档的下方弹出尾注编辑栏，然后在“尾注”下拉列表中选择“尾注分隔符”选项。

（5）此时在尾注编辑栏出现了一条直线。选中该直线，按下“Delete”键即可将其删除，然后切换到“视图”选项卡，单击“视图”组中的“页面视图”按钮即可。

3.5.3 制作文档目录

用 Word 2016 编排好一本书后，可以用自动生成的方法生成目录。那么，Word 2016 的目录是怎么自动生成呢？如果要自动生成目录，排版时就要设置好章节。设置章节主要是指不同的章节使用不同的标题。一本书的目录与内容通常要设置不同的页码，因此需要在目录的下一页设置“分节符”，然后设置页码，并把内容部分的起始页设置为第一页；最后再引用一种目录样式就可以自动生成目录了。具体操作步骤如下：

1. 设置章节样式

选中“项目一”内容，选择“开始”选项卡，单击“样式”组中右下角的“对话框启动器”按钮，选择“标题”，“任务一”内容使用“标题 1”作为二级标题，依此类推。

2. 设置分节符

光标定位到第一页第一个换行符后，按回车留一个换行符，以便生成目录。选择“布局”选项卡，单击“分隔符”按钮，在下拉列表中选择“分节符”中的“下一页”，插入一个分节符。选择“开始”选项卡，在“段落”组中单击“显示 / 隐藏编辑标记”按钮，可看到插入的分节符。

3. 设置页码

（1）选择“插入”选项卡，单击“页眉和页脚”组中的“页码”按钮，选择“页面底端”下的“普通数字 2”，即可插入页码。选中“正文”第一页的页码 2，单击“页码”，选择“设置页码格式”，打开“页码格式”窗口，选择“起始页码”，单击“确定”按钮，则正文页的起始页码设置为 1。

（2）页码字号大小可以根据需要设置，选择“页码”，会弹出一个浮动工具栏，设置“字体”“字号”。如果没有弹出浮动工具栏，可以使用快捷菜单或选择“开始”选项设置。

4. 生成目录

把光标定位到第一页第一个换行符前面，选择“引用”选项卡，单击“目录”图标，选择一种目录样式，例如“自动目录 1”，即可自动生成全书的目录。

5. 设置生成的目录

选择“开始”选项卡，选中“目录”二字，单击“居中”图标，“目录”二字即可“居中”显示。选中目录区，选择“开始”选项卡，单击“段落”组中的“对话框启动器”按钮，打开“段落”对话框，选择“缩进和间距”选项卡，单击“行距”下拉列表框，选择“固定值”，“设置值”改为 24 磅，单击“确定”按钮，则目录行间距变为 24 磅，如图 3－48 所示。

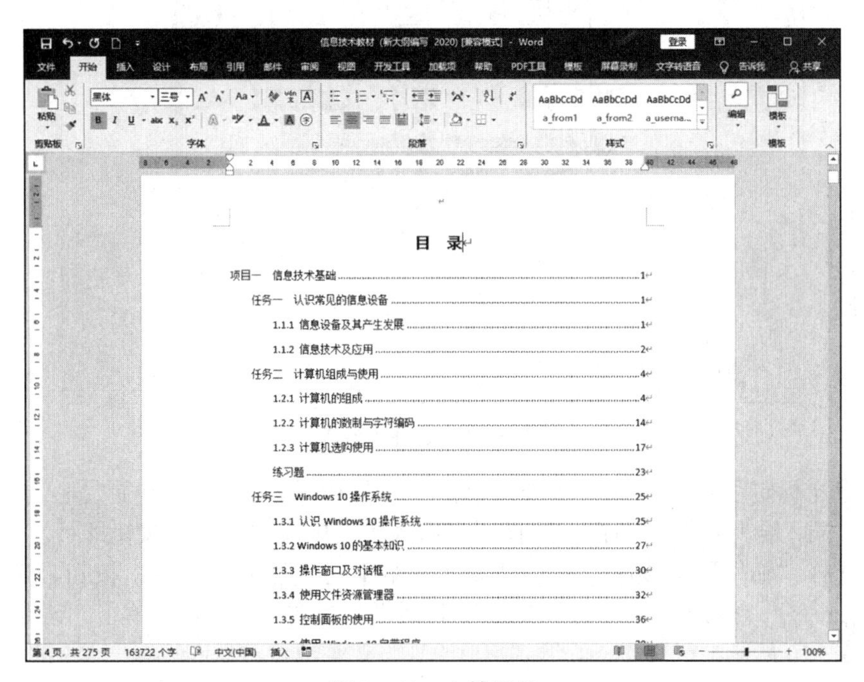

图 3－48　文档目录

3.5.4　邮件合并

邮件合并是 Word 2016 软件中一种可以批量处理的功能，在现代办公自动化方面用处很大。政府机关、企事业单位办公经常要发送大量通知、工资条、商品广告、录取通知书、成绩单、会议邀请函等，使用 Word 中的邮件合并功能可大大提高工作效率。操作方法是：先建立两个文档，一个包括所有文件共有内容的主文档（比如未填写的信封等）和一个包括变化信息的 Excel 表格（填写的收件人、发件人、邮编等），然后使用邮件合并功能在主文档中插入变化的信息，合成后的文件可以保存为 Word 文档。

下面以制作录取通知书为例介绍邮件合并的基本操作。

（1）打开“录取通知书”主文档。

（2）单击“邮件”选项卡“开始邮件合并”组中的“开始邮件合并”按钮，选择“普通 Word 文档”。

（3）单击“开始邮件合并”组中的“选择收件人”按钮，选择“使用现有列表”菜单项，打开“选取数据源”对话框，选择“学生录取信息表 .xlsx”，在“选择表格”对话框中，选择所需工作表，单击“确定”按钮。

（4）单击“编辑收件人列表”按钮，打开“邮件合并收件人”对话框，可以根据需要排序、筛选相应收件人。如果需要合并所有收件人，直接单击“确定”按钮，如图 3－49 所示。

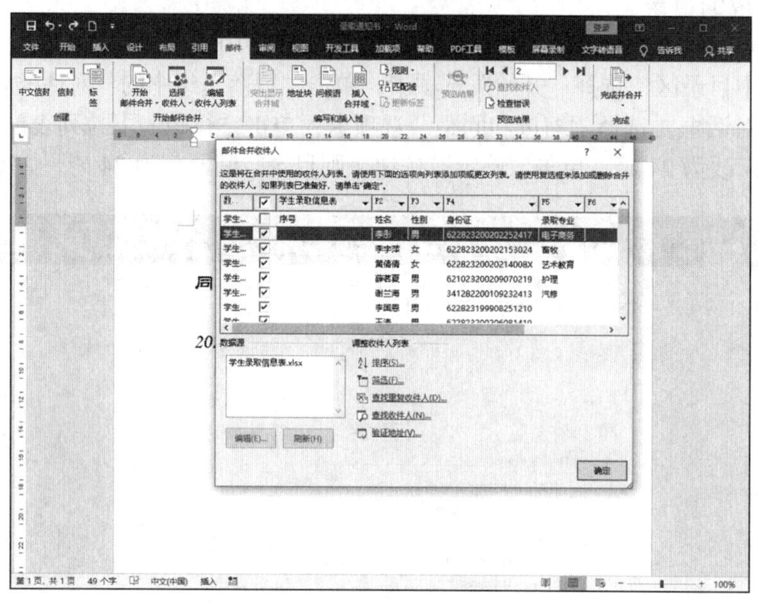

图 3－49　合并收件人

（5）将光标定位在需要插入域处，单击“编写和插入域”组中的“插入合并域”按钮，打开“插入合并域”对话框，选择所需插入域，单击“确定”按钮即可。

（6）选择“邮件”选项卡，单击“完成”组中的“完成并合并”按钮，选择“编辑单个文件”命令，打开“合并到新文档”对话框，选择“全部”，单击“确定”按钮即可，如图 3－50 所示。

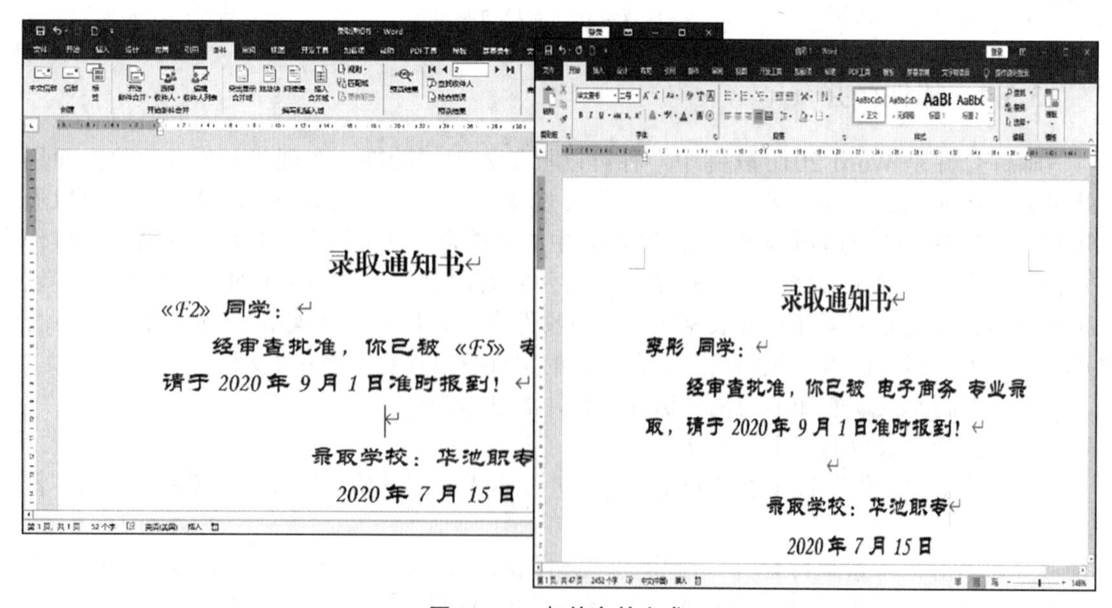

图 3－50　邮件合并完成

3.5.5 打印预览及打印

文档编辑完成并进行页面设置后，可以通过预览来浏览打印效果，操作步骤如下：

（1）单击“自定义快速访问工具栏”下拉按钮，在弹出的下拉列表中选择“打印预览和打印”选项。此时“打印预览和打印”按钮就添加在了“自定义快速访问工具栏”中，单击“打印预览和打印”按钮，Word 文档的右侧会显示预览效果。

（2）可以根据打印需要单击右侧各下拉按钮，对相应选项进行设置，如图 3－51 所示。如果对预览效果比较满意，就可以单击“打印”按钮进行打印了。

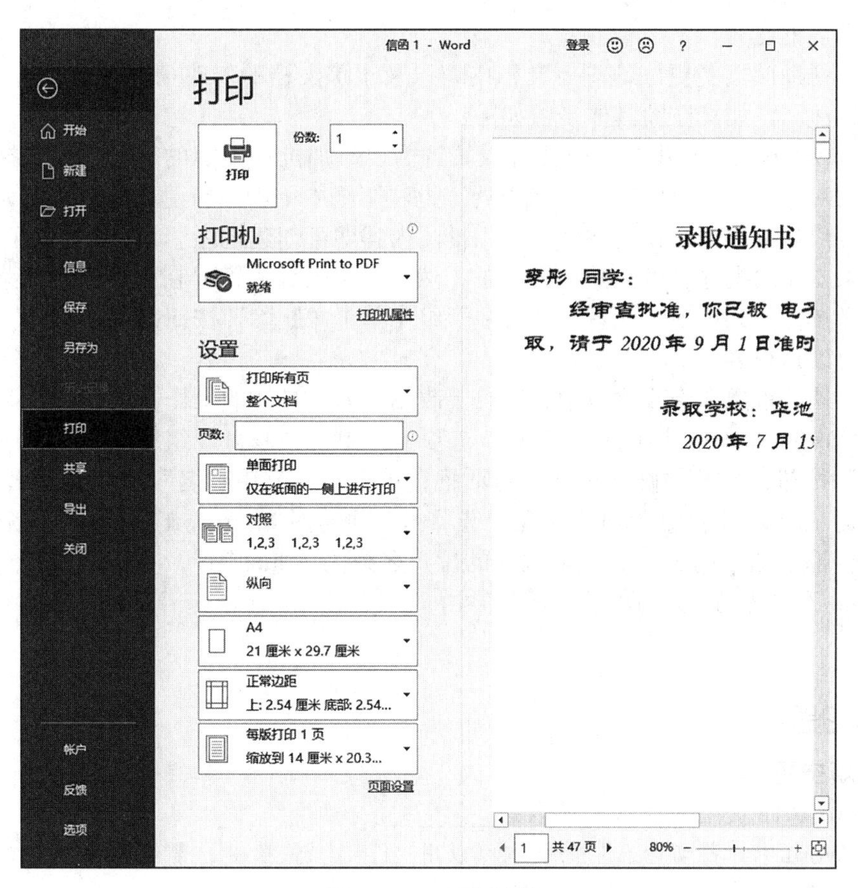

图 3－51 打印设置

任务实施

根据所学内容和老师要求，完成成绩通知单的制作，并把完成的作品提交到教师端。

知识拓展

审阅文档

在日常工作中，某些文件需要领导审阅或者经过大家讨论后才能执行，所以就需要在这些文件上进行一些批示、修改。Word 2016 提供了批注、修订、更改等文档审阅工具，大大提高了办公效率。

1. 添加批注

为了帮助阅读者更好地理解文档内容以及跟踪文档的修改情况，可以为 Word 文档添加批注。添加批注的具体步骤如下：

打开 Word 文档，将插入点光标放置到需要添加批注内容的后面，或选择需要添加批注的对象，在“审阅”选项卡中的“批注”组中单击“新建批注”按钮，此时在文档中会出现批注框，在批注框中输入批注内容即可创建批注。

如果要删除批注，可先选中批注框，然后单击鼠标右键，在弹出的快捷菜单中选择“删除批注”菜单项，或者在“批注”组中单击“删除”按钮即可。

2. 更改用户名

在文档的审阅和修改过程中，可以更改用户名，具体的操作步骤如下：

在 Word 文档中，切换到“审阅”选项卡，单击“修订”组中右下角的“对话框启动器”按钮，打开“修订选项”对话框，单击“更改用户名”按钮，弹出“ Word 选项”对话框，自动切换到“常规”选项卡，将“对 Microsoft office 进行个性化设置”组合框下的“用户名”文本框中的用户名改为“ huachi”，在“缩写”文本框中输入“hc”，然后单击“确定”按钮即可。

练习题

一、填空题

1. Word 2016 文档的默认扩展名是________。

2. 在 Word 中，剪切已选定的文本可以用________快捷键；复制已选定的文本可以用________快捷键；粘贴已选定的文本可以用________快捷键。

3. 在 Word 中，删除、复制、粘贴文本之前，应先________。

4. 调整字符的宽与高时，在“字体”对话框的“字符间距”选项卡中选择缩放的比例，缩放比例________100%，字体就越趋于宽扁；缩放比例________100%，字体就越趋于瘦高。

5. 在字体格式中，B 表示________效果，I 表示________效果，U 表示________效果。

6. Word 文档中常见的视图方式有________、________、________、________、________等。

二、选择题

1. 新建一篇文档的快捷键是（　　），保存文档的快捷键是（　　）。

A. Ctrl+O　　B. Ctrl+N　　C. Ctrl+S　　D. Ctrl+A

2. 在文档中插入特殊符号，应选择（　　）。

A. “插入”“分隔符”　　B. “视图”“粘贴”
C. “工具”“自定义”　　D. “插入”“符号”

3. 在 Word 的编辑状态下，单击“粘贴”按钮后可（　　）。

A. 将文档中被选择的内容复制粘贴到当前插入点处
B. 将文档中被选择的内容复制到剪贴板
C. 将文档中被选择的内容剪切到剪贴板
D. 将剪贴板中的内容复制到当前插入点处

4. 在 Word 的编辑状态下，选择四号字后，按新设置的字号显示的文字是（　　）。

A. 插入点所在段落中的文字　　B. 文档中被“选择”的文字
C. 插入点所在行中的文字　　D. 文档中的全部文字

5. 在 Word 的编辑状态下，切换到“开始”选项卡，单击“字体”组中的“字号”下拉列表，可以设定文字的大小，下列四个字号中字符最大的是（　　）。

A. 三号　　B. 小三　　C. 四号　　D. 小四

6. 在 Word 的编辑状态下，使插入点快速移动到文档尾部的快捷键是（　　）。

A. CapsLock　　B. Shift+Home　　C. Ctrl+End　　D. Home

7. 在文档中，打开“查找”对话框的快捷键是（　　）。

A. Ctrl+G　　B. Ctrl+H　　C. Ctrl+A　　D. Ctrl+F

8. 在 Word 的编辑状态下，想要在插入点处设置一个分页符，应当单击“布局”选项卡中的（　　）。

A. “分隔符”按钮　　B. “页码”按钮
C. “符号”按钮　　D. “对象”按钮

9. 对已建立的页眉和页脚，要打开它可以双击（　　）。

A. 文本区　　B. 页眉和页脚区　　C. 菜单区　　D. 工具栏区

10. 在“打印”对话框的“页面范围”下的“当前页”项是指（　　）。

A. 当前窗口显示的页　　B. 光标插入点所在的页
C. 最早打开的页　　D. 最后打开的页

11. 在表格中，若要使多行等高，可以选定这些行，在“表格工具”栏中，切换到“布局”选项卡，单击“单元格大小”组中的（　　）按钮。

A. 分布行　　B. 分布列
C. 根据窗口调整表格　　D. 根据内容调整表格

12. 在 Word 的编辑状态下，当前文档中有一个表格，选取表格内的部分单元格中的数据后，单击“开始”选项卡，在“段落”组中单击“居中”按钮后，（　　）。

A. 表格中数据全部按居中格式编排
B. 表格中被选择数据按居中格式编排
C. 表格中数据不会按居中格式编排
D. 表格中未被选择的数据按居中格式编排

13. 图片插入到文档中时，默认为（　　），既不能随意移动位置，也不能在其周围环绕文字。

A. 四周型　　B. 上下型　　C. 嵌入型　　D. 紧密型

三、判断题

1. Word 既可以用鼠标也可以用键盘选择菜单命令。 (　　)

2. 如果要对文本进行格式化操作，则必须先选择需要被格式化的文本，然后再对其进行操作。 (　　)

3. 文档的页码只能是数字，而不能是其他的符号。 (　　)

4. 段落标记是 Word 识别段落的一个标记，在打印文档时，并不会打印出来。 (　　)

5. 设置文档自动保存功能后，就再也不用手动保存文档了。 (　　)

6. 在 Word 中文档可以保存为纯文本类型。 (　　)

7. 不同的计算机可供选择的字体都是一样的。 (　　)

8. 页眉和页脚在任何视图模式下均可显示。 (　　)

9. Word 不能同时打开两份以上的文档。 (　　)

10. 页边距是页面四周的空白区域，也就是正文与页边界的距离。 (　　)

11. 撤销与重复操作可避免误操作造成的损失。 (　　)

12. 如果将所选文本复制到文档另一位置，直接按复制按钮即可。 (　　)

13. 项目符号不会像项目编号一样自动增减号码。 (　　)

14. 如要合并上、下两个表格，只要删除两个表格之间的内容就可以了。 (　　)

四、简答题

在 Word 2016 中，有哪些快捷方式可以帮助用户提高工作效率？

项目 4

数据处理软件应用

Excel 2016 是微软公司推出的 Office 2016 办公系列软件的重要组件，是数据处理应用软件，主要用于电子表格数据的处理，可以高效地完成各种表格的设计，进行复杂的数据计算和分析，制作直观精美的图表，大大提高了数据处理和日常办公的效率，是日常工作和学习中非常实用的工具软件，给人们的数据处理工作带来了极大的方便，使传统的办公转向了无纸化的现代办公。在大数据时代，学会数据处理和分析，能够制作美观大方的表格和直观形象的图表，是职场人士必备的操作应用技能。

任务 1　Excel 2016 基本操作

任务目标

1. 掌握 Excel 2016 的工作簿、工作表、单元格等概念；

2. 掌握 Excel 2016 工作簿和工作表的创建方法；

3. 学会在单元格中输入各种数据以及修改、删除数据，掌握行、列、单元格的选定、添加、删除等基本操作。

任务引入

学校 2020 级学生一个学期的学习结束了，为长期保存学生成绩数据资料并对学生的成绩进行智能化处理，教师要将成绩录入计算机中。那么，如何建立、保存 Excel 文件呢?

本任务主要是运用 Excel 2016 建立 2020 级学生成绩电子表格文档，即建立“2020 级学生成绩 .xlsx”工作簿文档，建立 2020 级学生三个班对应的三张工作表（成绩表），根据各班级提交的成绩表录入相应班级的学生信息（学号、姓名、性别和各科成绩）。通过本任务的练习，学生要学会 Excel 2016 工作簿的新建、保存，并通过录入数据，掌握对 Excel 2016 工作表、行、列和单元格的基本操作。

4.1.1 Excel 2016 操作界面

Excel 2016 操作界面如图 4－1 所示。

（1）名称框：显示当前所在单元格或单元格区域的名称（引用）。

（2）编辑栏：向单元格中输入数据时，输入的内容都将显示在此栏中，也可以在此输入单元格内容。

（3）工作表全选按钮：单击该按钮，能够选中整个工作表。

（4）工作区：显示工作表中可见的单元格，用于输入数据。

（5）工作表标签：用来识别工作表的名称。

（6）快速访问工具栏：包含最常用的快捷按钮，方便用户使用。

（7）选项卡：每个选项卡代表一个活动的区域，点击不同的选项卡，即可展现不同的内容。

（8）功能区：提供包含命令组的选项卡。

（9）列号：以英文字母 A、B、C 等大写字母表示。

（10）行号：以阿拉伯数字 1、2、3 等数字表示。

（11）活动单元格：指处于活动状态中的单元格，正在编辑中的、被选中的单元格均可称作活动单元格。

（12）新建工作表按钮：单击该按钮可新建工作表。

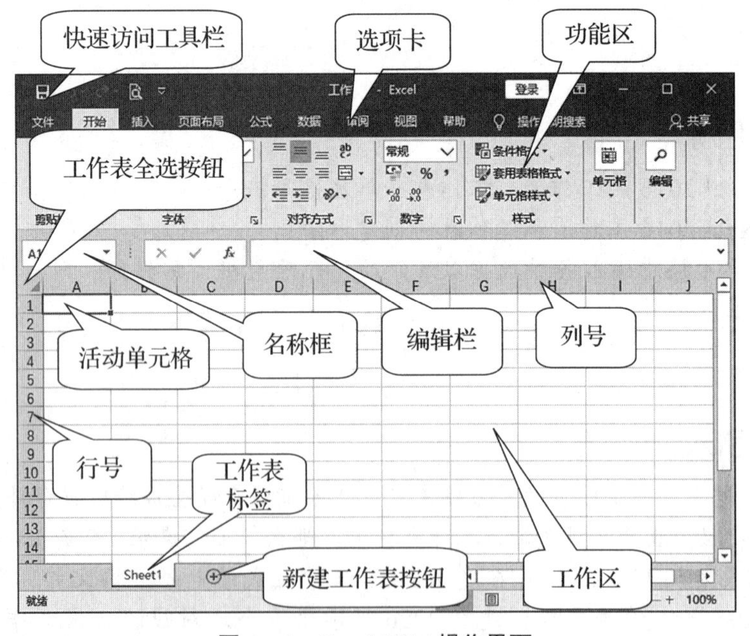

图 4－1　Excel 2016 操作界面

4.1.2 工作簿、工作表和单元格

工作簿、工作表和单元格是构成 Excel 的三大主要元素，既是 Excel 主要的操作对

象，也是常用的基本概念。Excel 操作界面上的工作簿、工作表和单元格如图 4－2 所示。

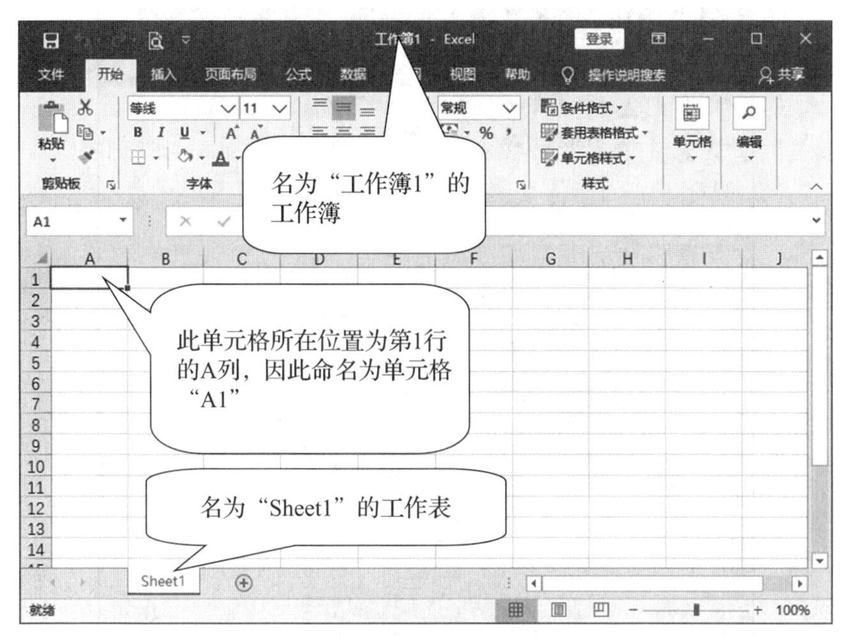

图 4－2　工作簿、工作表和单元格

（1）工作簿：是计算和存储数据的文件，用于保存表格中的内容，是由若干张工作表构成的。Excel 文件在保存时即保存整个工作簿，扩展名为 .xlsx。启动 Excel 2016 并建立一个空白的工作簿后，系统自动将该工作簿命名为“工作簿 1”。

（2）工作表：是构成工作簿的主要元素，每张工作表都有自己的名称，是由众多单元格构成的单张表格，通常一个工作簿默认包含 1 张工作表，用户可以根据需要进行增删，但最多不超过 255 个，最少为 1 个。工作表主要用于处理和存储数据，也被称为电子表格。

（3）单元格：是构成工作表的一个个“格子”，是表格中最小的元素。其命名规则为“列号＋行号”，如“A6”表示 A 列第 6 行的单元格。

（4）单元格区域：多个连续的单元格称为单元格区域。如图 4－3 所示。

4.1.3　输入单元格数据

如图 4－4 所示，在 Sheet1 工作表 B3 单元格输入了“Excel 2016”。名称框显示当前单元格的名称“B3”，编辑栏显示当前单元格输入的内容“Excel 2016”。工作表标签显示工作表的名称，正在使用的工作表称为活动（或当前）工作表。选定单元格右下角的小方块为自动填充柄。

4.1.4　工作表、行、列、单元格的基本编辑

Excel 2016 工作表、行、列、单元格的基本编辑按钮位于“开始”选项卡的“单元格”组，如图 4－5 所示。

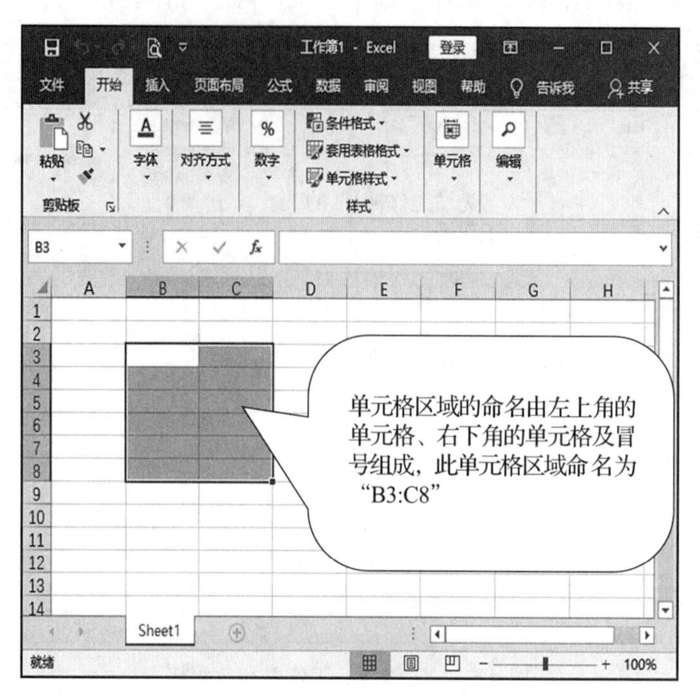

图 4-3　单元格区域

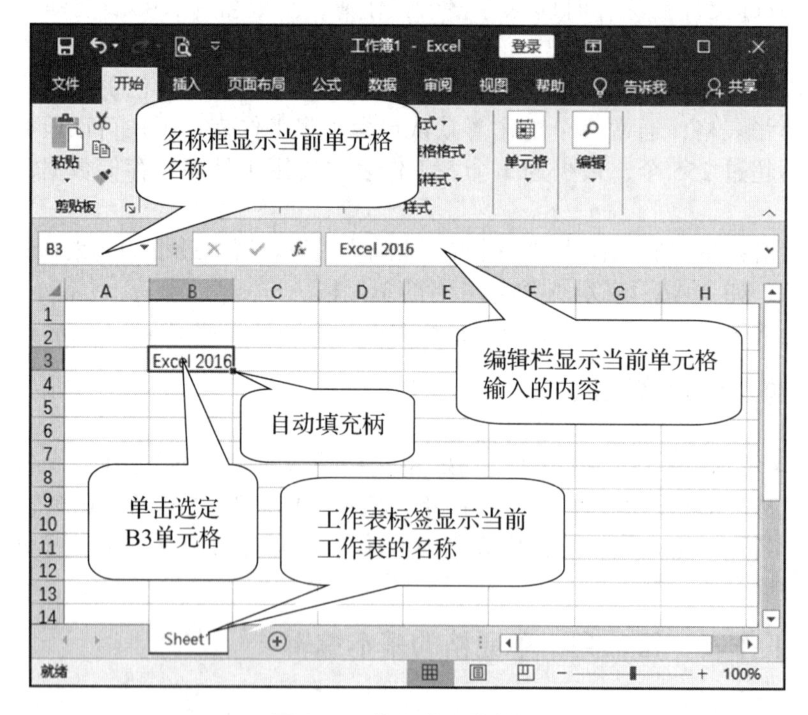

图 4-4　输入单元格数据

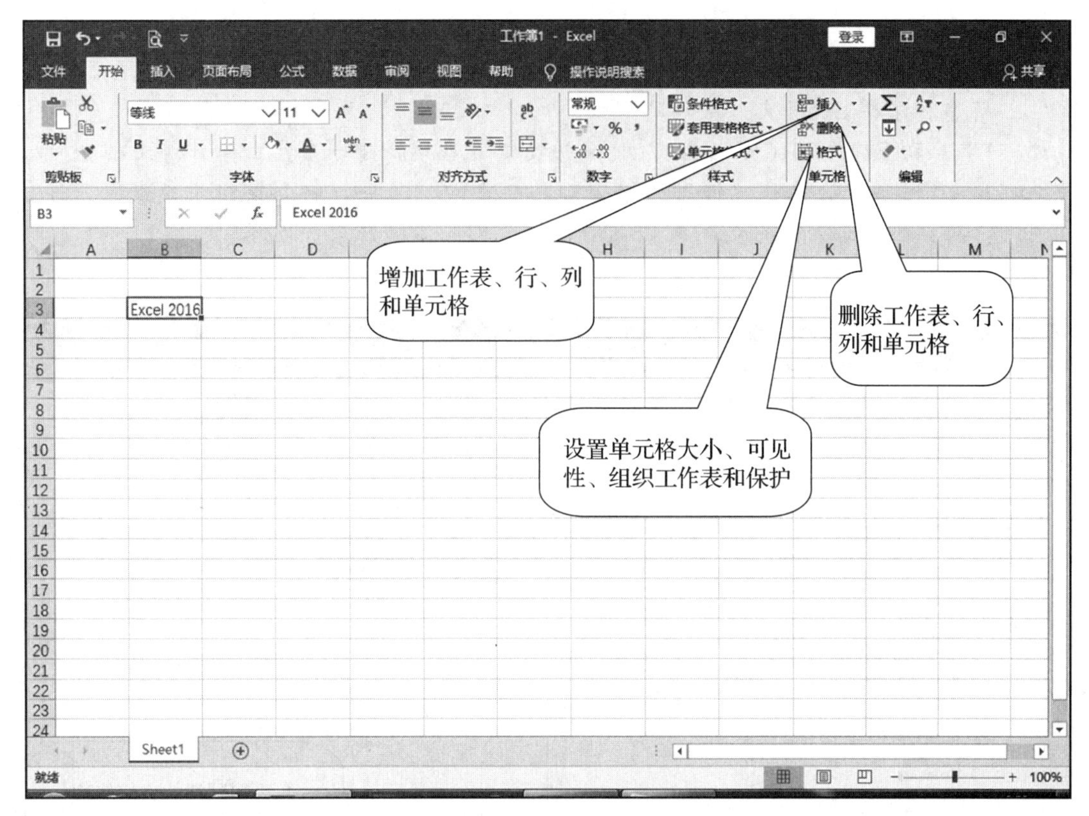

图 4－5 “单元格”组按钮

任务实施

步骤 1：新建工作簿文档。

启动 Excel 2016，新建一个工作簿文档，保存为“2020 级学生成绩 .xlsx”。

步骤 2：复制各班级（护理 1 班、护理 2 班、护理 3 班）学生成绩，制作“2020 级学生成绩 .xlsx”。

（1）将工作表重命名为“护理 1 班成绩”、“护理 2 班成绩”和“护理 3 班成绩”，操作步骤如图 4－6 所示。

提示：

重命名工作表的其他方法：

方法一：选择工作表，单击“开始”→“单元格”→“格式”→“重命名工作表”命令，录入工作表名。

方法二：双击工作表标签，再录入工作表名称。

提示：

新建和保存 Excel 文件：

1）启动 Excel 2016 后，按 Ctrl+N 快捷键可直接新建一个空白工作簿文档。

2）只有第一次保存文件时，单击工具栏上的“保存”命令按钮才会出现“另存为”对话框，若是保存过的文件则会以原有文件名保存文件内容。

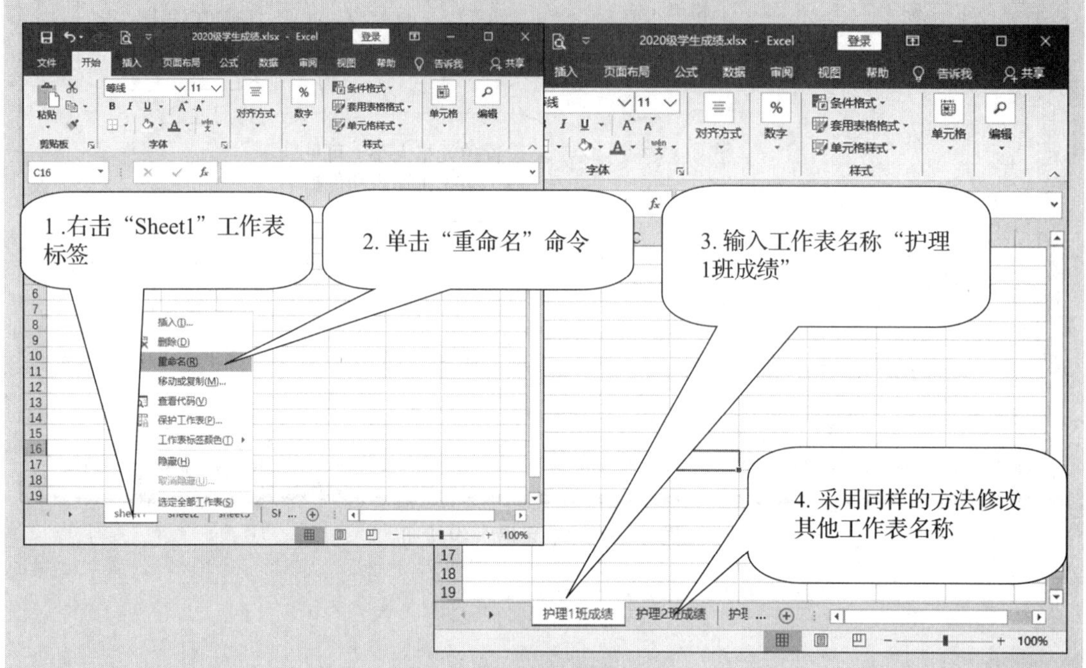

图 4-6　重命名工作表

（2）将“护理 1 班成绩表 .xlsx”、“护理 2 班成绩表 .xlsx”和“护理 3 班成绩表 .xlsx”工作簿中的学生成绩复制到“2020 级学生成绩 .xlsx”相应工作表中。

首先，复制护理 1 班学生成绩。打开“护理 1 班成绩表 .xlsx”工作簿，复制学生成绩，粘贴到“2020 级学生成绩 .xlsx”工作簿的“护理 1 班成绩”工作表中，操作步骤如图 4-7 所示。再复制护理 2 班和护理 3 班的学生成绩到“2020 级学生成绩 .xlsx”工作簿的“护理 2 班成绩”和“护理 3 班成绩”工作表中。操作同上。

步骤 3：新建并移动“2020 级学生前十名”工作表。

（1）新建“2020 级学生前十名”工作表，操作步骤如图 4-8 所示。

（2）将“2020 级学生前十名”工作表移动到“护理 1 班成绩”之前，操作步骤如图 4-9 所示。

步骤 4：删除多余单元格、插入遗漏的单元格内容。

（1）“护理 1 班成绩”工作表中，姓名“刘荣”被录入两次，导致工作表数据错位，删除其中 1 个，操作步骤如图 4-10 所示。

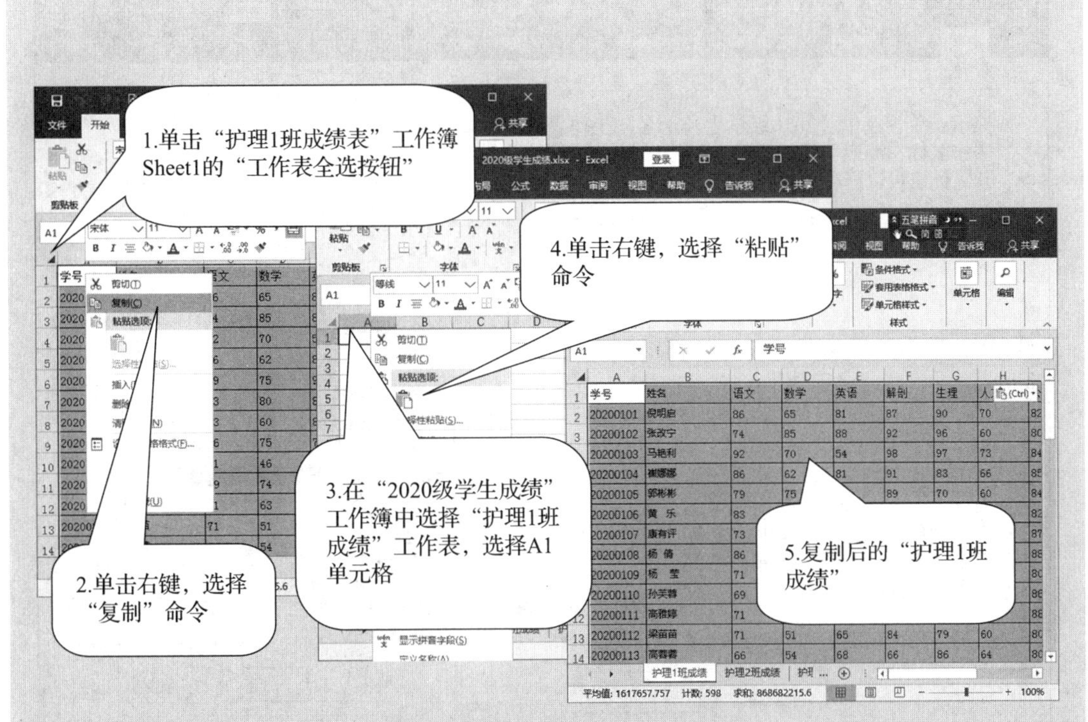

图 4-7　复制“护理 1 班成绩”

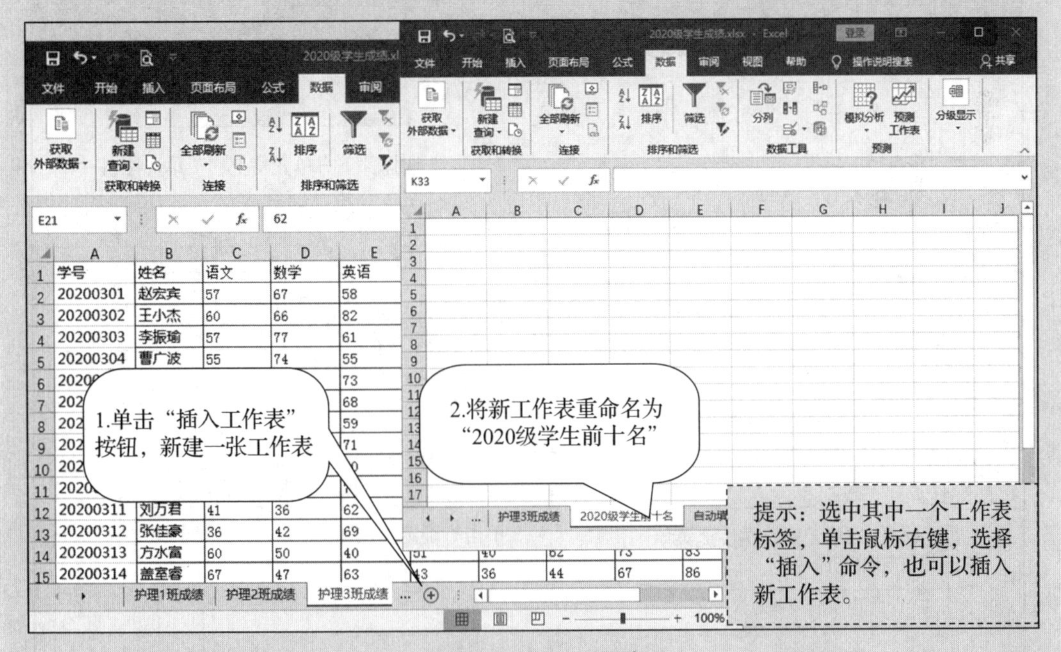

图 4-8　插入工作表

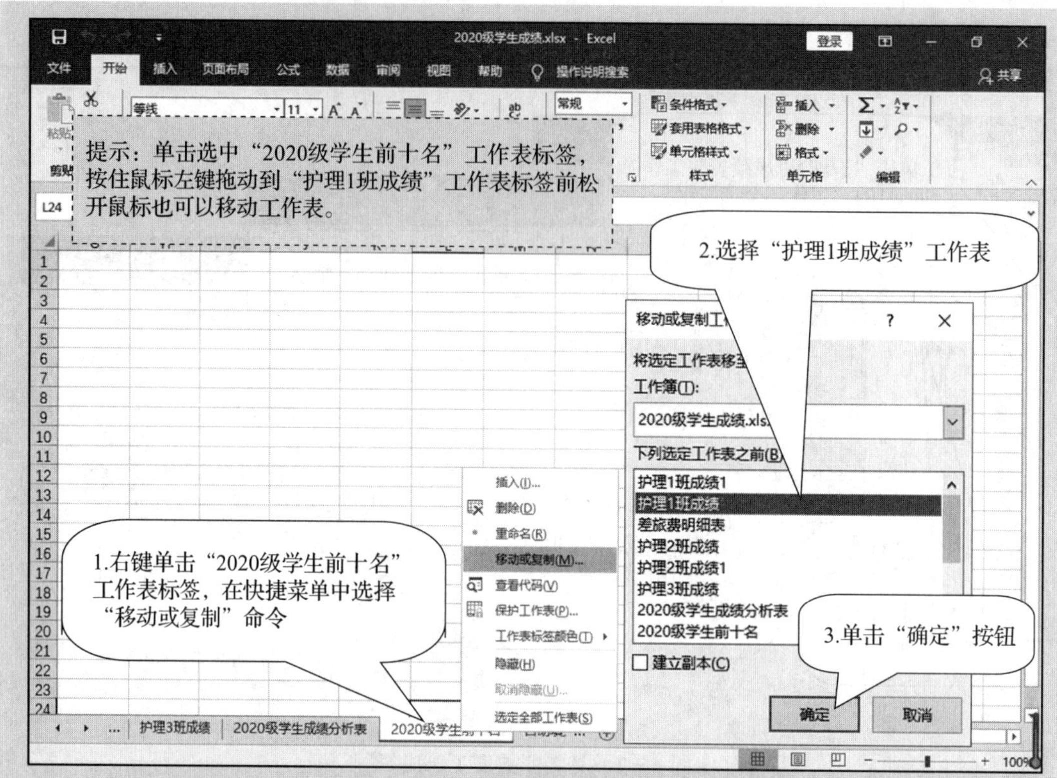

图 4－9　移动工作表

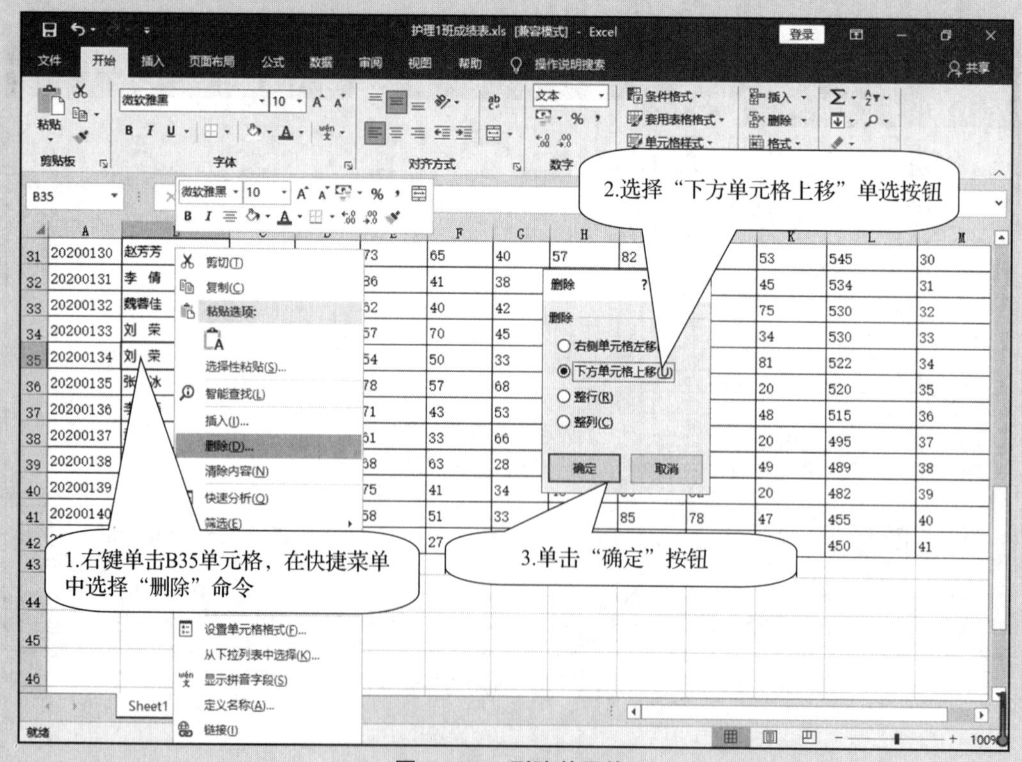

图 4－10　删除单元格

（2）“护理1班成绩”工作表中，F35单元格漏输入分数“85”，导致工作表内数据错位，将它补录入，操作步骤如图4－11所示。

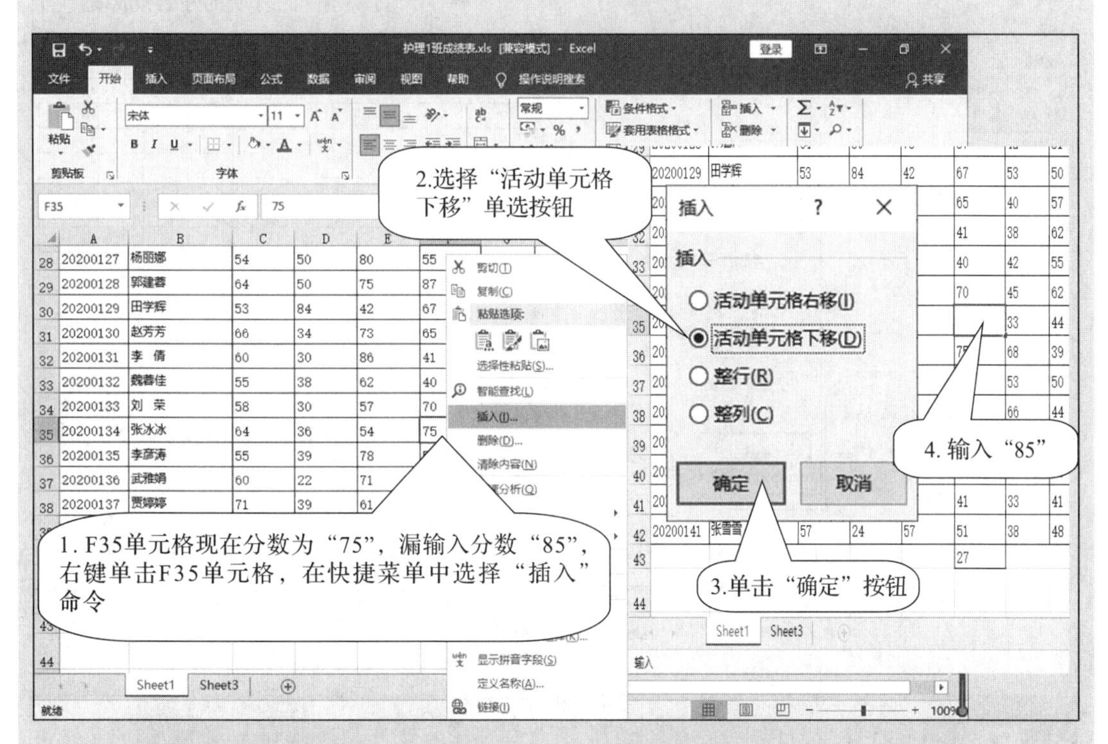

图4－11 插入单元格

步骤5：插入行与删除行。

（1）“护理2班成绩”工作表中，漏输入一名学生的成绩：王小莫，78，85，65，99，77，77，96，83，98。该学生成绩放在“张雪燕”之后，“张雪燕”位于第4行，新插入的行应该是在第4行与第5行之间，操作步骤如图4－12所示。

（2）护理2班的学生张丹已办理转学手续，将这行数据删除，操作步骤如图4－13所示。

步骤6：插入列，添加学生学号。

在“护理2班成绩”中，在“姓名”列前插入一列，作为“学号”列，A1单元格输入“学号”，用填充柄完成学生编号的填充，操作步骤如图4－14所示。

填充柄是位于选定区域右下角的小方块。当输入的相邻多个单元格为有规律数据时，可以拖动填充柄快速填充数据。如“学号”列为连续数字，可以采用此法。填充柄的使用方法有两种：一是将鼠标指向填充柄，鼠标的指针更改为黑十字，此时用鼠标拖动填充序列；二是鼠标双击填充柄，自动完成序列填充。当要求学生编号必须以“001，002……”格式输入时，可以先输入半角英文字符的“'”，把输入数字作为字符型处理，再按如图4－14所示的填充方法进行填充。

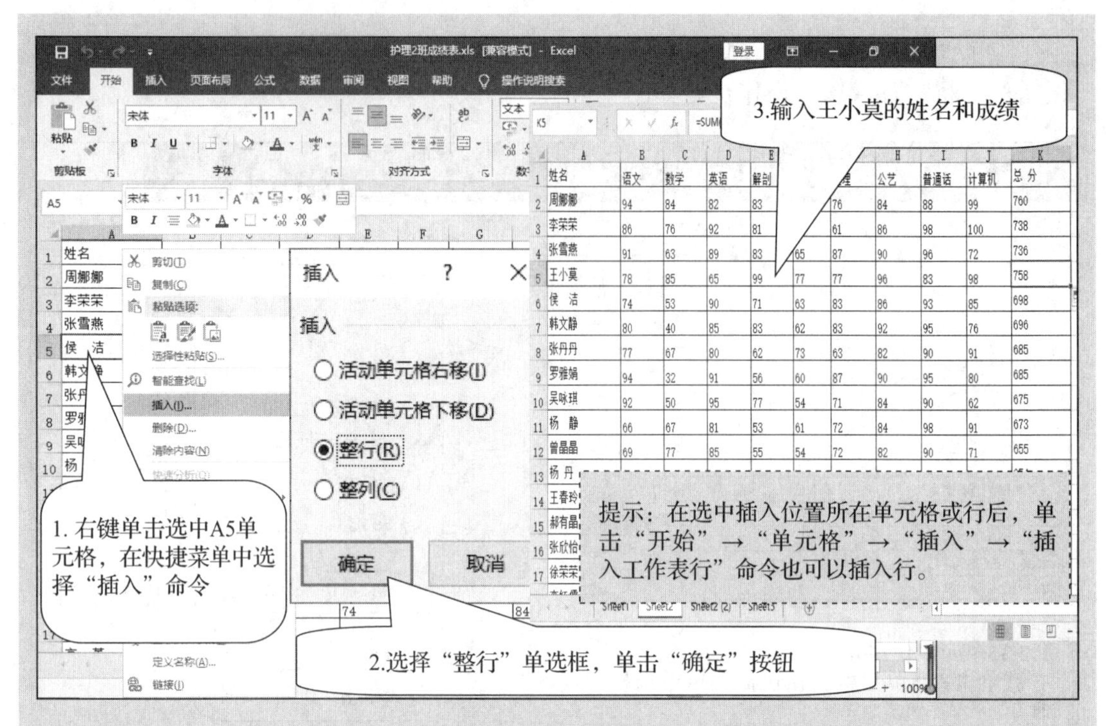

图 4-12 插入行

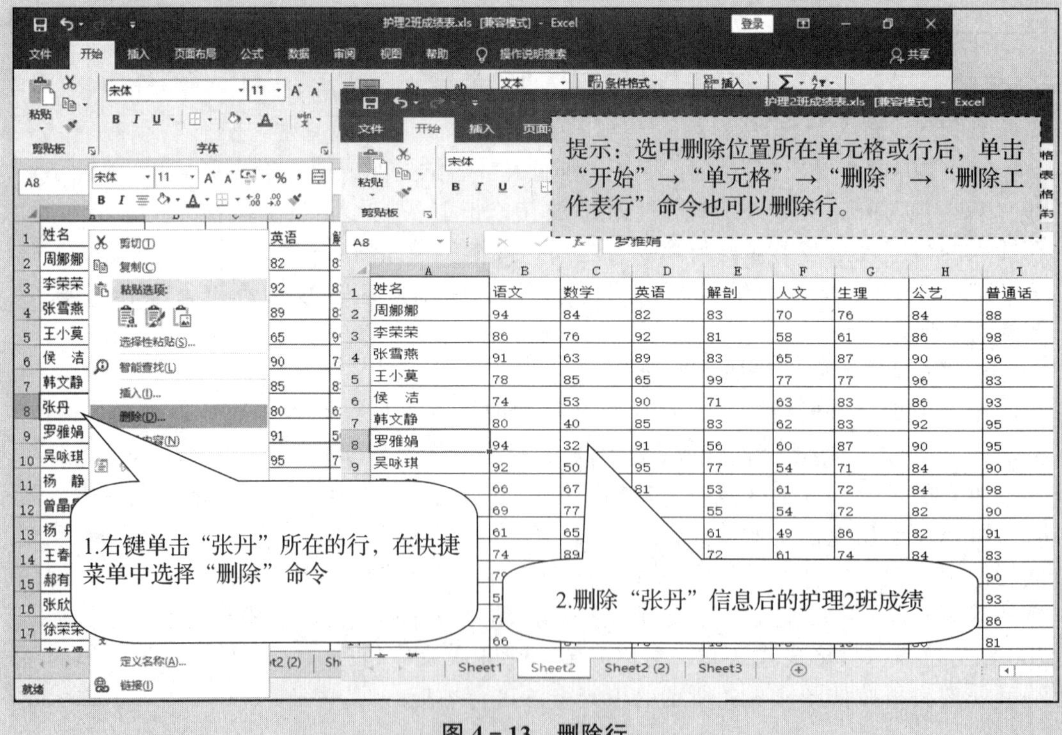

图 4-13 删除行

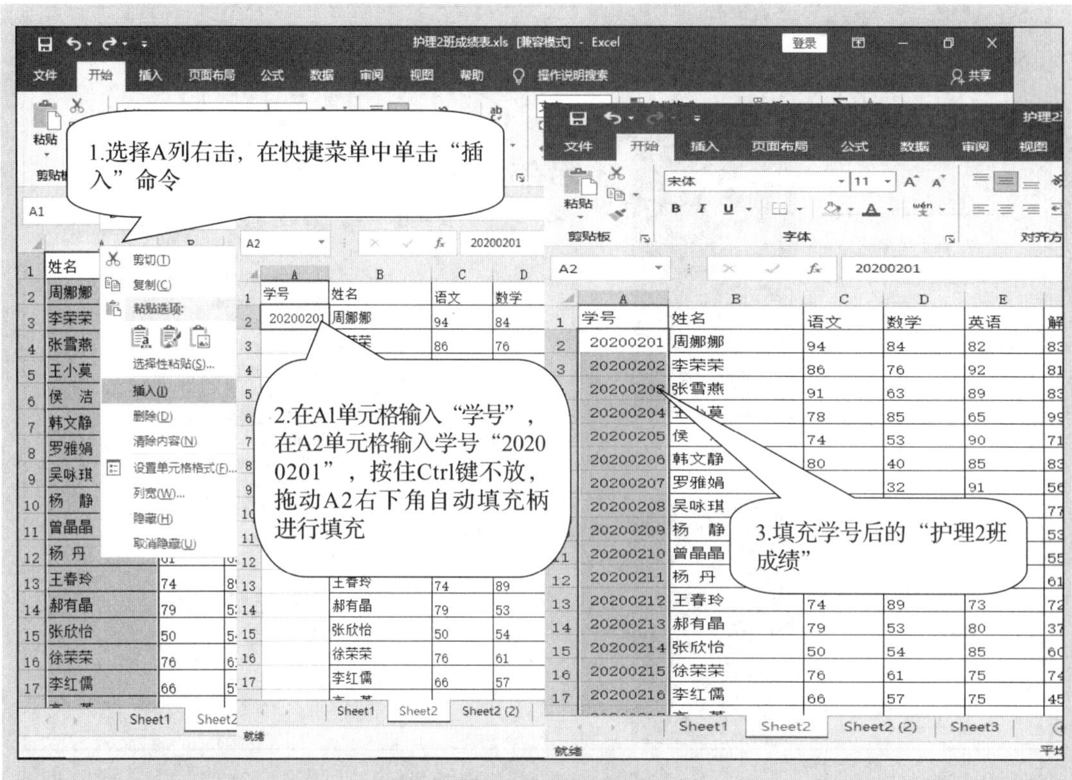

图 4 - 14　添加“学号”列

步骤 7：保存文件。

单击快速访问工具栏中的“保存”按钮，保存文档。

知识拓展

Excel 2016 中模板的作用和应用

模板就是预先绘制好的具有固定格式的表格，利用模板可以快速创建相似格式的表格，提高工作效率。在工作中，如果经常用到某些格式固定的表格，可以将工作簿另存为模板，模板文件（.xltx）中包含数据和格式。使用时，可以用模板创建工作簿。

（1）创建模板。创建一个名为“班级课程表”的模板，操作步骤如图 4 - 15 所示。

（2）用模板创建工作簿。单击“文件”→“新建”命令，在新建模板栏中选择“每周家务安排表”模板，创建工作簿，如图 4 - 16 所示。

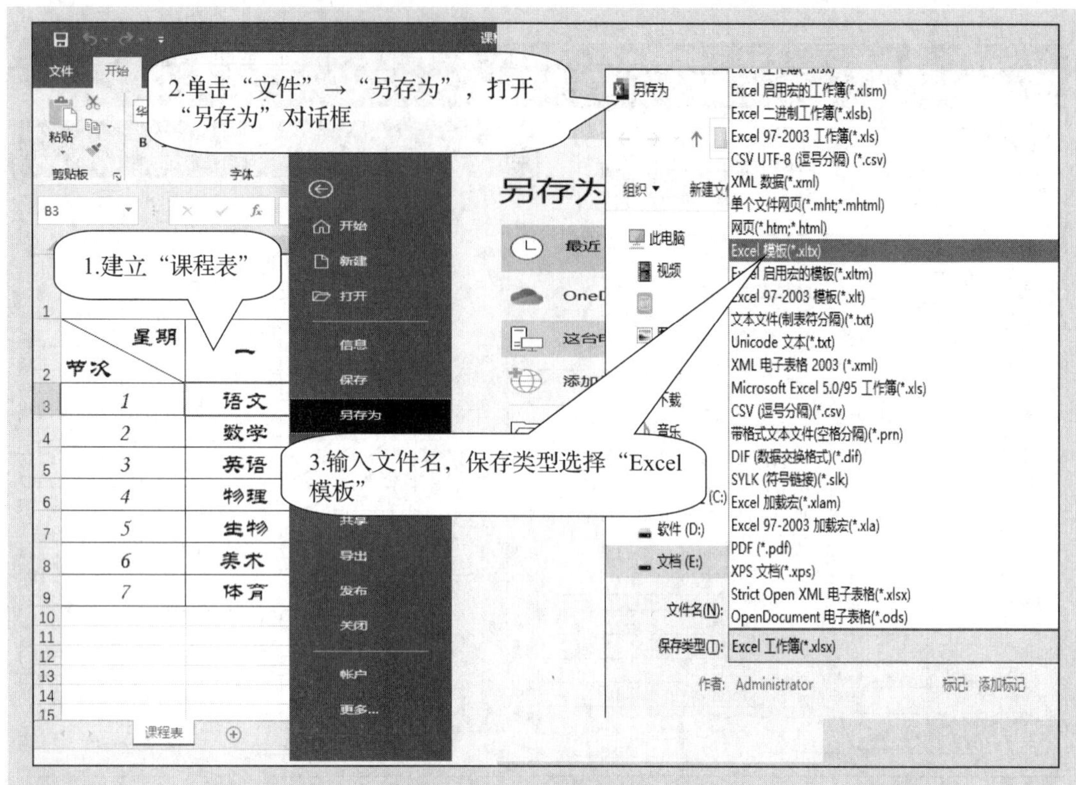

图 4－15　创建模板

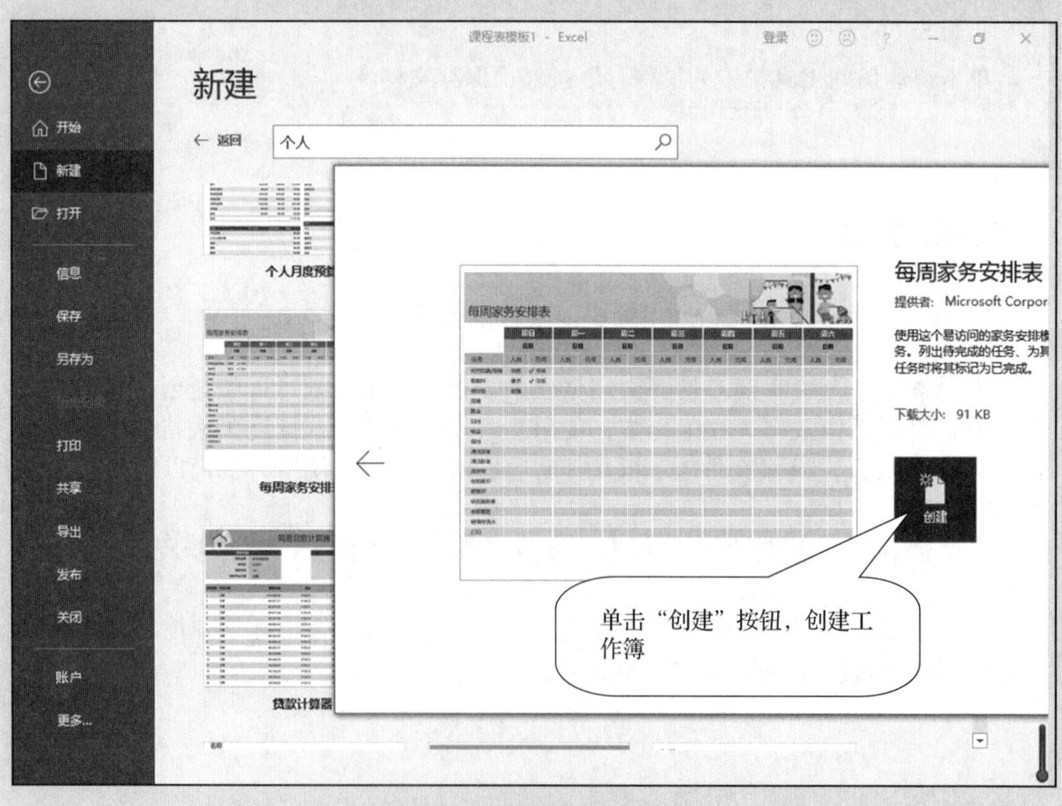

图 4－16　用模板创建工作簿

任务 2　表格格式设置

任务目标

1. 掌握单元格格式的设置方法；
2. 了解表格套用格式的设置方法；
3. 掌握行高、列宽的调整方法；
4. 掌握表格边框的设置方法。

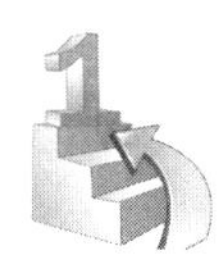

任务引入

“2020 级学生成绩 .xlsx”的工作簿文档编辑制作完成，其内容规范整齐，但是整体效果平淡，缺少美观的界面和融合的色彩。为了使工作表的界面具有丰富的视觉效果，可通过“电子表格格式设置”修饰美化工作簿文档，让每张工作表表格变得美观大方、界面精美。

本任务通过改变工作表中单元格字体、字号、颜色、背景、对齐方式、数字的显示格式、边框底纹来修饰工作表，对上一任务建立的“2020 级学生成绩 .xlsx”工作簿文档中的“护理 2 班学生成绩表”进行修饰，效果如图 4－17 所示。通过本任务的练习，学会 Excel 电子表格格式设置，掌握行高和列宽的调整方法，学会美化工作表。

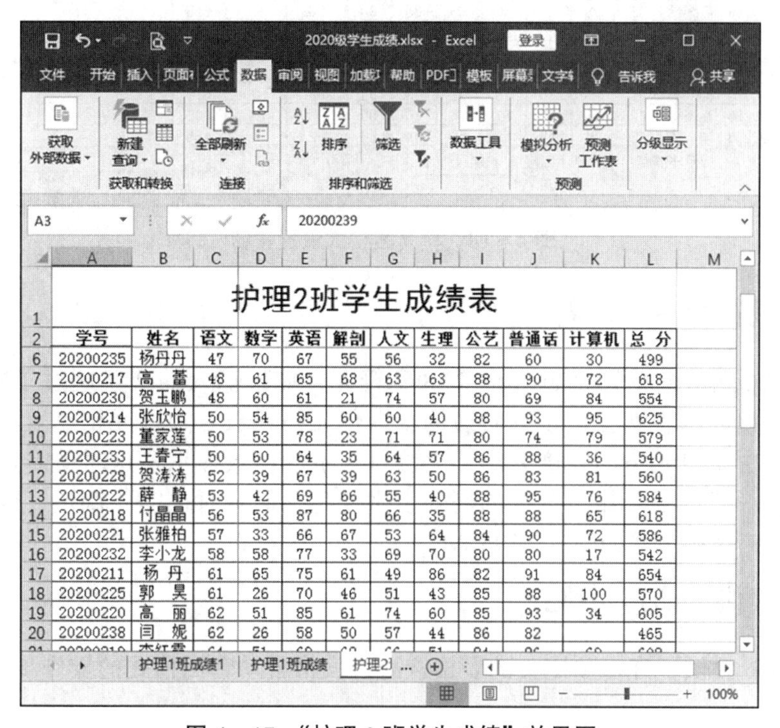

护理2班学生成绩表

学号	姓名	语文	数学	英语	解剖	人文	生理	公艺	普通话	计算机	总 分
20200235	杨丹丹	47	70	67	55	56	32	82	60	30	499
20200217	高　蕾	48	61	65	68	63	63	88	90	72	618
20200230	贺玉鹏	48	60	61	21	74	57	80	69	84	554
20200214	张欣怡	50	54	85	60	60	40	88	93	95	625
20200223	董家莲	50	53	78	23	71	71	80	74	79	579
20200233	王春宁	50	60	64	35	64	57	86	88	36	540
20200228	贺涛涛	52	39	67	39	63	50	86	83	81	560
20200222	薛　静	53	42	69	66	55	40	88	95	76	584
20200218	付晶晶	56	53	87	80	66	35	88	88	65	618
20200221	张雅柏	57	33	66	67	53	64	84	90	72	586
20200232	李小龙	58	58	77	33	69	70	80	80	17	542
20200211	杨　丹	61	65	75	61	49	86	82	91	84	654
20200225	郭　昊	61	26	70	46	51	43	85	88	100	570
20200220	高　丽	62	51	85	61	74	60	85	93	34	605
20200238	闫　妮	62	26	58	50	57	44	86	82		465

图 4－17　“护理 2 班学生成绩”效果图

4.2.1 设置单元格格式

美观大方的表格能在工作表中起到突出主题、美化界面和烘托效果的作用，这就需要对单元格格式进行相应的设置，如对单元格字体、对齐方式等进行设置。

Excel 2016 中的单元格格式设置按钮如图 4-18 所示。

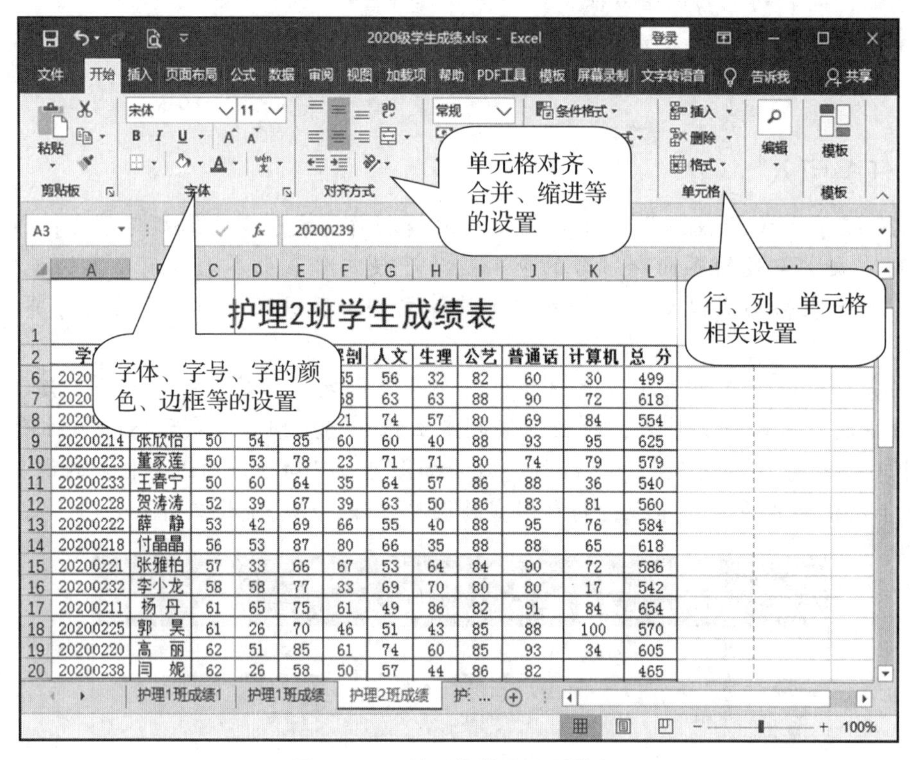

图 4-18 单元格格式设置按钮

4.2.2 设置行高、列宽

Excel 2016 默认的单元格宽度是 8.38 字符宽，如果输入的文字超过了默认的宽度，则单元格中超出的内容就会显示到右边的空白单元格或被右边单元格遮盖不显示。如果是数字，则会由于单元格的宽度太小，无法以规定的格式显示。这时就需要改变单元格的宽度。行高一般会随着输入数据的格式发生变化，但有时也需要调整，以得到更好的表格显示效果。操作步骤如图 4-19 所示。

4.2.3 表格自动套用格式

Excel 2016 提供了许多预定义的表格样式，表格自动套用格式的操作步骤如图 4-20 所示。

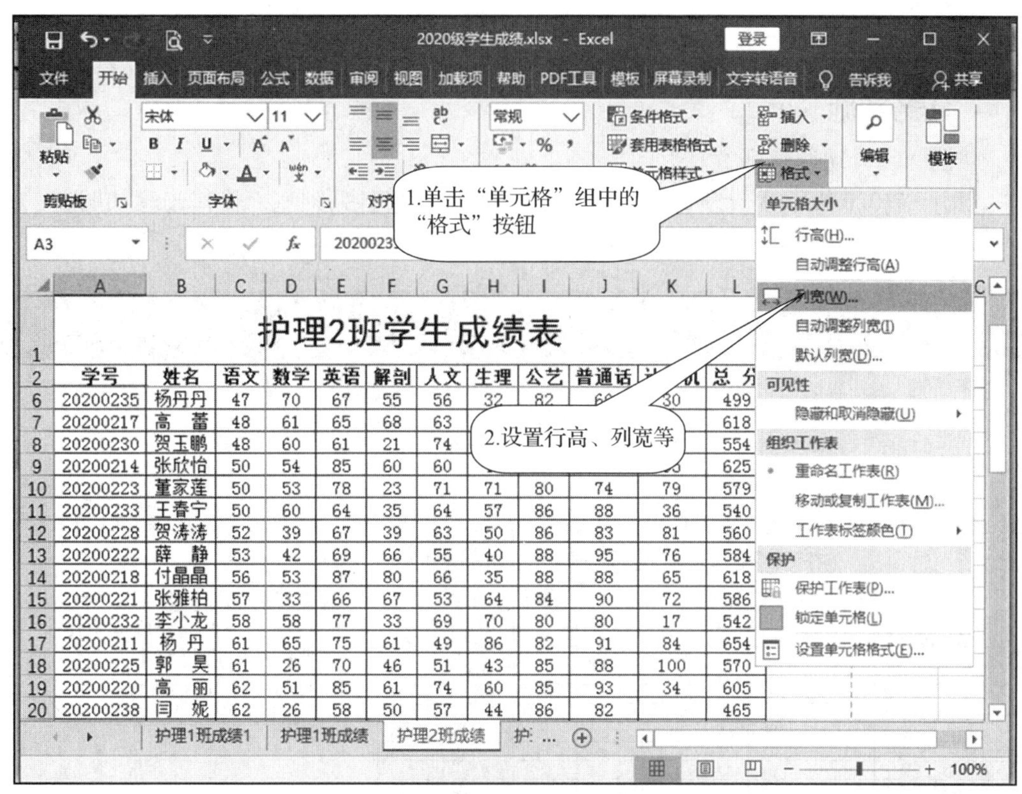

图 4－19　设置行高、列宽

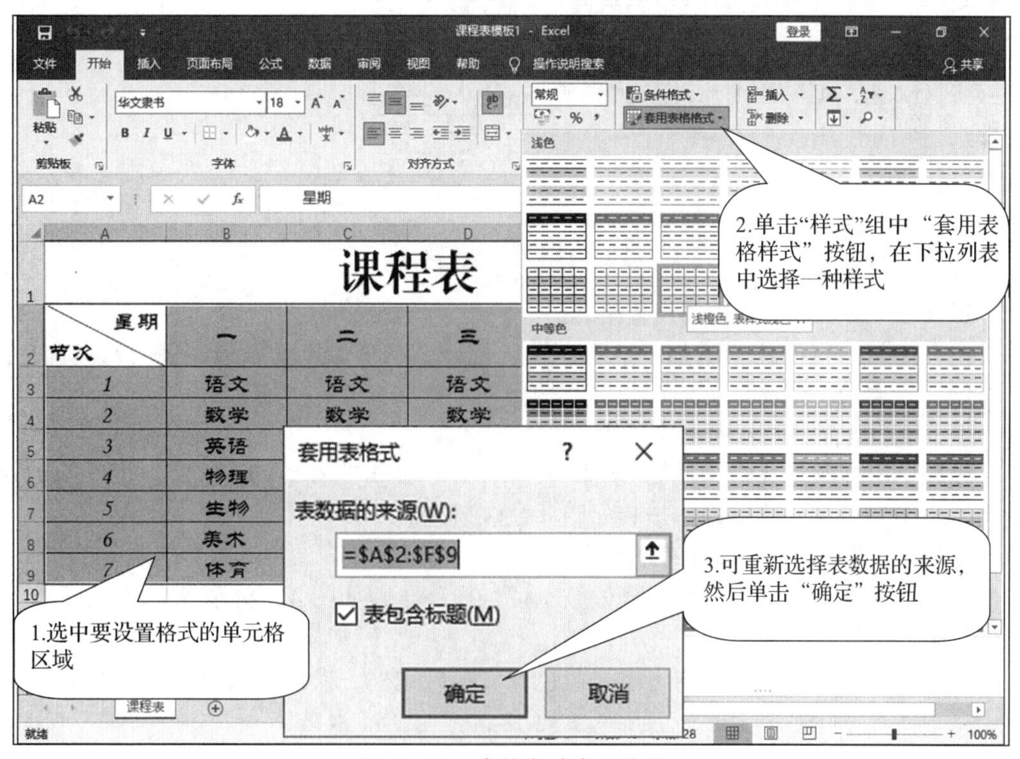

图 4－20　表格自动套用格式

任务实施

步骤 1：自动调整列宽。

打开“2020 级学生成绩 .xlsx”工作簿，自动调整各列列宽，操作步骤如图 4－21 所示。

图 4－21　自动调整列宽

步骤 2：添加表格标题并设置格式。

在表格第一行的位置增加一空行，输入标题“护理 2 班学生成绩表”，设置合并后居中，字体为“黑体”，字号为“18”，操作步骤如图 4－22 所示。

步骤 3：设置字段标题格式。

设置字段标题行高为“18”，字体为“楷体”“加粗”，字号为“12”，水平垂直方向为“居中”对齐，具体操作步骤如图 4－23 所示。

步骤 4：调整各科成绩的小数位数。

将各科的成绩设置为保留小数位数 1 位，操作步骤如图 4－24 所示。

步骤 5：设置表格边框。

为表格设置黑色细实线内边框，蓝色双实线外边框，操作步骤如图 4－25 所示。

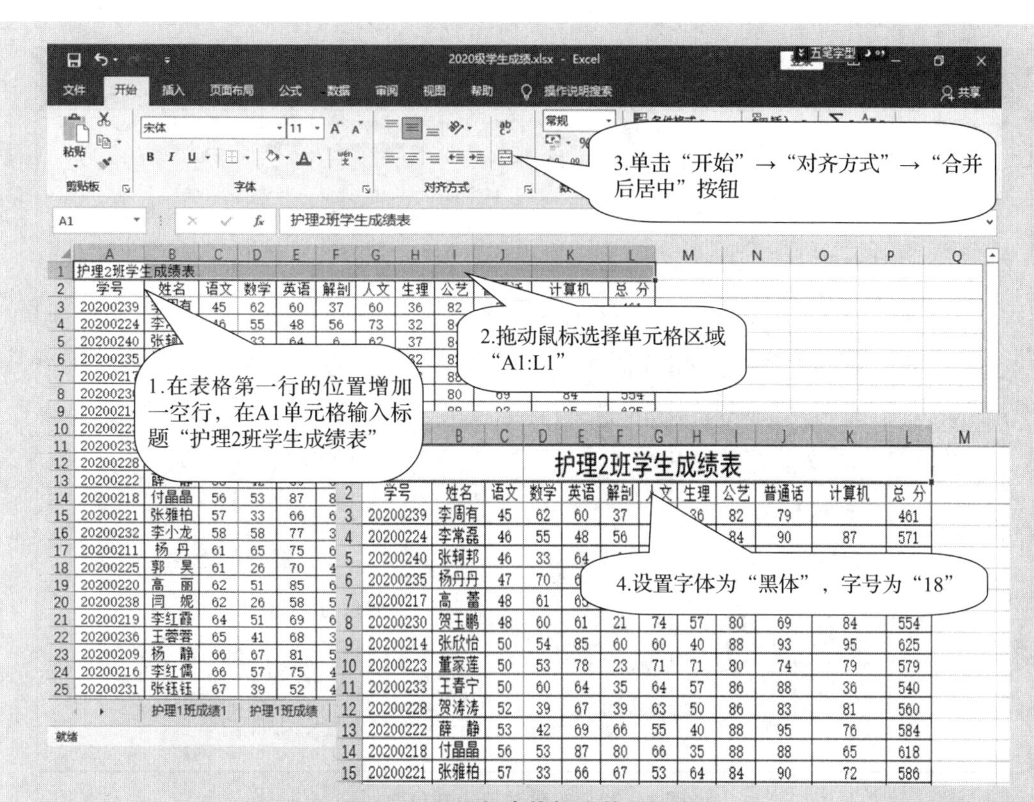

图 4－22　添加表格标题并设置格式

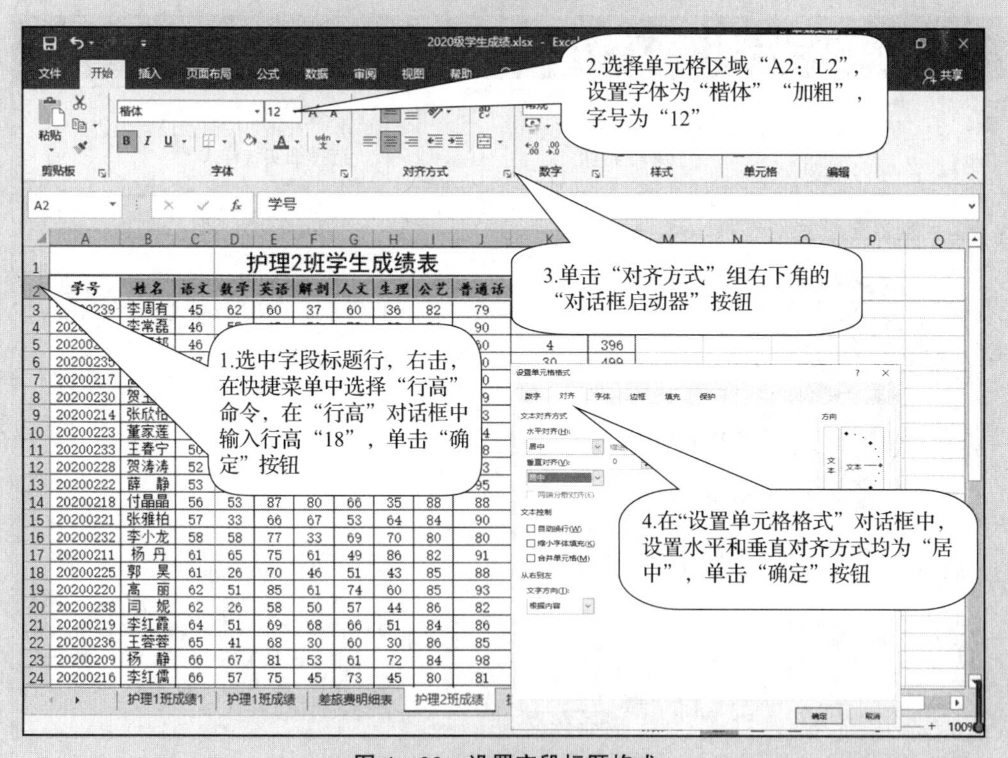

图 4－23　设置字段标题格式

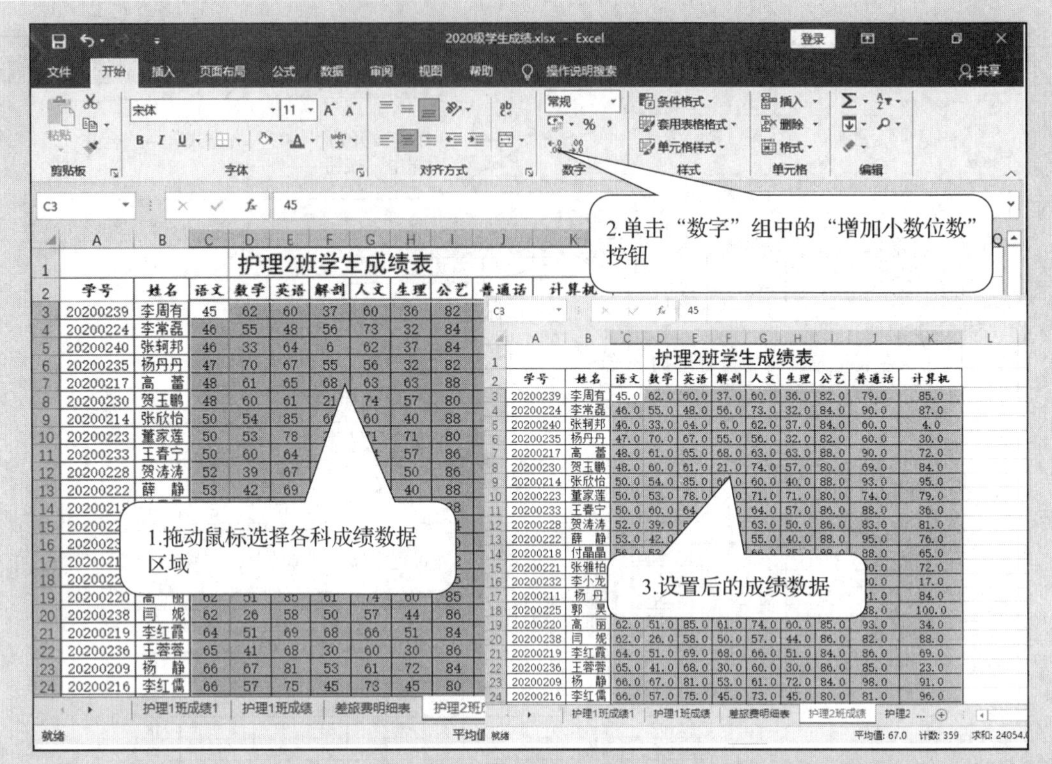

图 4－24　设置数值小数位数

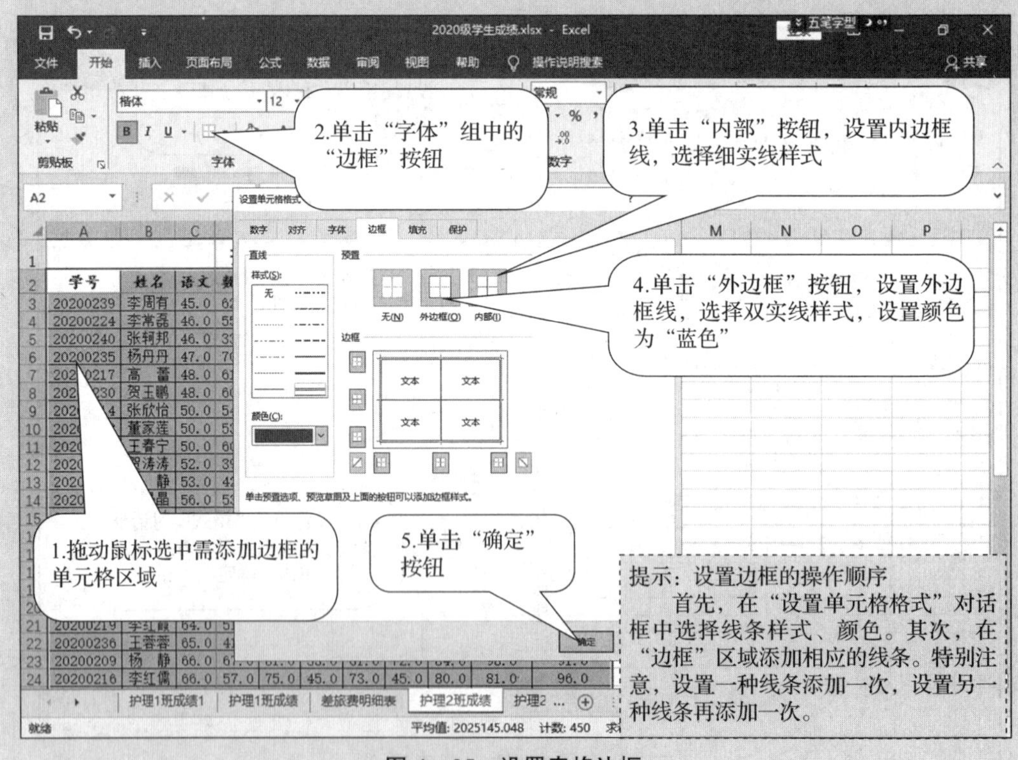

图 4－25　设置表格边框

步骤 6：参考以上步骤，设置另外两个班的成绩表格式，并保存工作簿文件。

知识拓展

1. 条件格式设置

在进行成绩分析时，希望成绩表内不及格的分数能用比较醒目的字体颜色表示，这样便于做针对性分析。为快速完成操作要求，采用 Excel 2016 的条件格式功能。

应用实例：将成绩表中所有不及格分数用红色单下划线显示。

条件格式就是将符合条件的单元格设置为统一的格式。本例中的条件为单元格内的数值小于 60，符合这一条件，则将单元格内的字体设置为红色单下划线。设置方式如图 4－26 所示。

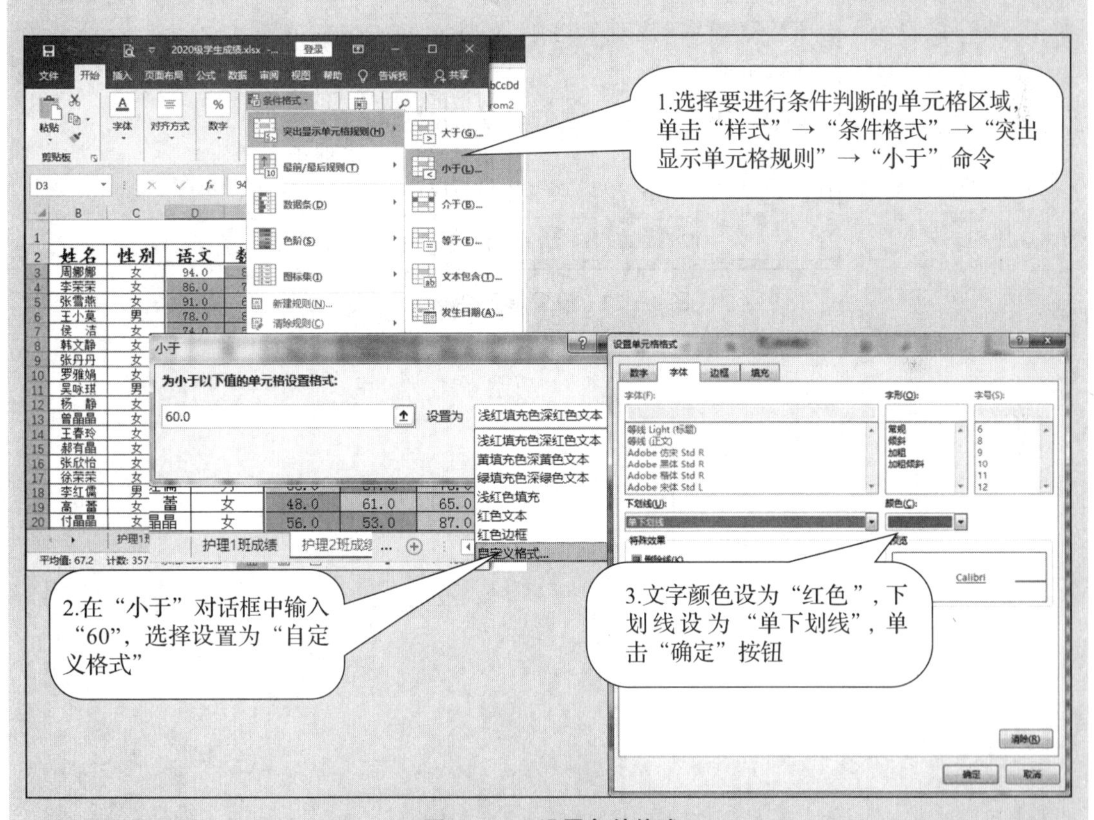

图 4－26 设置条件格式

条件格式除了可以按图 4－26 所示进行“突出显示单元格规则”的设置外，还可以按“项目选取规则”“数据条”“色阶”“图标集”等进行设置，同学们可自行体验。

2. 单元格样式

Excel 2016 提供了很多单元格内置样式，可以快速地对单元格进行格式的设置。如果对内置样式不满意，还可以自己设置符合要求的单元格样式。

（1）套用样式。

选择要套用样式的单元格区域，单击“开始”→“样式”→“单元格样式”命令，在展开的面板中选择所需的样式。

（2）设置样式。

单击“开始”→“样式”→“单元格样式”→“新建单元格样式”命令，打开“样式”对话框，具体操作步骤如图 4-27 所示。

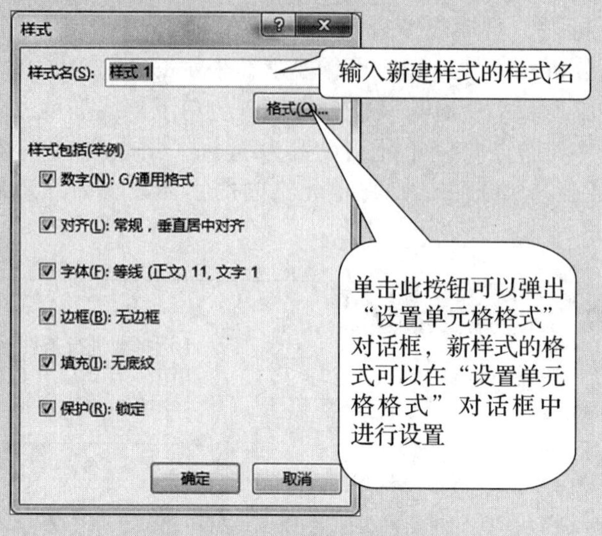

图 4-27　设置单元格样式

任务 3　表格数据处理

任务目标

1. 掌握公式输入方法；
2. 掌握函数的概念，以及常用函数的功能；
3. 理解绝对引用地址、相对引用地址、混合引用地址的概念；
4. 掌握对表格内容按不同条件排序的方法；
5. 掌握按多种条件对数据进行筛选的方法；
6. 掌握按要求进行分类汇总的方法。

任务引入

在现代经济科技飞速发展的过程中，有大量的数据需要处理，以便于我们能够对经济发展的成果和科技的创新形成直观的认识。大量的数据不经过对比，就很难看出正确的结果并且可能导致对实际情况形成错误的判断。使用 Excel 2016 可以很方便地对表格中的数据进行计算和管理。因此，学会运用 Excel 2016 对数据进行正确的处理是非常必要的。

“2020 级学生成绩 .xlsx”的工作簿文档编辑制作完成，其内容规范整齐，界面精美，但是教师通常还需要对工作表中的成绩进行数据统计（计算成绩表中的及格率、平均成绩、最高成绩等数据），Excel 2016 提供了专门用于数据统计的功能，为教师提供了更加方便快捷的数据统计方法。

本任务是通过 Excel 2016 提供的数据处理功能对上一任务建立的“2020 级学生成绩 .xlsx”工作簿文档进行查找 2020 级学生中的最高分、女生中的最高分、所有男生的数学成绩及对男女生平均分进行对比等操作，学会在工作表中排序、筛选和分类汇总。

相关知识

4.3.1　Excel 2016 的公式与函数

公式是对工作表中的数值进行计算的等式，又称表达式。公式以等号（=）开头。例如：“=5+2*3”，结果等于 11；又如在 C1 单元格中输入“=SUM（A1，B1）+100”，则在 C1 单元格中显示单元格 A1 和 B1 之和再加上 100 的值，并且当 A1 单元格和 B1 单元格的值发生变化时，C1 单元格的值会自动更新。公式中可以包括函数、引用、运算符和常量。

函数是 Excel 预先定义的内置公式，由函数名、参数和小括号三个部分组成，小括号内部为参数，有多个参数时，用逗号隔开。Excel 中的常用函数如表 4－1 所示。

表 4-1　Excel 中的常用函数

函数名	格式	功能
SUM	SUM (number1, number2, ……)	求和函数：用于计算连续或不连续区域数值之和
AVERAGE	AVERAGE (number1, number2, ……)	求平均函数：用于计算连续或不连续区域数值的平均值
COUNT	COUNT (value1, value2, ……)	计数函数：用于计算单元格区域中数字项的个数
MAX	MAX (number1, number2, ……)	最大值函数：用于返回参数表中的最大值
MIN	MIN (number1, number2, ……)	最小值函数：用于返回参数表中的最小值
RANK	RANK (number, ref, order)	排名次函数：用于返回一个数字列表中的排位
VLOOKUP	VLOOKUP (lookup_value, table_array, col_index_num, [range_lookup])	按列查找函数：用于返回该列所需查询序列的对应的值

运算符分为 4 类：算术运算符、关系运算符、文本运算符、引用运算符，如表 4-2 所示。

表 4-2　Excel 中的运算符

运算符类型	运算符	运算功能	举例	运算结果或运算说明
算术运算符	+	加法	=3+2	
	-	减法	=C3-D2	C3 单元格里的值减去 D2 单元格里的值
	*	乘法	=70*C2	70 乘以 C2 单元格里的值
	/	除法	=3/2	
	%	求百分数	=80%	
	^	乘方	=3^3	
关系运算符	=	等于	=10/2=5	TRUE
	>	大于	=10>2	TRUE
	<	小于	=3<10	TRUE
	>=	大于等于	="word">="excel"	TRUE
	<=	小于等于	="word"<="excel"	FALSE
	<>	不等于	=3<>2	TRUE
文本运算符	&	字符串连接	= “甘肃南梁” & “欢迎您”	甘肃南梁欢迎您
引用运算符	:（冒号）	区域运算	A1:A10	单元格区域的引用
	,（逗号）	联合运算	=SUM (A1:A10, D5:10)	将多个引用合并为一个引用
	空格	交叉运算	C17:D9 C6:C8	产生对两个引用共有的单元格的引用

公式中如果使用多个运算符，则按运算符的优先级别由高到低进行运算，同级运算符从左到右进行计算。运算顺序为：圆括号 > 函数 > 幂 > 乘除 > 加减 > 连接符号 > 关系运算。

4.3.2　引用地址

引用地址分为相对引用地址、绝对引用地址和混合引用地址。

（1）相对引用地址。使用单元格的列号和行号表示单元格地址，如“B15”表示 B

列第15行的单元格。相对引用地址会因为公式所在位置的不同而发生相应的变化，当公式复制到一个新的位置时，公式中包含的相对引用地址会随之改变。

（2）绝对引用地址。在列号和行号前各加一个“$”符号表示单元格地址，如“B15”的绝对地址为“$B$15”。当公式复制到一个新的位置时，公式中的绝对地址不会发生变化。

（3）混合引用地址。在列号或行号前加一个“$”符号表示单元格地址，如“B15”的混合地址是“$B15”或“B$15”，当公式复制到一个新的位置时，公式中前面加“$”的部分不会发生变化。

4.3.3 排序和筛选

对于工作表中的大量数据，经常需要按照一定的规则进行排序，以查找需要的信息。在按列排序时，按照数据列表中某列数据的升序或降序进行排序是最常用的排序方法。

如果需要在工作表中只显示满足给定条件的数据，就可以用Excel的筛选功能来实现。Excel的数据筛选功能包括自动筛选、自定义筛选和高级筛选。自动筛选、自定义筛选的应用将在“分类汇总”中进行介绍，高级筛选的适用条件比较复杂，暂不介绍。

在Excel“数据”选项卡的“排序和筛选”组中可以找到相应的按钮，如图4-28所示。

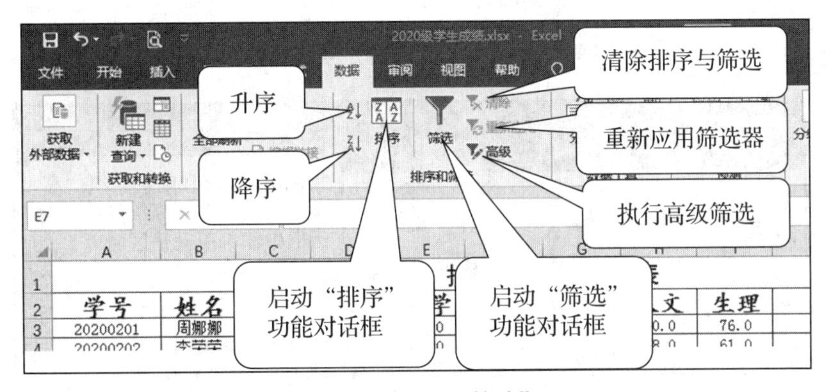

图4-28 “排序和筛选”组

任务实施

打开文件“2020级学生成绩.xlsx”，进行以下操作：

步骤1：筛选含有特定字符的数据。

将“护理1班成绩”工作表复制命名为“护理1班成绩1”工作表，查找姓“杨”的所有学生记录，操作步骤如图4-29所示。

步骤2：多字段、多条件筛选数据。

将“护理2班成绩”工作表复制命名为“护理2班成绩1”工作表，筛选性别为“女”、总分“大于650”分、数学“大于70”分的学生，操作步骤如图4-30所示。

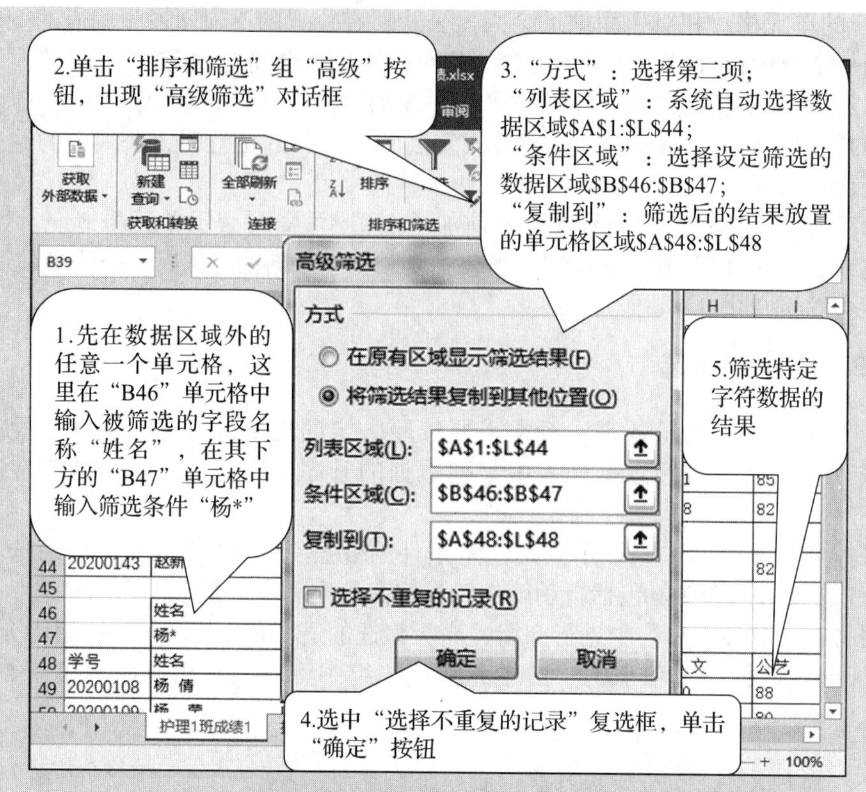

图 4-29　筛选含有特定字符的数据

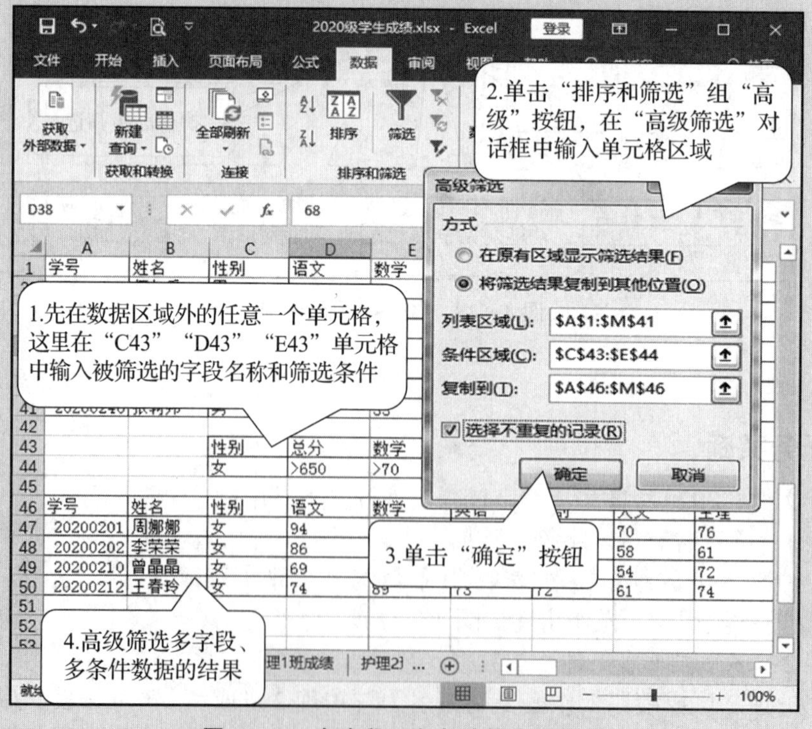

图 4-30　多字段、多条件筛选的数据

4.3.4 分类汇总

分类汇总是对数据清单中的数据进行管理的重要工具，可以快速地汇总各项数据，在汇总之前须对数据进行排序。在“分级显示”组可以找到相应的按钮，如图 4－31 所示。

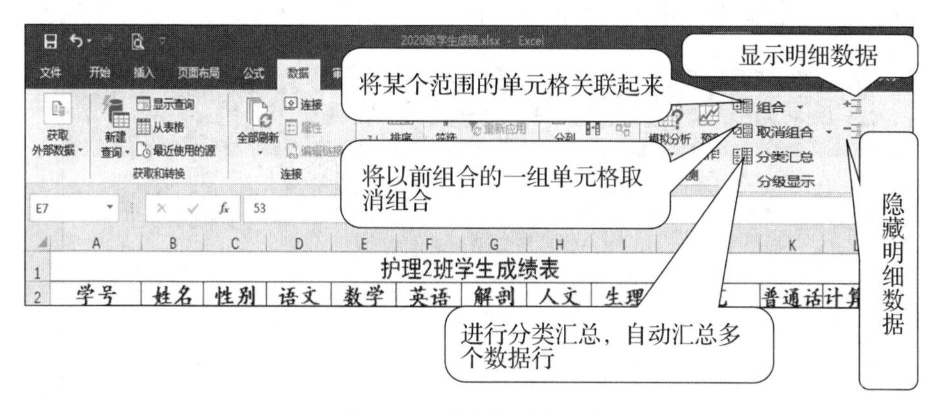

图 4－31 “分级显示”组

任务实施

打开文件“2020 级学生成绩 .xlsx”，进行以下操作：

步骤 1：统计各位学生的总分和平均分。

把“计算机”列的右侧（M 列）作为“总分”列，在 M2 单元格输入标题“总分”，自 M3 单元格开始，利用函数计算总分，操作步骤如图 4－32 所示。

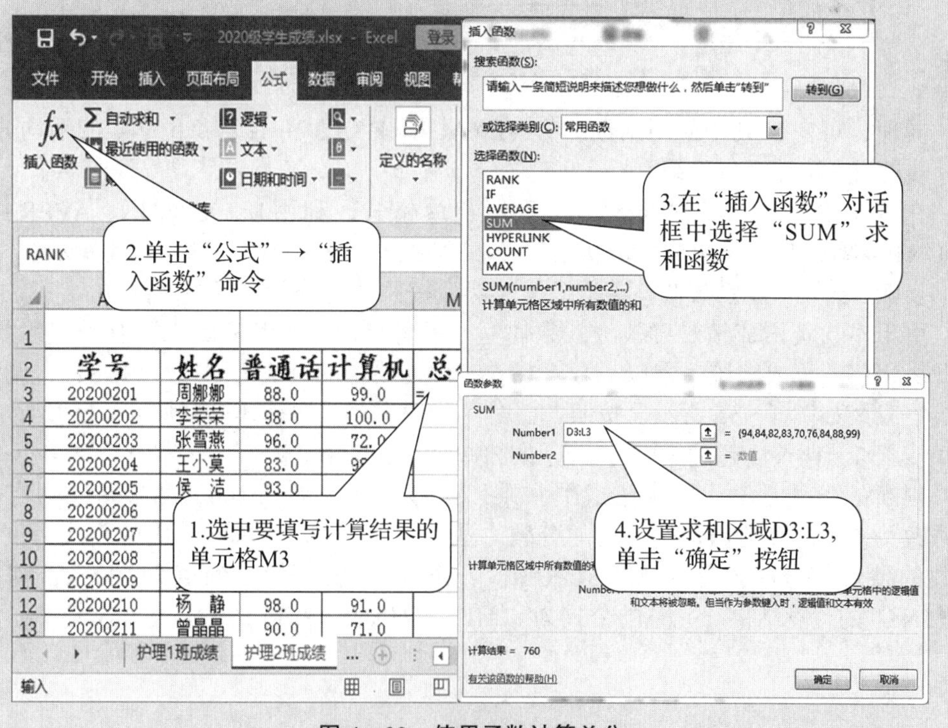

图 4－32 使用函数计算总分

因为公式中使用的是相对引用地址，所以其余学生的总分用拖拉单元格 H3 的自动填充柄的方法就能完成计算，如图 4－33 所示。

图 4－33　拖拉填充柄完成其余学生的成绩计算

同理，可在 N 列中使用函数“=AVERAGE（D3:L3）”计算每位学生的平均分。

步骤 2：统计学生成绩。

在表格右侧录入成绩分析表，设置相应格式，利用 MAX、MIN、AVERAGE、COUNT 函数统计“学生成绩分析表”的各个项目，操作步骤如图 4－34 所示。

步骤 3：按一定系数调整英语成绩，然后按照“总分”进行降序排列。

由于本次英语成绩难度较大，致使学生的考试总分与其实际水平有一定的差异，因此决定将英语成绩统一乘以系数 1.1。N3 单元格中的公式为“=C3*$N$1”，调整后的英语成绩如图 4－35 所示。按照“总分”降序排列，操作步骤如图 4－36 所示。

步骤 4：调整后超过 100 分的英语成绩定为 100 分。

判断的条件是学生的英语成绩在乘以系数后是否大于 100，如果是，则将这些分数改为 100，否则仍是调整后的分数。通过分析，以 N3 单元格内的公式为例，IF 函数的条件部分应该是 N3*$N$1>100，若条件成立，则 N3 的值为 100，否则还是 N3*$N$1 的计算结果。完整的公式为“=IF（N3*$N$1>100,100,N3*$N$1）”。

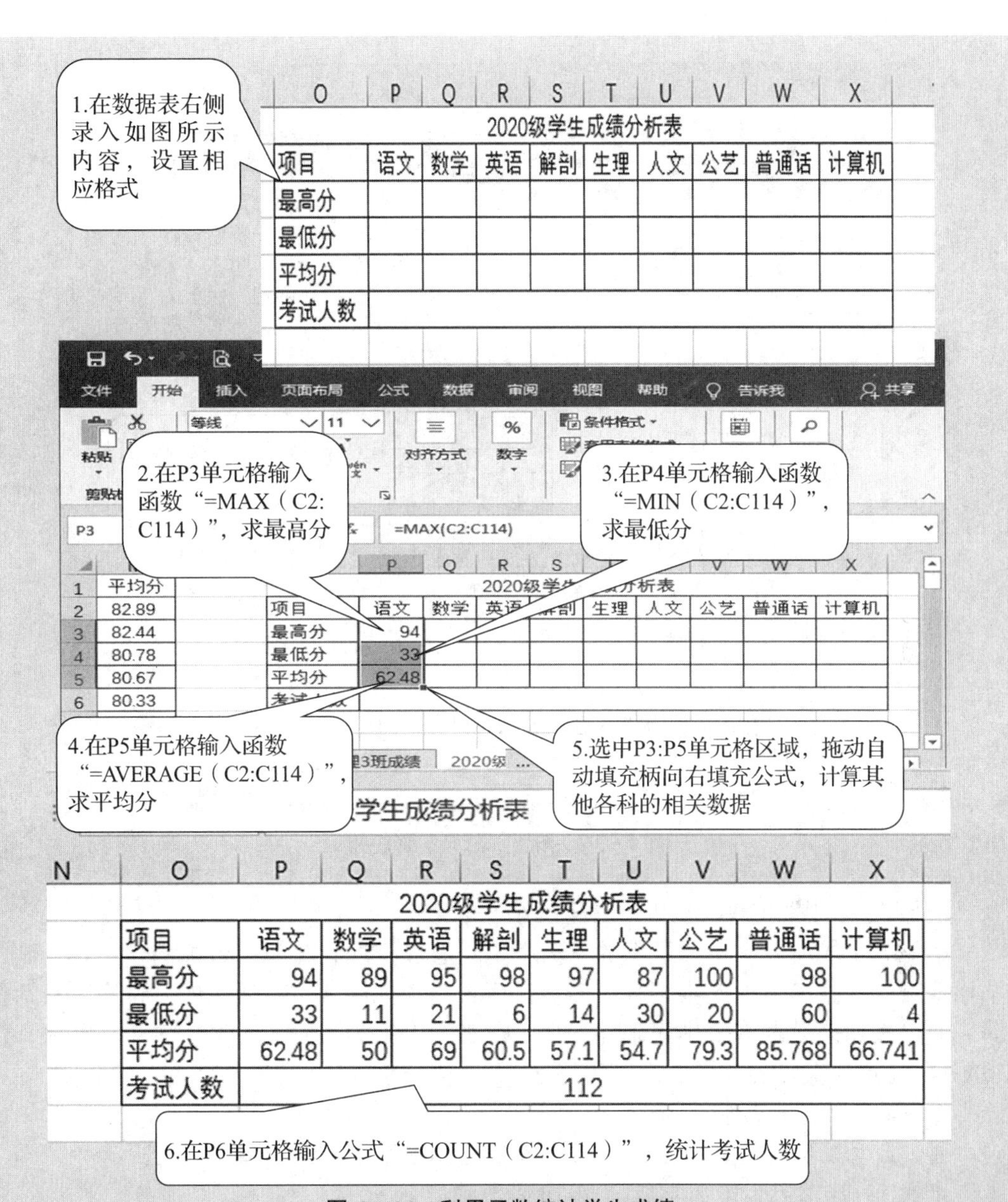

项目	语文	数学	英语	解剖	生理	人文	公艺	普通话	计算机
最高分	94	89	95	98	97	87	100	98	100
最低分	33	11	21	6	14	30	20	60	4
平均分	62.48	50	69	60.5	57.1	54.7	79.3	85.768	66.741
考试人数	112								

图 4－34　利用函数统计学生成绩

N3　=C3*$N$1

	E	F	G	H	I	J	K	L	M	N	O	P
1									系数	1.1		
2	英语	解剖	生理	人文	公艺	普通话	计算机	总 分	平均分	调整后英语		
3	81	87	90	70	82	85	100	746	82.89	94.6	项目	语文
4	88	92	96	60	80	85	82	742	82.44	81.4	最高分	94
5	54	98	97	73	84	84	75	727	80.78	101.2	最低分	33
6	81	91	83	66	85	88	84	726	80.67	94.6	平均分	62.48
7	91	89	70	60	84	90	85	723	80.33	86.9	考试人数	
8	88	89	84	58	82	85	73	722	80.22	91.3		

护理2班成绩　护理3班成绩　2020级

图 4－35　调整后的英语成绩

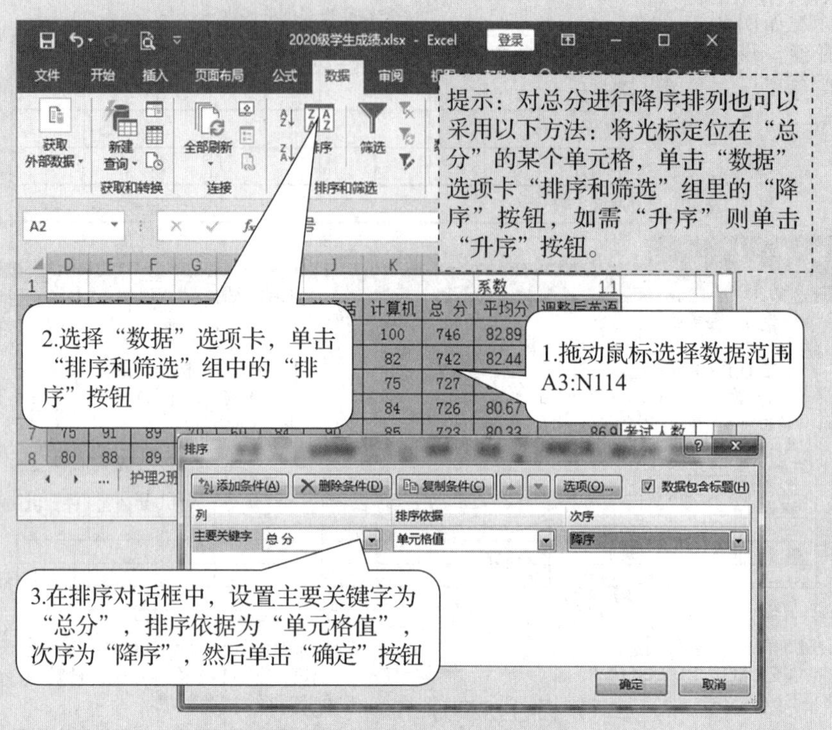

图 4－36　按照“总分”降序排列

步骤 5：查找 2020 级学生中女生的第一名。

第一名是成绩表中总分最高的一名学生，通过排序，将总分最高的学生排列到最前面即可快速找出，但此步骤采用多重排序，出现如图 4－36 所示的“排序”对话框时，通过按钮来设定多个排序条件：把“性别”设置为主要关键字，次序为降序；把“总分”设置为次要关键字，次序为降序。

步骤 6：筛选出男生成绩。

通过自动筛选功能，可筛选出男生成绩，具体操作步骤如图 4－37 所示。

步骤 7：选出男生中数学成绩 90 分以上的记录。

按步骤 6 进一步设置筛选条件，如图 4－38 所示，筛选出符合条件的记录。

步骤 8：选出男生中数学成绩大于等于 70 分、小于 90 分的记录。

参考步骤 7，在“自定义自动筛选方式”对话框中设定“与”关系的两个条件，即数学成绩“大于等于 70”与“小于 90”。

步骤 9：对比男女生成绩。

（1）几类数据对比可以采用分类汇总功能来实现，分类汇总的关键是先排序，即先按要分类的关键字排序，再对此关键字进行分类汇总，操作步骤如图 4－39 所示。

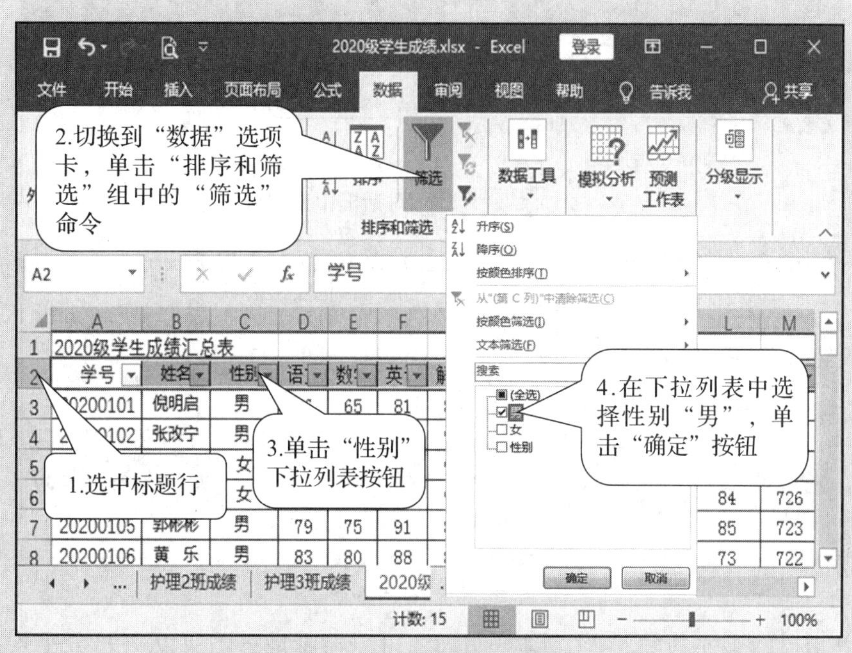

图 4－37　筛选男生成绩

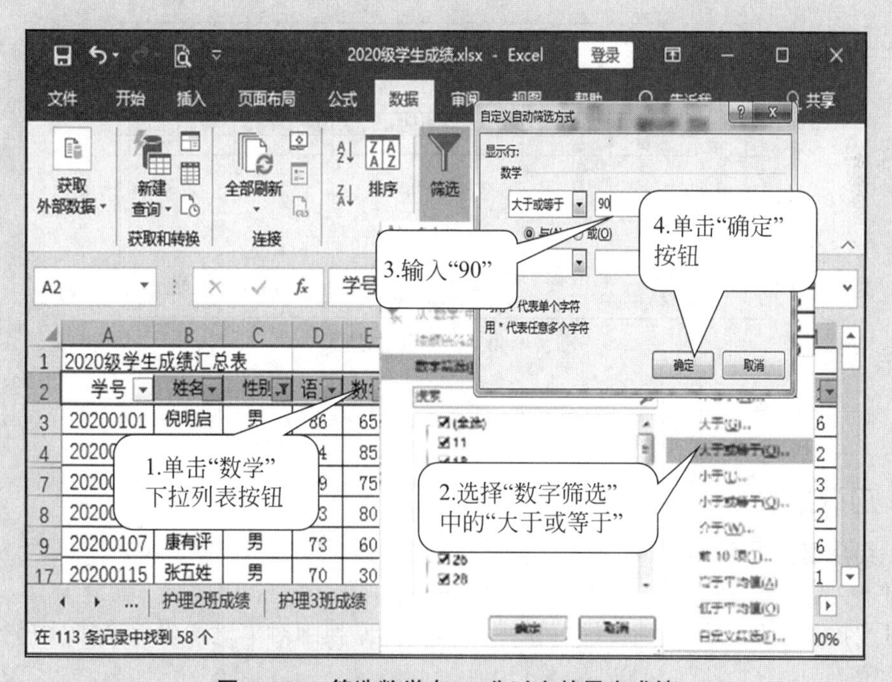

图 4－38　筛选数学在 90 分以上的男生成绩

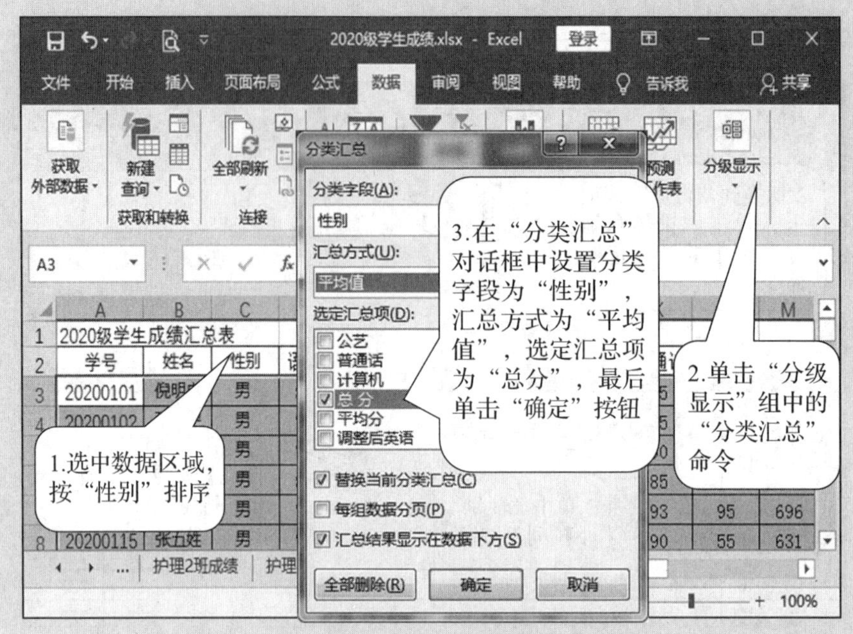

图 4－39　分类汇总

（2）单击分级显示按钮“2”，隐藏明细，可以清晰地查看男女生总分平均成绩的对比情况，如图 4－40 所示。

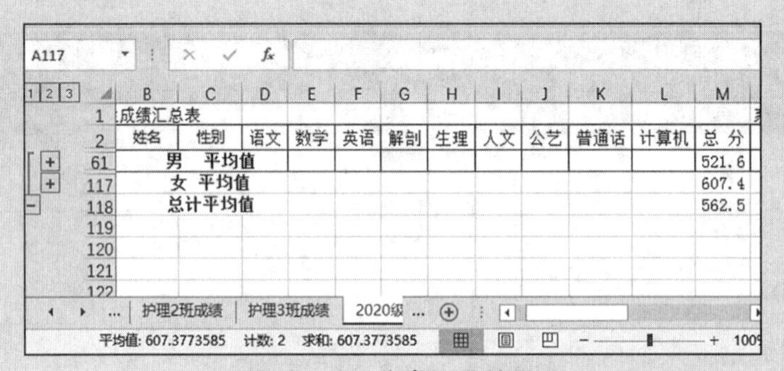

图 4－40　分类汇总结果

知识拓展

1. 实用函数应用

（1）RANK 函数。

对“护理 2 班学生成绩”进行排序，作为任课教师对本班学生综合素质进行评价的参考依据。

步骤 1：选择 M3 单元格，单击“公式”选项卡中的“插入函数”按钮，在“插入函数”对话框中选择“RANK”函数。

步骤 2：在对话框中的“Number”框中输入排名数据“L3”，在“Ref”框中输入排名范围“$L$3:$L$42”，在“Order”框中可以输入 0 或忽略，单击“确定”按钮，如图 4－41 所示。利用公式填充可完成其他的排名运算。

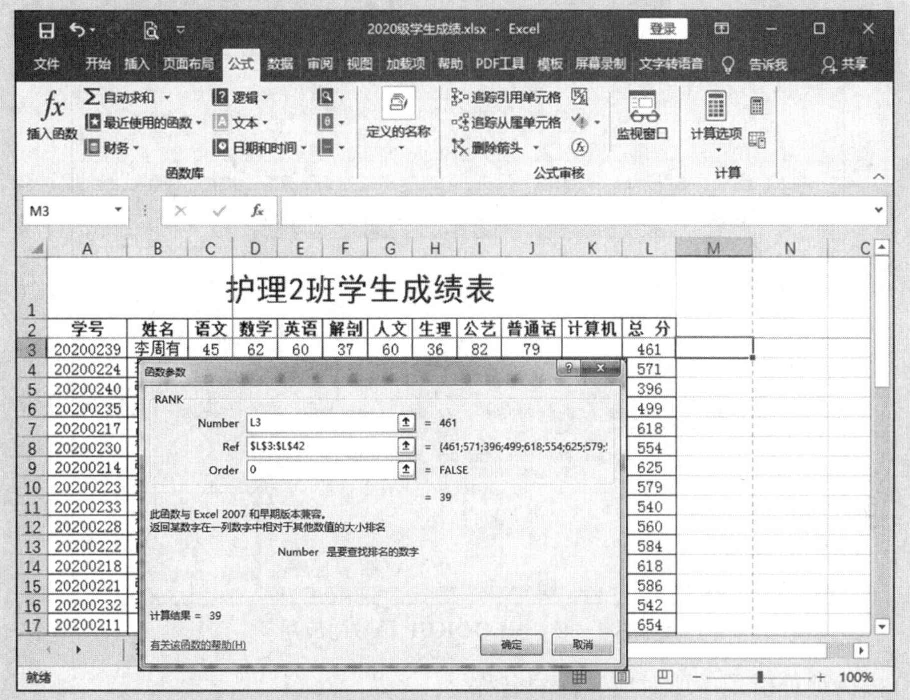

图 4－41　RANK 函数的应用

（2）VLOOKUP 函数。

快速查找学籍号对应的学生姓名所对应的体质检测数据。

步骤 1：打开“2019 年全校学生体质检测数据总表”和“2019 年二年级学生体质检测表”，在“2019 年二年级学生体质检测表”中，选择 J2 单元格，单击“公式”选项卡中的“插入函数”命令，在打开的对话框中选择“VLOOKUP”函数。

步骤 2：在对话框中的“Lookup_value”框中输入查找依据学籍号“D2”，在“Table_array”框中输入查找范围“[2019 年全校学生体质检测数据总表 .xlsx]Sheet1!$D$2:$S$516”，在“Col_index_num”框中输入“身高”位于查找范围中的第几列，这里输入“7”，在“Range_lookup”可以输入 TRUE 或忽略（精确查找），单击“确定”按钮，如图 4－42 所示。利用公式填充可完成其他数值的查找。

2. 用工作表的引用进行多张工作表计算

在 Excel 中，数据的统计工作不单单局限于一张工作表，有的时候表与表之间也会产生联系，这就需要用到多张工作表的地址引用功能。Excel 采用“[ ]”“!”“：”等符号进行多张工作表地址的引用。

例 1：单元格地址引用“[2020 级学生成绩 .xlsx] 护理 1 班成绩！ A2：K44”表示“2020 级学生成绩 .xlsx”工作簿的“护理 1 班成绩”工作表内以 A2 和 K44 单元格为对角线的一块数据区域。

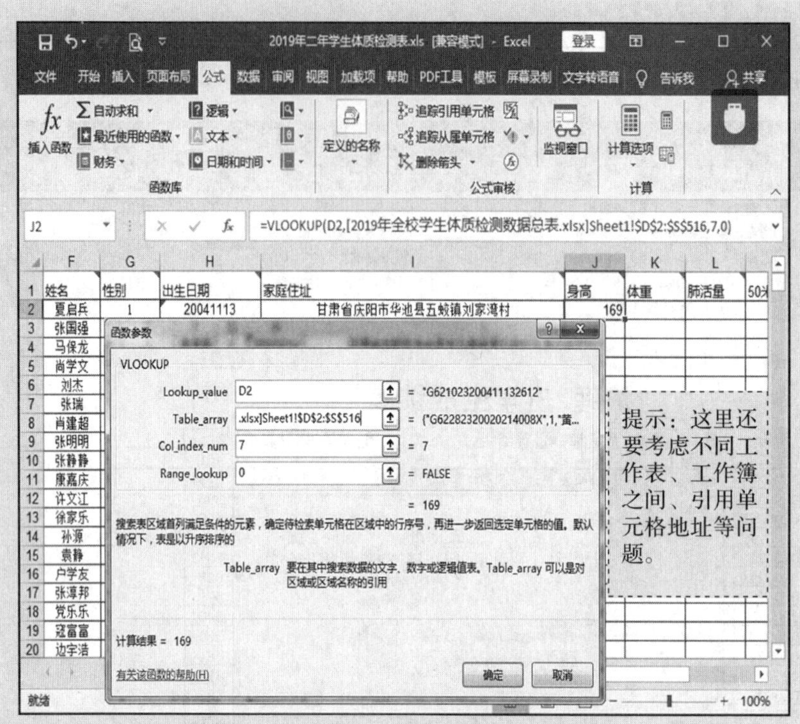

图 4-42　**VLOOKUP** 函数的应用

[ ] 内为地址引用中所对应文件的名称。

！前为地址引用中所对应工作表的名称。

：为地址引用中数据区域左上角单元格名称与右下角单元格名称的间隔符。

例 2：在“2020 级学生成绩 .xlsx”文件中，“2020 级学生总平均分”工作表的填写就用到了多表的地址引用，如图 4-43 所示。

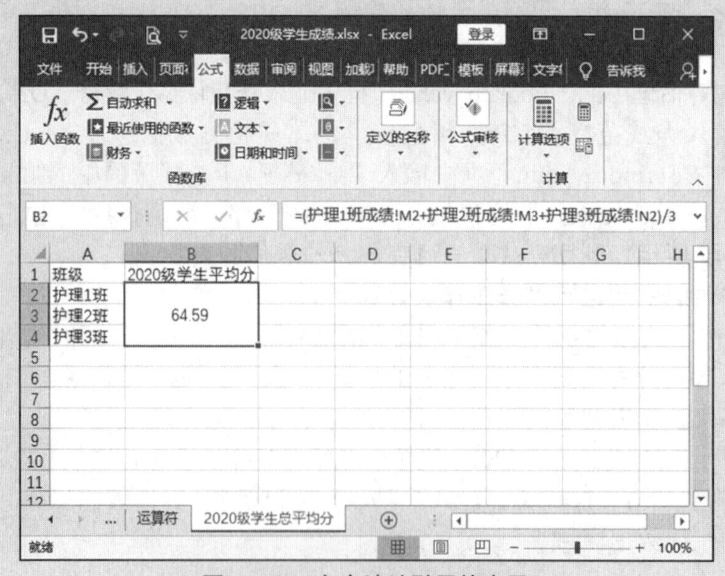

图 4-43　多表地址引用的应用

3. 数据有效性

利用“数据”→“数据工具”→“数据验证”命令可以设置在单元格中允许录入数据的规则，如从下拉列表中选择数据、限定数据的输入范围等。试把“2020 级学生成绩 .xlsx”中成绩单元格中的数值输入范围设置为“0 ～ 100”，不在此范围内时提示允许输入的数值范围，并要求重新输入，如图 4 - 44 所示。

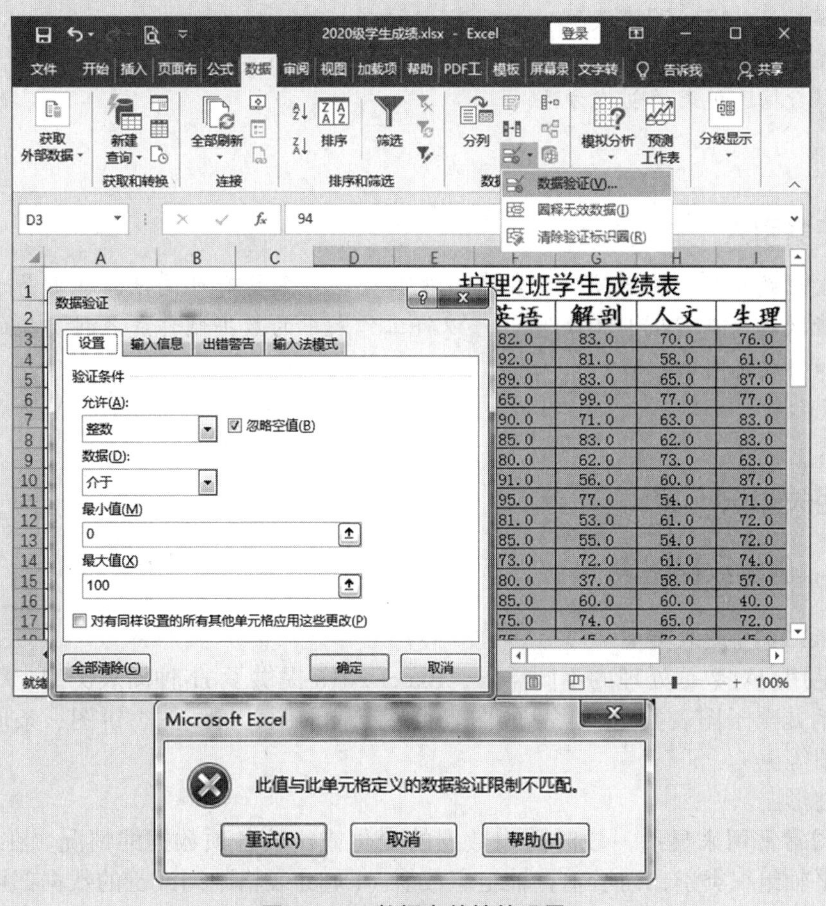

图 4 - 44　数据有效性的设置

任务 4　数据图表与数据透视表

任务目标

1. 了解 Excel 2016 图表类型；
2. 掌握 Excel 2016 图表的创建与格式化的操作步骤；
3. 了解数据透视表的创建方法。

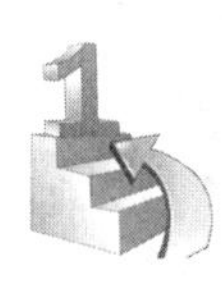

任务引入

以图表形式显示，将会使数据更加直观和生动，更具有可读性，也更易于理解，还能帮助分析数据。在 Excel 2016 中，可以将工作表中的数据制作成各种类型的图表，还可以编辑和格式化图表。

相关知识

4.4.1　创建数据图表

1. Excel 2016 图表类型

为满足用户对数据处理的不同需求，Excel 2016 提供了 11 种图表类型，每一种图表类型又包括几个子图表类型。常见的图表类型有柱形图、折线图、饼图、条形图、面积图和雷达图等。

（1）柱形图。

柱形图常常用来显示一段时间内数据的变化或比较各项数据的情况。在柱形图中，通常沿水平轴组织类别，而沿垂直轴组织数值。Excel 表格中列或行的数据都可以绘制到柱形图中。如图 4－45 所示。

（2）折线图。

折线图常常用来显示随时间而变化的连续数据，因此非常适用于显示在相等时间间隔下数据的趋势。如图 4－46 所示。

（3）饼图。

饼图常用于显示一个数据系列中各项的大小与各项总和的比例关系。如图 4－47 所示。

（4）条形图。

条形图常常用于显示各项目之间的数据比较情况。如图 4－48 所示。

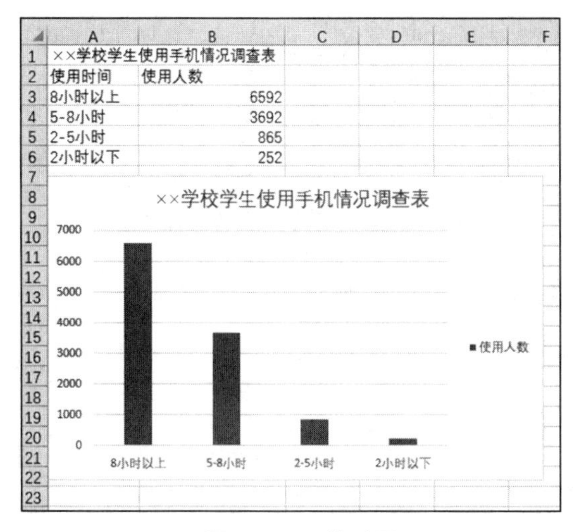

图 4－45　柱形图

图 4－46　折线图

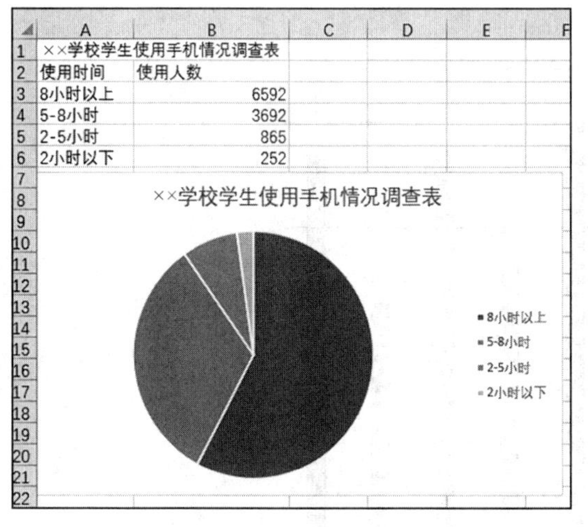

图 4－47　饼图

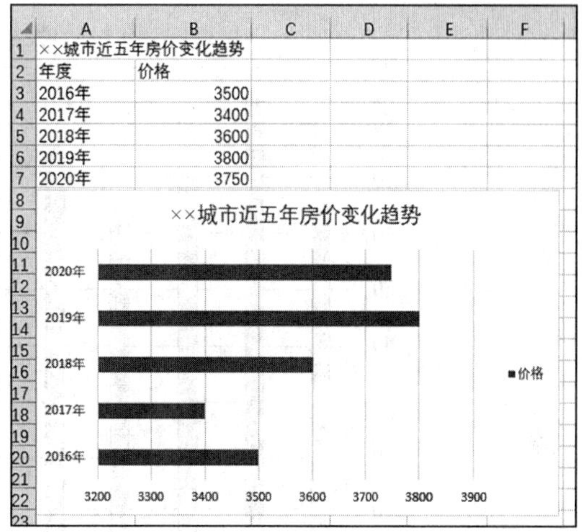

图 4－48　条形图

（5）面积图。

面积图用于强调数量随时间而变化的程度，也可用于引起人们对总值趋势的注意。如图 4－49 所示。

（6）雷达图。

雷达图是专门用来进行多指标体系比较分析的专业图表。从雷达图中可以看出指标的实际值与参照值的偏离程度，从而为分析者提供有益的信息。雷达图一般用于成绩展示、效果对比量化、多维数据对比等，只要有前后 2 组 3 项以上数据均可制作雷达图，其展示效果非常直观，而且图像清晰耐看。如图 4－50 所示。

2. Excel 图表的创建

（1）插入图表。

打开“护理 1 班成绩”工作表，选中单元格区域 B1: B11 与 E1: E11，切换到“插入”选项卡，单击“图表”组中的“柱形图”按钮，在弹出的下拉列表中选择“簇状柱形图”选项，此时即可在工作表中插入一个簇状柱形图。如图 4－51 所示。

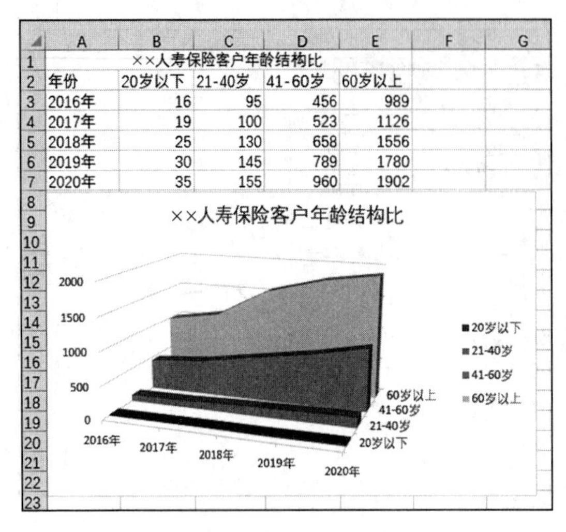

年份	20岁以下	21-40岁	41-60岁	60岁以上
2016年	16	95	456	989
2017年	19	100	523	1126
2018年	25	130	658	1556
2019年	30	145	789	1780
2020年	35	155	960	1902

图 4－49　面积图

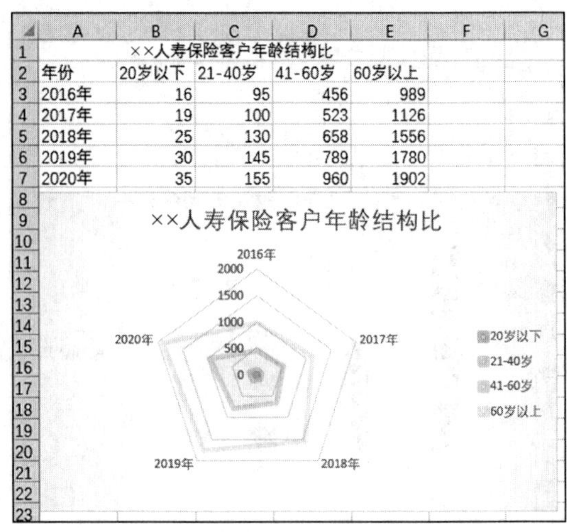

年份	20岁以下	21-40岁	41-60岁	60岁以上
2016年	16	95	456	989
2017年	19	100	523	1126
2018年	25	130	658	1556
2019年	30	145	789	1780
2020年	35	155	960	1902

图 4－50　雷达图

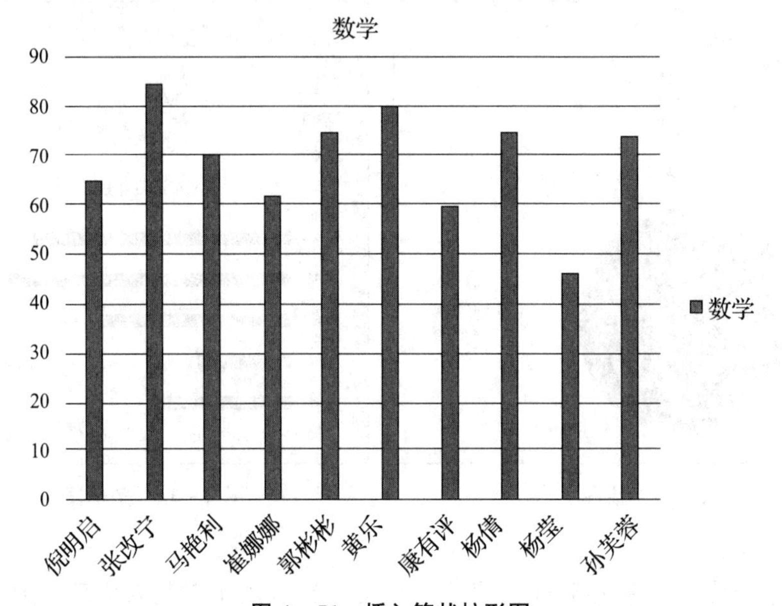

图 4－51　插入簇状柱形图

（2）调整图表大小和位置。

为了使图表显示在工作表中的合适位置，可以对其大小和位置进行调整，具体的操作步骤如下：

调整大小：选中要调整大小的图表，此时图表区的四周会出现 8 个控制点，将鼠标指针移动到图表的右下角，此时鼠标指针变成双箭头形状，按住鼠标左键向左上或右下拖动，拖动到合适的位置释放鼠标左键即可。

调整位置：将鼠标指针移动到要调整位置的图表上，此时鼠标指针变成十字箭头形状，按住鼠标左键不放进行拖动，拖动到合适的位置释放鼠标左键即可。

（3）更改图表类型。

如果对创建的图表不满意，还可以更改图表类型。选中柱形图，然后单击右键，在弹出的快捷菜单中选择“更改图表类型”项，弹出“更改图表类型”对话框，从中选择合适的图表类型即可。

（4）设计图表布局。

如果对图表布局不满意，也可以重新进行设计。选中创建的图表，在“图表工具”栏中切换到“设计”选项卡，单击“图表布局”组中的“快速布局”按钮，在弹出的下拉列表中选择“布局3”选项，即可将所选的布局样式应用到图表中，如图4-52所示。

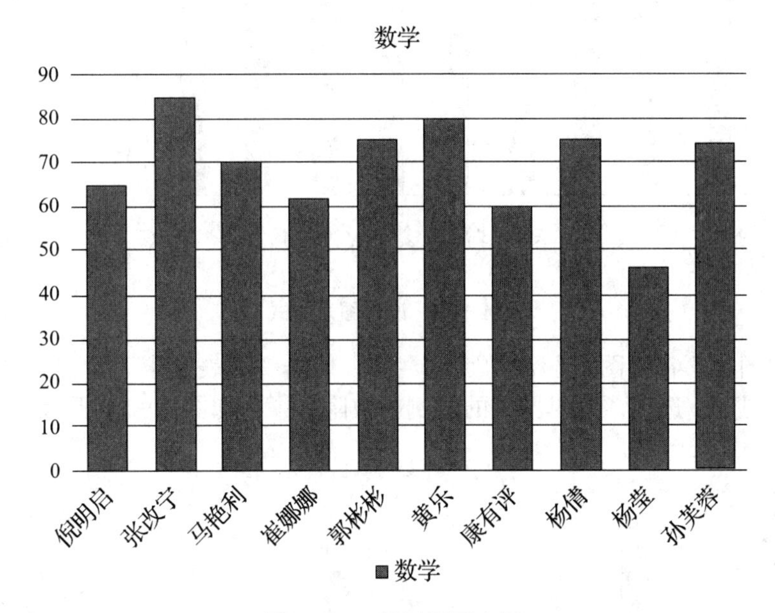

图4-52　设计图表布局

（5）设计图表样式。

Excel 2016提供了很多图表样式，可以从中选择合适的样式，以美化图表。

选中创建的图表，在“图表工具”栏中切换到“设计”选项卡，单击“图表样式”组中的“快速样式”按钮。在弹出的下拉列表中选择“样式27”选项，即可将所选的图表样式应用到图表中，如图4-53所示。

4.4.2　格式化数据图表

为了使创建的图表看起来更加美观，还可以对图表标题和图例、图表区域、绘图区、数据系列、坐标轴、网格线等项目进行格式设置。

1. 设置图表标题和图例

设置图表标题和图例的具体步骤如下：

（1）选中图表标题，切换到“开始”选项卡，在“字体”组中的“字体”下拉列表中选择“黑体”选项，在“字号”下拉列表中选择“18”选项，然后单击“加粗”按钮，撤销加粗效果。

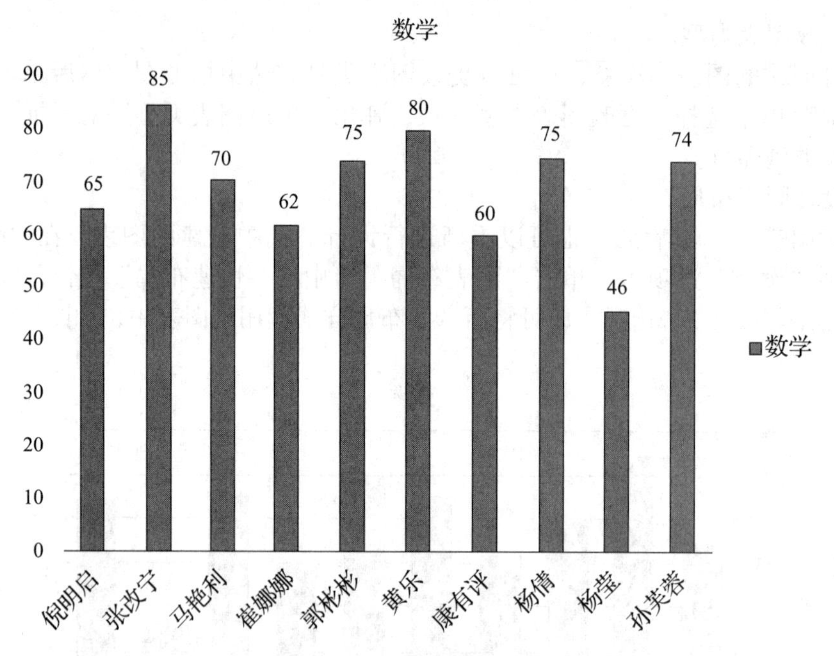

图 4－53　设计图表样式

（2）选中图表，在“图表”浮动工具栏中，单击“图表元素”按钮，在弹出的下拉列表中取消“图例”选项，此时原有的图例就被隐藏了。如图 4－54 所示。

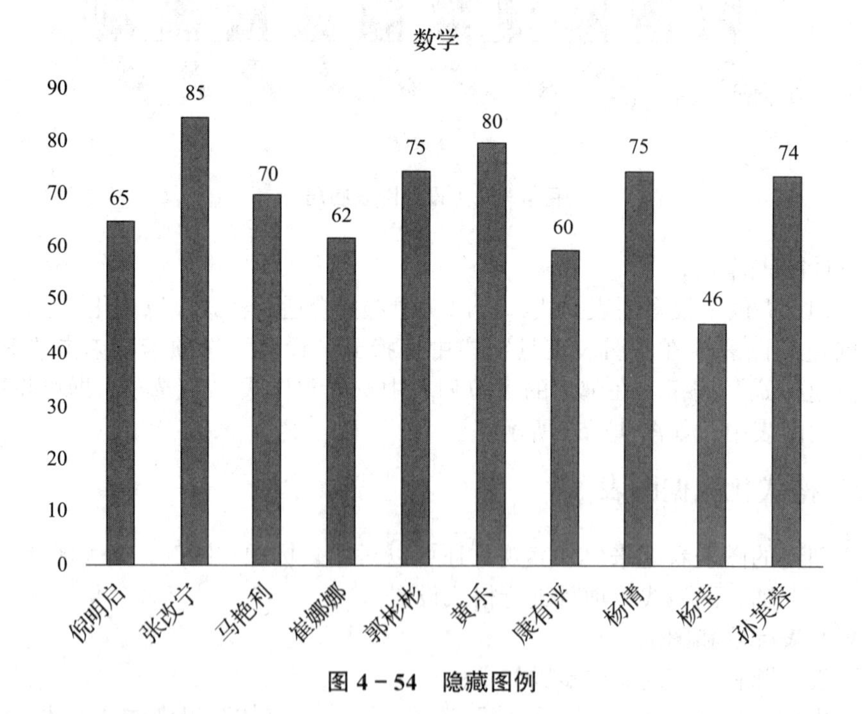

图 4－54　隐藏图例

2. 设置图表区域格式

设置图表区域格式的具体步骤如下：

（1）选中整个图表区域，然后单击鼠标右键，在弹出的快捷菜单中选择“设置图表区域格式”项。

（2）打开“设置图表区格式”任务窗格，切换到“填充”选项卡，选中“渐变填充”单选按钮，然后在“颜色”下拉列表中选择“其他颜色”选项。

（3）弹出“颜色”对话框，切换到“自定义”选项卡，在“颜色模式”下拉列表中选择“RGB”选项，然后在“红色”微调框中将数据调整为“154”，在“绿色”微调框中将数据调整为“181”，在“蓝色”微调框中将数据调整为“228”。

（4）单击“确定”按钮返回，在“角度”微调框中输入“320°”，然后单击“渐变光圈”组合框中的滑块，左右拖动滑块将渐变位置调整为“87%”，如图 4－55 所示。

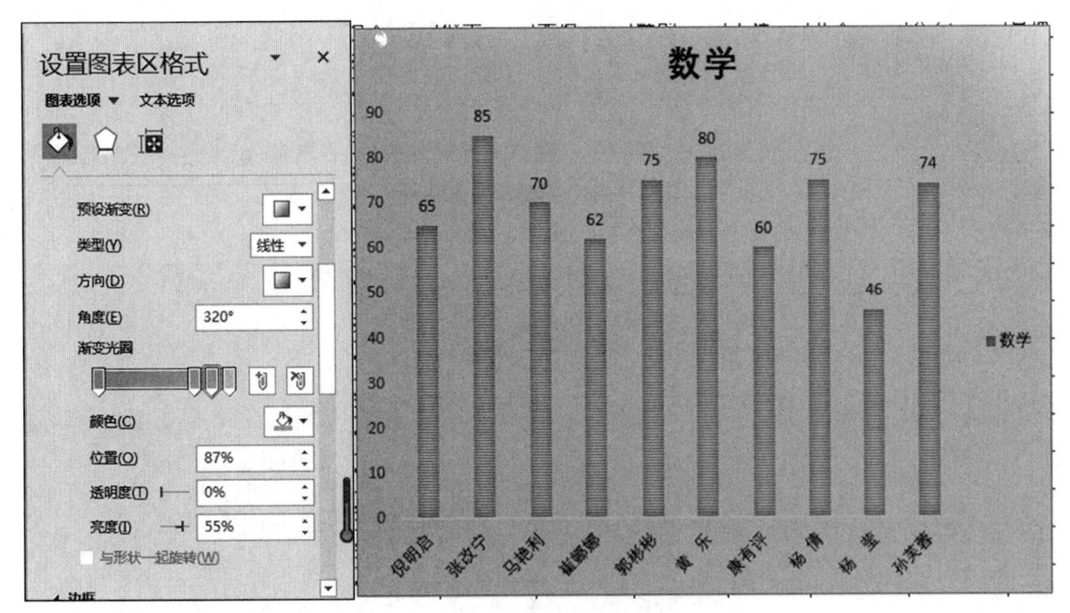

图 4－55　设置图表区域格式

（5）单击“关闭”按钮，返回工作表中即可。

3. 设置绘图区格式

选中绘图区，然后单击鼠标右键，在弹出的快捷菜单中选择“设置绘图区格式”项。打开“设置绘图区格式”任务窗格，切换到“填充”选项卡，选中“纯色填充”单选按钮，然后在“颜色”下拉列表中选择“橙色，个性色 2，淡色 40%”选项，如图 4－56 所示。单击“关闭”按钮返回工作表中即可。

4. 设置数据系列格式

设置数据系列格式的具体步骤如下：

（1）选中数据系列，然后单击鼠标右键，在弹出的快捷菜单中选择“设置数据系列格式”项。打开“设置数据系列格式”任务窗格，切换到“系列选项”选项卡，单击“系列重叠”组合框中的滑块，左右拖动滑块将数据调整为“.00%”，然后单击“间隙宽度”组合框中的滑块，左右拖动滑块将数据调整为“50%”，如图 4－57 所示。

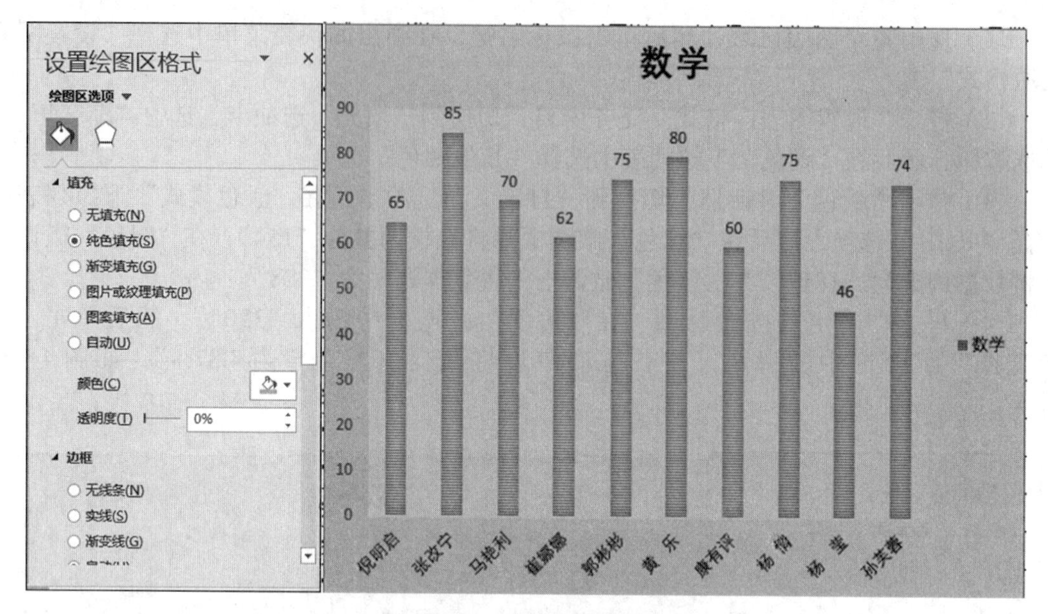

图 4－56　设置绘图区格式

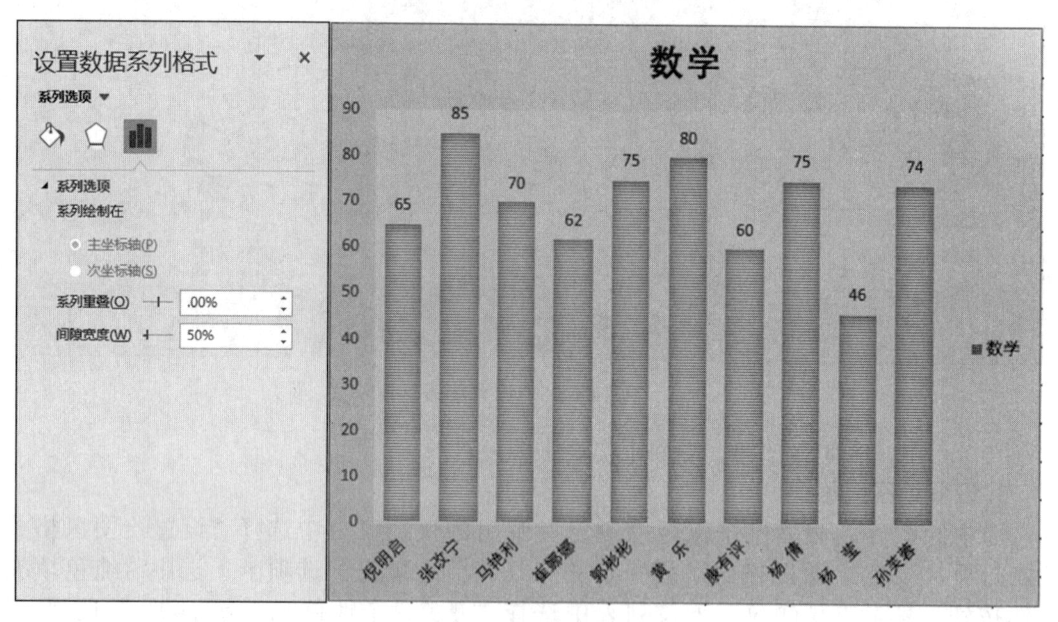

图 4－57　设置数据系列格式

（2）切换到“填充”选项卡，选中“纯色填充”单选按钮，然后在“颜色”下拉列表中选择“绿色，个性色 6，深色 25%”选项。设置效果如图 4－58 所示。

5. 设置坐标轴格式

设置坐标轴格式的具体步骤如下：

（1）选中纵向坐标轴，然后单击右键，在弹出的快捷菜单中选择“设置坐标轴格式”菜单项。打开“设置坐标轴格式”任务窗格，切换到“坐标轴选项”选项卡，将“最大值”修改为“100.0”即可。

（2）选中横向坐标轴，然后单击右键，在弹出的快捷菜单中选择“设置坐标轴格式”菜单项。打开“设置坐标轴格式”任务窗格，切换到“文本选项”选项卡，在“文字方向”下拉列表中选择“竖排”选项。设置效果如图 4－59 所示。

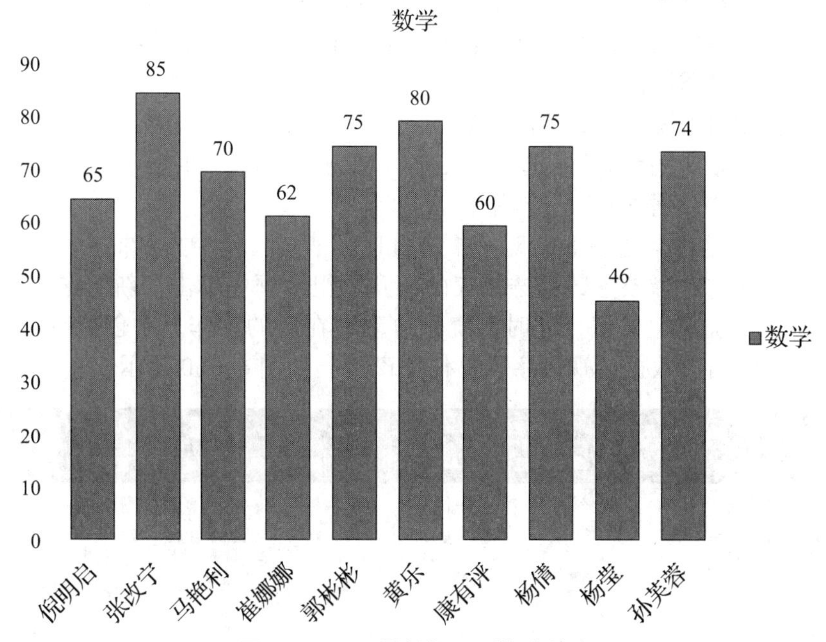

图 4－58　设置数据系列格式效果

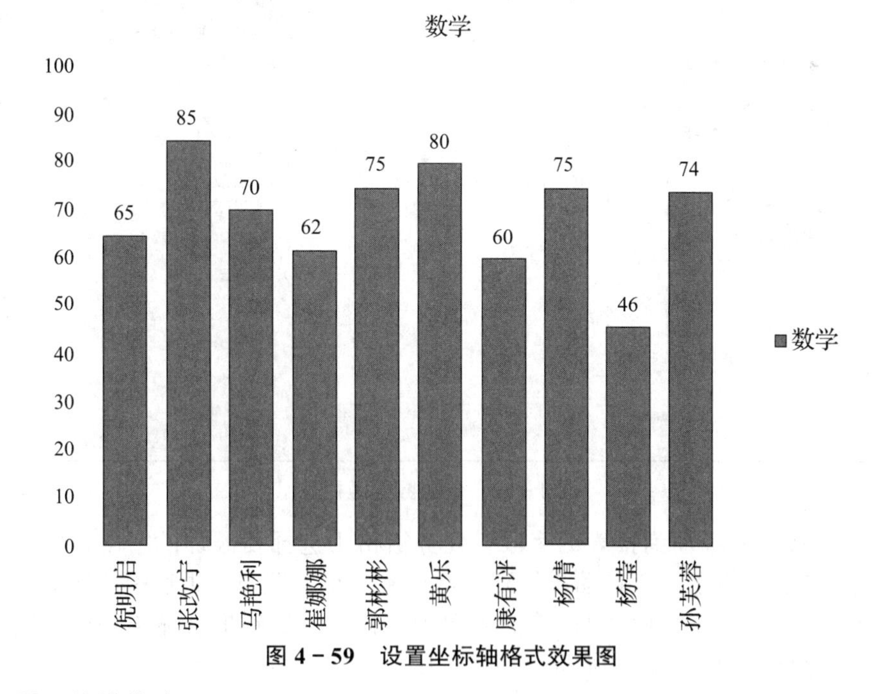

图 4－59　设置坐标轴格式效果图

6. 设置网格线格式

选中图表，在“图表”浮动工具栏中，单击“图表元素”按钮，在弹出的下拉列表中，选中“网格线”菜单项，在其子项中选择“主轴主要水平网格线”选项。此时，绘图区中的网格线就显示出来了。至此，图表格式化设置完成。

4.4.3 创建数据透视表

数据透视表是自动生成分类汇总表的工具，可以根据原始数据表的数据内容及分类，按任意角度、任意多层次，以及不同的汇总方式，得到不同的汇总结果。

1. 创建和设置数据透视表

创建和设置数据透视表的具体步骤如下：

（1）打开“差旅费明细表”，选中单元格区域 A2:G51，切换到“插入”选项卡，单击“表格”组中的“数据透视表”按钮。

（2）弹出“创建数据透视表”对话框，此时“表/区域”文本框中显示了所选的单元格区域，然后在“选择放置数据透视表的位置”组合框中单击“新工作表”单选按钮。设置完毕，单击“确定”按钮，此时系统会自动地在新的工作表中创建一个数据透视表的基本框架，并弹出“数据透视表字段”任务窗格。如图 4-60 所示。

图 4-60 创建数据透视表

（3）在“选择要添加到报表的字段”任务窗格中选择要添加的字段，例如选中“姓名”复选框，“姓名”字段会自动添加到“行标签”组合框中。再选中“出差月份”复选框，然后单击鼠标右键，在弹出的快捷菜单中选择“添加到报表筛选”菜单项，即可将“出差月份”字段添加到“报表筛选”组合框中。如图 4-61 所示。

（4）选中“交通费”、“住宿费”、“生活补助”、“其他”和“总额”复选框，即可将“交通费”、“住宿费”、“生活补助”、“其他”和“总额”字段添加到“数值”组合框中。如图 4-62 所示。

图 4－61 数据透视表报表筛选

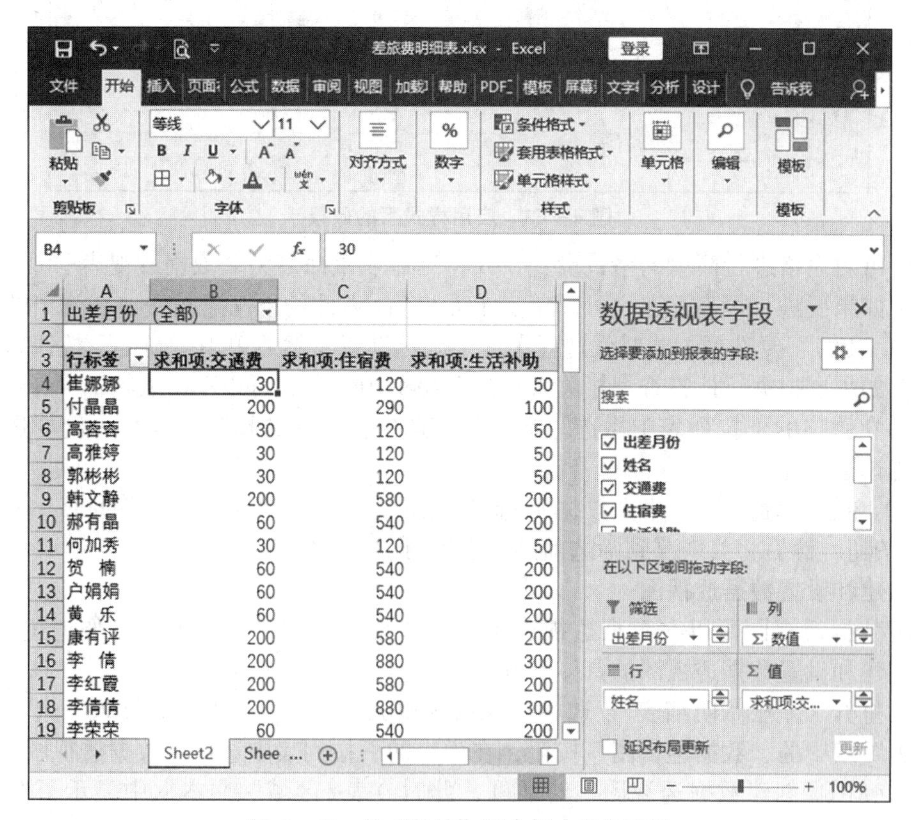

图 4－62 往“数值”组合框中添加字段

（5）选中数据透视表，在“数据透视表”工具栏中，切换到“分析”选项卡，在“显示”组中单击“字段列表”按钮，退出“数据透视表字段”任务窗格。

（6）选中数据透视表，在“数据透视表”工具栏中，切换到“设计”选项卡，在“数据透视表样式”组中单击“其他”按钮，在弹出的下拉列表中选择“浅橙色，数据透视表样式浅色 17”选项。应用样式后的效果如图 4－63 所示。

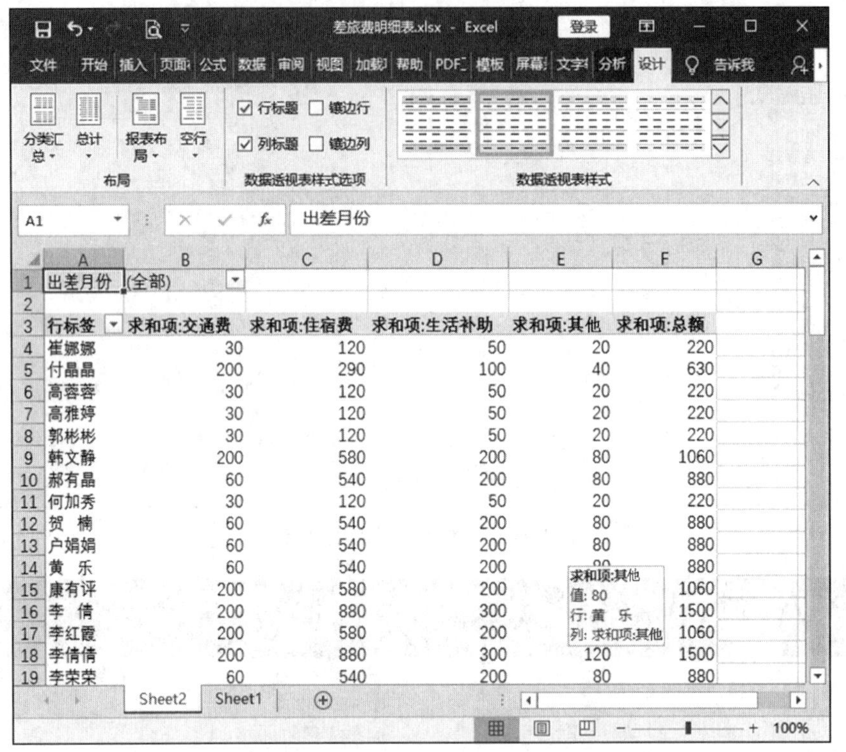

	A	B	C	D	E	F
1	出差月份	(全部)				
2						
3	行标签	求和项:交通费	求和项:住宿费	求和项:生活补助	求和项:其他	求和项:总额
4	崔娜娜	30	120	50	20	220
5	付晶晶	200	290	100	40	630
6	高蓉蓉	30	120	50	20	220
7	高雅婷	30	120	50	20	220
8	郭彬彬	30	120	50	20	220
9	韩文静	200	580	200	80	1060
10	郝有晶	60	540	200	80	880
11	何加秀	30	120	50	20	220
12	贺　楠	60	540	200	80	880
13	户娟娟	60	540	200	80	880
14	黄　乐	60	540	200	[illegible]	880
15	康有评	200	580	200	[illegible]	1060
16	李　倩	200	880	300	[illegible]	1500
17	李红霞	200	580	200	[illegible]	1060
18	李倩倩	200	880	300	120	1500
19	李荣荣	60	540	200	80	880

图 4－63　应用样式后的效果

（7）可对表格进行简单的格式设置，并将工作表重命名为“数据透视表”。

（8）如果要进行报表筛选，可以单击单元格 B1 右侧的下三角按钮，在弹出的下拉列表中选中“1 月”复选框，此时就选择了一个筛选项目，然后单击“确定”按钮即可。

（9）如果要根据行标签查询相关人员的差旅费用信息，可以单击表格 A3 右侧的下三角按钮，在弹出的下拉列表中撤选“全选”复选框，然后选择查询项目，例如选中“付晶晶”复选框。

（10）单击“确定”按钮，数据筛选结果如图 4－64 所示。单击单元格 A3 右侧的“筛选”按钮，然后将其恢复到筛选前的状态即可。

2. 创建和设置数据透视图

使用数据透视图可以在数据透视表中显示该汇总数据，并且可以方便地进行查看、比较。创建和设置数据透视图的具体步骤如下：

（1）打开“差旅费明细表”，选中单元格区域 A2：H22，切换到“插入”选项卡，单击“图表”组中的“数据透视图”按钮，在弹出的下拉列表中选择“数据透视图”选项。

（2）弹出“创建数据透视图”对话框，此时“表 / 区域”文本框中显示了所选的单元格区域，然后在“选择放置数据透视图的位置”组合框中单击“新工作表”单选按钮。

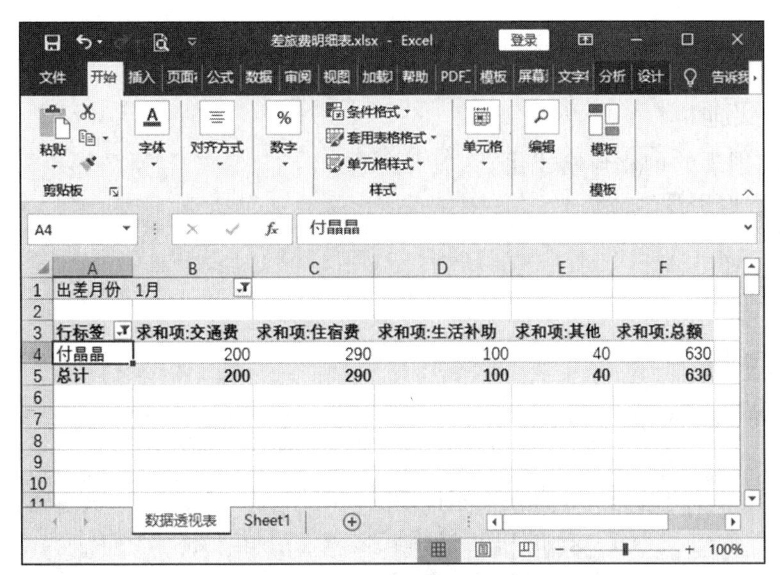

图 4－64　数据筛选结果

（3）设置完毕，单击“确定”按钮即可。此时，系统会自动地在新的工作表中创建一个数据透视表和数据透视图的基本框架，并弹出“数据透视表字段”任务窗格。

（4）将工作表重命名为“数据透视图”，然后在“选择要添加到报表的字段”任务窗格中选择要添加的字段，例如选中“姓名”和“交通费”复选框，此时“姓名”字段会自动添加到“轴字段（分类）”组合框中，“交通费”字段会自动添加到“数值”组合框中。此时即可生成数据透视表和数据透视图，如图 4－65 所示。

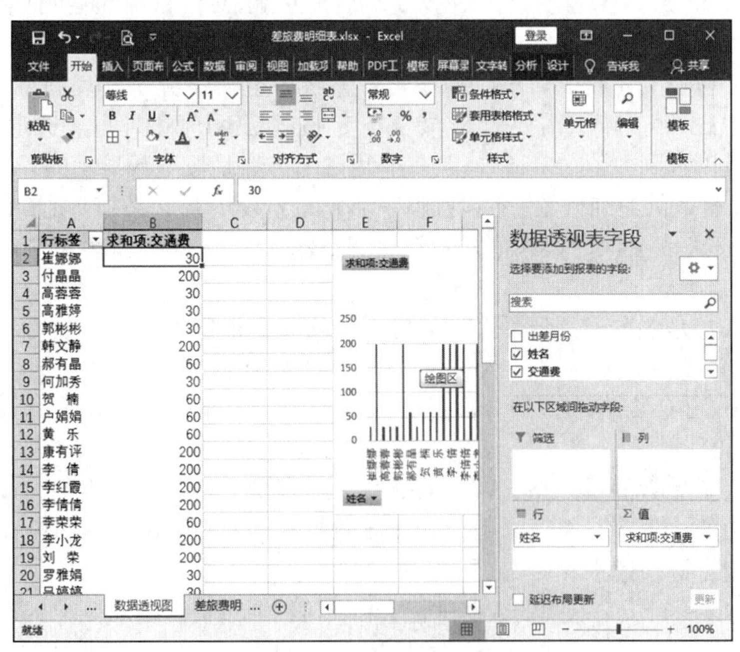

图 4－65　数据透视图

（5）在数据透视图中输入表格标题“差旅费明细分析图”，然后可以对图表标题、坐标轴值、图例等进行字体和布局设置，还可以对图表区域、绘图区以及数据系列进行格式设置。

任务实施

1. Excel 图表的创建与格式化。
2. 创建数据透视表。

知识拓展

1. 单元格数据的输入技巧

（1）输入星期几。

在编辑工作表的过程中经常在使用日期的同时用到“星期几”，其输入方法有两种：

方法一：通过更改 Excel 的单元格格式输入。在单元格 A1 中输入“2020－12－12”，然后按下“Enter”键。选中单元格 B1，输入公式“=A1”，按下“Enter”键，然后选中单元格 B1，单击鼠标右键，在弹出的快捷菜单中选择“设置单元格格式”菜单项，弹出“设置单元格格式”对话框，在“数字”选项卡的“分类”列表框中选择“日期”选项，在“类型”列表框中选择“星期三”选项。单击“确定”按钮，返回工作表中，此时单元格 B1 中的数据已经显示为“星期六”。

方法二：使用函数输入。使用“CHOOSE”和“WEEKDAY”函数可以快速输入。在单元格 C1 中输入公式“=CHOOSE（WEEKDAY（A1,2）,"星期一","星期二","星期三","星期四","星期五","星期六","星期日")”，输入完毕后按下“Enter”键即可根据日期显示星期几。

（2）输入分数。

在 Excel 中输入分数很简单，顺序是：整数→空格→分子→反斜杠（/）→分母。例如，输入“3 1/4”，则只需要输入“3 1/4”，按“Enter”键即可。选定这个单元格，在编辑栏中可以看到数值“3.25”，但在单元格中仍然是按分数显示的。

如果需要输入的是纯分数（不包含整数部分的分数），那么必须要把 0 作为整数来输入，否则 Excel 可能会认为输入值是日期。例如输入 1/4，则必须输入“0 1/4”，然后按“Enter”键。

如果输入的是假分数（分子大于分母），Excel 会把这个分数转换为一个整数和一个分数。例如，输入“0 6/5”，Excel 会把它自动转换为“1 1/5”。

另外，Excel 还会对输入的分数进行约分。例如，输入“0 3/6”，Excel 会自动把它转换为“1/2”。

选中输入了分数的单元格，按“Ctrl+1”组合键，可以在弹出的“设置单元格格式”对话框中的“数字”选项卡中，对分数的数字格式进行更具体的设置。

2. 利用组合键快速求和

如果要对某一行或某一列的数据进行求和，可以通过快捷键来实现，操作步骤如下：

选中要填充求和结果的单元格，然后按下“Alt + =”组合键即可在选中单元格中输入求和公式，并自动选中求和区域。如果用户接受其选中区域，按下“Enter”键即可输入求和值。

任务5　Excel 2016 工作表的页面设置和打印设置

任务目标

掌握工作表的页面设置及打印设置的操作步骤。

任务引入

在 Excel 中打印输出工作表的操作流程与在 Word 中打印文档基本相同。但是，Excel 在打印图表、分页、标题设置方面与 Word 有不同之处。

相关知识

4.5.1　页面设置

在 Excel 中可以对工作表的方向、纸张大小以及页边距等要素进行设置。页面设置的具体操作步骤如下：

（1）打开工作表，切换到“页面布局”选项卡，单击“页面设置”组中的“对话框启动器”按钮。弹出“页面设置”对话框，切换到“页面”选项卡，在“方向”组合框中切换到“横向”单选按钮，在“纸张大小”下拉列表中选择纸张大小，例如选择“A4”选项。

（2）切换到“页边距”选项卡，从中设置页边距，设置完毕，单击“确定”按钮即可。

4.5.2　页眉页脚设置

用户可以根据需要为工作表添加页眉和页脚，设置时可以直接选用 Excel 2016 提供的各种样式，也可以进行自定义。

1. 自定义页眉

为工作表自定义页眉的具体操作步骤如下：

（1）打开“页面设置”对话框，切换到“页眉 / 页脚”选项卡。

（2）单击“自定义页眉”按钮，弹出“页眉”对话框，然后在“左”文本框中输入“成绩单”。

（3）选中输入的文本，然后单击“格式文本”按钮，弹出“字体”对话框，在“字体”列表框中选择“华文楷体”选项，在“字形”列表框中选择“常规”选项，在“大小”列表框中选择“11”选项。单击“确定”按钮，返回“页眉”选项卡。两次单击“确定”按钮，返回“页面设置”对话框即可。

2. 插入页脚

为工作表插入页脚的操作步骤如下：切换到“页眉 / 页脚”选项卡中，在“页脚”下拉列表中选择一种合适的样式，例如选择“第 1 页，共 ? 页”选项，设置完毕，单击“确定”按钮即可。如图 4－66 所示。

图 4－66　插入页脚

4.5.3　打印设置

在打印之前，用户需要根据自己的实际需要来设置工作表的打印区域，设置完毕可以通过预览界面查看打印效果。打印设置的具体操作步骤如下：

（1）使用前面介绍的方法，打开“页面设置”对话框，切换到“工作表”选项卡。如图 4－67 所示。

（2）单击“打印区域”文本框右侧的“折叠”按钮，弹出“页面设置－打印区域”对话框，然后在工作表中拖动鼠标指针选中打印区域。

（3）若需要每页都打印顶端标题行，单击“顶端标题行”文本框右侧的“折叠”按钮，弹出“页面设置－顶端标题行”对话框，然后在工作表中拖动鼠标指针选中顶端标题行区域。

（4）选择完毕，单击“展开”按钮，返回“页面设置”对话框，然后在“批注”下拉列表中选择“无”选项。

（5）设置完毕后单击“打印”按钮，进入打印页面打印即可。

图 4-67 打印设置

任务实施

完成工作表的页面设置及打印设置。

知识拓展

初识大数据

1. 大数据基础及数据采集技术

大数据技术，就是从各种类型的数据中快速获得有价值信息的技术。大数据领域已经涌现了大量新的技术，它们成为大数据采集、存储、处理和呈现的有力武器。

大数据处理的关键技术一般包括：大数据采集、大数据预处理、大数据存储及管理、大数据分析及挖掘、大数据展现和应用（大数据检索、大数据可视化、大数据应用、大数据安全等）。

数据采集是所有数据系统必不可少的技术，随着大数据越来越被重视，数据采集的挑战也变得尤为突出。今天我们就来看看大数据技术在数据采集方面采用了哪些方法。

（1）离线采集。工具：ETL。

在数据仓库的语境下，ETL 基本上就是数据采集的代表，包括数据的提取（Extract）、转换（Transform）和加载（Load）。在转换的过程中，需要针对具体的业务场景对数据进行处理，例如进行非法数据监测与过滤、格式转换与数据规范化、数据替换、保证数据完整性等。

（2）实时采集。工具：Flume/Kafka。

实时采集主要用于考虑流处理的业务场景，如网络监控的流量管理、金融应用的股票记账和 Web 服务器记录的用户访问行为。在流处理场景下，数据采集会成为 Kafka 的消费者，就像一个水坝一样将上游源源不断的数据拦截住，然后根据业务场景做对应的处理（例如去重、去噪、中间计算等），之后再写入对应的数据存储中。这个过程类似于传统的 ETL，但它是流式的处理方式，而非定时的批处理，这些工具均采用分布式架构，能满足每秒数百兆的日志数据采集和传输需求。

（3）互联网采集。工具：Crawler、DPI 等。

Scribe 是 Facebook 开发的数据（日志）收集系统，又被称为网页蜘蛛、网络机器人，是一种按照一定的规则，自动地抓取万维网信息的程序或者脚本，它支持图片、音频、视频等文件或附件的采集。除此之外，对于网络流量的采集还可以使用 DPI 或 DFI 等带宽管理技术进行处理。

（4）其他数据采集方法。

对于企业生产经营数据中的客户数据、财务数据等保密性要求较高的数据，可以通过与数据技术服务商合作，使用特定系统接口等相关方式进行采集。比如八度云计算信息技术有限公司推出的企业大数据平台管理软件 BDSaaS，无论是数据采集技术、BI 数据分析，还是数据的安全性和保密性，都做得很好。

2. 大数据分析技术

数据的采集是挖掘数据价值的第一步，当数据量越来越大时，可提取出来的有用数据必然也就更多。只要善用数据化处理平台，便能够保证数据分析结果的有效性，助力企业实现数据驱动。大数据分析包括以下六个基本方面：

（1）可视化分析（Analytic Visualizations）。

不管是对数据分析专家而言还是对普通用户而言，数据可视化都是数据分析工具最基本的要求。可视化可以直观地展示数据，让数据自己说话，让观众听到结果。

（2）数据挖掘算法（Data Mining Algorithms）。

可视化是给人看的，数据挖掘是给机器看的。集群、分割、孤立点分析，还有其他的算法，可以让我们深入数据内部，挖掘数据的价值。这些算法不仅要处理大数据的量，也要处理大数据的速度。

（3）预测性分析能力（Predictive Analytic Capabilities）。

数据挖掘可以让分析员更好地理解数据，而预测性分析可以让分析员根据可视化分析和数据挖掘的结果做出一些预测性的判断。

（4）语义引擎（Semantic Engines）。

由于非结构化数据的多样性给数据分析带来了新的挑战，因此我们需要一系列的工具去解析、提取、分析数据。语义引擎需要具有从“文档”中智能提取信息的功能。

（5）数据质量和主数据管理（Data Quality and Master Data Management）。

数据质量和主数据管理是一些管理方面的最佳实践。通过标准化的流程和工具对数据进行处理可以获得一个预先定义好的高质量的分析结果。

（6）数据仓库（Database）。

数据仓库是为了便于多维分析和多角度展示数据而按特定模式对数据进行存储所

建立起来的关系型数据库。在商业智能系统的设计中，数据仓库的构建是关键，是商业智能系统的基础，它承担着对业务系统数据进行整合的任务，为商业智能系统提供数据抽取、转换和加载（ETL），并按主题对数据进行查询和访问，为联机数据分析和数据挖掘提供数据平台。

练习题

一、填空题

1. Excel 中，输入公式的前导符是________。
2. Excel 中，工作表中的行标用________编号。
3. Excel 中，表示 Sheet2 工作表的 A5 单元格地址的公式是________。
4. Excel 中，绝对地址的前导符是________。
5. Excel 中，公式“=AVERAGE（A2: C6）”表示________。
6. Excel 中，单元格区域 A2: F6 含有________个单元格。
7. Excel 中，默认情况下单元格中数字数据的默认对齐方式是________。
8. Excel 中，输入当前系统时间的快捷键是________。
9. Excel 中，数字数据作为文本数据输入，需要在数字数据前加________做先导。
10. Excel 中，逻辑数据包括________。
11. Excel 中，工作表的最小处理单位是________。
12. Excel 中，一个 Excel 文件称为一个“工作簿”文件，扩展名为________。
13. Excel 中，双击工作簿图标，是________打开。
14. Excel 中，单元格地址引用分为________、绝对地址引用和混合地址引用三种。
15. Excel 中，引用不同工作表中的单元格，必须在单元格地址前面加上工作表名和后缀字符________。
16. Excel 中，文本运算符，即________，用于将两个文本连接成一个文本。
17. Excel 中，在对公式或函数进行复制时，若使用的是相对地址，则在复制过程中列标和行号将随着单元格的变化而________。

二、选择题

1. Excel 工作簿文件的默认扩展名是（　　）。

A. bmp　　B. docx　　C. xlsx　　D. pptx

2. 在某单元格中输入函数“=SUM（55, 8, 2）”，则当该单元格处于编辑状态时显示的内容是（　　）。

A. 65　　B. =65

C. SUM（55, 8, 2）　　D. =SUM（55, 8, 2）

3. Excel 中，将 080101 以文字数据输入，正确的输入方法是（　　）。

A.（080101）　　B. 直接输入 080101

C. '080101　　D. ='080101

4. Excel 中，工作表中的列标用（　　）进行编号。

A. 字母　　B. 数字　　C. 字母和数字混合　　D. 数字和字母混合

5. 不包含在 Excel“开始”选项卡中的命令按钮组是（　　）。

A. 字体　　B. 数字　　C. 剪贴板　　D. 表格

6. Excel 中，若需要将 Sheet1 中的 A6 单元格内容与 Sheet2 中的 C8 单元格相加，其结果放在 Sheet1 的 B5 单元格中，则应在 B5 单元格中输入（　　）公式。

A. =A6+Sheet2!C8　　B. A6+Sheet2!C8

C. =Sheet1!A6+C8　　D. Sheet1!+C8

7. 下列单元格地址中，（　　）是绝对地址。

A. A1　　B. $A$1　　C. $A1　　D. A$1

8. Excel 中，当把含有单元格地址的公式复制到其他位置时，公式中单元格地址的行号和列标都随着公式位置的改变而改变，则这种单元格地址称为（　　）。

A. 绝对地址　　B. 相对地址　　C. 三维地址　　D. 混合地址

9. 公式“=SUM（C2：C6）”表示（　　）。

A. 计算 C2 ~ C6 单元格区域中所有数值的和

B. 返回 C2 ~ C6 单元格区域中所有数值的最大值

C. 计算 C2 ~ C6 单元格区域中所有数值的平均值

D. 以上说法都不对

10. 下列不属于 Excel 中的引用的是（　　）。

A. A8　　B. A1: $C8　　C. 21W　　D. X4

11. Excel 中，输入公式或函数时，其前导符必须是（　　）。

A. %　　B. $　　C. &　　D. =

12. 在 Excel 中，若删除图表中的某个数据系列，则产生此图表系列的原始数据（　　），若改变产生此图表系列的原始数据，则图表中相应的数据系列（　　）。

A. 改变 / 不变　　B. 改变 / 改变　　C. 不变 / 改变　　D. 不变 / 不变

13. Excel 中，默认情况下单元格中文本的对齐方式是（　　）。

A. 右对齐　　B. 左对齐　　C. 居中对齐　　D. 随机

14. Excel 中，若 A1 单元格的内容是“外科”，A2 单元格的内容是“医生”，若要在 A3 单元中显示“外科医生”，则在 A3 单元格中应输入公式（　　）。

A. A1+A2　　B. =A1$A2　　C. =A1&A2　　D. =A1%A2

15. 进行分类汇总时要先按分类字段对数据列表进行（　　）。

A. 排序　　B. 筛选　　C. 求和　　D. 查找

16. Excel 中，默认情况下一个工作簿包含（　　）个工作表。

A. 1　　B. 2　　C. 3　　D. 4

17. 如果将 D1 单元格中的公式“=$A1/B3”复制到同一工作表的 D3 单元格中，则该单元格的公式为（　　）。

A. =$A3/B5　　B. =A3/B5　　C. =$A1/B5　　D. =$A1/B3

18. Excel 中，在 A1 单元格中输入 3/5，按“Enter”键后，在 A1 单元格中显示的是（　　）。

A. 3 月 5 日　　B. 3/5　　C. 0.6　　D. 5 月 3 日

项目 5

程序设计基础

程序设计是给出解决特定问题的程序的过程，是软件构造活动的重要组成部分。程序设计往往以某种程序设计语言为工具，给出这种语言下的程序。

任务 1　程序设计概述

任务目标

1. 了解程序设计的相关概念；
2. 掌握程序设计的基本方法；
3. 了解面向对象的程序设计语言的特征。

任务引入

在项目 1 的学习过程中，我们知道了智能信息设备都是由硬件系统和软件系统组成的，比如手机除了机身硬件外，还要有系统软件（如安卓系统）和应用软件（如微信、图片浏览 App 等），那么这些软件都是怎么产生的呢？其实，各类软件都是由不同的程序设计语言编写出来的。那么，什么是程序设计语言？有哪些程序设计语言？它们有什么特点呢？

相关知识

5.1.1　程序设计的相关概念

1. 程序

程序是指一系列遵循一定规则并能正确完成特定功能的代码或指令序列。程序通常包括数据结构与算法两部分。

2. 程序设计与程序设计语言

程序设计是指按照任务需要，设计数据结构与算法，编写代码并测试其正确性，得到正确运行结果的过程。程序设计过程包括分析、设计、编码、测试、排错等不同阶段。专业的程序设计人员常被称为程序员。

程序设计语言是指编写程序代码的规范，它具有特定的语法规则、意义与使用环境。

3. 程序算法与数据结构

算法指的是问题的求解方法与步骤。算法不允许存在二义性，其设计过程是逐步求精的。算法的设计是程序设计的核心。为了表示一个算法，可以采用不同的方法，常用的有自然语言、流程图、伪代码、PAD 图等。以特定的图形符号加上说明表示算法的图，称为算法流程图。算法流程图包括传统流程图和结构流程图两种，如图 5－1 所示。

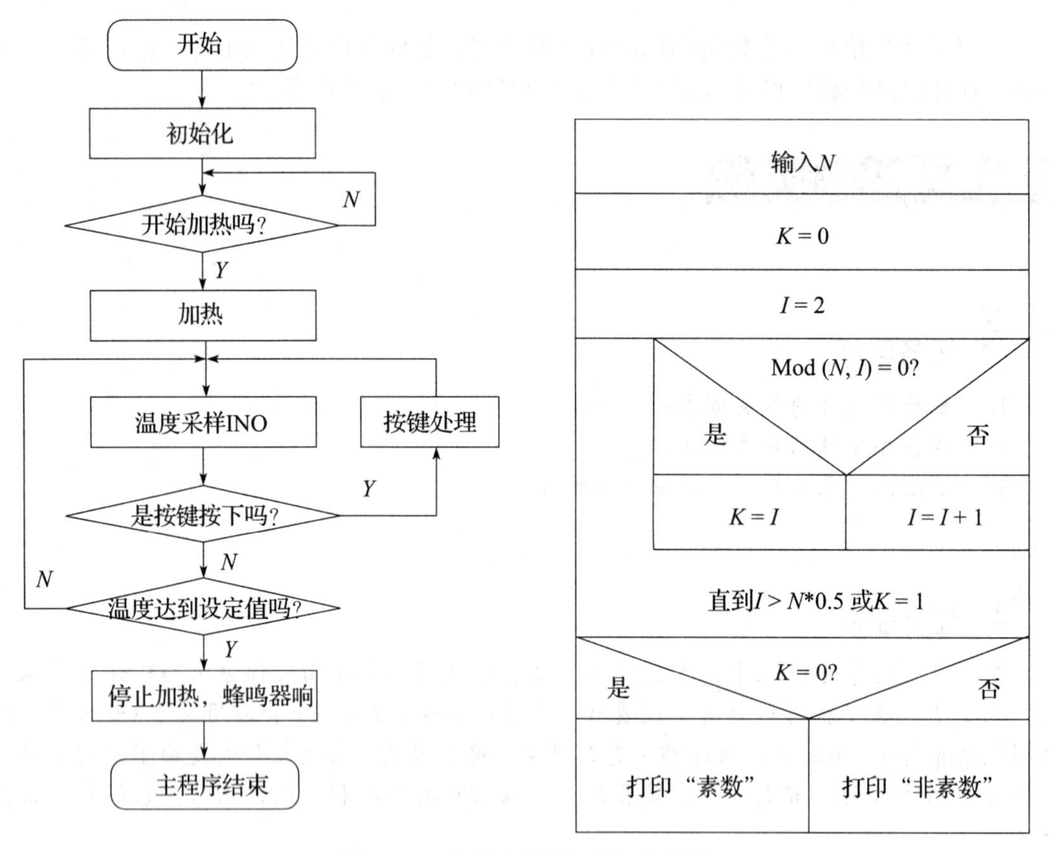

图 5－1　传统流程图和结构流程图

数据结构是指数据对象之间的相互关系及构造方法。数据结构与算法关系密切，良好的数据结构可使算法更简单，恰当的算法可使数据结构更易理解。

5.1.2　程序设计方法

程序设计方法是指设计、编制、调试程序的方法和过程，主要有面向过程的程序设计方法、面向结构的程序设计方法和面向对象的程序设计方法。

1. 面向过程的程序设计方法

面向过程的程序设计方法是指将完成某项工作的每一个步骤和具体要求都全盘考虑在内来设计程序，程序主要用于描述完成这项工作所涉及的数据对象和具体操作规则，如先做什么，后做什么，怎么做，如何做。C语言就是一种面向过程的程序设计语言。

2. 面向结构的程序设计方法

面向结构的程序设计方法即结构化程序设计方法，是面向过程的程序设计方法的改进，结构上将软件系统划分为若干功能模块，各模块按要求单独编程，再将各模块连接起来，组合构成相应的软件系统。该方法强调程序的结构性，所以能够使程序易读、易懂。该方法思路清晰，做法规范，深受设计者的青睐。

结构化程序设计遵循以下原则：

（1）自顶向下：先考虑总体，后考虑细节；先考虑全局目标，后考虑局部目标。

（2）逐步求精：对复杂问题，应设计一些子目标做过渡，逐步细化。

（3）模块化：把程序要解决的总目标分解为分目标，再进一步分解为具体的小目标，把每个小目标称为一个模块。

（4）限制使用GOTO语句。

结构化程序具有以下三种基本结构：

（1）顺序结构：自始至终严格按照程序中语句的先后顺序逐条执行，是最基本、最普遍的结构形式。

（2）选择结构：又称为分支结构，包括简单选择结构和多分支选择结构。

（3）重复结构：又称为循环结构，根据给定的条件判断是否需要重复执行某一相同的或类似的程序段。

在结构化程序设计中，应注意以下事项：

（1）使用程序设计语言中的顺序、选择、循环等有限的控制结构表示程序的控制逻辑。

（2）选用的控制结构只准许有一个入口和一个出口。

（3）程序语言组成容易识别的块，每个块只有一个入口和一个出口。

（4）复杂结构应该用嵌套的基本控制结构进行组合嵌套来实现。

（5）语言中所没有的控制结构，应该采用前后一致的方法来模拟。

（6）尽量避免GOTO语句的使用。

3. 面向对象的程序设计方法

面向对象的程序设计方法的本质是主张从客观世界固有的事物出发来构造系统，强调建立的系统能映射问题域。与面向对象的程序设计对应的是面向过程的程序设计，面向过程的程序设计所有要完成的功能都是由一条一条的指令代码堆砌起来的，与其相比，面向对象的程序设计更好理解、更易上手，设计程序的指令代码要少得多，还有很多现成的模块和扩展库供编程者使用。要学习面向对象的程序设计，要先理解一些重要概念。

（1）对象：用来表示客观世界中的任何实体，可以是任何有明确边界和意义的东西。如一个命令按钮、一组复选框等。

（2）属性：用来表示对象的特性，每一种对象所具有的属性不同。

（3）事件：指由系统事先设定的、能被对象识别和响应的动作。多数情况下事件是通过用户的交互操作产生的，如单击命令按钮。

（4）方法：指对象可以进行的操作，如命令按钮被单击后，在窗口中会显示一些信息。

（5）类：指具有共同属性、共同方法的对象的集合。

（6）实例：一个具体对象就是其对应分类的一个实例。

（7）消息：指实例间传递的信息。它统一了数据流和控制流。

（8）继承：指使用已有的类定义作为基础建立新类的定义技术。

（9）多态性：指对象根据所接收的信息而做出动作，同样的信息被不同的对象接收时有不同行动的现象。

面向对象的程序设计具有以下优点：与人类习惯的思维方法一致、稳定性好、可重用性好、易于开发大型软件产品、可维护性好。

任务实施

假设我们要去北京，有两个方案，如果火车票价格低于或等于汽车票价格，就坐火车去，如果火车票价格高于汽车票价格，就坐汽车去。

请根据上述描述画出程序流程图。

知识拓展

面向对象的程序设计语言的特征

1. 编程模型

所有计算机均由两种元素组成：代码和数据。准确地说，有些程序是围绕着“什么正在发生”而编写的，有些则是围绕着“谁正在受影响”而编写的。

第一种编程方式称作“面向过程的模型”，按这种模型编写的程序以一系列的线性步骤（代码）为特征，可以被理解为作用于数据的代码。如C语言。

第二种编程方式称作“面向对象的模型”，按这种模型编写的程序围绕着程序的数据（对象）和针对该对象而严格定义的接口来组织程序，它的特点是数据控制代码的访问。通过把控制权转移到数据上，面向对象的模型在组织方式上有抽象、封装、继承和多态等特点。

2. 抽象

面向对象程序设计的基本要素是抽象，程序员通过抽象来管理复杂性。

管理抽象的有效方法是使用层次式的分类特性，这种方法允许用户根据物理含义分解一个复杂的系统，把它划分成更容易管理的块。例如，一个计算机系统是一个独立的对象。而计算机系统内部由几个子系统组成，如显示器、键盘、硬盘驱动器、DVD-ROM、音响等，这些子系统每个又由专门的部件组成。关键是需要使用层次抽象来管理计算机系统（或其他任何复杂系统）的复杂性。

面向对象程序设计的本质是：这些抽象的对象可以看作具体的实体，这些实体用来告诉我们对什么样的消息进行响应。

3. 封装

计算机对象包含了它所有的属性以及操作，这就是面向对象程序设计的重要原则之一：封装。

封装是一种把代码和代码所操作的数据捆绑在一起，使这两者不受外界干扰和误用的机制。封装可被理解为一种起保护作用的包装器，以防止代码和数据被包装器外部所定义的其他代码任意访问。对包装器内部代码与数据的访问通过一个明确定义的接口来进行控制。封装代码的好处是每个人都知道怎样访问代码，因而无须考虑实现细节就能直接使用它，同时不用担心不可预料的副作用。

比如，在 Java 中，最基本的封装单元是类，一个类定义着将由一组对象所共享的行为（数据和代码）。一个类的每个对象均包含它所定义的结构与行为，这些对象就好像是一个模子铸造出来的，所以对象也称作类的实例。

在定义一个类时，需要指定构成该类的代码与数据，类所定义的对象称作成员变量或实例变量，操作数据的代码称作成员方法。方法定义怎样使用成员变量，这意味着类的行为和接口要由操作实例数据的方法来定义。

由于类的用途是封装复杂性，所以类的内部有隐藏实现复杂性的机制。Java 中提供了私有和公有的访问模式，类的公有接口代表外部的用户应该知道或可以知道的每件东西。私有的数据只能通过该类的成员代码来访问，这就形成了一种保护机制。

4. 继承

继承是指一个对象从另一个对象中获得属性的过程，也是面向对象程序设计的重要原则之一，它支持按层次分类的概念。例如，波斯猫是猫的一种，猫又是哺乳动物的一种，哺乳动物又是动物的一种。如果不使用层次的概念，每个对象都需要明确定义各自的全部特征。通过层次分类方式，一个对象只需要在它的类中定义使它成为唯一的各个属性，然后从父类中继承它的通用属性即可。正是由于继承机制，一个对象才可以成为一个通用类的一个特定实例。一个深度继承的子类将继承它在类层次中的每个祖先的所有属性。

继承与封装可以互相作用。如果一个给定的类封装了某些属性，它的任何子类都将含有同样的属性，另加各个子类所有的属性。这是面向对象程序在复杂性上呈线性增长而非几何级增长的一个重要概念。新的子类继承其所有祖先的所有属性。子类和系统中的其他代码不会产生无法预料的交互作用。

5. 多态

多态是指一种方法只能有一个名称，但可以有许多形态，也就是程序中可以定义多个同名的方法，可用“一个接口，多个方法”来描述。

6. 封装、继承、多态的组合使用

在由封装、继承、多态所组成的环境中，程序员可以编写出比面向过程模型更强大、更具扩展性的程序。经过仔细设计的类层次结构是重用代码的基础。封装能让程序员不必修改公有接口的代码即可实现程序的移植。多态能使程序员开发出简洁、易懂、易修改的代码。

以汽车为例：

从继承的角度看，驾驶员都依靠继承性来驾驶不同类型（子类）的汽车，无论这辆车是轿车还是卡车，是奔驰牌还是菲亚特牌，驾驶员都能找到方向盘、换挡器。经过一段时间的驾驶后，都能知道手动挡与自动挡之间的差别，因为他们实际上都知道这两者的共同超类，即传动装置。

从封装的角度看，驾驶员总是看到封装好的特性。刹车隐藏了许多复杂性，其外观如此简单，用脚就能操作它。发动机、轮胎大小的差异对于刹车类的定义没有影响。

从多态的角度看，刹车系统有正锁与反锁之分，驾驶员只用脚踩刹车停车，同样的接口可以用来控制若干种不同的实现（正锁或反锁）。

这样，各个独立的构件被组合成了汽车这个对象。同样，通过使用面向对象的设计原则，程序员可以把一个复杂程序的各个构件组合在一起，形成一个一致、实用、可维护的程序。

任务 2 易语言程序设计

任务目标

1. 掌握易语言的安装和基本使用方法；
2. 熟练运用易语言编写简单程序。

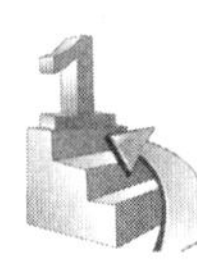

任务引入

我们在日常生活中会使用各种各样的程序，有复杂的操作系统，也有小巧的桌面应用、手机 App，这些程序都是怎样编写的呢？

编程语言有很多种，如 C、C++、C#、Java、Python 等，前面介绍的各类系统软件和应用软件都是由编码语言编写而成的，而我们要学习的易语言也是其中之一。易语言是一门简单易学、高效实用、面向对象、跨平台的计算机通用编程语言，它是完全面向对象的编程语言，因而在面向对象机制上，与同为面向对象的 Java、C# 等编程语言有相似甚至相同之处，最重要的是它是全中文编程环境，特别适合中职学生学习和使用。

同学们都喜欢听音乐，电脑、手机里都有各类音乐播放器，下面我们自己动手编写一个 MP3 播放器，体验一下创作的乐趣。

当然，在进行创作之前，我们还是要先学习一些基础知识。

相关知识

5.2.1 易语言的安装与使用

1. 安装

从官网下载易语言后，找到下载目录，同一般软件的安装方法一样，双击开始安装。如图 5－2、图 5－3 所示。

安装完后会在开始菜单和桌面建立快捷方式。

2. 易语言的界面

双击易语言快捷方式即可启动易语言。易语言的界面及基本功能操作如图 5－4、图 5－5 所示。

图 5－2　易语言安装（一）

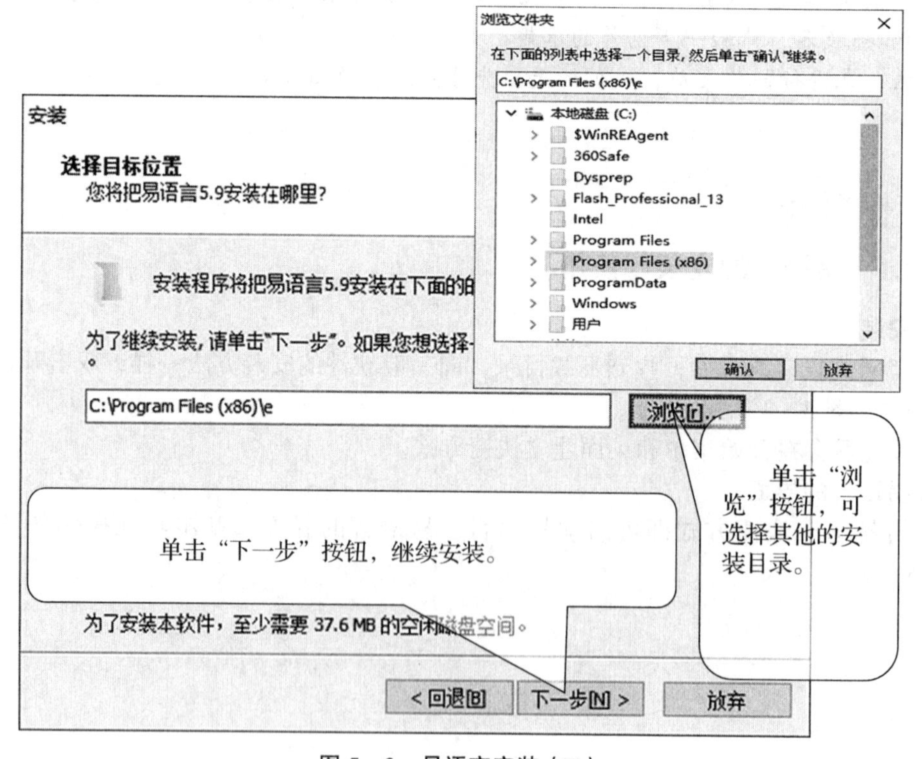

图 5－3　易语言安装（二）

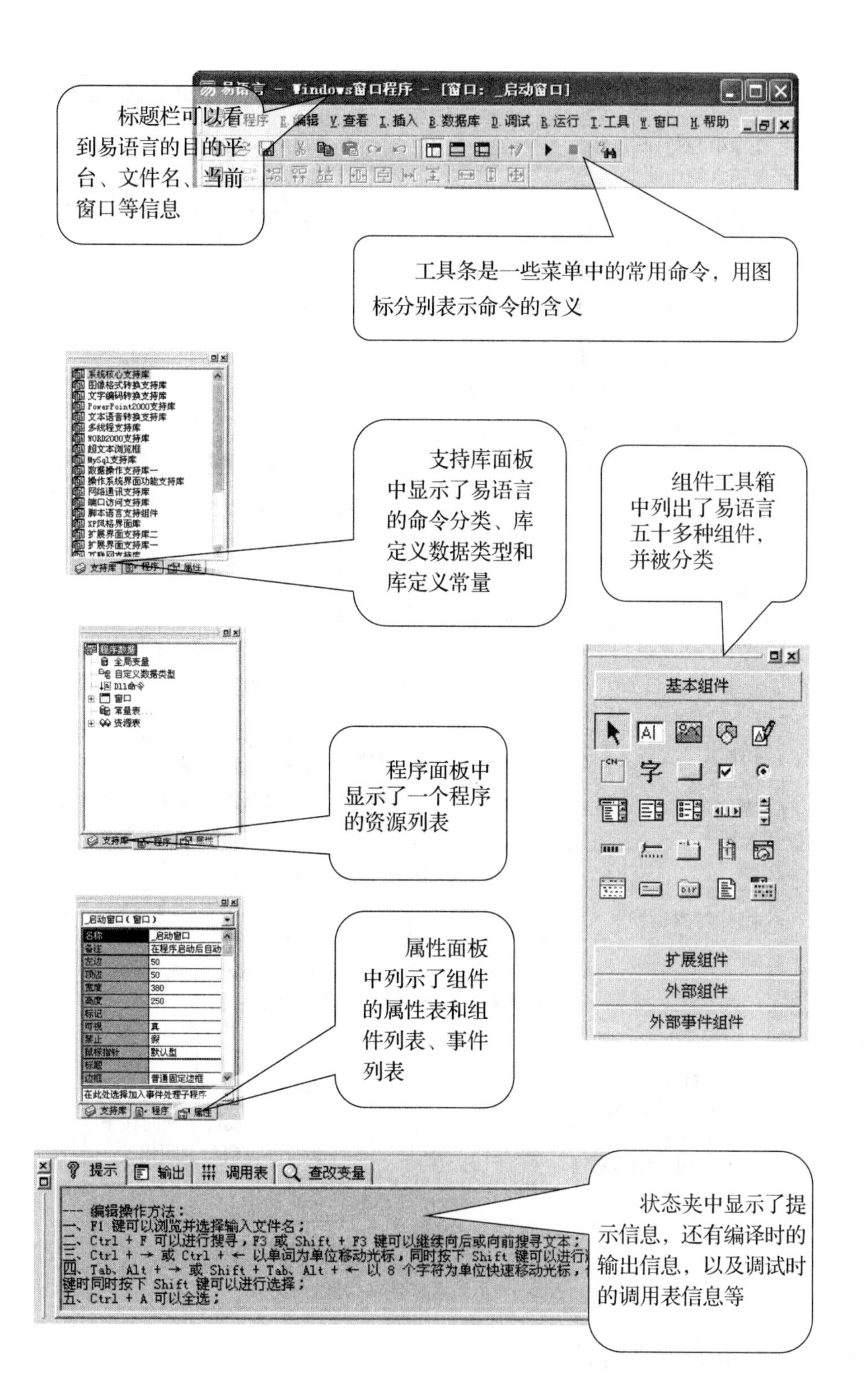
标题栏可以看到易语言的目的平台、文件名、当前窗口等信息
工具条是一些菜单中的常用命令，用图标分别表示命令的含义
支持库面板中显示了易语言的命令分类、库定义数据类型和库定义常量
组件工具箱中列出了易语言五十多种组件，并被分类
程序面板中显示了一个程序的资源列表
属性面板中列示了组件的属性表和组件列表、事件列表
状态夹中显示了提示信息，还有编译时的输出信息，以及调试时的调用表信息等
基本组件
扩展组件
外部组件
外部事件组件
提示
输出
调用表
查改变量

图 5－4　易语言界面介绍

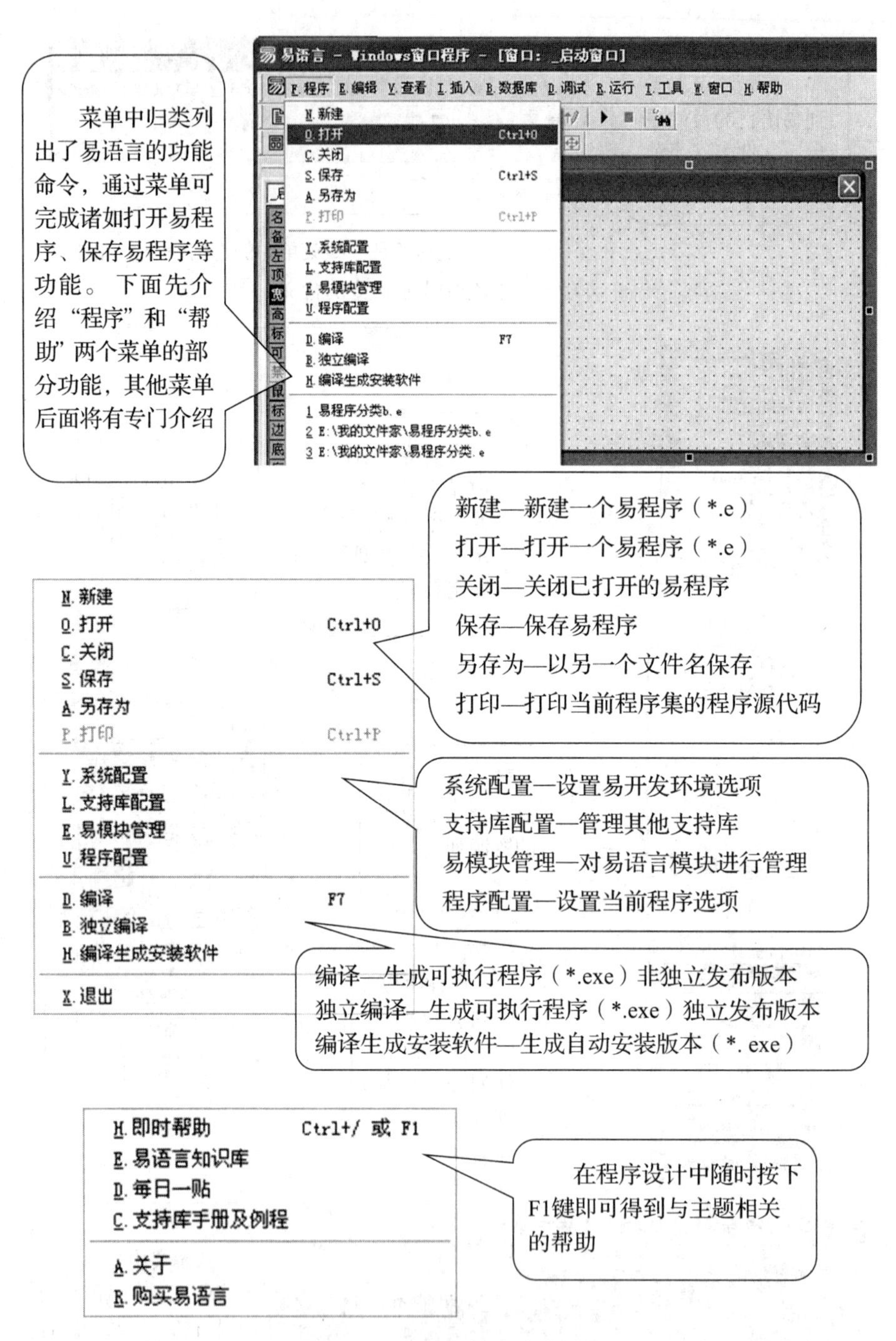

图 5－5　易语言基本功能操作

5.2.2　简单的程序设计

1. 自己动手设计一个程序

易语言是面向对象的程序设计语言，非常容易上手。按如图 5－6 所示的步骤，就可以设计一个小程序。

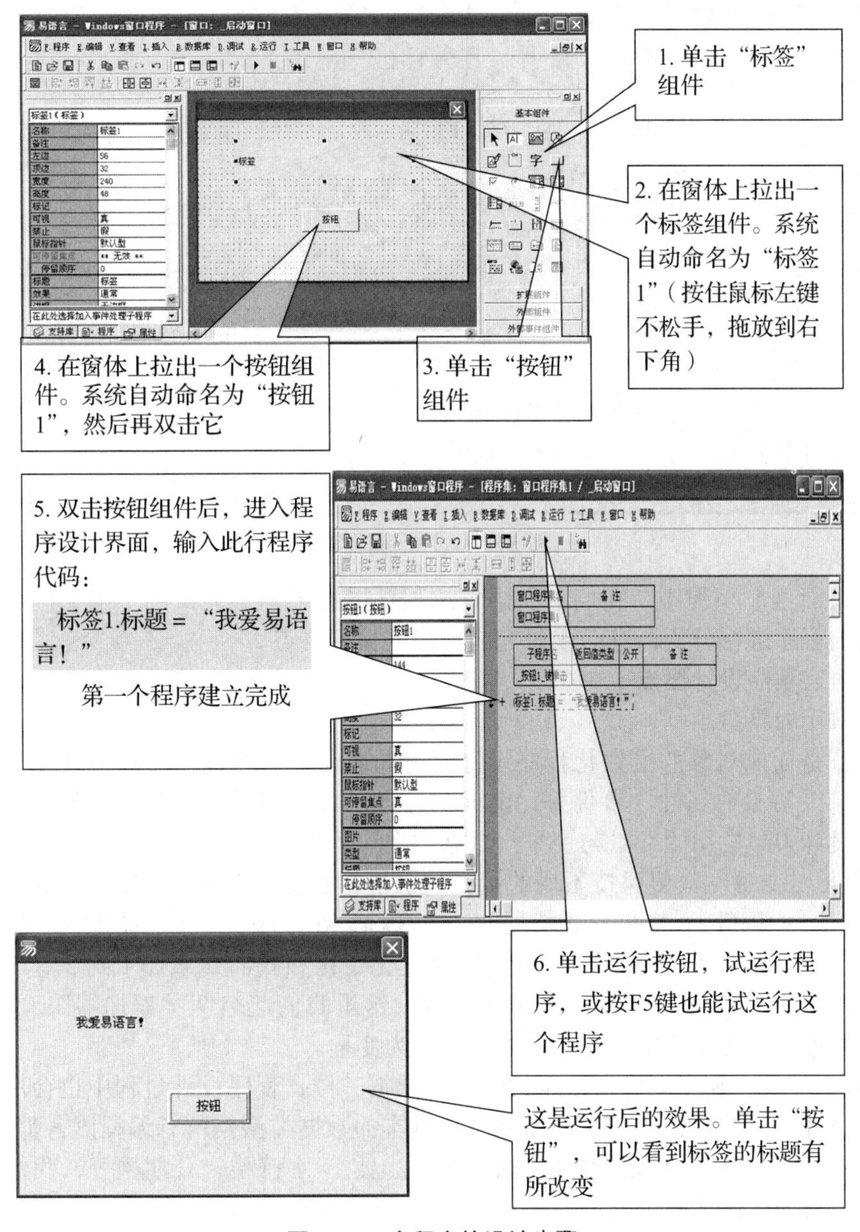

图 5－6　小程序的设计步骤

下面来分析为什么此程序能够完成这样的功能。

首先需要了解的是，启动窗口是所有程序的平台，所有的内容都要显示在上面，因此一个程序不能没有一个主窗口，否则就无法输入，也无法显示结果。当用户单击用来进行操作的按钮组件时，就会控制标签显示文字。当然，显示文字的过程是通过改变标签的标题属性形成的，这样大家看上去就像是按钮在控制标签，让标签显示文字了。

可以单击窗口右上角的关闭按钮关闭这个小程序，或单击中止运行按钮，也可以关闭运行的易程序，如图 5－7 所示。

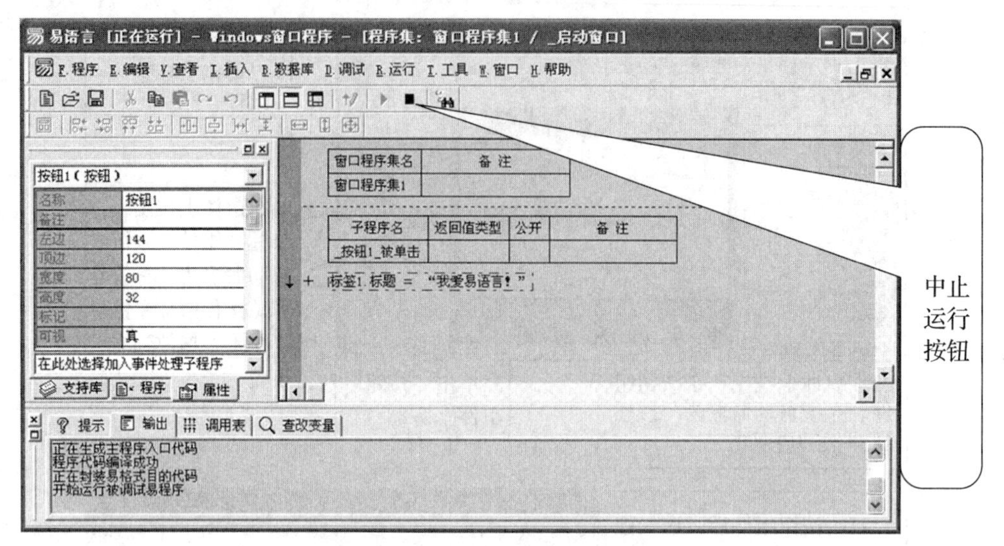

图 5－7　中止运行按钮

通过上面这个小程序，我们对易语言编程环境有了一个大概的了解，接下来我们通过对上面的程序进行分析，进一步研究易语言的编程要点。

2. 易语言程序设计要点

（1）常用的概念。

易语言是面向对象的模块化程序设计语言。面向对象的程序设计中有几个重要的概念，如对象及对象的属性、事件等，前面的任务已经介绍过，在此不再赘述。这里我们介绍程序设计中最常用的常量与变量、数据类型、运算符及表达式。

1）常量与变量。数值保持不变的量就是常量，如我们生活中经常用到的数字或文本字符（5、A、中国等）；变量代表数据的一个名称，在程序执行期间临时保存数据，在程序执行期间，变量的值随程序的运行而发生变化。比如我们要累加 1 到 5 这 5 个数，为了方便程序运算，要用一个名称表示这些数，这里我们起名叫“累加器”，这个“累加器”每次累加后值都发生变化，所以我们称其为变量。

2）数据类型。和我们生活中用到的各种数据一样，程序设计过程中也会用到各类数据，不同设计语言的数据类型有所差别，但基本的数据类型是所有编程语言都必须有的。易语言的数据类型主要有数值型（包括整数和小数）、字符型、日期型等，我们会在程序设计过程中为同学们详细讲解。

3）运算符和表达式。和数据类型对应的就是运算符及表达式，它们和数学中的加、减、乘、除运算类似，只是运算符和表达式更多一些，在程序设计中同学们可以逐步理解掌握。

（2）“_启动窗口”的作用。

“_启动窗口”的作用是非常重要的，当程序启动后自动调入本窗口，如图 5－8 所示。

凡是以短下划线“_”开头的名称都是具有特定意义的名称。名称为“_启动窗口”的程序窗口，易程序在运行起来后会自动载入并显示，这就是例程执行后能够马上显示出窗口的原因。不要更改这个窗口的名称。

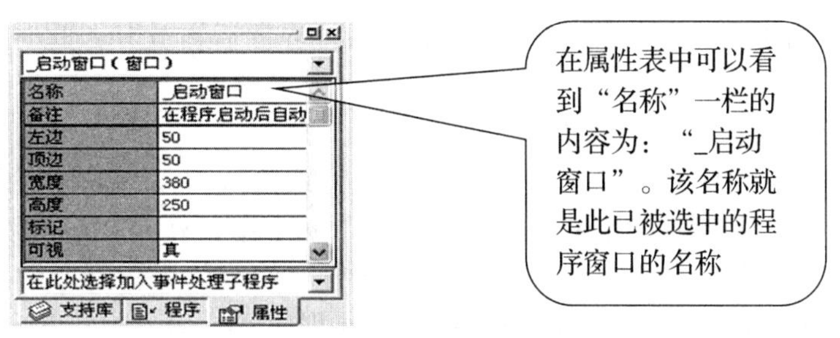

图 5－8　_启动窗口

（3）程序代码。

在程序设计界面中可以看到下面这条语句：

```
标签 1. 标题 ＝“我爱易语言！”
```

这就是按钮被单击后执行的程序代码。从中可以看出面向对象的程序语言的一个优点：用很少的程序代码就可以完成复杂的任务。程序代码的输入方法如图 5－9 所示。

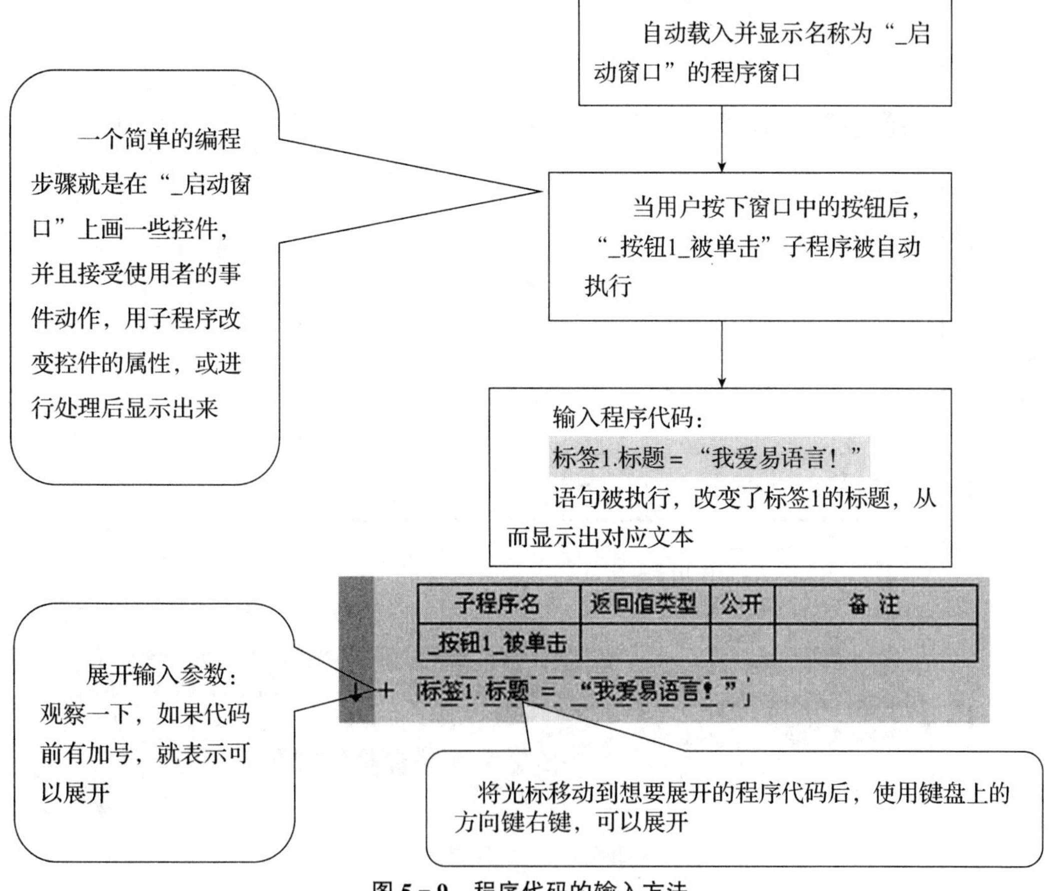

图 5－9　程序代码的输入方法

（4）注意要点。

1）修改初始配置信息。

在安装易语言后，在“程序”→“配置”菜单项可以修改系统的初始配置信息。可以在启动易语言的同时一直按住 Shift 键，出现系统界面后再放开，此时将自动清除以前的设置信息。

2）输入程序后一定要按回车键。

如果在输入一行程序后，没有按回车键，这时系统认为没有确认，所以在程序语句前面会加上“草稿”两个字。如果想去除“草稿”两个字，就要在输入后按回车键确认。如果已有“草稿”两个字，想要去除，可以激活想要修改的程序行。激活的方法是在要修改的一行处按键盘上的空白键，或用鼠标双击此程序行。

任务实施

编写 MP3 播放器程序，具体操作步骤如图 5－10～图 5－17 所示。

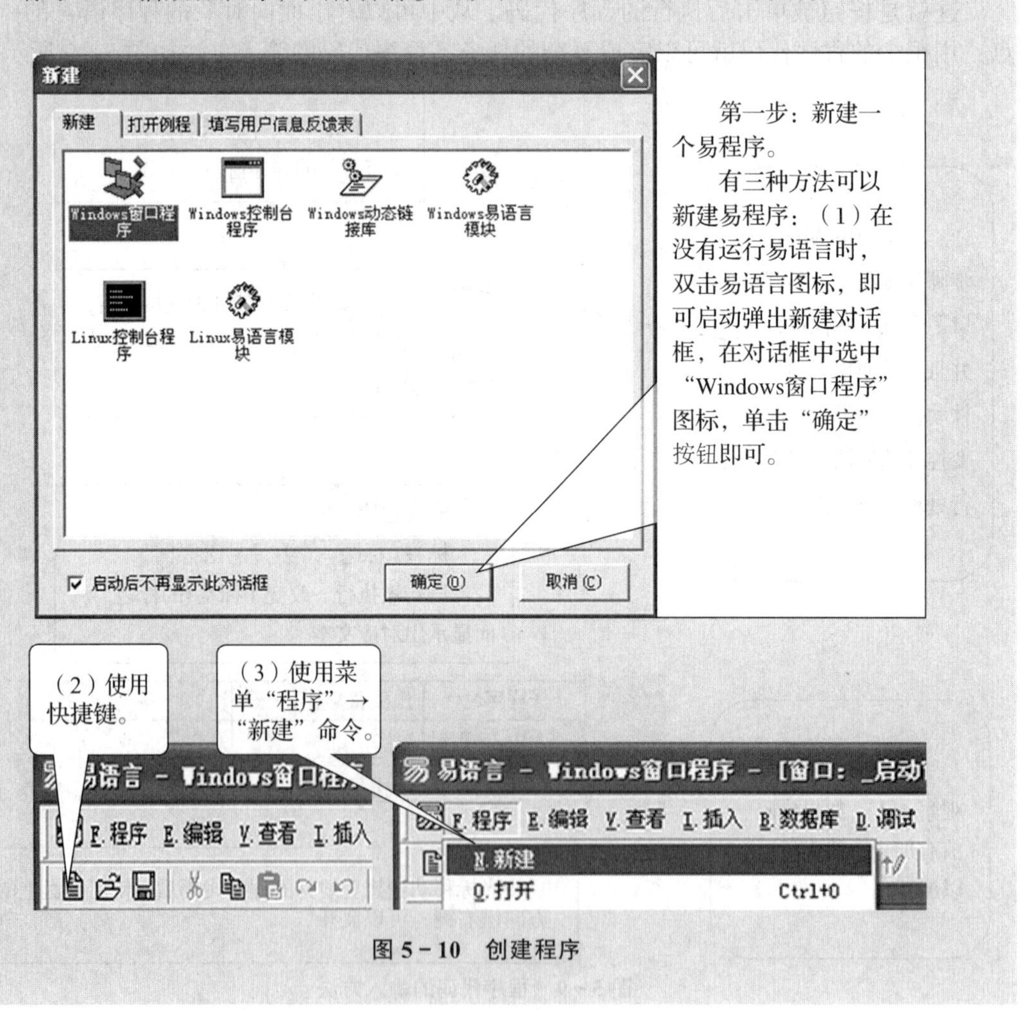

图 5－10　创建程序

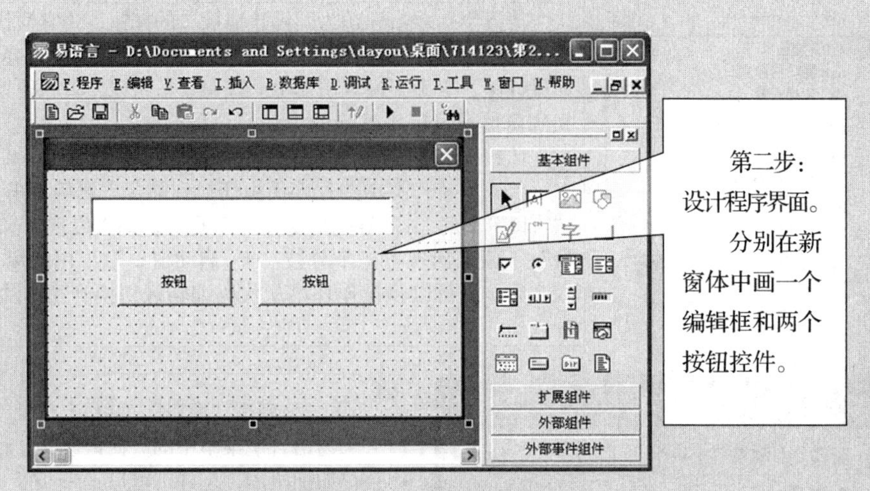

图 5－11　设计程序界面

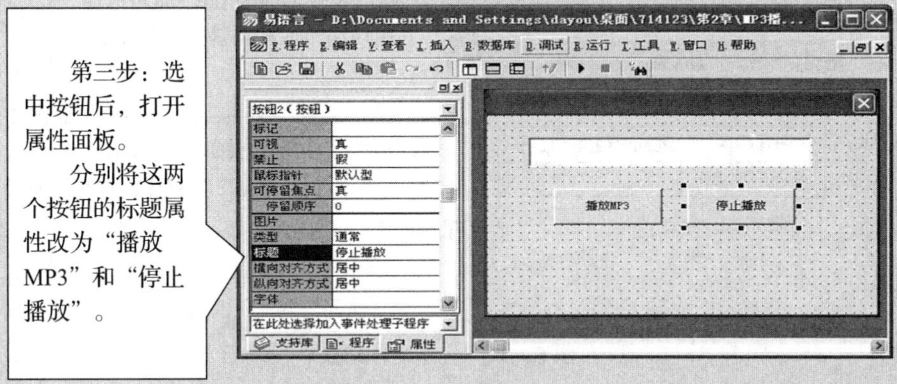

第三步：选中按钮后，打开属性面板。

分别将这两个按钮的标题属性改为“播放MP3”和“停止播放”。

图 5－12　程序属性设置

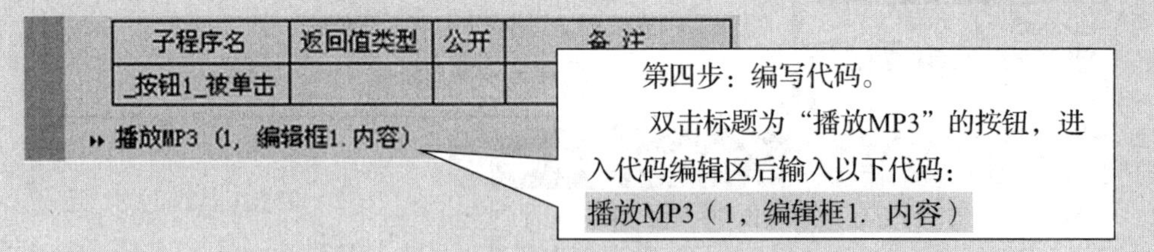

图 5－13　代码编写

第五步：双击标题为“停止播放”的按钮，为它写代码。可问题是，我们正处于代码编辑区中，根本看不到窗体设计区，更不要说双击其中的按钮了！所以，首先要切换到窗体设计区。切换的方法有三种：

（1）利用工作夹。

首先将工作夹中的程序面板切换到前台，然后单击“窗口”前的“+”号使其变为“–”号，这时会发现“窗口”下面又出现了一个分枝：“_启动窗口”，用鼠标双击它，就可以将操作环境从代码编辑区切换到窗体设计区。

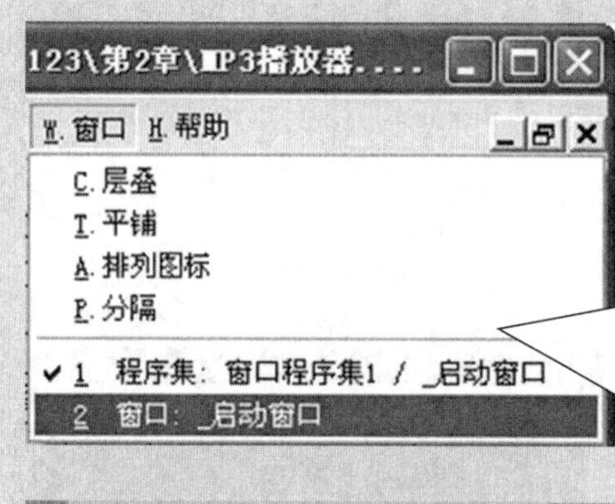

（2）利用“窗口”菜单。

易语言主菜单中的“窗口”菜单如图所示，选择“窗口：_启动窗口”即可切换到窗体设计区。

（3）利用热键。

利用“Ctrl+Tab”也可以在代码编辑区和窗体设计区之间切换。

子程序名	返回值类型	公开
_按钮2_被单击		

停止播放 ()

双击标题为“停止播放”的按钮，自动切换到“_按钮2_被单击”子程序，在光标所在行输入以下代码：

```
停止播放 ( )
```

图 5－14　程序窗体切换

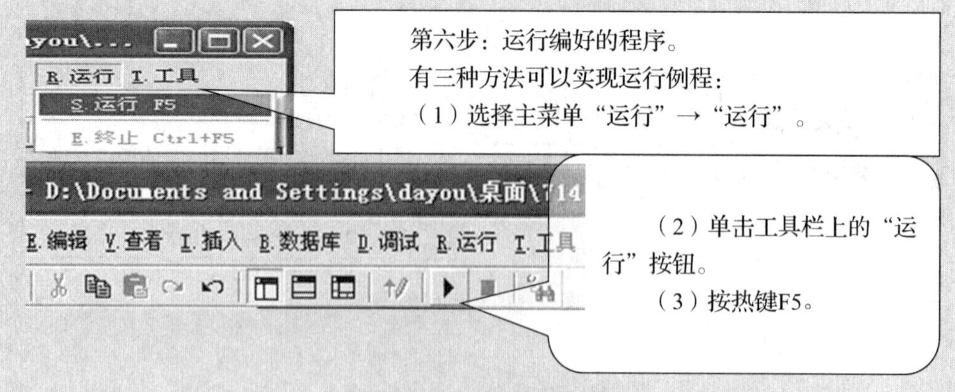

第六步：运行编好的程序。

有三种方法可以实现运行例程：

（1）选择主菜单“运行”→“运行”。

（2）单击工具栏上的“运行”按钮。

（3）按热键F5。

图 5－15　程序调试运行

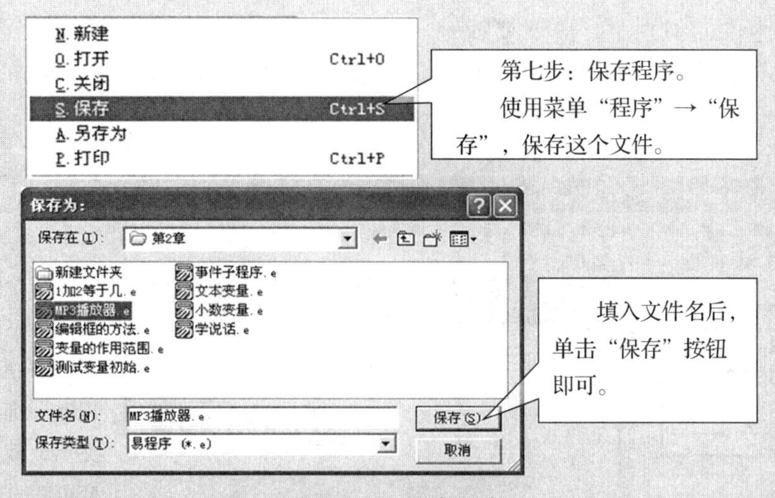

图 5－16　保存程序

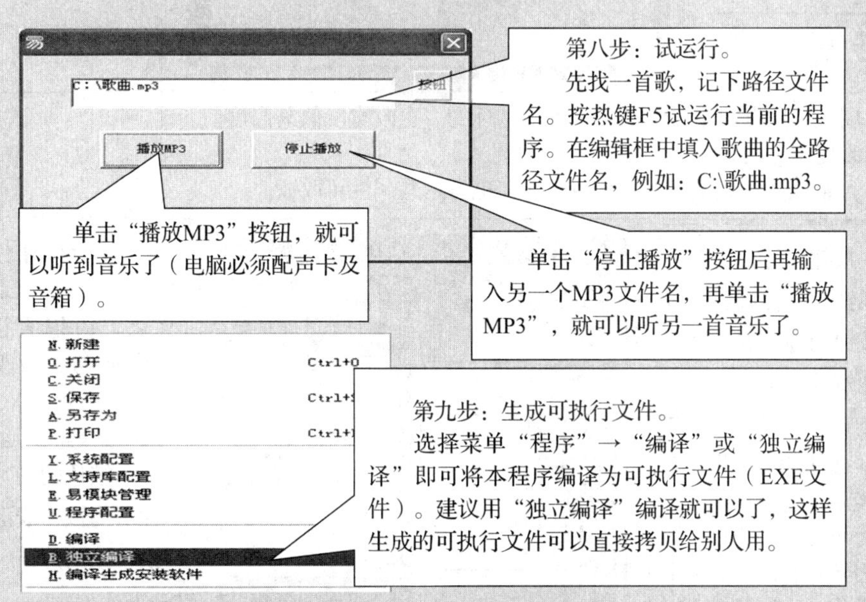

图 5－17　程序编译

至此，一个简单的 MP3 播放器就编写好了。大家可以在编辑框中填入任意 MP3 歌曲的全路径，再单击播放按钮就可以听音乐了。请同学们深入研究，提升一下 MP3 播放器的性能，如使用通用对话框找到歌曲的名字。

知识拓展

认识窗口、按钮、编辑框

在新建的易程序中，在属性面板最上排有一个名称属性为“_启动窗口”。名称属性是窗口组件的识别字，一般要取一个有意义的名称。“_启动窗口”是首次运行的窗口，没有它程序将不能运行，所以是不能更改的。如图 5－18 所示为属性窗口详解。

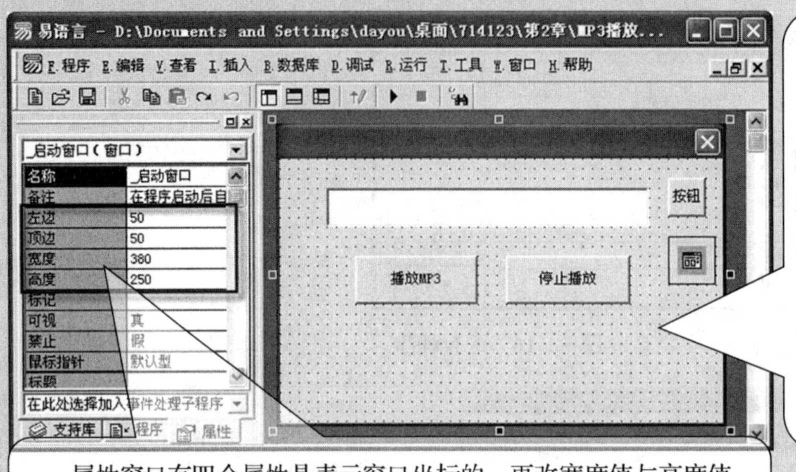

每个组件被激活后，就会出现8个夹点，直接用鼠标拖动这些夹点，就可以改变组件的尺寸了。

属性窗口有四个属性是表示窗口坐标的。更改宽度值与高度值，可以改变组件的大小。

大家试试激活窗口中的其他组件，也有这些属性可改变。

按钮组件，也有名称属性与坐标属性。可为按钮组件重取一个容易理解的名字。

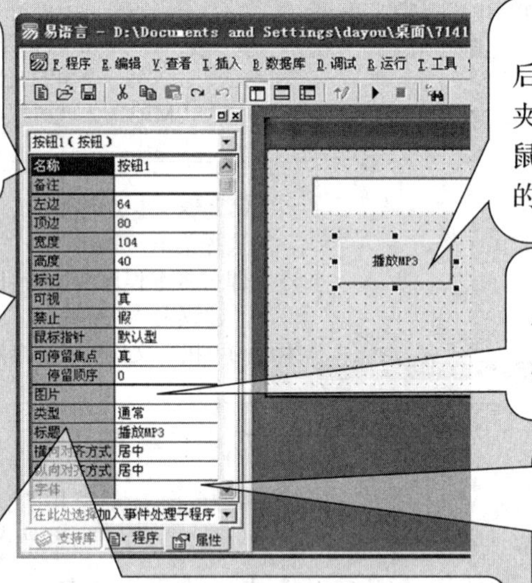

激活按钮组件后，也可以看到8个夹点，可以直接用鼠标拖动，改变它的尺寸。

按钮的可视属性表示运行时按钮是否可见，禁止属性表示运行时是否可操作。大家试着分别修改一下，看看运行效果。

按钮的图片属性可为按钮表面更换一张图片。

按钮的字体属性可改变按钮标题文字的大小风格。

按钮的标题属性是显示在按钮上的文字。大家可以试着修改一下，再看看按钮上文字的变化。

图 5－18　属性窗口详解

在激活编辑框组件后，可以看到编辑框组件没有标题属性，只有一个内容属性。这表示当程序运行时，为内容属性的可由用户改变内容，而标题属性不可直接修改。同学试运行一下，可以直接在编辑框中填写内容，而按钮与窗口却不行。如图 5－19 所示。

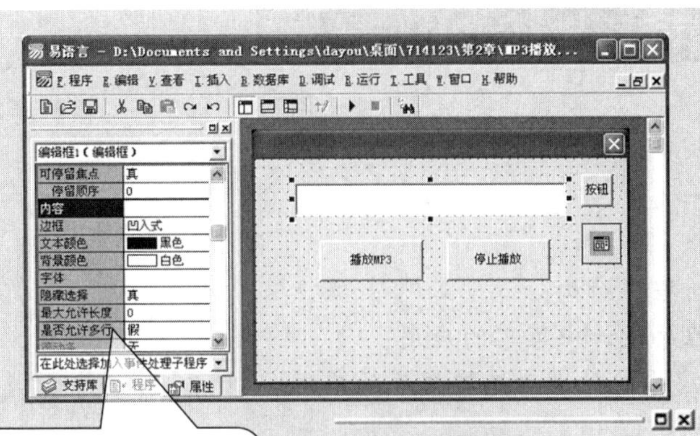

是否允许多行属性为假时，所有输入只显示为一行，为真时，可以显示为多行。

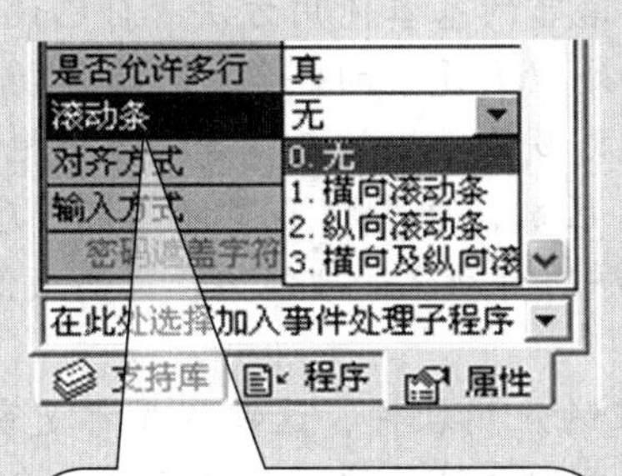

在是否允许多行属性为真的情况下，滚动条属性可操作，点击后会弹出一个下拉菜单，可以选择其中的纵向滚动条，这样文字过多时，可通过滚动条查看更多的文字。

输入方式属性被改变时，也会弹出一个下拉菜单，大家可以试着分别选择，试运行一下，看看效果。

其中“密码输入”方式运行时显示的是星号，可以应用于口令输入。

图 5-19　编辑框组件

任务3 易语言程序结构及功能扩展

任务目标

1. 了解易语言的程序结构；
2. 掌握易语言程序设计中菜单的应用；
3. 了解 Windows 系统外部动态链接库的应用。

任务引入

通过前面任务的学习，同学们已经掌握了易语言的基本使用方法，自己设计了第一个小程序，有了小小的成就感。但如果我们需要处理更复杂的任务，就需要功能更强大的程序来完成。比如要处理几千条、几万条甚至更多的数据信息，如果我们把每个数据都一个一个地输入运算，那就和手工运算没有了区别，也发挥不了计算机程序批处理、自动化的功能。本次任务我们就研究怎样利用程序的自动化处理能力，提高我们的学习、工作效率。

我们现在主要使用 Windows 操作系统和相应的应用软件，这些程序都是窗口界面，界面上都有程序对应的功能菜单和快捷键。下面我们也设计这样一个程序，完成效果如图 5-20 所示。

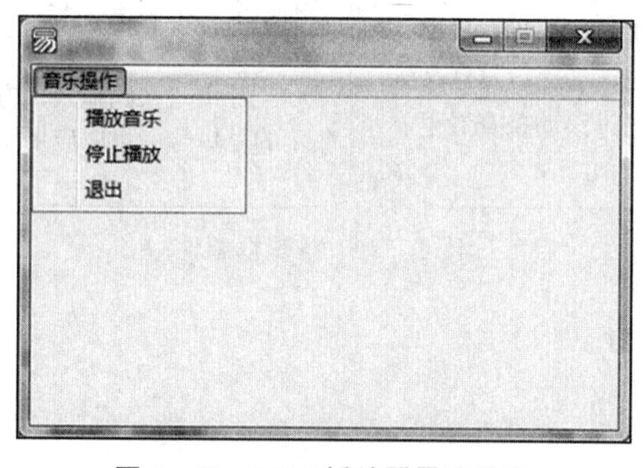

图 5-20 MP3 播放器最终效果

相关知识

5.3.1 易语言的程序结构

1. 顺序结构程序设计

前面我们学习了程序结构有三种：顺序结构、选择结构（分支结构）、重复结构（循环结构）。

顺序结构是指自始至终严格按照程序中语句的先后顺序逐条执行的程序结构，是最基本、最普遍的结构形式。

程序中有个最基本的语句（指令）——赋值语句。如上面任务中编写小程序时涉及的“标签1.标题 = ‘我爱易语言’”就是赋值语句，“=”就是赋值运算符。

我们在前面任务中编写的小程序就是顺序结构的程序。实际上，我们编写的程序大多都是三种结构混合、嵌套在一起的，下面我们由易到难逐步学习。

2. 选择结构程序设计

选择结构也称分支结构。选择的含义是：如果、如果真、判断。例如，现在有两个数，需要比较两个数的大小，找出大的数并输出，下面我们通过程序来实现。

（1）分支语句：如果。程序设计如图5-21所示。

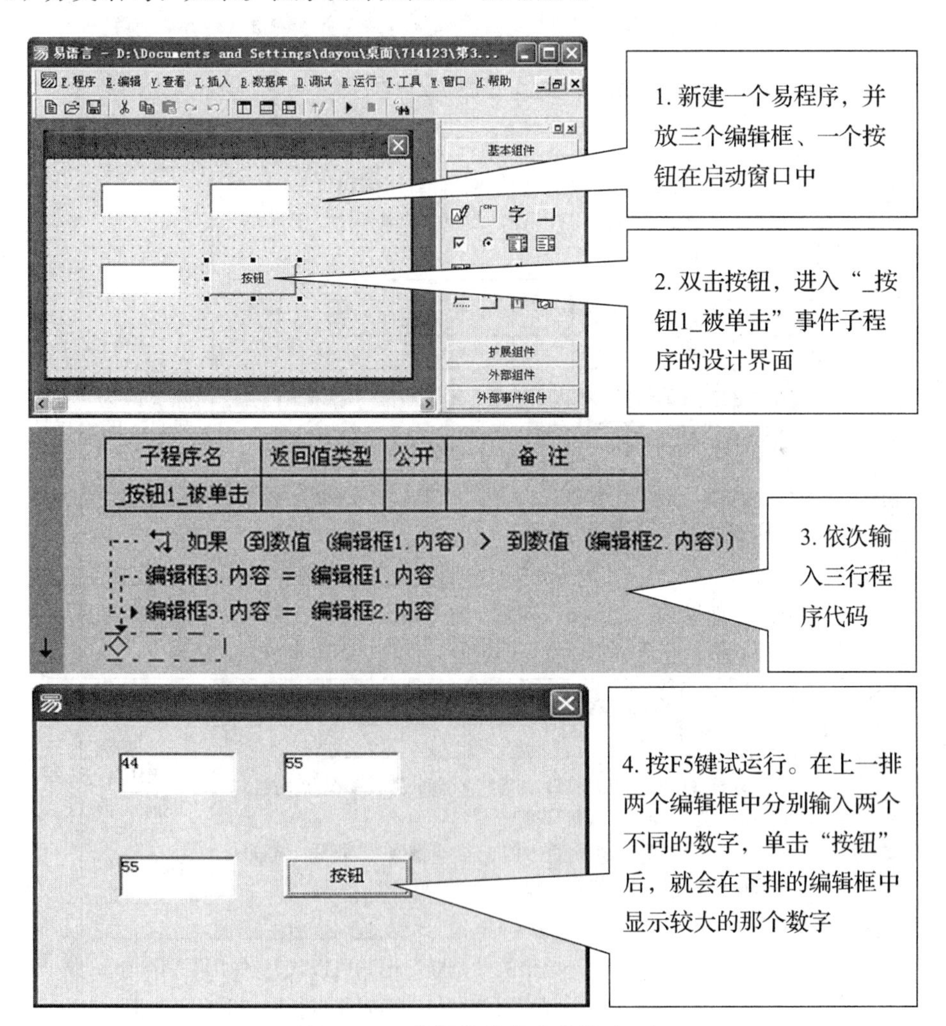

图5-21　选择结构程序设计（一）

（2）分支语句：如果真或判断。程序设计如图5-22所示。

（3）分支语句：插入和转换。程序设计如图5-23所示。

将光标定位在如果命令行上，观察一下就可以发现，标记会在 与 两者之间切换

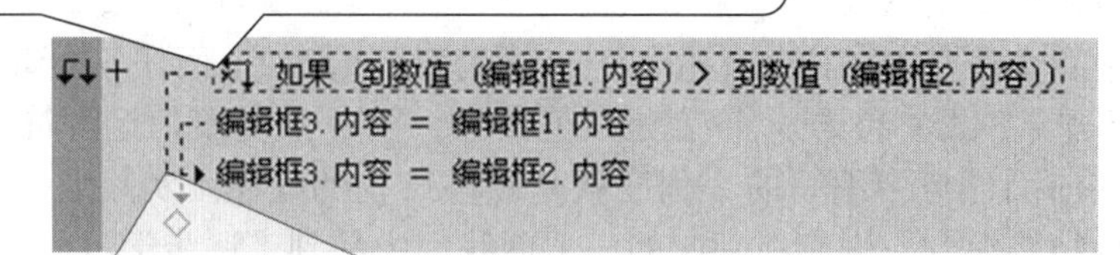

与 流程线互相配合
表示当条件成立时，就执行下面的程序。另有一个跳出判断的箭头
表示当条件不成立时，就执行左边箭头所指向的程序

这三行程序代码表示的是：如果编辑框1比编辑框2大，就在编辑框3中显示编辑框1的内容，否则就在编辑框3中显示编辑框2中的内容

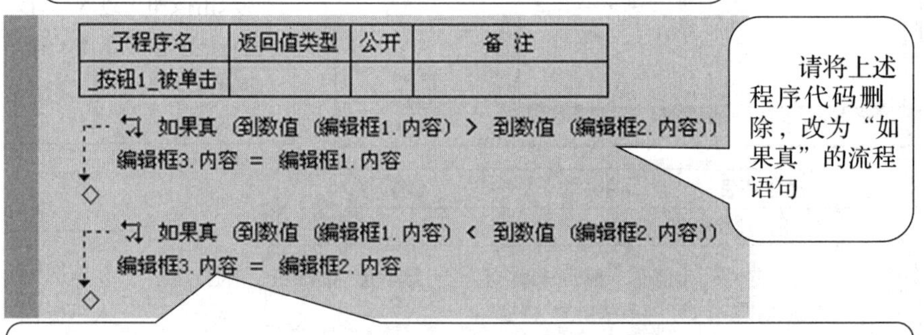

子程序名	返回值类型	公开	备 注
_按钮1_被单击			

请将上述程序代码删除，改为“如果真”的流程语句

可以看到“如果真”命令与“如果”命令相比少了一个箭头。原来“如果真”命令的条件成立时，即执行条件成立的语句，否则什么也不做

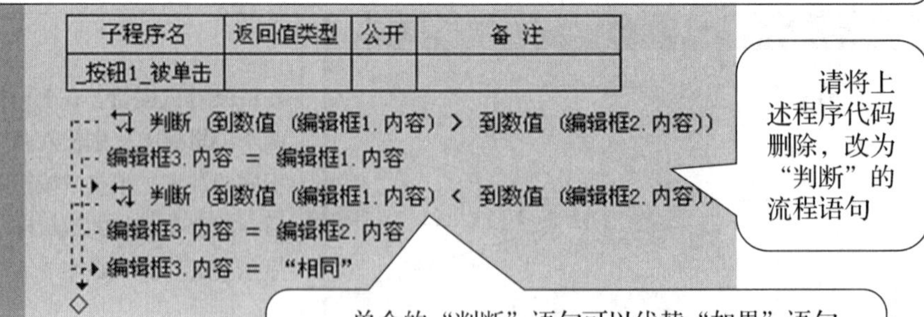

子程序名	返回值类型	公开	备 注
_按钮1_被单击			

请将上述程序代码删除，改为“判断”的流程语句

单个的“判断”语句可以代替“如果”语句。多个判断语句进行判断时是进行同一时间的判断，并且最后有一个默认判断分支

图 5－22　选择结构程序设计（二）

（4）分支语句：选择。程序设计如图 5－24 所示。

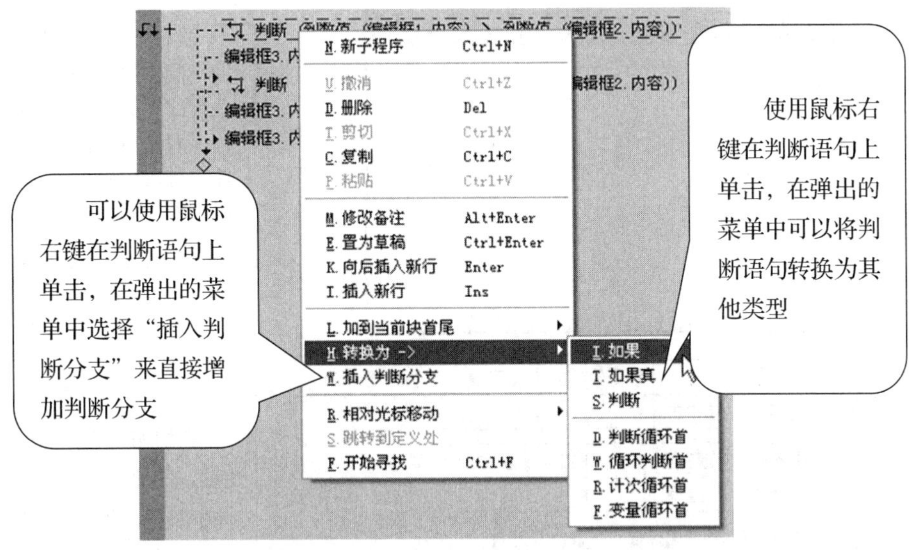

图 5－23 选择结构程序设计（三）

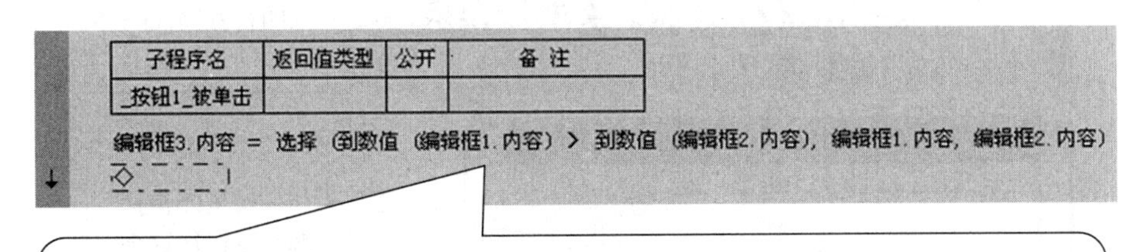

简单的判断也可以用“选择（ ）”命令代替。

选择命令的第一个参数是成立条件，第二个参数在条件为真时返回本项，第三个参数在条件为假时返回此项

图 5－24 选择结构程序设计（四）

3. 循环结构程序设计

我们通过累加 1 到 10 这十个数来分析循环结构程序设计要点。同学们要清楚，计算机的最大优点不是聪明，而是运算速度快。其实计算机是很笨的，我们所实现的所有复杂运算最终都要通过编译器转换为最基本的运算，计算机才能操作。就像 1 到 10 的累加，计算机不会像我们一样用公式计算，它只能一个数一个数地加，这时候就要用到循环结构了，下面我们通过程序示例来理解这一点，如图 5－25、图 5－26 所示。

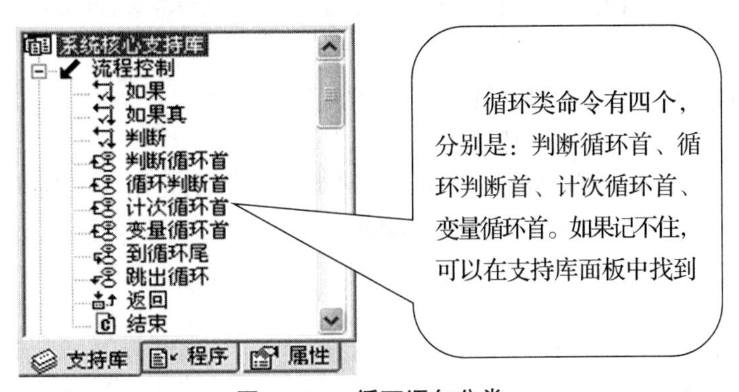

图 5－25 循环语句分类

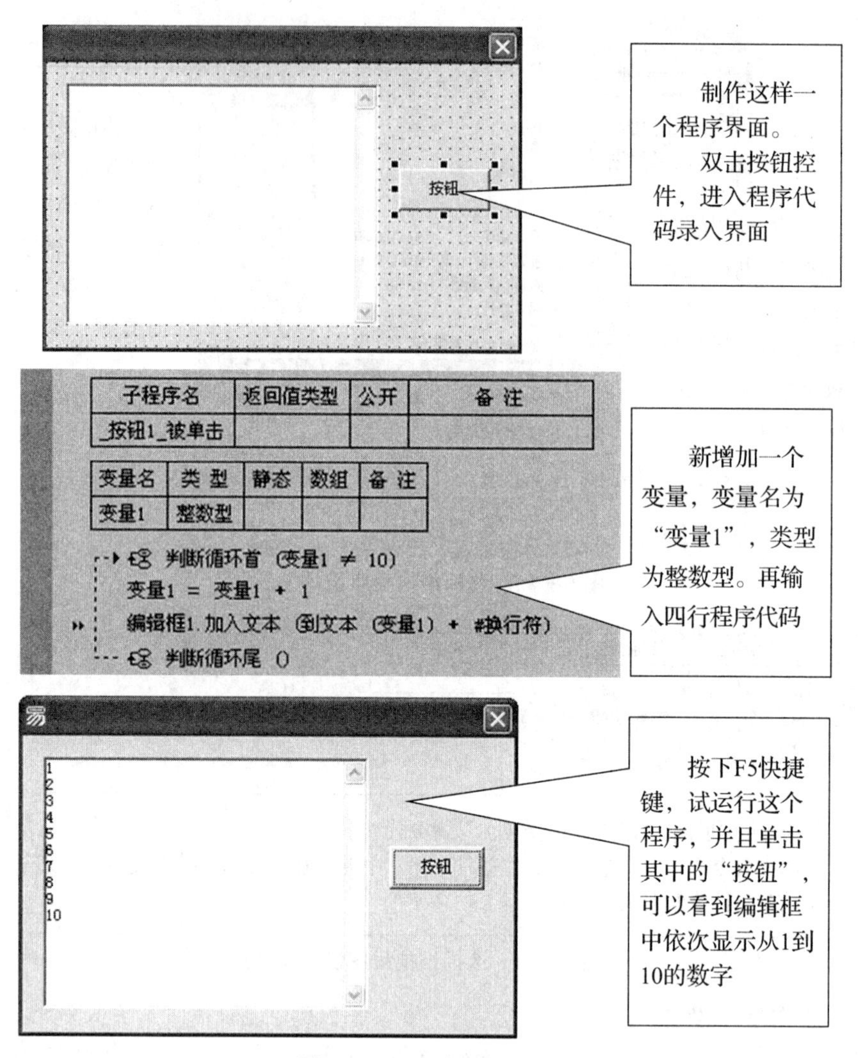

图 5－26　程序运程结果

图 5－26 中四行程序代码对应的含义是：

```
判断循环首（变量 1 ≠ 10）                          // 当变量 1 不为 10 时即进行循环
  变量 1 = 变量 1 + 1                              // 变量 1 累计加 1
  编辑框 1. 加入文本（到文本（变量 1）+# 换行符）      // 在编辑框 1 中显示变量 1 的内容
判断循环尾（）                                      // 返回循环首
```

通过以上程序就可以实现循环显示 1 到 10 了。

下面我们详细了解一下循环语句。

“判断循环首”是先判断再循环，而“循环判断首”是先循环再判断，所以两者是有区别的。下面将上述例子中的程序删除，输入以下语句：

```
循环判断首（）                                      // 循环开始
  变量 1 =变量 1 + 1                               // 变量 1 累计加 1
  编辑框 1. 加入文本（到文本（变量 1）+# 换行符）      // 在编辑框 1 中显示变量 1 的内容
循环判断尾（容器 1 ≠ 10）                           // 当变量 1 不为 10 时即进行返回循环首
```

运行后，效果一样，也可以循环显示从 1 到 10。

试运行这个程序，并且单击其中的“按钮”，可以看到编辑框中依次显示从 1 到 10 的数字。

重新输入以下程序：

```
计次循环首（10，变量 1）                              // 计次循环开始，变量 1 累加到 10
  编辑框 1. 加入文本（到文本（变量 1）+# 换行符）      // 在编辑框 1 中显示变量 1 的内容
计次循环尾（）                                        // 返回循环首
```

运行后，效果一样，也可以循环显示从 1 到 10。

试着将上述程序改成以下内容：

```
变量循环首（1，10，1，变量 1）        // 循环，从 1 开始，到 10 结束，步进为 1，存入变量 1
  编辑框 1. 加入文本（到文本（变量 1）+# 换行符）      // 在编辑框 1 中显示变量 1 的内容
变量循环尾（）                                        // 返回循环首
```

运行后，效果一样，也可以循环显示从 1 到 10。

通过以上四种循环命令，我们都得到了同样的结果，但在实际应用中，只用其中一种即可。

5.3.2 易语言程序设计中菜单的应用

一般应用程序都带有一个组织分工明确的菜单。制作菜单需要在窗口中使用鼠标右键弹出编辑菜单的命令，当输入菜单内容后，才可以在窗口上方显示菜单，但菜单也有它的事件，也有它的属性。一般的应用程序都会有“菜单”和“菜单工具栏”，比如易语言的操作界面就有“文件”“编辑”“查看”“插入”等菜单。建立菜单可以精简程序界面。

下面我们就来建立一个菜单控制的 MP3 播放器。

1. 菜单界面的建立

（1）可用两种方法打开菜单编辑器。

第一种方法是使用菜单“工具”→“菜单编辑器”，打开建立菜单的对话框，如图 5－27 所示；或使用“Ctrl+E”快捷键弹出建立菜单的对话框。第二种方法是在窗体设计时随时在窗体的空白区单击鼠标右键，弹出下拉菜单，从中选择“菜单编辑器”。

图 5－27 单击“菜单编辑器”

（2）建立顶层主菜单。

标题中填入“音乐操作”后，就建立了第一个主菜单项，单击“向后插入”，可以建立其他主菜单。

（3）建立二级、三级菜单。

先按照建立主菜单的方法建立某个菜单项，再点“右移→”按钮，它就会变成上一个菜单的子菜单。子菜单的前面显示有“……”号。只要多点击几次“右移→”，就可以建立多级菜单了。

菜单基本设计好后，单击“确定”按钮，回到窗体设计界面，可以观察到菜单已经建立好了，并且单击主菜单，就会向下拉出下级菜单来，直接运行时也是这样。如图 5－28 所示。

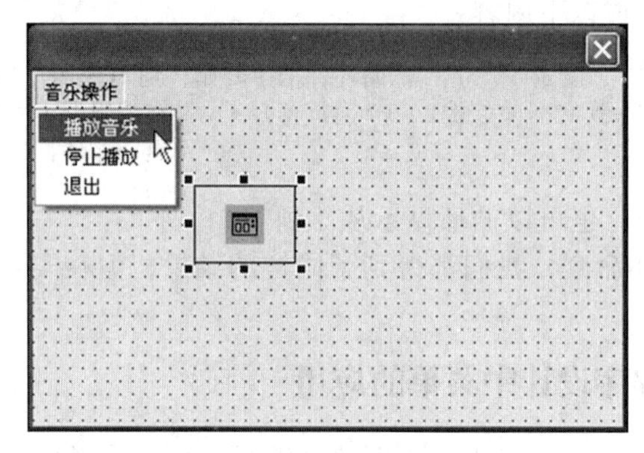

图 5－28　建好的菜单

没有建立子菜单时，按下“确定”按钮，会弹出错误提示，如图 5－29 所示。

图 5－29　无子菜单的错误提示

2. 菜单设计中的注意事项

（1）菜单设计中的“标题”文字可以重复，而“名称”不可以重复。这是因为标题只是显示在屏幕上供大家看的，而名称是由程序内部引用的，类似于按钮控件中的名称属性，只能是唯一的，不能重复。

（2）不能将一些阿拉伯数字放在名称的最前面。

（3）“标题”的文字可以和“名称”不一样。

（4）在“标题”中可以加入空格，而在“名称”前加入空格就会被自动删除。这是因为在程序的引用中不能有空格。

3. 设置子菜单属性和装载图片

设置子菜单属性和装载图片如图 5－30 和图 5－31 所示。

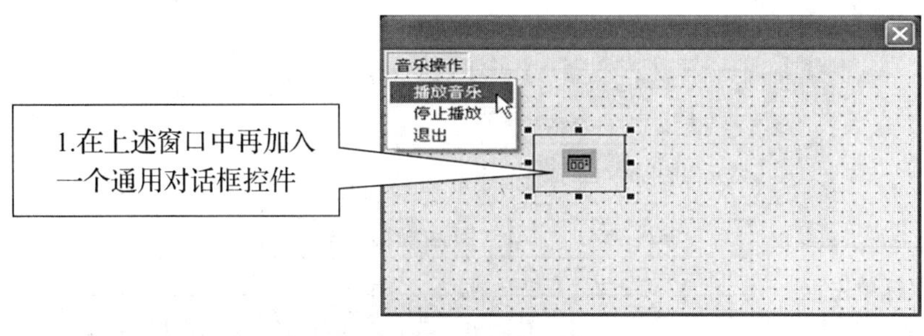

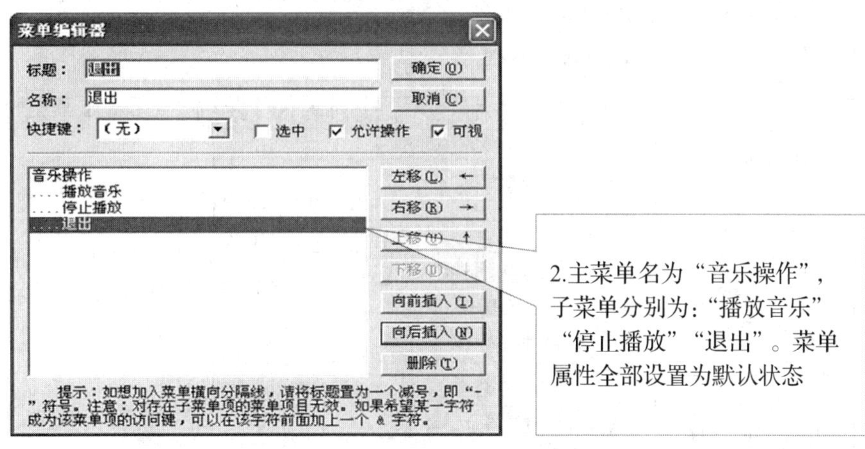

图 5－30　设置子菜单属性

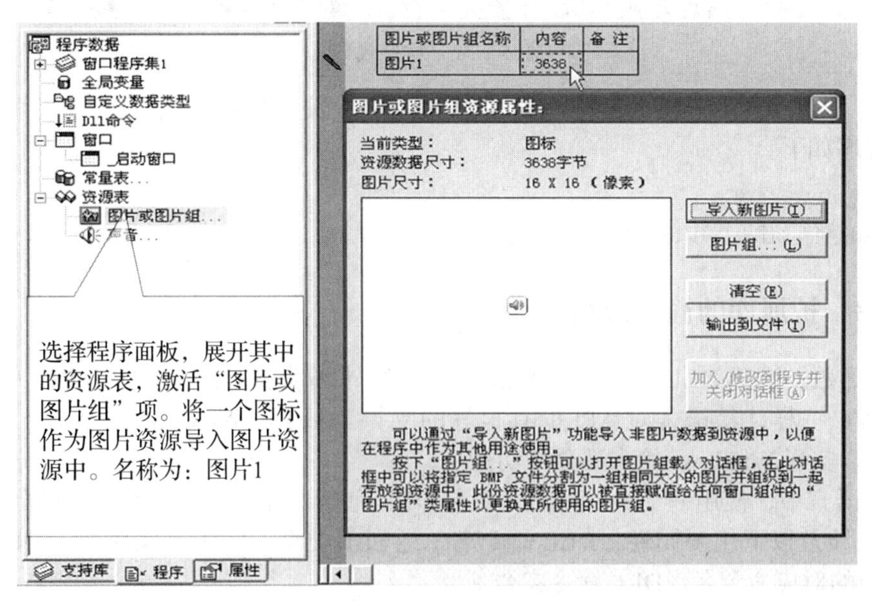

图 5－31　装载图片

4. 程序代码

程序代码如图 5-32 所示。

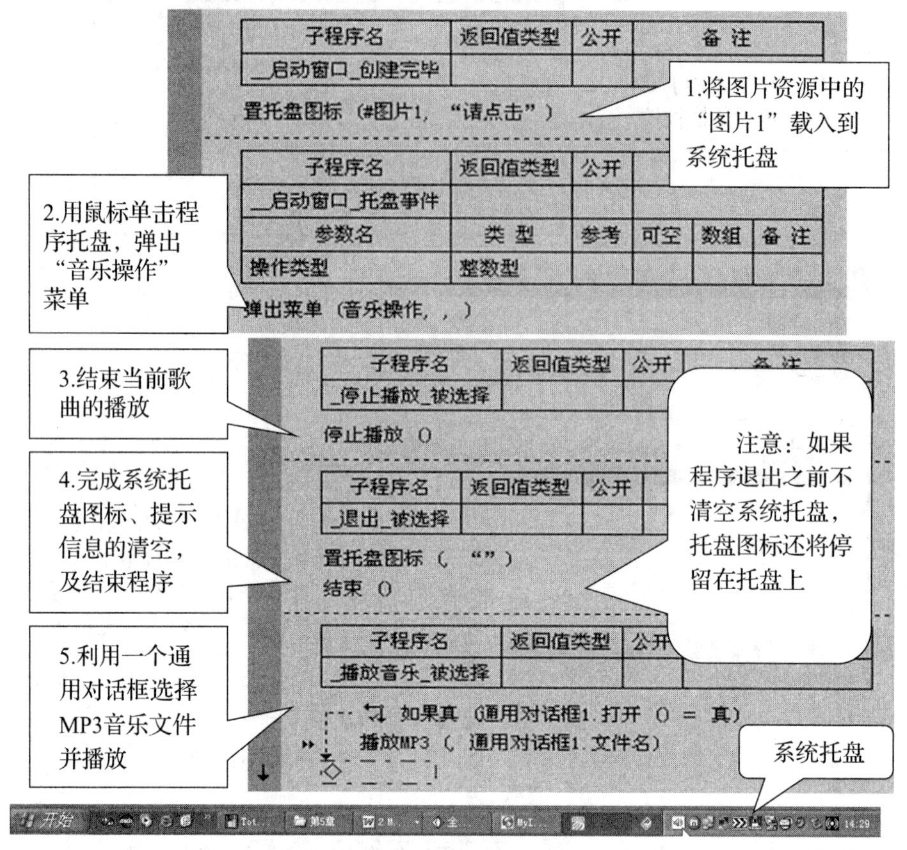

图 5-32　程序代码

在“__启动窗口_托盘事件”事件子程序中，通过判断“操作类型”使菜单按要求弹出，程序如下：

```
如果真（操作类型＝3）
  弹出菜单（音乐操作,,）
```

5.3.3　扩展库的简单应用

API 函数，也称 DLL 命令，是 Windows 系统外部动态链接库（DLL 库）中的命令。和 VB、VC 一样，易语言对 API 也有很好的支持。API 是 Windows 的基础，学会使用 API 就可以实现 Windows 绝大部分的功能。

在易语言中，使用一个 API 函数（也称 DLL 命令）前，要对该函数进行定义。定义 DLL 命令涉及以下主要属性：DLL 命令名、返回值类型、DLL 库文件名、DLL 命令在 DLL 库中的对应命令名、DLL 命令参数。

下面我们使用简单的 API，编制一个使所有 Windows 窗口最小化的程序。我们会用到 user32 库中的 keybd_event 命令。

1. 建立窗体及按钮

首先，建立相应的窗体及按钮，如图 5－33 所示。

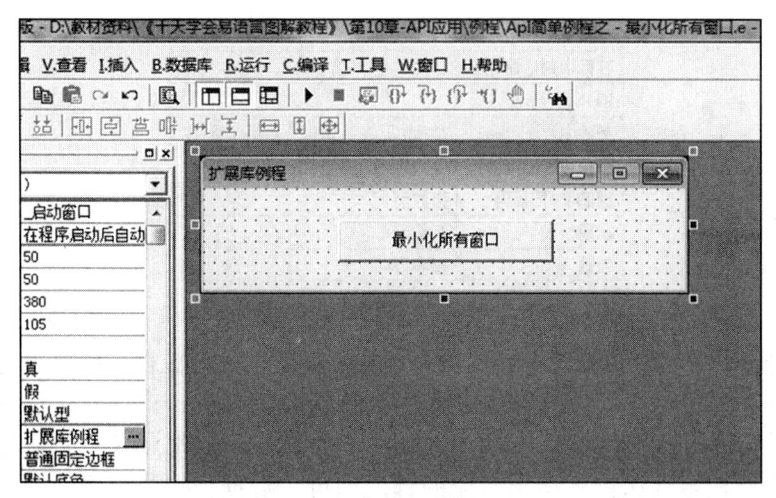

图 5－33　建立窗体及按钮

2. 新建 DLL 命令

单击“插入”菜单，选择 DLL 命令，进入动态链接库界面，模拟键盘命令 keybd_event 的用法如表 5－1 所示。

表 5－1　模拟键盘命令 keybd_event 的用法

VB 声明		
Declare Sub keybd_event Lib "user32" Alias "keybd_event" (ByVal bVk As Byte, ByVal bScan As Byte, ByVal dwFlags As Long, ByVal dwExtraInfo As Long)		
说明		
这个函数模拟了键盘行动		
参数表		
参数	类型及说明	
bVk	Byte，欲模拟的虚拟键码	
bScan	Byte，键的 OEM 扫描码	
dwFlags	Long，零；或设为下述两个标志之一	
	KEYEVENTF_EXTENDEDKEY	指出是一个扩展键，而且在前面冠以 0xE0 代码
	KEYEVENTF_KEYUP	模拟松开一个键
dwExtraInfo	Long，通常不用的一个值。API 函数 GetMessageExtraInfo 可取得这个值。允许使用的值取决于特定的驱动程序	
注解		
这个函数支持屏幕捕获（截图）。在 Win95 和 nt4.0 下这个函数的行为不同		

动态链接库需要设置 DLL 命令名、返回值类型、DLL 库文件名、DLL 命令在 DLL 库中的对应命令名、DLL 命令参数。动态链接库的调用如图 5－34 所示。

Dll命令名	返回值类型	公开	备 注	
模拟键盘				
库文件名:				
user32				
在库中对应命令名:				
keybd_event				
参数名	类 型	传址	数组	备 注
欲模拟的虚拟键码	整数型			
键的OEM扫描码	整数型			
常量	整数型			
参数	整数型			

图 5－34 动态链接库的调用

DLL 命令名可以任意写，但应使用便于理解的名字，增强程序的可读性；库文件和对应的命令名是固定的，对于常用库和命令的用法，同学们可以课后扩展学习；命令的参数是根据命令的语法建立的，keybd_event 主要有四个参数，第一个是我们要模拟的按键键值，需要模拟什么键就给出对应的键值即可，数据类型为整形，这里我们要模拟 WIN 键，键值是 91，其他参数详见表 5－1。

3. 输入子程序代码

在“_启动窗口”中双击按钮组件，以进入被单击事件子程序，并输入程序代码，如图 5－35 所示。最后按 F5 键试运行，查看效果。

窗口程序集名	保 留	保 留	备 注
窗口程序集1			

子程序名	返回值类型	公开	易包	备 注
_按钮1_被单击				

```
模拟键盘 (91, 0, 0, 0)
模拟键盘 (#D键, 0, 0, 0)
模拟键盘 (91, 0, 2, 0)
' 其实就是模拟按下WIN键+D键（或WIN键+M键）
' 注意按下后要放开键
```

图 5－35 命令按钮程序代码

通过上面程序的练习，同学们体会到易语言较强大的扩展功能了吧。我们的课时有限，只将同学们引入了程序设计神秘的大门，希望同学们课后多加练习，逐步走进程序设计的圣殿，最终成为编程高手。

任务实施

1. 每名同学独立完成音乐播放器程序设计，并编译运行，然后分组分析、排错、总结。

2. 在老师的指导下，在播放器中加入分支循环结构，实现多首音乐循环播放，并添加控制按钮。

知识拓展

模块化程序设计

模块化程序设计是指在进行程序设计时将一个大程序按照功能划分为若干小程序模块，每个小程序模块完成一个确定的功能，并在这些模块之间建立必要的联系，通过模块的互相协作完成整个功能的程序设计方法。简单来说，模块化程序设计就像堆积木一样，把一个一个各种形状的小积木堆成各种物体。

模块可以自己编程创建，也可以使用别人写好的模块。下面我们介绍模块的使用方法。

（1）选择“程序”→“新建”→“易语言模块”，单击“确定”按钮进入模块建立窗口。

（2）右键单击“模块引用表”，选择“添加模块引用”，如图 5－36 所示。后续操作步骤如图 5－37 至图 5－40 所示。

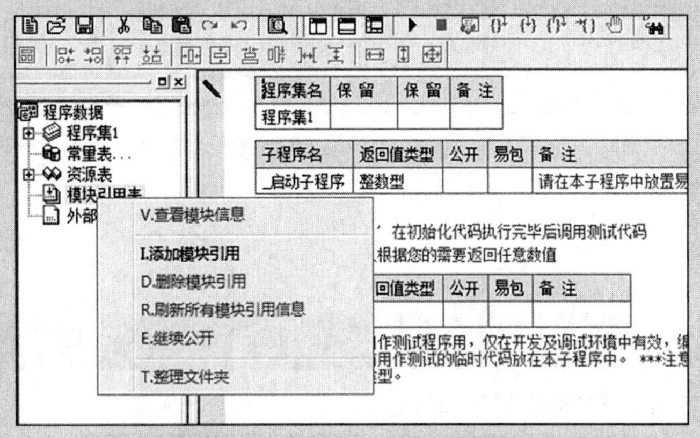

图 5－36　选择“添加模块引用”

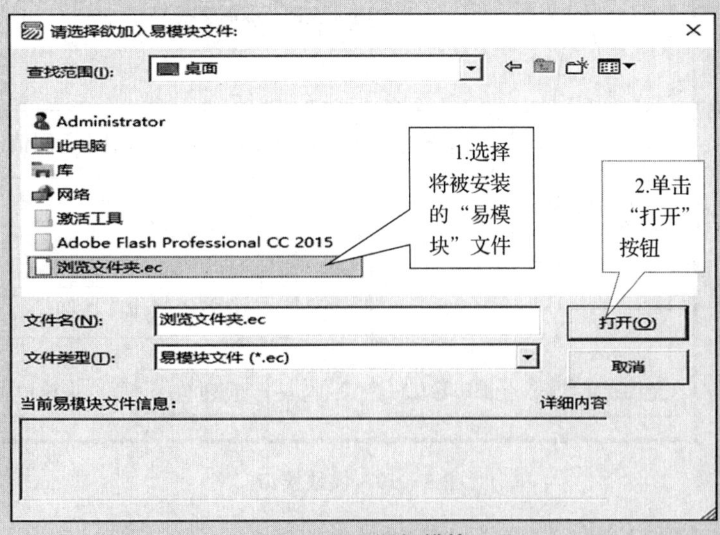

图 5－37　添加模块

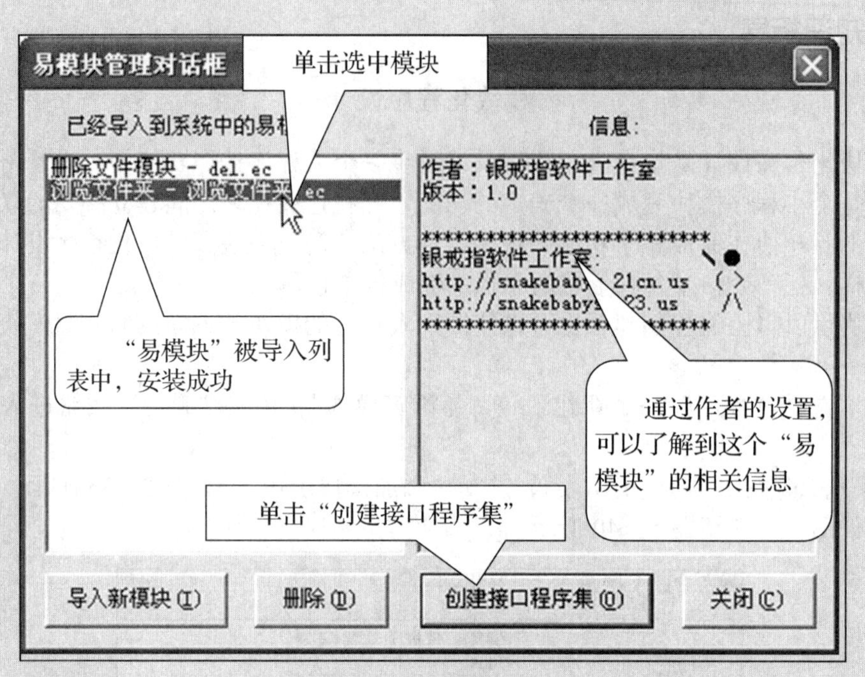

图 5-38　模块信息

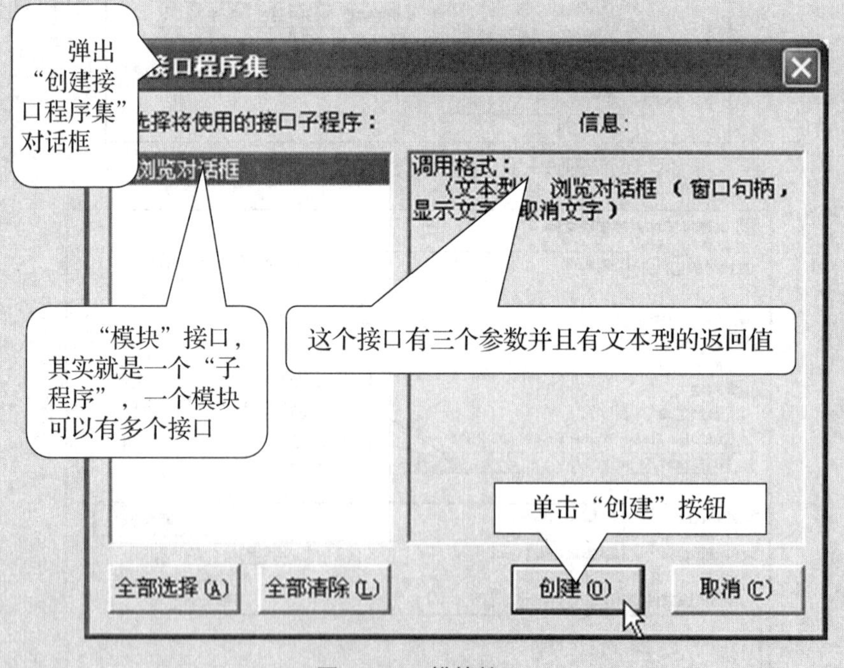

图 5-39　模块接口

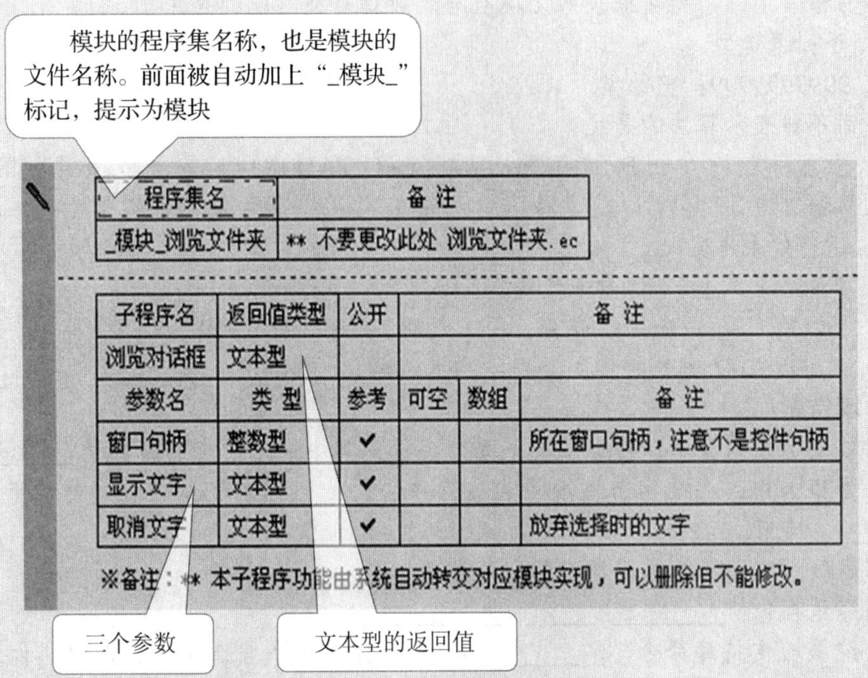

模块的程序集名称，也是模块的文件名称。前面被自动加上“_模块_”标记，提示为模块

程序集名	备 注
_模块_浏览文件夹	** 不要更改此处 浏览文件夹.ec

子程序名	返回值类型	公开	备 注		
浏览对话框	文本型				
参数名	类 型	参考	可空	数组	备 注
窗口句柄	整数型	✔			所在窗口句柄，注意不是控件句柄
显示文字	文本型	✔			
取消文字	文本型	✔			放弃选择时的文字

※备注：** 本子程序功能由系统自动转交对应模块实现，可以删除但不能修改。

三个参数

文本型的返回值

图 5－40　模块参数

（3）添加窗体，并创建命令按钮，双击命令按钮进入子程序界面，添加如图 5－41 所示代码，调用刚添加的模块。

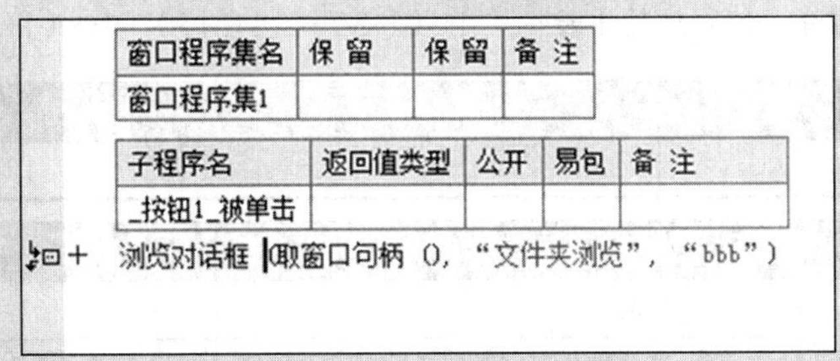

窗口程序集名	保 留	保 留	备 注
窗口程序集1			

子程序名	返回值类型	公开	易包	备 注
_按钮1_被单击				

```
浏览对话框 (取窗口句柄 (), “文件夹浏览”, “bbb”)
```

图 5－41　添加代码

（4）调试、运行程序。课后上网查找易语言模块，调用、调试、运行，深入掌握易语言模块使用要点。

练习题

一、选择题

1. 下面不是易语言运算符的是（　　）。

A. %　　B. =?　　C. ||　　D. =

2. 下列运算符中，优先级最高的是（　　）。

A. *　　B. &&　　C. +　　D. \

3. 在易语言中，下列数据表示无误且与其数据类型匹配的是（　　）。

A. 否：逻辑型　　B. “243'1'5”：文本型

C. 9999999999：整数型　　D. {259,123,123}：字节集

4. 下面不能表示算法的是（　　）。

A. 自然语言　　B. 流程图　　C. PAD 图　　D. 思维导图

5. 在易语言中，“判断（ ）”命令与“如果（ ）”命令最主要的区别是（　　）。

A. 运行效果不同

B. “如果（ ）”命令的效率更高

C. “如果（ ）”命令可以嵌套，而“判断（ ）”命令不可以

D. “判断（ ）”命令的代码流程结构更清晰

二、填空题

1. 窗口从加载到显示，将会触发一系列事件，其中最先发生的事件是________事件。

2. 在易语言中，一个字节型变量在内存中占________字节，一个整数型变量在内存中占________字节。

3. 将高级语言翻译为机器语言的程序称为________。

4. 程序结构包括________、________、________。

5. 系统核心支持库命令“________（ ）”用于打开一个普通文件，以对文件进行输入或输出。对文件的一般操作步骤是“先打开，再________，最后关闭”。

6. 有整数型变量 A=3.2，B=4.2，C=2，执行 5 800 亿次 C＝（A＋B）÷C 后，C 的值为________。

三、补全题（请将答案直接填写到横线上）

补全下面的子程序，使程序输出表达式 1+（1+3）+（1+3+5）+…+（1+3+5+…+39）的值。

子程序名	返回值类型	公开	备注
补全子程序			

变量名	类型	静态	数组	备注
A	整数型			
B	整数型			
C	整数型			

```
B=1
循环判断首（　　）
    A=A+_1
    B=B+2
    C=C+_2
循环判断尾（ 3 ）
输出调试文本（ C ）
1. ____________________________________
2. ____________________________________
3. ____________________________________
```

四、编程题

某食堂一周菜谱如下：

星期一：海鲜

星期二：豆制品

星期三：青菜

星期四：鸡

星期五：鱼

星期六：肉

星期日：蛋

（1）请在子程序 1 中编写一段代码，要求实现用户在输入框中输入星期几，信息框中便显示当天的菜谱。

（2）该食堂还有其他可选的菜：藕片（3 元）、蟹丸（6 元）、虾丸（6 元）、年糕（3.5 元）、香菇（4.5 元）、粉条（2 元）。请在子程序 1 中编写一段代码，要求实现用户在输入框中输入要点的可选的菜，信息框中便显示总价格。

子程序名	返回值类型	公开	备注
子程序 1			

变量名	类型	静态	数组	备注
				该变量供填写，如不需要请留空
				该变量供填写，如不需要请留空
				该变量供填写，如不需要请留空

数字媒体技术应用

任务 1 数字媒体技术概述

任务目标

1. 了解数字媒体技术的概念和特性；
2. 了解数字媒体技术的发展过程；
3. 掌握数字媒体文件的类型、格式及特点。

任务引入

什么是数字媒体技术？信息来源于哪里？

自然界是千姿百态、色彩斑斓的，人类创造的世界也是五颜六色、绚丽多彩的。人类是通过视觉、听觉、触觉、嗅觉等多种感官来获取信息的，因此，人类创造的信息有数字（Number）、文本（Text）、图形（Graphic）、图像（Image）和声音（Sound）等多种形式。

数字媒体技术就是有声有色的信息处理与利用技术。规范地说，数字媒体技术就是对文本、音频、图形、图像、动画、视频等多媒体信息通过计算机进行数字化采集、处理（压缩、解压、编辑）、传输、存储、播放的一体化集成技术。

相关知识

6.1.1 认识数字媒体技术

1. 数字媒体技术的概念

数字媒体技术是指通过现代计算和通信手段，把文本、音频、图形、图像、动画和视频等多媒体信息进行数字化采集、压缩/解压缩、编辑、存储等加工处理，再以单独或合成方式表现出来，使抽象的信息变得可感知、可管理和交互的一体化技术。数字媒体技术是以计算机技术、存储技术、显示技术、信息处理技术、通信技术、网络技术、流媒体技术、云计算和云服务技术、人机交互技术和多种应用综合的技术为基础，通过设计规划和运用计算机进行艺术设计和融合而发展起来的新技术。例如，数字视听、动漫、网络资源共享和娱乐、手机通信和娱乐等。数字媒体的表现形式更复杂，更具有视觉冲击力，更具有互动特性。

数字媒体技术主要研究与数字媒体信息的获取、处理、存储、传播、管理、安全、输出等相关的理论、方法、技术与系统。数字媒体技术是计算机技术、通信技术和信息处理技术等各类信息技术的综合应用技术，其核心技术是数字信息的获取、存储、处理、管理、安全保证、传输和输出技术等。其他的数字媒体技术还包括在这些关键技术基础上综合的技术。例如，基于数字传输技术和数字压缩处理技术的广泛应用于数字媒体网络传输的流媒体技术，基于计算机图形技术的广泛应用于数字娱乐产业的计算机动画技术，以及基于人机交互、计算机图形和显示等技术的广泛应用于娱乐、广播、展示与教育等领域的虚拟现实技术等。

2. 数字媒体技术的特性

数字媒体使人们能够以原来不可能的方式交流、生活、工作。如零售业的市场推广、一对一销售；医药行业的诊断图像管理；政府机构的视频监督管理；教育行业的多媒体远程教学；电信行业中无线内容的分发；金融行业的客户服务等。数字媒体技术是实现数字媒体的表示、记录、处理、存储、传输、显示、管理等各个环节的硬件和软件技术。数字媒体技术具有数字化、交互性、趣味性、集成性和艺术性等特性。

（1）数字化。

人们过去熟悉的媒体几乎都是以模拟的方式存储和传播内容的，而数字媒体却是以比特的形式通过计算机对信息进行存储、处理和传播的。比特只是一种存在的状态：开或关、真或假、高或低、黑或白，总之简记为 0 或 1。比特易于复制，可以快速传播和重复使用，不同媒体之间可以相互混合。比特可以用来表现文字、图像、动画、影视、语音及音乐等信息。

（2）交互性。

交互性能的实现，在模拟传输中是相当困难的，而在数字传输中却容易得多。计算机的“人机交互作用”是数字媒体的一个显著特点。数字媒体就是以网络或者信息终端为介质的互动传播媒介，它使用户可以更有效地控制和使用媒体，增加对媒体的注意、理解，延长信息的保留时间。

（3）趣味性。

互联网、IPTV、数字游戏、数字电视、移动流媒体等为人们提供了更宽广的娱乐空间，使媒体的趣味性真正体现出来。如观众可以参与电视互动节目，观看体育赛事的时候可以选择多个视角，从浩瀚的数字内容库里搜索并观看电影和电视节目，分享图片和家庭录像，浏览高品质的内容。

（4）集成性。

数字媒体技术是结合文字、图形、影像、声音、动画等各种媒体的一种应用，并且是建立在数字化处理基础上的。数字媒体技术的集成性主要体现在两个方面：一是多媒体信息媒体的集成。各种媒体的有机结合意味着媒体与媒体之间有着内在的逻辑关系，并不是说任何几种媒体组合在一起都可以成为多媒体，有的最多只能成为混合体。二是处理这些媒体的设备和系统的集成。数字媒体技术是一个利用计算机技术的应用来整合各种媒体的系统。媒体依其属性的不同可分成文字、音频及视频。文字可分为文字及数字，音频（Audio）可分为音乐及语音，视频（Video）可分为静止图像、动画及影片等。它们包含的技术非常广，主要有计算机技术、超文本技术、光盘储存技术及影像绘图技术等。

（5）艺术性。

信息技术与人文艺术之间有着明显差异，但数字媒体传播却可以在这些领域之间架起桥梁。计算机的发展与普及已经使信息技术离开了纯粹技术的需要，数字媒体传播需要信息技术与人文艺术的融合。例如，在开发多媒体产品时，技术专家要负责技术规划，艺术家 / 设计师要负责所有可视内容的设计，清楚观众的欣赏要求。

3. 数字媒体技术的发展演变

以下将列举数字媒体技术发展过程中的一些重要事件，以使同学们对数字媒体技术的发展脉络形成一个概括的认识。

1945 年，美国科学家范内瓦 · 布什（Vannevar Bush）描述了一个名为“记忆的延伸”的 Memex（Memory Extended）机器系统。这种系统可以与图书馆联网，通过某种机制，将图书馆收藏的胶卷自动装载到本地机器中。因此，只通过一个机器，就可以实现海量的信息检索。Memex 是一个具有普遍意义的存储设备，已经包含了初步的“链接”概念。

1984 年，美国苹果公司在研制 Macintosh 操作系统计算机时，为了增加图形处理功能，改善人机交互界面，创造性地使用了位图（bitmap）、窗口（window）和图标（icon）等概念。

1985 年，美国康懋达（Commodore）公司推出了世界上第一台多媒体计算机 Amiga。

1986 年，荷兰飞利浦公司和日本索尼公司共同制定了 CD-I（Compact Disk-Interactive）交互式激光光盘标准。CD-I 标准确定在一张 5in 的激光光盘上存储 650MB 的信息。

1987 年，美国无线电公司（Radio Corporation of America，RCA）制定了 DVI（Digital Video Interactive）交互式数字视频技术标准，该标准对交互式视频技术进行了规范化和标准化，使得人们能够在激光光盘上存储标准静止图像、活动视频和声音信息。

1989 年，蒂姆 · 伯纳斯 · 李（Tim Berners-Lee）向欧洲核技术研究理事会提出了 WWW（World Wide Web）的概念。WWW 能够处理文字、图像、声音和视频等多媒体信息，是一个多媒体信息系统。

1992 年，JPEG 成为数字图像压缩的国际标准，其进一步发展导致了 JPEG 2000 标准的诞生。

1994 年，为了实现高级工业标准的图像质量和更高的数据传输率，制定了 MPEG-2 标准。MPEG-2 所能提供的数据传输率在 3 ～ 10 Mbps，可支持广播级的图像和 CD 级的音质。由于 MPEG-2 的出色性能，它已经适用于高清电视，使得原来打算为高清电视设计的 MPEG-3 还没诞生就被放弃。

1994 年，第一届 WWW 大会首次提出虚拟现实建模语言（Virtual Reality Modeling Language，VRML）标准。

1995 年，Java 语言诞生。Java 语言可以用来开发与平台无关的网络应用程序。

1995 年，美国公布了美国数字电视标准（Advanced Television Systems Committee，ATSC）。

1998 年，万维网联盟（World Wide Web Consortium，W3C）发布了扩展标记语言 XML1.0（Extensible Markup Language），用来标识数据和定义数据类型。XML 是一种允许用户对自己的标记语言进行定义的源语言，它提供统一的方法来描述和交换独立于应用程序或供应商的结构化数据。

2000 年，World Wide Web 预计已有 10 亿个网页的规模。

2007 年，中国公布了自己的数字电视（Digital Television Terrestrial Multimedia Broadcasting，DTMB）标准。

时至今日，数字媒体技术正在与通信技术、网络技术、电视技术和手机技术联手，一起以更迅猛的速度不断发展，开创崭新的未来。数字媒体包括用数字化技术生成、制作、管理、传播、运营和消费的文化产品及服务，具有高增值、强辐射、低消耗、广就业、软渗透的属性。“文化为体，科技为媒”是数字媒体的精髓。目前，数字媒体技术正在朝三个方向发展：一是计算机系统本身的多媒体化；二是数字媒体技术与视频点播、智能化家电、网络通信和手机通信等技术相结合，使数字媒体技术进入教育、咨询、娱乐、企业管理和办公自动化等领域；三是数字媒体技术与控制技术相互渗透，进入工业自动化及测控等领域。

随着信息技术和其他技术的不断发展，数字媒体、网络技术和文化产业等相互融合，产生了技术包罗万象、产业链长、高附加值和低消耗的数字媒体产业。数字媒体产业在世界各地迅猛发展并受到高度重视，各主要国家和地区纷纷制定了支持数字媒体发展的相关政策和发展规划，都把大力推进数字媒体技术和产业发展作为经济持续发展的重要战略。

在我国，数字媒体技术及产业同样得到了各级领导部门的高度关注和支持，并成为目前市场投资和开发的热点方向。国家“863 计划”的软硬件技术主题专家组组织相关力量，深入研究了数字媒体技术和产业化发展的概念、内涵、体系架构，广泛调研了数字媒体国内外技术产业发展现状与趋势，仔细分析了我国数字媒体技术产业化发展的瓶颈问题，提出了我国数字媒体技术未来五年发展的战略、目标和方向。同时，国家“863 计划”支持网络游戏引擎、协同式动画制作、三维运动捕捉、人机交互等关键技术的研发，以及动漫网游公共服务平台的建设，而且分别在北京、上海、湖南长沙和四川成都建设了四个国家级数字媒体技术产业化基地，对数字媒体产业积聚效应的形成和数字媒体技术的发展起到了重要的示范和引领作用。

在当前“大数据”时代，数字媒体技术显得尤其重要。“大数据”是由数量巨大、结构复杂、类型众多的数据构成的数据集合，是基于云计算的数据处理与应用模式，是通过数据的整合共享、交叉复用形成的智力资源和知识服务能力。

6.1.2 数字媒体文件格式

1. 数字媒体的类型

要认识数字媒体，首先要厘清媒体和媒介的概念及其之间的关系，这其中至今仍普遍存在一种概念性的误区。这种误区涉及英文“ medium”的中文译名问题，与“ medium”对应的中文译名有多种，可以将其译成图形、图像、声音、文本、动画、视频等承载信息的载体，也可以将其译成存储这些信息载体的物理介质（如磁带、光盘、磁盘等）。虽然它们的英文都用“medium”表示，但是在中文表述中，为了避免概念上的混淆，我们将前者称为“媒体”，而将后者称为“媒介”。

电视领域的媒体和计算机领域的媒体都需要通过各类硬件设备和专业软件来实现对其的捕获、处理、存储、传输和呈现。按照国际电报电话咨询委员会的建议，可将媒体和媒介进一步分为五种类型。

（1）感觉媒体。

感觉媒体指直接作用于人的感官而使人的感官产生感觉的媒体，如图形、图像、声音、文本、动画、视频等。

（2）呈现媒介。

呈现媒介指用于感觉媒体和传输电信号转换的设备。它又分为呈现设备和非呈现设备两类：呈现设备如显示器、扬声器、打印机等，非呈现设备如键盘、鼠标、扫描仪、麦克风、摄像机等。

（3）再生媒体。

为了有效传输、存储感觉媒体，一般需要研究和开发相应的处理技术（包括硬件技术和软件技术），如文本编码、声音编码、图像编码等。这些经过加工、处理的感觉媒体称为再生媒体。传输和存储的媒体一般是再生媒体。

（4）存储媒介。

存储媒介指用于存储再生媒体（感觉媒体经过处理所形成的代码）的物理介质，如磁盘、磁带、闪存、光盘等。

（5）传输媒介。

传输媒介指用于传输再生媒体的物理介质，如同轴电缆、双绞线、光缆、微波、无线电等。

媒体是信息的载体，信息必须借助一定的形式才能表达出来。例如，书本上的知识内容是通过文字、图形、表格等形式表达出来的；屏幕上的知识是通过文本、声音、图形、图像、动画等形式表达出来的。这些形式便是知识内容的载体，即媒体。上述类型中的感觉媒体与经过处理所形成的再生媒体本质上没有什么不同，均属于媒体的范畴。

媒介是用于存储、呈现或传输媒体的设备或物理介质，如书本、磁盘、光盘、计算机、手机、有线或无线设备等。显然，显示设备、显示形式和显示信息等并不是一回事，如果都用“媒体”一词表示就会造成概念上的混淆。因此，上述类型中的呈现媒介、存储媒介和传输媒介都属于媒介的范畴。

需要说明的是，在日常生活中人们经常将影视及新闻传播机构或报社、杂志社等称为媒体，这里的媒体指的是广义的媒体，是将媒体和媒介二者都包含进去的约定俗成的说法，在学术上并不科学和严谨，确切地说，其应该被称为媒介，承载新闻信息或知识信息的图像、声音、文本、动画、视频等才是真正的媒体。

2. 数字媒体文件的格式及特点

（1）文本文件格式。

常用的文本文件格式有 TXT、RTF 以及 Word 文件的 DOC、DOT、DOCX、DOTX 格式。

（2）声音文件格式。

常用的声音文件格式有 WAV、MIDI 和 MP3 等。

WAV 文件是 Windows 使用的标准数字音频文件，其扩展名为 WAV，记录了对实际声音进行采样的数据。

MIDI 是音乐与计算机相结合的产物。MIDI 是指乐器数字接口，MIDI 文件的扩展名是 MID。MIDI 是一种技术规范，它的标准是数字式音乐的国家标准。MIDI 音频是数字媒体计算机产生声音的另一种方法，可以满足人们长时间欣赏音乐的需要。

MP3 文件是一种压缩格式的声音文件，其扩展名为 MP3。

VOC 文件也是一种数字声音文件，主要用于 DOS 程序，与 WAV 文件相似，可与 WAV 文件方便地相互转换。

（3）图形文件格式。

常见的图形文件格式有 BMP、PCX、GIF、TIF、JPG、TGA、DIB、PIC、PCD 等。

GIF 文件是一种压缩图像存储格式，压缩比高，文件长度小，支持黑白图像和 16 色、256 色的彩色图像。

BMP 文件是一种与设备无关的文件格式，它是 Windows 软件推荐使用的一种格式，随着 Windows 的普及，BMP 应用越来越广泛，多数图形图像处理软件，特别是在 Windows 环境下运行的软件，都支持这种文件格式。BMP 文件有压缩和非压缩之分，一般作为图像资源使用的 BMP 文件都是非压缩的。BMP 文件格式支持黑白、16 色和 256 色的伪彩色图像以及 RGB 真彩色图像。Windows 的应用程序“画图”就是以 BMP 格式存取图形文件的。

JPG 文件的最大特点是文件非常小，且可以调整压缩比，非常适用于处理大量图像的场合，它是一种有损压缩的静态图像文件存储格式，支持灰度图像、RGB 真彩色图像和 CMYK 真彩色图像。JPG 文件显示比较慢，仔细观察图像边缘可以看到不太明显的失真。

TIF 文件支持所有图像类型，分为压缩和非压缩两大类。

（4）影像文件格式。

常用的影像文件格式有 AVI、MOV、MPG、DAT 等。

AVI 文件是一种音频视频交错文件，文件扩展名为 AVI。AVI 格式的文件是将视频和音频信号交错地存储在一起的数字视频图像文件。它具有兼容性好、调用方便、图像质量好等优点，但是所占用的硬盘空间大。

MOV 文件的图像质量比 AVI 格式好。

PC 上的全屏幕活动视频的标准文件为 MPG 格式文件，也称为系统文件或隔行数据流。

DAT 是 video CD 或 Karaoke CD 数据文件的扩展名，也是基于 MPGE 压缩方法的一种文件格式。

（5）动画文件格式。

常用的动画文件格式有 GIF、SWF 等。

GIF 文件可保存单帧或多帧图像，支持循环播放。

SWF 文件是 Macromedia 公司（现已被 Adobe 公司收购）的 Flash 动画文件格式，需要用专门的播放器才能播放，其所占内存空间小，在网页上使用广泛。

6.1.3 数字媒体的采集、编码及压缩

1. 数字媒体的采集

采集声音素材的方法有两类：一类是利用现成的素材或者对现成的素材进行修改后直接使用；另一类是由用户自己创建。

图像作为一种直观的视觉影像，已经占据了各种媒体的头版。因此，有效地获取、处理图像，成为信息生活中不可或缺的基本技能。凡是能被人类视觉系统所感知的信息形式或人们心目中的有形想象都称为图像。图像文件以位图形式保存。位图图像是一种最基本的图像形式。位图是在空间和亮度上已经离散化的图像，可以把一幅位图像看成一个矩阵，矩阵中的任一元素对应于图像中的一个点，而相应的值对应于该点的灰度等级。位图通常用扫描仪、摄像机、录像机、激光视盘及视频信号数字化卡等设备来获取。

矢量图形是指从点、线、面到三维空间的黑白或彩色几何图形，也称向量图。矢量图形是一种抽象化的图像，是对图像依据某个标准进行分析而产生的结果。以直线为例，在矢量图形中，有一项数据说明该图形为直线，另外有些数据注明该直线的起始坐标及方向、长度或终止坐标。矢量图形文件保存的不是像素点的值，而是一组描述点、线、面等几何图形的大小、形状、位置、维数等属性的指令集合，通过读取指令可以将其转换为屏幕上显示的图形，由于大多数情况下不需要对矢量图形上的每一个点进行量化保存，因此矢量图形文件比图像文件的数据量小很多。矢量图形是通过计算机的绘图软件创作并在计算机上绘制出来的，矢量图形的获取过程其实就是绘制过程。

数字视频的获取渠道有很多种，主要包括：从现成的数字视频库中截取、利用计算机软件制作视频、用数字摄像机直接摄录和视频数字化。

2. 数字媒体的编码及压缩

计算机能够处理图形、图像、音频、视频，其数字化后的数据量十分庞大，是海量数据。例如，我国电视以 PAL 制式播放 640 × 480 像素的全彩色视频，每个像素为 24 位，每秒 25 帧画面，其数据传输速率为 23 MBps，若使用 650 MB 的光盘也只能存储 28s 的视频信息。那么，一部 40 小时的电视剧就需要 5 000 多张这样的光盘存储，而网络也达不到这么高的传输速率。因此数字媒体信息的数据量太大成为它发展的瓶颈，必须对数据进行压缩才能达到实用的要求。

数据是用来记录和传送信息的，或者说数据是信息的载体。信息量 = 数据量 + 数据冗余。冗余是指数字媒体数据存在的各种性质的多余度。数字媒体数据中存在的数据冗余类型有：时间冗余、空间冗余、编码冗余、结构冗余、知识冗余和视觉冗余等。正是由于数字媒体数据中存在各种各样的冗余，数字媒体数据才可以被压缩。

（1）声音信号的编码。

声音信号的编码方式可以分成三大类。

1）波形编码。波形编码要求重构的声音信号尽可能地接近原始声音。典型的波形编码技术有脉冲编码调制（PCM)、自适应差分脉冲编码调制（ADPCM)、自适应预测编码（APC)、子带编码（SDC)、自适应变换编码（ATC）等。

2）分析合成编码。分析合成编码是指以声音信号产生模型为基础，将声音信号变换成模型参数后再进行编码，又称为参数编码方法。典型的分析和合成技术有通道声码器、共振峰声码器、同态生码器、线性预测生码器。

3）混合型编码。这是一种在保留分析合成编码技术精华的基础上，引用波形编码准则去优化激励源信号的方案。

（2）视频信号的编码。

视频信号的国际压缩标准有 JPEG、MPEG 和 H.26x 系列。

1）JPEG（Joint Photographic Experts Group，联合图像专家组）标准。它是关于静止图像压缩编码的国际标准，由国际标准化组织（ISO）和国际电报电话咨询委员会（CCITT）联合制定。它适合于连续色调、多级灰度、单色或彩色静止图像的数字压缩编码。它的无损压缩比为 4 : 1，无损压缩采用预测压缩编码法；有损压缩比为 10 : 1 ～ 100 : 1，有损压缩是以离散余弦变换（DCT）为基础的压缩编码方法，当压缩比小于 40 : 1 时，基本能保持原来图像的面貌。

JPEG 的升级版本是 JPEG 2000，它放弃了离散余弦变换编码法，而采用了离散子波变换为主的多解析编码方法。JPEG 2000 的压缩比比 JPEG 高约 30%，JPEG 2000 支持图像的渐进传输，使图像从朦胧到清晰显示，而且还支持所谓的“感兴趣区域”特性，可任意指定图像上感兴趣区域的压缩比，可选择部分区域先进行解压缩。

2）MPEG（Moving Picture Experts Group，运动图像专家组）标准。它是关于运动图像压缩编码的国际标准，由国际标准化组织和国际电工委员会（IEC）制定，通常包括 MPEG 视频、MPEG 音频和 MPEG 系统 3 个部分。MPEG 用于减少空间冗余信息的技术和 JPEG 标准采用的方法基本相同，分 3 个阶段进行：做 DTC 变换，计算变换系数；对变换系数进行量化；对变换系数进行编码。MPEC 要考虑到音频和视频的同步，联合压缩后产生一个电视质量的视频和音频压缩形式的单一流，其速率为 1.5 ～ 15 Mbps。

MPEG 标准已经有：MPEG-1（1992 年公布，名称为“动态图像和伴音的编码”，压缩比可达到 200 : 1，日常使用的 VCD 就是在 CD-ROM 上采用 MPEG-1 存储的视频图像）、MPEG-2（1993 年公布，名称为“信息技术——电视图像和伴音信息的通用编码”，它是 DVD 的标准，也是高清晰度电视 HDTV 的标准）、MPEG-4（1999 年公布，名称为“广播、电影和多媒体应用”，实现了多媒体系统的交互性）、MPEG-7（2000 年公布，名称为“多媒体内容描述接口”，目标是使多媒体业务能畅通无阻）、MPEG-21（2001 年公布，名称为“多媒体框架”，目标是使各种网络和设备上的数字资源能广泛使用）。

3）国际电信联盟（ITU）关于视频编码的 H.26x 系列建议，包括 H.261、H.262、H.263、H.264 等标准。其中，H.261 的目标是在 ISDN（综合业务数字网）上开展可视电话和电视会议业务，因为 ISDN 的传输率是 64Kbps，所以 H.261 的标准速率为 Px64 Kbps。当 P=1 或 2 时，只支持每秒帧数较少的视频电话，当 P>6 时可支持电视会议。H.262 等同于 MPEG-2 标准，和 MPEG 标准的数据压缩技术有许多共同之处，但 Px64 标准是为了适应各种通道容量的传输，而 MPEG 标准是用狭窄的频带实现高质量的图像画面和高保真的声音传送。H.263 适合可视电话。H.264 则与 MPEG-4 类似。

任务实施

数字媒体的类型有哪些？你所知道的数字媒体是属于哪一类的？
通过分组讨论，自主和协作学习，完成老师布置的任务。

知识拓展

流媒体技术

1. 流媒体技术的概念

流媒体（Streaming Media）又称流式媒体，是一种新的媒体传送方式。它是把整个音频 / 视频（A/V）及 3D 等多媒体文件经过特殊压缩，形成一个个压缩包，由视频服务器向用户计算机连续、实时地依次传送。用户不必等到整个文件全部下载完毕后再播放和欣赏，只需经过几秒或几十秒的启动延时，即可在用户的计算机上利用解压设备对压缩的音频 / 视频、3D 等多媒体文件进行连续解压、连续播放和观看。这种使多媒体文件边下载、边播放的传输技术称为流媒体技术。它不仅使启动延时大幅度地缩短，而且对系统缓存容量的需求也大大降低。

随着互联网的日趋普及，一大批新兴的网络多媒体应用开始涌现，并成为人们工作、生活中重要的组成部分，例如网络电视、体育赛事直播、在线游戏、远程教育等，这些多媒体应用都需要流媒体技术的支持。

2. 流媒体技术的特点

由此可见，流媒体是指在数据网络上按时间先后次序传输和播放的连续音频 / 视频数据流。流媒体数据流具有连续性、实时性、时序性的特点，即其数据流具有严格的前后时序关系。由于流媒体的这些特点，它已经成为互联网上实时传输音频 / 视频的主要方式。

从本质上看，流媒体技术是一种在数据网络上传递多媒体信息流的技术。流媒体技术的主要目标是：通过一定的技术手段实现在数据网络上有效地传递多媒体信息流。

3. 流媒体服务模式

传统的流媒体服务大都是客户机 / 服务器（C/S）模式，即用户从流媒体服务器点击观看节目，然后流媒体服务器以单播方式把媒体流推送给用户。目前的数据网络具有无连接、无确定路径、无质量保证的特点，给多媒体实时数据的传输带来了极大的困难。当流媒体业务发展到一定阶段后，用户总数大幅度增加，这种以 C/S 模式加单播方式来推送媒体流的缺陷便明显地显现出来。例如，流媒体服务器带宽占用大、流媒体服务器处理能力要求高等，带宽、服务器等常常成为系统的瓶颈，系统的可扩展性差。

近年来，人们把 P2P 技术引入流媒体传输中，从而形成了 P2P 流媒体服务模式。该方法有两方面的优点：首先，这种技术并不需要路由器和网络基础设施的支持，因此性价比高，易于部署；其次，在这种技术中，流媒体用户不只是下载媒体流，还可以把媒体流上传给其他用户，因此这种方法可以扩大用户组的规模，更多的需求可带来更多的资源。

任务 2 数字媒体的制作

任务目标

1. 了解常用的数字媒体处理软件；
2. 理解数字媒体处理软件的技术概念。

任务引入

本任务分别介绍数字音频处理技术、数字图像处理技术、数字视频处理技术以及数字动画处理技术。通过本任务的学习，可以了解常用数字媒体处理软件以及相关的技术概念。

相关知识

6.2.1 数字音频处理技术

1. 数字音频处理软件简介

数字音频处理软件通常分为三类：一是声音数字化转换软件，如 Easy CD-DA Extractor（把光盘音轨转换为 WAV 格式的数字化音频文件）、Real Jukebox（在互联网上录制、编辑、播放数字音频信号）；二是声音编辑软件，如 Goldwave（数字录音、编辑、合成软件）、Cool Edit Pro（声音编辑处理软件）；三是声音压缩软件，如 L3Enc（把 WAV 格式的音频文件压缩为 MP3 格式的文件）、WinDAC 32（把光盘音轨转换并压缩成 MP3 格式的文件）。

（1）Sound Forge。

Sound Forge 能够非常方便、直观地对音频文件（WAV 文件）以及视频文件（AVI 文件）中的声音部分进行各种处理，满足从最普通用户到最专业的录音师的所有用户的各种要求，所以一直是多媒体开发人员首选的音频处理软件之一。

（2）WavePad Audio Editor（WavePad 音频编辑器）。

这是一款适用于 Windows 和 Mac 的音频和音乐编辑器（也适用于 iOS 和 Android）。它允许用户录制并编辑音乐、录音和其他声音。用户可以在其中剪切、复制、粘贴、删除、插入、静音和自动修剪录音，然后在 VST 插件和免费音频库的支持下添加增强、归一化、均衡器、包络线、混响、回声、倒放等效果。

（3）GoldWave。

GoldWave 是一款集声音编辑、播放、录制和转换等功能于一体的音频工具。它还可以对音频内容进行转换格式等处理，支持许多格式的音频文件，包括 WAV、OGG、VOC、IFF、AIFF、AIFC、AU、SND、MP3、MAT、DWD、SMP、VOX、SDS、AVI、MOV、APE 等音频格式。

（4）格式工厂（Format Factory）。

格式工厂是由上海格诗网络科技有限公司推出的一款面向全球用户的互联网软件。格式工厂发展至今，已经成为全球领先的视频、图片等格式转换客户端。现拥有在音乐、视频、图片等领域庞大的忠实用户群，在该软件行业内位于领先地位，并保持高速发展趋势。

（5）Adobe Audition（前 Cool Edit Pro）。

Adobe Audition 是美国 Adobe Systems 公司（前 Syntrillium Software Corporation）开发的一款功能强大、效果出色的多轨录音和音频处理软件。它还提供多种特效为用户的作品增色：放大、降噪、压缩、扩展、回声、失真、延迟等。用户可以同时处理多个文件，轻松地在几个文件中进行剪切、粘贴、合并、重叠声音操作。使用它可以生成的声音有：噪音、低音、静音、电话信号等。该软件还包含 CD 播放器。其他功能包括：支持可选的插件；崩溃恢复；支持多文件；自动静音检测和删除；自动节拍查找；录制，等等。另外，它还可以在 AIF、AU、MP3、Raw PCM、SAM、VOC、VOX、WAV 等文件格式之间进行转换，并且能够保存为 RealAudio 格式，如图 6－1 所示。

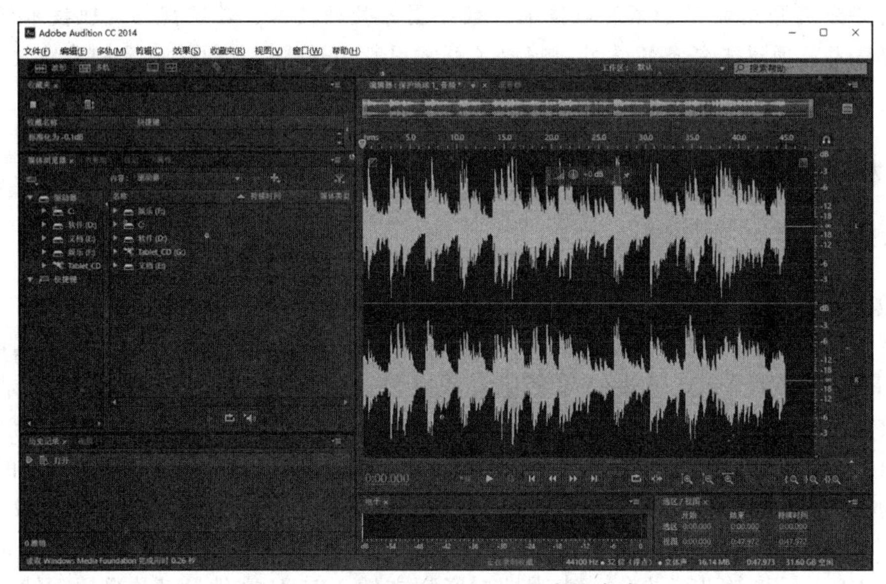

图 6－1　Adobe Audition 录音及合成

2. 数字音频处理软件中的技术概念

通过上述数字音频处理软件的介绍可以看出，一般数字音频处理软件主要是完成音频的录制、剪辑、混音、特效处理、后期合成等工作，是一种对音频素材进行整合优化的软件。在该类软件中，涉及几个关键的技术概念。

（1）声道。

声道（Sound Channel）是指声音在录制或播放时在不同空间位置采集或回放的相互独立的音频信号，所以声道数也就是声音录制时的音源数量或回放时相应的扬声器数量。

声道是控制声音的立体感觉的一种手段。如当声源在人的左侧或右侧时，人们很容易就能够知道声音的方位。其原因很简单，主要是因为声音到达左右耳朵有一定的距离，造成的声音强弱度不一样。那么，对于同样有各种声源的声音记录（如在音乐会现场，各乐器与观众的距离和方位都有不同），重放出来的声音能不能反映出当时的现场呢？这就取决于记录后声音的声道数。

当然，多个声道不一定就能有好的效果，要看声音的采样频率和量化等级，还要看声卡和功放的还原能力，以及音箱的数量和能力。各个环节都很重要，多个音箱表现一个声道效果不会好，多个声道用一个音箱更是不堪入耳。可以这样去理解：声道就是不同位置发出的声音。

（2）音轨。

音轨就是在音频处理软件中看到的一条一条的平行“轨道”。每条音轨分别定义了该条音轨的属性，如音轨的音色、音色库、通道数、输入 / 输出端口、音量等。无论是音序器软件还是调音台软件，都会用到这一技术，这是数字音频处理中使用频率最高的技术。

在音序器软件中，一条音轨对应于音乐的一个声部或者一种乐器，它把 MIDI 或者音频数据记录在特定的时间位置。对于音频工作站软件而言，每一条音轨都对应于一个原始音频素材文件或者前后对应多个音频素材。所有的音频处理软件都可以允许多音轨操作，也就是在某一段时间内，可以让多个音频素材同时播放，产生混音效果。

（3）时序。

时序是数字音频处理软件中的一个相当重要的概念。所谓时序，其实也就是时间的顺序，这是编辑处理视频、音频、动画等媒体的一个共同概念和基本思想。人们在处理多个轨道、多个音频素材时，这些素材的先后顺序如何去定义，这就是时序的思想。

6.2.2　数字图像处理技术

1. 数字图像处理软件简介

（1）Adobe Photoshop。

Adobe Photoshop 简称“PS”，是由 Adobe Systems 开发和发行的图像处理软件。PS 主要处理由像素构成的数字图像。使用其众多的修图与绘图工具，可以有效地进行图片编辑工作。PS 有很多功能，在图像、图形、文字、视频、出版等各方面都有涉及。PS 窗口界面如图 6－2 所示。

图 6－2　PS 窗口界面

（2）CorelDraw。

CorelDraw是加拿大Corel公司出品的矢量图形制作工具软件。这个图形工具给设计师提供了矢量动画、页面设计、网站制作、位图编辑和网页动画等多种功能。

该图像软件是一套屡获殊荣的图形、图像编辑软件，它包含两个绘图应用程序：一个用于矢量图及页面设计，另一个用于图像编辑。此绘图软件组合为用户提供了强大的交互式工具，使用户可以创作出多种富于动感的特殊效果及点阵图像即时效果，在简单的操作中就可得到实现，而且不会丢失当前的工作。CorelDraw全方位的设计及网页功能可以融合到用户现有的设计方案中，灵活性十足。

该软件还为专业设计师及绘图爱好者提供了简报、彩页、手册、产品包装、标识、网页等功能；该软件提供的智慧型绘图工具以及新的动态向导可以充分降低用户的操控难度，允许用户更加容易、精确地创建物体的尺寸和位置，减少点击步骤，节省设计时间。

（3）ACDSee。

ACDSee是ACD Systems开发的一款数字资产管理、图片管理编辑工具软件。它为用户提供良好的操作界面、简单人性化的操作方式、优质的快速图形解码方式，支持丰富的RAW格式，具有强大的图形文件管理功能。

2. 数字图像处理软件中的技术概念

下面以Photoshop软件为例介绍数字图像处理软件中的技术概念。

（1）图层。

通俗地讲，图层就像是含有文字或图形等元素的胶片，一张张按顺序叠放在一起，组合起来形成页面的最终效果。图层可以将页面上的元素精确定位。图层中可以加入文本、图片、表格、插件，也可以在里面再嵌套图层。图层就像一张透明的纸，在透明的纸上绘画，被画上的部分叫不透明区，没画上的部分叫透明区，通过透明区可以看到下一层的内容。把透明的纸按顺序叠加在一起就组成了完整的图像。

（2）通道。

通道是用来存放图像信息的地方。Photoshop将图像的原色数据信息分开保存，我们把保存这些原色信息的数据带称为“颜色通道”，简称通道。

通道的类型有两种，即颜色通道和Alpha通道，颜色通道用来存放图像的颜色信息，Alpha通道用来存放和计算图像的选区。

通道将不同色彩模式图像的原色数据信息分开保存在不同的颜色通道中，可以通过对各颜色通道的编辑来修补、改善图像的颜色色调（例：RGB模式的图像由红、绿、蓝三原色组成，那么它就有三个颜色通道，除此以外还有一个复合通道）；也可将图像中局部区域的选区存储在Alpha通道中，随时对该区域进行编辑。

（3）路径。

“路径”（Paths）是Photoshop中的重要工具，其主要用于进行光滑图像选择区域及辅助抠图，绘制光滑线条，定义画笔等工具的绘制轨迹，输出输入路径及在选择区域之间转换。在辅助抠图上，它突出显示了强大的可编辑性，具有特有的光滑曲率属性，与通道相比，它具有更精确、更光滑的特点。

（4）形状。

从技术上讲，形状图层是带图层剪贴路径的填充图层，填充图层定义形状的颜色，而图层剪贴路径定义形状的几何轮廓。可以使用形状工具直接拖曳产生一个形状，或使用钢笔工具创建形状，因为形状存在于一个图层中，用户可以改变图层的内容，形状由当前的前景色自动填充，也可以轻松地将填充更改为其他颜色、渐变色或图案。可以将图层样式应用到图层上，比如斜角和浮雕，以及图案填充等。

（5）滤镜。

滤镜是图像处理软件所特有的概念，它的产生主要是为了适应复杂的图像处理的需求。滤镜是一种植入 Photoshop 的外挂功能模块，也可以说它是一种开放式的程序，它是众多图像处理软件为进行图像特殊效果处理而设计的系统处理接口。目前 Photoshop 内部自带的滤镜（系统滤镜）有近百种之多，另外还有第三方厂商开发的滤镜，它们以插件的方式挂接到 Photoshop 中。当然，用户还可以用 Photoshop Filter SDK 来开发设计自己的滤镜。我们把 Photoshop 内部自带的滤镜称作内部滤镜，把第三方厂商开发的滤镜称作外挂滤镜。

6.2.3 数字视频处理技术

1. 数字视频处理软件简介

（1）Adobe Premiere。

Adobe Premiere 简称“Pr”，是一款常用的视频编辑软件，由 Adobe 公司推出。现在常用的版本有 CS4、CS5、CS6、CC 2014、CC 2015、CC 2017、CC 2018、CC 2019 以及 CC 2020 版本。Adobe Premiere 是一款编辑画面质量比较好的软件，有较好的兼容性，且可以与 Adobe 公司推出的其他软件相互协作。目前这款软件广泛应用于广告制作和电视节目制作中。其最新版本为 Adobe Premiere Pro 2020。

（2）AE。

AE 是 Adobe After Effects 的简称，是 Adobe 公司推出的一款图形视频处理软件，属于层类型后期软件。

Adobe After Effects 适用于从事设计和视频特技的机构，包括电视台、动画制作公司、个人后期制作工作室以及多媒体工作室。Adobe After Effects 软件可以帮助用户高效且精确地创建无数种引人注目的动态图形和震撼人心的视觉效果。

Adobe After Effects 利用其紧密集成和高度灵活的 2D 与 3D 合成技术，以及数百种预设的效果和动画，为用户的电影、视频、DVD 和 Macromedia Flash 作品增添令人耳目一新的效果。

（3）会声会影。

会声会影是加拿大 Corel 公司推出的一款功能强大的视频编辑软件，其正版英文名为 Corel VideoStudio，具有抓取、转换 MV、DV、V8、TV 和实时记录抓取画面文件等功能，并提供 100 多种编制功能与效果，可导出多种常见的视频格式，甚至可以直接制作 DVD 和 VCD 光盘。

2. 数字视频处理软件中的技术概念

在进行数字视频处理时，用户当然可以完全依赖专业数字视频设备来完成各种视频编辑操作，但这并不代表用户只能依靠这些专门设备。用户可以利用普通的多媒体计算机和相应的软件技术来完成相应的技术处理，用计算机和软件来控制专业设备或两者协同工作，以获得更大的创作空间。在该类软件中，有一些通用的关键技术概念。

（1）项目（Project）。

项目是用以存储视频编辑过程中所使用到的素材及相关处理结果的计算机文件。不同的视频编辑软件所采用的文件记录方式会有所不同。

一个项目通常包含两个方面的数据：一是编辑使用到的一批素材索引信息；二是用这些素材“搭配”出来的结果，即编辑成品、时间线信息。

（2）素材（Clips）。

素材通常是指一小段电影胶片，在数字视频编辑中，素材这个词的含义大大扩展了，可以指用于生成最后视频文件的所有数据和材料，甚至包括特技效果。

常用的素材形式有视频剪辑、声音文件、数码相片、2D/3D 矢量图形、字幕、图像过滤和转场等处理指令等。一些功能强大的编辑软件还可以把在其他项目中生成的更大的中间结果作为素材供正在编辑的项目使用。

素材库是组织素材的一个数据结构，就像在磁盘上用“目录”把文件组织起来一样。与磁盘文件目录可分成多级类似，素材库内部也可以创建多级目录，每个目录包含任意多个素材库，每个素材库包含任意多个素材（小文件），从而把许多素材组织得很有条理。

（3）时间线（Timeline）。

时间线是视频剪辑的主要工作场所，用来按照时间顺序放置各种素材。前面介绍过的视频处理软件中都包含了这样的时间线。

（4）轨道（Track）。

轨道是用来放置数字视频和音频中有用片段的区域，是时间线上的一个重要概念。视频轨道用来存放视频素材，音频轨道用来存放音频素材或者视频素材携带的音频文件。

（5）捕捉视频（Capture）。

所谓捕捉视频，是指将视频设备输出的数字信号直接保存到计算机硬盘中。一般的视频编辑软件都有视频捕捉功能，负责将模拟的信号通过硬件转换的方式存储到硬盘中，形成数字视频文件。

（6）字幕（Title）。

字幕不单指文字，图形、照片、标记都可以作为字幕放在视频作品中。字幕可以像台标一样静止在屏幕一角，也可以是运动的。视频处理软件中一般自带字幕添加工具。

（7）特殊效果（Effect）。

电影中经常有各种花样的特殊效果，如图像变形、人在空中飞翔，或者将空白教室中的人物挪到缤纷多彩的空间中等，利用编辑软件的特殊效果插件，用户可以很轻松地将这些特殊效果制作出来。

（8）滤镜（Filter）。

视频处理中的滤镜概念与图像处理中的滤镜概念非常相似。通过在场景中使用滤镜，用户可以调整影片的亮度、色彩、对比度等。

6.2.4 数字动画处理技术

1. 数字动画处理软件简介

（1）Flash。

Flash 是一种集二维动画创作与应用程序开发于一身的创作软件。Adobe Flash Professional CC 为创建数字动画、交互式 Web 站点、桌面应用程序以及手机应用程序开发提供了功能全面的创作和编辑环境。Flash 广泛用于应用程序的创建，它们包含丰富的视频、音频、图形和动画。可以在 Flash 中创建原始内容或者从其他 Adobe 应用程序（如 Photoshop 或 Illustrator）导入它们，快速设计简单的动画，以及使用 Adobe ActionScript 3.0 开发高级的交互式项目。设计人员和开发人员可以使用它来创建演示文稿、应用程序和其他允许用户交互的内容。

（2）3ds Max。

3ds Max 是 Discreet 公司（后被 Autodesk 公司合并）开发的基于 PC 系统的三维动画渲染和制作软件。其前身是基于 DOS 操作系统的 3D Studio 系列软件。在 Windows NT 出现以前，工业级的 CG 制作被 SGI 图形工作站所垄断。3D Studio Max + Windows NT 组合的出现降低了 CG 制作的门槛，开始运用在电脑游戏的动画制作中，后更进一步应用到影视片的特效制作中，例如《X 战警Ⅱ》《最后的武士》等。

（3）Maya。

Maya 是 Autodesk 旗下的著名三维建模和动画软件。Autodesk Maya 2008 可以大大提高电影、电视、游戏等领域开发、设计、创作的工作流效率，同时改善了多边形建模，通过新的运算法则提高了性能，多线程支持可以充分利用多核心处理器的优势，新的 HLSL 着色工具和硬件着色 API 则可以大大优化新一代主机游戏的外观，在角色建立和动画方面也更具弹性。

Maya 是顶级三维动画软件，国外绝大多数的视觉设计领域都在使用 Maya。Maya 的应用领域极其广泛，比如说《星球大战》系列、《指环王》系列、《蜘蛛侠》系列、《哈利·波特》系列、《木乃伊归来》、《最终幻想》、《精灵鼠小弟》、《马达加斯加》、《金刚》等用到了 Maya，至于其他领域的应用，更是不胜枚举。

2. 数字动画处理软件中的技术概念

（1）二维动画软件中的基本概念。

在二维动画软件中，以下几个概念是通用的。可结合 Flash 软件进一步理解二维动画软件中的基本概念。

1）图像 / 图形：它们是动画处理的基础。图像技术可用于绘制关键帧、多重画面叠加、数据生成；图形技术可用于自动或半自动的中间画面形成。图像有利于绘制实际景物，图形则有利于处理线条组成的画面。二维动画处理利用了它们各自的处理优势，取长补短。

2）图层：图层是二维动画的技术基础，在传统动画中，人们不可能将背景和人物动作放在同一个图像层上，这样会增加大量的工作，而是将画在不同透明胶片上的背景、中间画等合成在一起，形成最终作品。在数字动画软件中，同样如此，也是采取分层的技术，隔层相对独立。每一图层可能是由一系列的动作图形组成的，也可能是一个关键帧画面。

3）元件：Flash 里面有时需要重复使用素材，这时就可以把素材转换成元件，或者新建元件，以方便重复使用或者再次编辑修改。也可以把元件理解为原始的素材，通常存放在元件库中。元件有 3 种形式，即影片剪辑、图形、按钮。元件只需创作一次，然后即可在整个文档或其他文档中重复使用。影片剪辑元件可以理解为电影中的小电影，可以完全独立于场景时间轴，并且可以重复播放。图形元件是可以重复使用的静态图像，它是作为一个基本图形来使用的，一般是静止的一幅图画，每个图形元件占 1 帧。按钮元件实际上是一个只有4帧的影片剪辑，但它的时间轴不能播放，只能根据鼠标指针的动作做出简单的响应，并转到响应的帧，通过给舞台上的按钮添加动作语句而实现Flash强大的交互性。

4）帧：帧是进行Flash动画制作的最基本的单位，每一个精彩的Flash动画都是由很多个精心雕琢的帧构成的，时间轴上的每一帧都可以包含需要显示的所有内容，包括图形、声音、各种素材和其他多种对象。帧分为普通帧、关键帧和空白关键帧。普通帧是在时间轴上能显示实例对象，但不能对实例对象进行编辑操作的帧。关键帧，顾名思义，是有关键内容的帧，是用来定义动画变化、更改状态的帧，即舞台上存在实例对象并可对其进行编辑的帧。空白关键帧是不包含舞台上的实例内容的关键帧。

5）时间轴：时间轴就类似于传统手工绘画制作过程中的律表，让制作人员知道某一场景有多长、有几个关键动作帧、分多少层制作、该场景前后的时间位置是什么等信息。

6）图库：在二维动画软件中，图库是用来存放全部数字化后的手绘素材的地方。例如扫描后的线条稿、着色后的彩色稿、合成的动画小片段等，方便使用者查找和调用。

7）场景：场景是用来直接监视和观看动画合成效果的窗口。

8）动作脚本：Flash中的脚本命令简称AS（ActionScript），动作脚本就是Flash为人们提供的各种命令、运算符及对象，使用动作脚本时必须将其附加在按钮、影片剪辑或者帧上，从而使单击按钮和按下键盘键之类的事件发生时触发这些脚本，实现所需的交互性。

（2）三维动画软件中的基本概念。

三维动画软件中的基本技术除了制作流程中的建模、动画和绘图（贴图与灯光）外，还有以下软件概念。

1）三维视图：三维视图是计算机三维动画软件中的一个重要技术概念。在此技术的支撑下，动画设计师可以从各个角度来审视和修改自己创建的“雕塑作品”。通常而言，在任何屏幕上的某一具体时刻都只能看到二维的图像，因为设计师与屏幕的角度是不能改变的，那么如何使三维动画的设计师能像雕刻家那样看到作品的各个角度呢？唯一的方法就是改变设计对象的角度。在计算机屏幕上为了能够改变设计造型的角度，引入了Z轴的概念。三维软件中的三维视图一般分为4个显示窗口，分别是前视图、顶视图、左视图、全景视图。一般前视图、顶视图和左视图中的Z轴不能旋转，只能看到物体模型的某一侧面。而在全景视图中可以旋转，方便创作者从各个角度审视造型。

2）NURBS建模：NURBS建模是目前最受欢迎的建模方式。NURBS是Non-Uniform Rational B-Splines的缩写，是指非统一有理B样条。NURBS建模采用线数定义的方式，准确性很高，对于建立复杂曲面的物体，如人物、汽车等有很大的优势。NURBS建模包括NURBS曲线工具和NURBS曲面工具。

3）Polygon建模：Polygon（多边形）建模是三维制作软件中最先发展起来的建模方式。使用Polygon建立的模型都是由点、边、面3个元素组成的，对点、边、面3个元素进行修改就可以改变模型的形状。只要有足够多的多边形，就可以制作出任何形状的物体。不过，随着多边形数量的增加，系统的性能也会下降。

任务实施

1. 常用的数字媒体处理软件有哪些？
2. 制作一则简单的 Flash 动画。

知识拓展

Flash 的发展史

Flash 最早期的版本称为 Future Splash Animator，当时 Future Splash Animator 最大的两个用户是微软（Microsoft）和迪士尼（Disney）。1996 年 11 月，Future Splash Animator 卖给了 MM（Macromedia.com），同时改名为 Flash 1.0。

Macromedia 公司在 1997 年 6 月推出了 Flash 2.0，1998 年 5 月推出了 Flash 3.0。但是这些早期版本的 Flash 所使用的都是 Shockwave 播放器。

自 Flash 进入 4.0 版以后，原来所使用的 Shockwave 播放器便仅供 Director 使用。Flash 4.0 开始有了自己专用的播放器，称为“Flash Player”。

2000 年 8 月，Macromedia 推出了 Flash 5.0，它所支持的播放器为 Flash Player 5。Flash 5.0 中的 ActionScript 已有了长足的进步，并且可以支持 XML 和 Smart Clip（智能影片剪辑）。

2002 年 3 月，Macromedia 推出了支持 Flash MX 的播放器 Flash Player 6。Flash 6 支持对外部 JPG 和 MP3 的调入，同时也增加了更多的内建对象，提供了对 HTML 文本更精确的控制。

2003 年 8 月，Macromedia 推出了 Flash MX 2004，其播放器的版本被命名为 Flash Player 7。

2005 年 10 月，Macromedia 推出了 Flash 8.0，增强了对视频的支持，可以打包成 Flash 视频（*.FLV 文件），改进了动作脚本面板。

2005 年，Adobe 耗资 34 亿美元并购 Macromedia。从此，Flash 便被冠以 Adobe 的名头，之后不久推出了 Flash 产品，名为 Adobe Flash CS3，现在最新版是 Adobe Animate CC 2020。

任务3 虚拟现实与增强现实技术

任务目标

1. 了解虚拟现实与增强现实技术；
2. 了解虚拟现实与增强现实技术发展过程及趋势；
3. 理解虚拟现实与增强现实技术的应用。

任务引入

什么是虚拟现实？

如今，虚拟现实技术得到了越来越多人的认可，用户可以在虚拟现实世界体验到最真实的感受，其模拟环境的真实性与现实世界不相上下，让人有种身临其境的感觉；同时，虚拟现实具有一切人类所拥有的感知功能，比如听觉、视觉、触觉、味觉、嗅觉等感知系统；最后，它具有超强的仿真系统，真正实现了人机交互，使人可以随意操作并且得到环境最真实的反馈。正是虚拟现实技术的存在性、多感知性、交互性等特征，使它受到了许多人的喜爱。

相关知识

6.3.1 虚拟现实技术

虚拟现实技术（Virtual Reality，VR）又称灵境技术，是20世纪发展起来的一项全新的实用技术。所谓虚拟现实，顾名思义，就是虚拟和现实相互结合。从理论上来讲，虚拟现实技术是一种可以创建和使人体验虚拟世界的计算机仿真系统，它利用计算机生成一种模拟环境，使用户沉浸到该环境中。虚拟现实技术利用现实生活中的数据，通过计算机技术产生的电子信号，将其与各种输出设备结合，使其转化为能够让人们感受到的现象，这些现象可以是现实中真真切切的物体，也可以是我们肉眼所看不到的物质，通过三维模型表现出来。因为这些现象不是我们直接所能看到的，而是通过计算机技术模拟出来的现实中的世界，故称为虚拟现实。

虚拟现实技术融计算机、电子信息、仿真技术于一体，其基本实现方式是计算机模拟虚拟环境从而给人以环境沉浸感。随着社会生产力和科学技术的不断发展，各行各业对虚拟现实技术的需求日益旺盛，虚拟现实技术也取得了巨大进步，并逐步成为一个新的科学技术领域。

1. 虚拟现实技术的发展历史

第一阶段（1963年以前）：有声、形、动态的模拟，是蕴含虚拟现实思想的阶段。

1929年，Edward Link设计出用于训练飞行员的模拟器；1956年，Morton Heilig开

发出多通道仿真体验系统 Sensorama。

第二阶段（1963—1972 年）：虚拟现实萌芽阶段。

1965 年，Ivan Sutherland 发表论文“*Ultimate Display*”（终极的显示）；1968 年，Ivan Sutherland 研制成功了带跟踪器的头盔式立体显示器（HMD）；1972 年，Nolan Bushell 开发出第一个交互式电子游戏 Pong。

第三阶段（1973—1989 年）：虚拟现实概念的产生和理论初步形成阶段。

1977 年，Dan Sandin 等研制出数据手套 SayreGlove；1984 年，NASA AMES 研究中心开发出用于火星探测的虚拟环境视觉显示器；同年，VPL 公司的 Jaron Lanier 首次提出“虚拟现实”的概念；1987 年，Jim Humphries 设计了双目全方位监视器（BOOM）的最早原型。

第四阶段（1990 年至今）：虚拟现实理论进一步完善和应用阶段。

1990 年研究出三维图形生成、多传感器交互和高分辨率显示虚拟现实技术；VPL 公司开发出第一套传感手套“DataGloves”，第一套 HMD“EyePhones”；21 世纪以来，虚拟现实技术高速发展，软件开发系统不断完善，具有代表性的有 MultiGen Vega、Graph、Virtools 等。

2. 虚拟现实技术的分类

虚拟现实涉及学科众多，应用领域广泛，系统种类繁杂，这是由其研究对象、研究目标和应用需求决定的。从不同角度出发，可对虚拟现实系统进行不同分类。

（1）从沉浸式体验角度分类。

沉浸式体验分为非交互式体验、人-虚拟环境交互式体验和群体-虚拟环境交互式体验等几类。该角度强调用户与设备的交互体验，相比之下，非交互式体验中的用户更为被动，所体验内容均为提前规划好的，即便允许用户在一定程度上引导场景数据的调度，也仍没有实质性交互行为，如场景漫游等，用户几乎全程无事可做。而在人-虚拟环境交互式体验系统中，用户可通过诸如数据手套、数字手术刀等设备与虚拟环境进行交互，如驾驶战斗机模拟器等，此时的用户可感知虚拟环境的变化，进而也就能产生在相应现实世界中可能产生的各种感受。如果将该套系统网络化、多机化，使多个用户共享一套虚拟环境，便得到群体-虚拟环境交互式体验系统，如大型网络交互游戏等。

（2）从系统功能角度分类。

系统功能分为规划设计、展示娱乐、训练演练等几类。规划设计系统可用于新设施的实验验证，可大幅缩短研发时长，降低设计成本，提高设计效率，城市排水、社区规划等领域均可使用，如采用虚拟现实给排水系统，可大幅减少原本需用于实验验证的经费；展示娱乐类系统适用于给用户提供逼真的观赏体验，如数字博物馆、大型 3D 交互式游戏、影视制作等，如虚拟现实技术早在 20 世纪 70 年代便被迪士尼用于拍摄特效电影；训练演练类系统可应用于各种危险环境及一些难以获得操作对象或实操成本极高的领域，如外科手术训练、空间站维修训练等。

3. 虚拟现实技术的特征

（1）沉浸性。

沉浸性是虚拟现实技术最主要的特征。所谓沉浸性，就是让用户成为并感受到自己是计算机系统所创造环境中的一部分。虚拟现实技术的沉浸性取决于用户的感知系统，当使用者感知到虚拟世界的刺激时，包括触觉、味觉、嗅觉、运动感知等，便会产生思维共鸣，造成心理沉浸，使人感觉如同进入真实世界。

（2）交互性。

交互性是指用户对模拟环境内物体的可操作程度和从环境得到反馈的自然程度。使用者进入虚拟空间，相应的技术能够让使用者与环境产生相互作用，当使用者进行某种操作时，周围的环境也会做出某种反应。如使用者接触到虚拟空间中的物体，那么使用者的手就能够感受到，若使用者对物体有所动作，物体的位置和状态也会相应改变。

（3）多感知性。

多感知性表示计算机技术应该具有很多感知方式，比如听觉、触觉、嗅觉等。理想的虚拟现实技术应该具有一切人所具有的感知功能。由于相关技术，特别是传感技术的限制，目前大多数虚拟现实技术所具有的感知功能仅限于视觉、听觉、触觉、运动等几种。

（4）构想性。

构想性也称想象性，是指使用者在虚拟空间中，可以与周围物体进行互动，可以拓宽认知范围，创造客观世界不存在的场景或不可能发生的环境。构想可以理解为使用者进入虚拟空间，根据自己的感觉与认知能力吸收知识，发散、拓宽思维，创立新的概念和环境。

（5）自主性。

自主性是指虚拟环境中物体依据物理定律动作的程度。如当受到力的推动时，物体就会向力的方向移动，如翻倒、从桌面跌落到地面等。

4. 虚拟现实技术的关键技术

虚拟现实技术主要包括以下五种关键技术：

（1）动态环境建模技术。

虚拟环境的建立是虚拟现实系统的核心内容，目的就是获取实际环境的三维数据，并根据应用的需要建立相应的虚拟环境模型。

（2）实时三维图形生成技术。

三维图形的生成技术已经较为成熟，关键就是能否做到“实时”生成。为保证实时，至少要保证图形的刷新频率不低于 15 帧 / 秒，最好高于 30 帧 / 秒。

（3）立体显示和传感器技术。

虚拟现实的交互能力依赖于立体显示和传感器技术的发展，现有设备尚不能满足需要，力学和触觉传感装置的研究也需进一步深入，虚拟现实设备的跟踪精度和范围也有待提高。

（4）应用系统开发工具。

虚拟现实应用的关键是寻找合适的场合和对象，选择适当的应用对象可以大幅提高生产效率，减轻劳动强度，提高产品质量。想要达到这一目的，则需要研究虚拟现实的开发工具。

（5）系统集成技术。

由于虚拟现实系统中包括大量的感知信息和模型，因此系统集成技术起着至关重要的作用。系统集成技术包括信息的同步技术、模型的标定技术、数据转换技术、数据管理模型、识别与合成技术等。

5. 虚拟现实技术的应用领域

（1）在影视娱乐中的应用。

近年来，虚拟现实技术在影视业中广泛应用，以虚拟现实技术为主的第一现场9DVR体验馆建立。第一现场9DVR体验馆自建立以来，在影视娱乐市场中的影响力非常大，此体验馆可以让观影者体会到置身于真实场景之中的感觉，让体验者沉浸在影片所创造的虚拟环境之中。同时，随着虚拟现实技术的不断创新，此技术在游戏领域也得到了快速发展。虚拟现实是利用电脑产生三维虚拟空间，而三维游戏刚好是建立在此技术之上的，三维游戏几乎包含了虚拟现实的全部技术，使游戏在保持实时性和交互性的同时，真实感也大幅提升。

（2）在教育中的应用。

如今，虚拟现实技术已经成为促进教育发展的一种新型教育手段。传统的教育只是一味地给学生灌输知识，而现在利用虚拟现实技术可以帮助学生打造生动、逼真的学习环境，使学生通过真实感受来增强记忆，与被动灌输相比，利用虚拟现实技术来帮助学生进行自主学习更容易让学生接受，这种方式更容易激发学生的学习兴趣。此外，各大院校还利用虚拟现实技术建立了与学科相关的虚拟实验室来帮助学生更好地学习。

（3）在设计领域的应用。

虚拟现实技术在设计领域也小有成就，例如室内设计，人们可以利用虚拟现实技术把室内结构、房屋外形通过虚拟技术表现出来，使之变成可以看得见的物体和环境。同时，在设计初期，设计师可以将自己的想法通过虚拟现实技术模拟出来，在虚拟环境中预先看到室内的实际效果，这样既节省了时间，又降低了成本。

（4）在医学方面的应用。

医学专家利用计算机，在虚拟空间中模拟出人体组织和器官，就能让学生在其中进行模拟操作，并且能让学生感受到手术刀切入人体肌肉组织、触碰到骨头的感觉，使学生能够更快地掌握手术要领。主刀医生在手术前也可以建立一个病人身体的虚拟模型，在虚拟空间中进行一次手术预演，这样能够大大提高手术的成功率，让更多的病人得以痊愈。

（5）在军事方面的应用。

在军事方面，将地图上的山川地貌、海洋湖泊等数据通过计算机进行编写，利用虚拟现实技术就能将原本平面的地图变成一幅三维立体的地形图，再通过全息技术将其投影出来，这更有助于进行军事演习等训练，有利于提高综合国力。

除此之外，现在的战争是信息化战争，战争机器都朝着自动化方向发展，无人机便是信息化战争的最典型产物。无人机由于它的自动化以及便利性深受各国喜爱，在战士训练期间，可以利用虚拟现实技术去模拟无人机的飞行、射击等工作模式。战争期间，军人也可以通过眼镜、头盔等操控无人机执行侦察和暗杀任务，减少战争中军人的伤亡率。由于虚拟现实技术能将无人机拍摄到的场景立体化，降低操作难度，提高侦查效率，所以在军事领域无人机和虚拟现实技术有着广阔的应用前景。

（6）在航空航天方面的应用。

航空航天是一项耗资巨大、非常烦琐的工程，因此，人们利用虚拟现实技术和计算机的统计模拟功能，在虚拟空间中重现了现实中的航天飞机与飞行环境，使飞行员在虚拟空间中进行飞行训练和实验操作，极大地降低了实验的危险系数，节省了经费。

6.3.2 增强现实技术

增强现实（Augmented Reality，AR）技术是一种将虚拟信息与真实世界巧妙融合的技术，它广泛运用了多媒体、三维建模、实时跟踪及注册、智能交互、传感等多种技术手段，将计算机生成的文字、图像、三维模型、音乐、视频等虚拟信息模拟仿真后，应用到真实世界中，两种信息互为补充，从而实现对真实世界的“增强”。

1. 增强现实技术的工作原理

增强现实的三大技术要点是：三维注册（跟踪注册技术）、虚拟现实融合显示、人机交互。其流程是：首先通过摄像头和传感器对真实场景进行数据采集，并传入处理器对其进行分析和重构，再通过AR头显或智能移动设备上的摄像头、陀螺仪、传感器等配件实时更新用户在现实环境中的空间位置变化数据，从而得出虚拟场景和真实场景的相对位置，实现坐标系的对齐并进行虚拟场景与现实场景的融合计算，最后将其合成影像呈现给用户。用户可通过AR头显或智能移动设备上的交互配件，如话筒、眼动追踪器、红外感应器、摄像头、传感器等设备采集控制信号，并进行相应的人机交互及信息更新，实现增强现实的交互操作。其中，三维注册是AR技术的核心，即以现实场景中二维或三维物体为标识物，将虚拟信息与现实场景信息进行对位匹配，即虚拟物体的位置、大小、运动路径等与现实环境必须完美匹配，达到虚实相生的地步。

2. 增强现实技术的系统组成

增强现实系统在功能上主要包括四个关键部分，其中，图像采集处理模块负责采集真实环境的视频，然后对图像进行预处理；注册跟踪定位系统负责对现实场景中的目标进行跟踪，根据目标的位置变化来实时求取相机的位姿变化，从而为将虚拟物体按照正确的空间透视关系叠加到真实场景中提供保障；虚拟信息渲染系统负责在清楚虚拟物体在真实环境中的正确放置位置后，对虚拟信息进行渲染；虚实融合显示系统负责将渲染后的虚拟信息叠加到真实环境中再进行显示。

一个完整的增强现实系统是由一组紧密联结、实时工作的硬件部件与相关软件系统协同实现的，它们有以下常用的组成形式：

（1）基于计算机显示器。

在基于计算机显示器的增强现实实现方案中，摄像机摄取的真实世界图像输入计算机中后，与计算机图形系统产生的虚拟景象合成，并输出到计算机屏幕显示器上。用户从屏幕上看到最终的增强场景图片。这种实现方案比较简单。

（2）基于头盔式显示器。

基于头盔式显示器（Head-mounted Displays，HMD）的增强现实实现方案被广泛应用于增强现实系统中，用以增强用户的视觉沉浸感。根据具体实现原理，它又可以划分为两大类，分别是基于光学原理的光学透视式增强现实系统和基于视频合成技术的视频透视式增强现实系统。

光学透视式增强现实系统具有简单、分辨率高、没有视觉偏差等优点，但它同时也存在着定位精度要求高、延迟匹配难、视野相对较窄和价格高等问题。

视频透视式增强现实系统采用的是基于视频合成技术的穿透式HMD（Video See-through HMD）。

3. 增强现实技术的应用领域

（1）在教育中的应用。

增强现实以其丰富的互动性为儿童教育产品的开发注入了新的活力。儿童的特点是活泼好动，运用增强现实技术开发的教育产品更适合儿童的生理和心理特性。例如，对于低龄儿童来说，一般书籍中的文字描述过于抽象，而在增强现实书籍中，文字结合动态立体影像可以让孩子快速掌握新的知识，丰富的交互方式更符合孩子们活泼好动的特性，提高了孩子们的学习积极性。在学龄教育中，增强现实也发挥着越来越多的作用，如一些危险的化学实验，及深奥难懂的数学、物理原理都可以通过增强现实使学生快速掌握。

（2）在健康医疗中的应用。

近年来，增强现实技术也越来越多地被应用于医学教育、病患分析及临床治疗中，微创手术越来越多地借助增强现实及虚拟现实技术来减轻病人的痛苦，降低手术成本及风险。在医疗教学中，增强现实与虚拟现实技术的应用使深奥难懂的医学理论变得形象立体、浅显易懂，提高了教学效率和质量。

（3）在广告购物中的应用。

增强现实技术可以帮助消费者在购物时更直观地判断某商品是否适合自己，以做出更满意的选择。用户可以轻松地通过相应软件直观地看到不同的家具放置在家中的效果，从而方便用户选择，这种软件还具有保存并添加到购物车的功能。

（4）在展示导览方面的应用。

增强现实技术被大量应用于博物馆对展品的介绍说明中，该技术通过在展品上叠加虚拟文字、图片、视频等信息，为参观者提供展品导览介绍。此外，增强现实技术还可应用于文物复原展示，即在文物原址或残缺的文物上通过增强现实技术将复原部分与残存部分完美结合，使参观者了解文物原来的模样，达到身临其境的效果。

（5）在信息检索领域的应用。

当用户需要清晰了解某一物品的功能和说明时，增强现实技术会根据用户需要将该物品的相关信息从不同方向汇聚起来并实时展现在用户的视野内。在未来，人们可以通过扫描面部，识别出某个人的信用以及部分公开信息，防止上当受骗，这些技术的实现很大程度上减少了人们受骗的概率，方便用户快速高效地工作。

（6）在工业设计交互领域的应用。

增强现实技术最特殊的地方就在于其高度交互性，应用于工业设计中，主要表现为虚拟交互，通过手势、点击等识别来实现交互技术，在将虚拟的设备、产品展示给设计者和用户前，也可以通过部分控制实现虚拟仿真，模仿装配情况或日常维护、拆装等工作，在虚拟中学习，减少了制造浪费以及人才培训的成本，大大改善了设计的体制，缩短了设计时间，提高了工作效率。

4. 增强现实技术与虚拟现实技术的比较

虚拟现实的用户基数较小，移动性较差，具有隔离的沉浸感，因此主要集中在娱乐用途上。娱乐收入可能会占据整个行业收入的 2/3，硬件收入约占 1/4。虽然虚拟现实也会有企业用途，但是相对于增强现实和智能眼镜而言少得多。增强现实电子商务和广告收入在增长中，但目前用户群的规模和分散性限制了其发展。

与虚拟现实相比，增强现实会触及更多的人，因为它是对人们日常生活的无缝补充。

增强现实是将计算机生成的虚拟世界叠加在现实世界上，医药、教育、工业上的各种实际应用，已经佐证了增强现实作为工具对人类的影响更为深远，而不是像虚拟现实那样在现实世界之外营造出一个完全虚拟的世界。国外分析师也认为增强现实将会成为“更加日常化的移动设备应用的一部分”。同时，移动增强现实的普及和低成本也有助于企业更广泛地采用增强现实技术，未来增强现实技术将在制造/资源、TMT、政府（包括军事）、零售、建筑/房地产、医疗保健、教育、交通运输、金融服务、公用事业等方面都得到广泛应用。

任务实施

什么是虚拟现实技术和增强现实技术？你所了解的技术应用有哪些？

知识拓展

虚拟现实技术发展局限

即使虚拟现实技术前景较为广阔，但作为一项高速发展的科技技术，其自身的问题也渐渐浮现，例如产品回报稳定性的问题、用户视觉体验问题等。对于 VR 企业而言，如何突破目前虚拟现实发展的瓶颈，让虚拟现实技术成为主流仍是企业亟待解决的问题。

首先，部分用户使用虚拟现实设备会产生眩晕、呕吐等不适之感，这也造成其体验不佳的问题。部分原因来自清晰度的不足，而另一部分来自刷新率无法满足要求。研究显示，14k 以上的分辨率才能基本使大脑认同，但就目前来看，国内所用的虚拟现实设备远不及骗过大脑的要求。消费者的不舒适感可能使其产生虚拟现实技术会对自身身体健康造成损害的担忧，这必将影响虚拟现实技术未来的发展与普及。

虚拟现实体验的高价位同样是制约其扩张的原因之一。在国内市场中，VR 眼镜价位一般都在三千元以上。当然这并非是短时间内可以解决的问题，用户如果想体验到高端的视觉享受，必然要为其内部更高端的电脑支付高昂的价格。若想要使虚拟现实技术得到推广，确保其内容的产出和回报率的稳定十分关键。其所涉及内容的制作成本与体验感决定了消费者接受 VR 设备的程度，而对于该高成本的内容，其回报率难以预估。

任务 4 演示文稿的制作

任务目标

1. 了解演示文稿的版式、母版的概念及母版的修改方法；
2. 了解幻灯片超链接、动作按钮以及切换方式的设置方法；
3. 掌握幻灯片的建立、编辑、修改和保存方法。

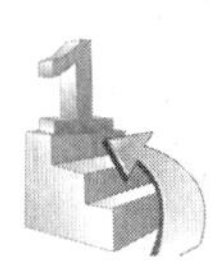

任务引入

在技术报告、演讲、学术会议、产品发布会、风土人情介绍等交流活动场合，富有诗情画意、图文并茂、声光影像俱全的 PPT 能使活动收到最佳效果。PowerPoint 是 Office 软件中的演示文稿软件，是一款应用非常广泛的演示文稿制作软件。

相关知识

6.4.1 PowerPoint 2016 基本操作

PowerPoint 2016 是 Office 2016 办公套件中的主要组件之一，它具有简单易用、功能完善的优点。利用 PowerPoint 可以创建出生动形象、图文并茂、富有感染力的演示文稿，适用于制作公司简介、产品介绍、风土人情介绍等。PowerPoint 2016 操作界面如图 6－3 所示。

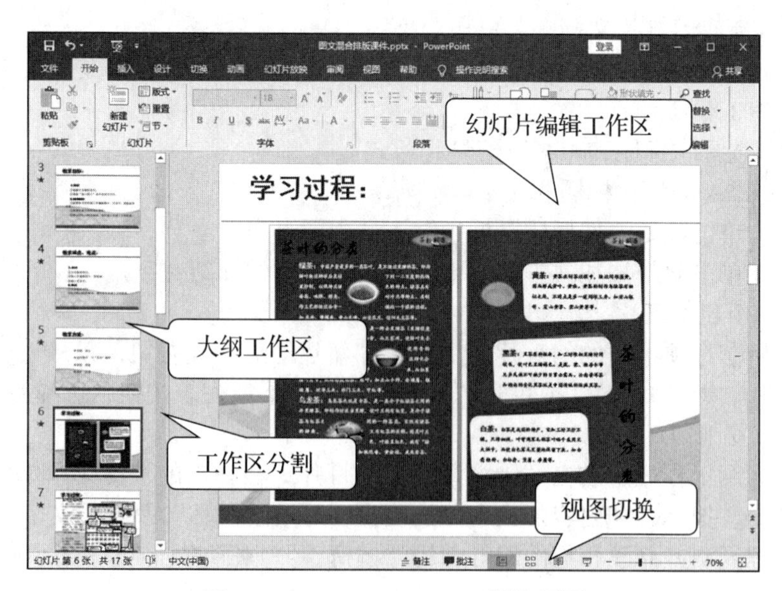

图 6－3 PowerPoint 2016 操作界面

PowerPoint 2016 的工作区分为大纲区和编辑区两大部分。大纲区主要列出演示文稿中的文字提纲，而编辑区显示的内容与视图模式设置有关。改变视图模式可以通过单击状态栏中相应的视图切换按钮来实现。在普通视图或大纲视图模式下，编辑区的下方还会出现备注区，可以在其中输入备注内容。

PowerPoint 2016 的视图模式有普通视图、大纲视图、幻灯片浏览视图、备注页视图、阅读视图及幻灯片放映视图。

普通视图：是 PowerPoint 2016 的默认视图，在该视图下可以编辑单张幻灯片的内容，调整幻灯片的结构。制作幻灯片时，一般都在普通视图下进行操作。

大纲视图：在大纲窗格中显示演示文稿的文本内容和组织结构，不显示图形、图像、图表等对象。在大纲视图下编辑演示文稿，可以调整各幻灯片的前后顺序；在一张幻灯片内可以调整标题的层次级别和前后次序；可以将某幻灯片的文本复制或移动到其他幻灯片中。

幻灯片浏览视图：幻灯片以列表方式排列，在该视图下，可对幻灯片进行整体编辑，可重新排列、插入、复制、移动、删除幻灯片，但不能编辑单张幻灯片。

备注页视图：幻灯片和备注内容在一页内显示出来，可以编辑备注工作区中的内容，但不能编辑幻灯片中的内容。

阅读视图：这种视图是以窗口形式对演示文稿中的切换效果和动画效果进行放映，在放映过程中可以单击鼠标切换放映幻灯片。

幻灯片放映视图：可以查看幻灯片的放映效果，以及幻灯片中的动画、切换方式及声音效果。

任务实施

步骤 1：新建幻灯片文档。

启动 PowerPoint 2016，新建一个 PowerPoint 文档，并保存到文件夹下，取名为“海南三亚 .PPTX”。

步骤 2：选择“标题和内容”幻灯片版式。

步骤 3：添加幻灯片标题和文本。

（1）在“单击此处添加标题”框中输入“中国海南”。

（2）在“单击此处添加文本”框中输入有关海南的介绍文字。

步骤 4：新建幻灯片。

在“开始”选项卡中的幻灯片组中单击“新建幻灯片”按钮，以最近应用的版式创建一幻灯片“天涯海角”，或单击“新建幻灯片”下拉列表按钮，选择版式创建。

步骤 5：复制幻灯片。

（1）在大纲工作区中右击“天涯海角”幻灯片，在弹出的快捷菜单中单击“复制幻灯片”命令，把标题和内容的文本分别改为“呀诺达雨林”及相关文字。

（2）同理复制并修改相应的幻灯片为“槟榔谷”“兴隆咖啡园”“大小洞天”“三亚湾”等。

步骤 6：保存演示文稿。

完成操作后，大纲工作区中有多张幻灯片，按次序排列。

单击快速访问工具栏上的“保存”按钮，或单击“文件”→“保存”命令保存即可。

6.4.2 修饰演示文稿

“海南三亚”演示文稿制作完成，其内容很丰富，但是整体效果单一平淡，缺少美观的界面和融合的色彩。为了使幻灯片的界面具有丰富的视觉效果，可通过修饰演示文稿让幻灯片变得更加精美。

1. 文本格式的设置

利用“开始”选项卡中的“字体”功能组可以对文本格式进行设置，方法与 Word 和 Excel 的文本格式设置类似。

2. 幻灯片版式、母版和模板的设置

每个模板都至少包含一个幻灯片母版，每个幻灯片母版必须至少包含一种版式，它们之间的关系如图 6－4 所示。

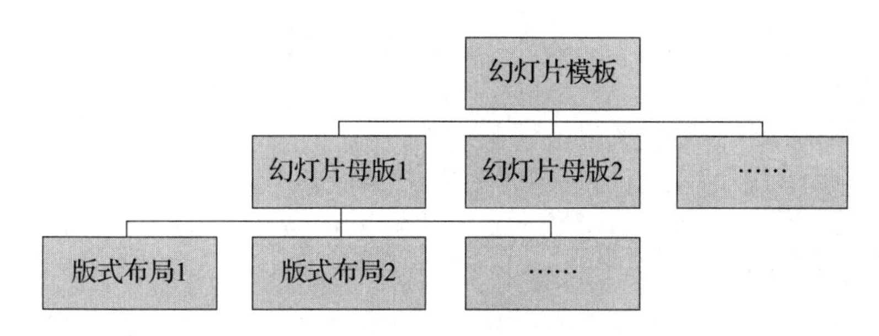

图 6－4 幻灯片模板、母版和版式的关系图

幻灯片母版通常用来制作统一的标志和背景，设置标题和主要文字的格式，包括文本的字体、字号、颜色和阴影等特殊效果。

幻灯片母版的内容对属于它的所有版式布局起作用；版式布局的内容仅对应用该版式的幻灯片起作用。在“幻灯片母版”视图下，可以修改、添加、删除幻灯片母版，还可以添加、删除、修改其所包含的版式布局。

可以看出，幻灯片呈现效果其实是由幻灯片母版、版式和其本身三者决定的。

如果将一个或多个幻灯片母版和若干张幻灯片另存为单个模板文件 .potx，就可以创建一个自定义的新模板。

3. 幻灯片的背景及配色方案

PowerPoint 2016 提供了绚丽的背景和配色效果，还允许自定义背景和配色方案，将渐变、纹理、图案、图片等填充效果作为背景可以使幻灯片具有丰富的视觉效果。

利用“设计”选项卡中的“主题”功能组可以进行主题的设置。要将选中的主题应用于全部幻灯片，只要单击该主题即可；若只应用于所选的幻灯片，必须右击所需的主题，在下拉列表中选择“应用于选定幻灯片”命令。

PowerPoint 2016 有多种自带的背景可以应用，在“设计”选项卡中选择“设置背景格式”可进行背景的设置。当自带的背景样式不能满足个性化的需求时，可利用“设置背景格式”任务框格进行个性化设置。

任务实施

步骤 1：打开演示文稿文档。

打开已经完成的演示文稿文档“海南三亚 .PPTX”。

步骤 2：修改幻灯片母版。

选择“视图”选项卡下的“幻灯片母版”按钮，进入母版编辑状态，把一张“海南三亚风光”图片插入第 1 张母版幻灯片中，单击“关闭母版视图”按钮，回到演示文稿普通视图，所有幻灯片的左下角都出现了“海南三亚风光”图片。如图 6－5 所示。

图 6－5　修改幻灯片母版

步骤 3：设置文本格式。

将第 1 张幻灯片中的标题“中国海南”设置为隶书、48 号、加粗、文字阴影、红色；将“中国海南”的文字介绍设置为楷体、32 号、蓝色。

分别单击其他各张幻灯片，将标题设置为黑体、44 号，将内容文字设置为楷体、32 号、蓝色。

步骤 4：应用幻灯片主题。

选中第 2 张幻灯片，单击“设计”→“主题”→“其他主题”下拉列表按钮，从列表中右击“环保”主题，单击“应用于选定幻灯片”命令。如图 6－6 所示。

图 6－6　应用幻灯片主题

步骤 5：设置背景颜色。

选中第 3 张幻灯片，单击"设计"选项卡，在"自定义"组中单击"设置背景格式"按钮，打开"设置背景格式"任务框格，选中"纯色填充"单选按钮，然后单击"颜色"下拉按钮，在出现的调色板中选择"浅绿"。

步骤 6：设置渐变背景。

选中第 4 张幻灯片，打开"设置背景格式"，选择"渐变填充"，设置"预设渐变：浅色渐变—个性色 1；类型：线性；方向：左下到右上；角度：300°"。如图 6－7 所示。

图 6－7　设置渐变背景

步骤 7：设置纹理背景。

选中第 5 张幻灯片，打开“设置背景格式”任务框格，选择“图案填充”，将纹理设置为“信纸”。

步骤 8：设置图案背景。

选中第 6 张幻灯片，打开“设置背景格式”任务框格，选择“图案填充”，将图案设置为“点线：5%”。

同理对第 7 张幻灯片进行设置。

步骤 9：保存演示文稿。

将演示文稿另存为“海南三亚 1.PPTX”。

6.4.3 编辑演示文稿对象

在演示文稿中，经常会用到一些图片、表格、图形、艺术字、声音、影片等对象，以直观形象地展示各类数据，使幻灯片变得更加形象生动。

1. PowerPoint 2016 中的图形

制作幻灯片时通常需要应用图形对象。图形对象主要包括剪贴画、图片、艺术字、自选图形等。利用“插入”选项卡可以进行图片、剪贴画、形状等的设置。插入相应的图形对象后，图形对象的位置、大小等往往需要用“图片工具”进行编辑。

2. PowerPoint 2016 中的表格

在制作幻灯片过程中，常需展示表格数据，利用表格组织内容会使其显示得更清晰。

3. PowerPoint 2016 中的图表

常用的图表有柱形图、折线图、饼图等，可以根据需要在幻灯片中添加不同的图表。PowerPoint 中的图表可以使各数据之间的关系更加直观地呈现出来，使幻灯片更加清楚地说明内容主题。

4. PowerPoint 2016 中的音频和视频

在制作幻灯片过程中，常需在幻灯片中插入音频、视频等媒体，以增加幻灯片的感染力和美感。

任务实施

步骤 1：打开演示文稿文档。

打开完成的演示文稿“海南三亚 1.PPTX”。

步骤 2：插入图片。

选中第 2 张幻灯片，单击“插入”→“图片”命令，打开“插入图片”对话框，选择资料包中的“三亚风光 .jpg”。选中图片，这时面板选项中会自动出现“图片工具”的“格式”选项卡，该选项卡下有“调整”“图片样式”“排列”“大小”功能组。对图片进行“裁剪”，调整高为 10cm、宽为 12cm，移动图片到合适的位置，并调整内容框大小。如图 6－8 所示。

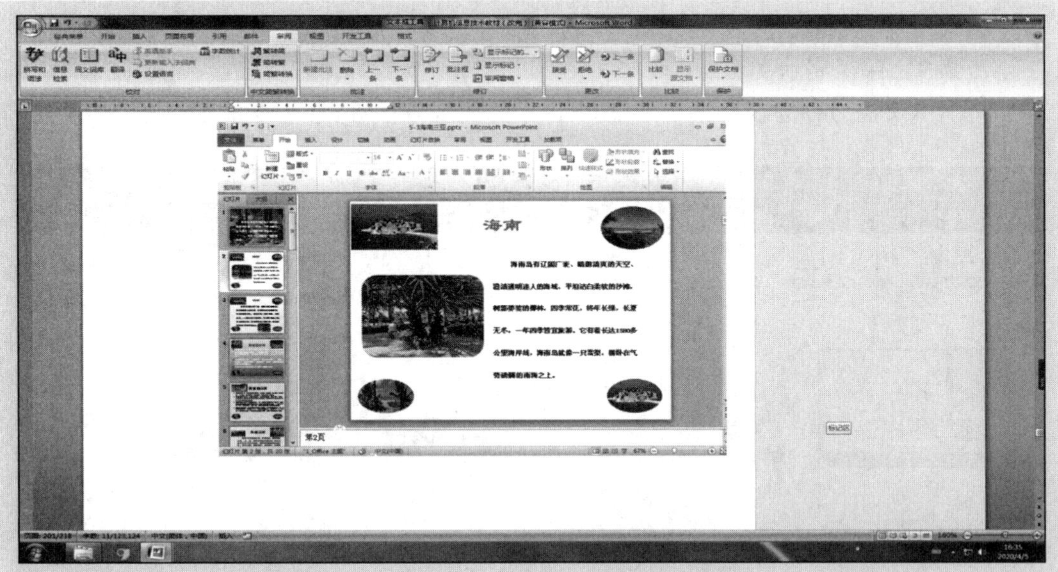

图6-8　插入和裁剪图片

同样，在“天涯海角”“呀诺达雨林”“槟榔谷”“兴隆咖啡园”“大小洞天”“三亚湾”等这几张幻灯片中，分别插入素材文件夹中提供的图片，调整大小和位置即可。

步骤3：修饰图片。

选中“天涯海角”幻灯片，选定图片，在“图片工具”→“格式”→“图片样式”中，选择“金属圆角矩形”样式。同样，在“呀诺达雨林”这张幻灯片中，为图片设置“金属椭圆”样式。

步骤4：设置艺术字。

在最后一张幻灯片后插入一张空白版式的新幻灯片。单击“插入”→“艺术字”按钮，插入并完成艺术字“海南欢迎您！”的设置。

步骤5：插入自选图形。

在第1张幻灯片后，插入一张空白版式的新幻灯片。单击“插入”→“插图”→“形状”下拉列表按钮，从列表中选择“泪滴形”，在幻灯片中绘制出该图形。单击“绘画工具”的“格式”选项卡，出现“形状样式”组，从下拉列表中选择“细微效果－蓝－灰，强调颜色6”。右击图形，从弹出的快捷菜单中单击“编辑文字”命令，输入文字“六大古镇”，并将文字“六大古镇”设为华文彩云、48号、红色。

步骤6：插入文本框。

在步骤5插入的幻灯片中，单击“插入”→“文本”→“文本框”→“横排文本框”按钮，在幻灯片中绘制出一个文本框，并在文本框中逐行输入“天涯海角、呀诺达雨林、槟榔谷、兴隆咖啡园、大小洞天、三亚湾”等，并设置为隶书、36号、深红色。选中文字，右键单击，在弹出的快捷菜单中给文字添加箭头项目符号。

步骤7：插入表格。

在最后一张幻灯片前插入一张空白版式的新幻灯片，在新幻灯片中添加一张2行6列的表格，输入相应的内容。

步骤8：插入乐曲。

选择第1张幻灯片，单击“插入”→“媒体”→“音频”→“文件中的音频”命令，插入“潜海姑娘 .mp3”乐曲。

步骤 9：保存演示文稿。

将演示文稿另存为“海南三亚 2.PPTX”。完成效果如图 6－9 所示。

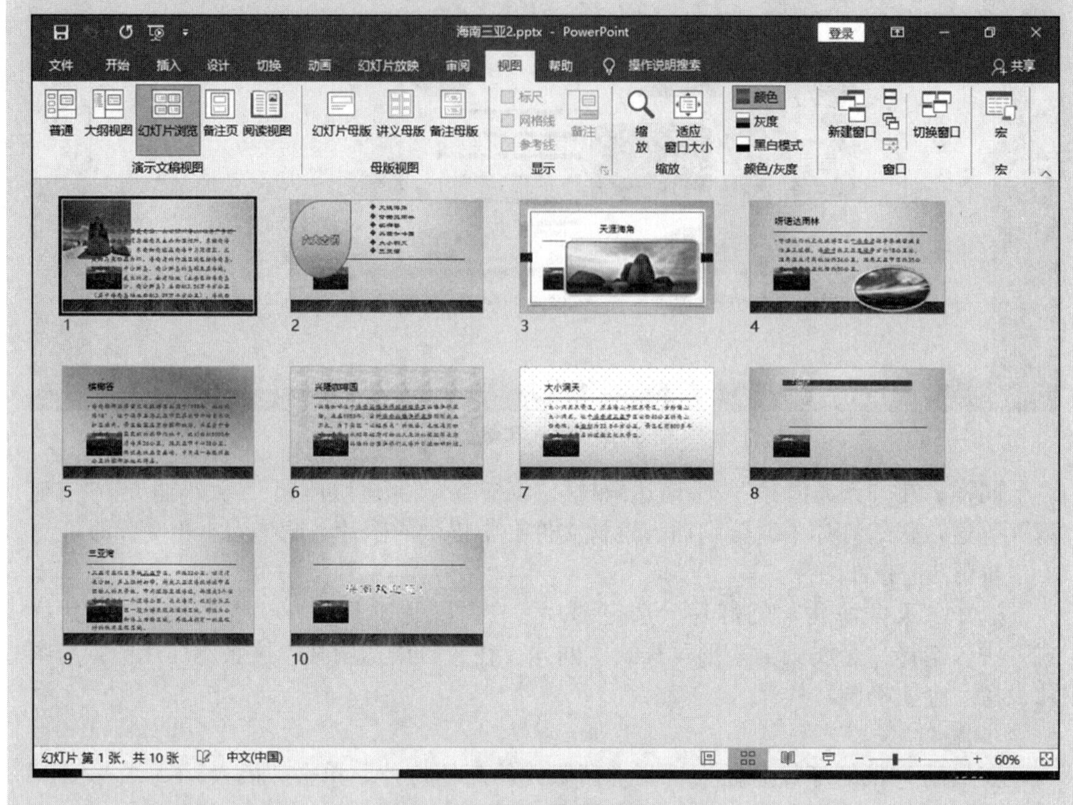

图 6－9　演示文稿任务完成效果

6.4.4　放映演示文稿

1. 超链接和动作按钮

新建的演示文稿，幻灯片都是按照顺序放映的，但有时需要幻灯片在放映时实现跳转，这时可利用 PowerPoint 中的超链接来实现。

在幻灯片中可以为文本或其他对象创建超链接，也可以利用动作按钮创建超链接。

2. 幻灯片的切换

在幻灯片放映过程中，从一张幻灯片进入另一张幻灯片时出现的类似动画的效果，就是幻灯片切换，如图 6－10 所示。幻灯片切换能使幻灯片放映的效果更加生动美观。

图 6－10　幻灯片切换效果

3. 动画的设置

制作幻灯片时可以为其中的对象设置动画效果，如图 6－11 所示，有标准方式和自定义（高级动画）方式两种。动画的设置可以使幻灯片在放映过程中呈现动画效果，更具有观赏性。

图 6－11　动画设置效果

4. 幻灯片的放映

单击“幻灯片放映”选项卡，在“开始放映幻灯片”组中再选择“从头开始”或“从当前幻灯片开始”，就可以进行幻灯片的放映了。演示文稿的放映方式可以自行设置，通过排练计时功能还可以实现自动播放。

5. 演示文稿的打包

当要将制作好的演示文稿拿到没有安装 PowerPoint 的计算机上播放时，可先将制作好的演示文稿打包。单击“文件”→“导出”→“将演示文稿打包成 CD”，就可以根据向导进行打包了。

任务实施

步骤 1：打开演示文稿文档。

打开演示文稿文档“海南三亚 2.PPTX”。

步骤 2：建立超链接。

为第 7 张“大小洞天”的“大小洞天”三字设置超链接，链接到“三亚湾”幻灯片。

步骤 3：设置动作按钮。

选中“三亚湾”这张幻灯片，单击“插入”→“插图”→“形状”按钮，插入“箭头总汇”中的“右弧形箭头”，适当调整大小，给“右弧形箭头”设置超链接动作，链接返回到“幻灯片 7”。

依据以上操作方法，给“天涯海角”“呀诺达雨林”“槟榔谷”“兴隆咖啡园”等名称分别设置超链接，链接到相对应的幻灯片中；给“天涯海角”“呀诺达雨林”“槟榔谷”“兴隆咖啡园”等幻灯片分别设置动作按钮，超链接到第 9 张幻灯片。

步骤 4：设置幻灯片切换方式。

把第 1 张幻灯片的过渡效果设置为“棋盘”，效果选项设置为“自左侧”。

步骤 5：设置标准动画效果。

选中第 1 张幻灯片，把标题“中国海南”的动画效果设置为单击时“自底部飞入”。

步骤 6：设置高级动画效果。

选中第 1 张幻灯片，同设置动画方式一样，先选取文本内容，再设置动画效果为“盒状”进入。

步骤 7：播放演示文稿。

选中任意一张幻灯片，单击“幻灯片放映”→“开始放映幻灯片”→“从头开始”按钮，就可以从第 1 张幻灯片开始播放。

步骤 8：保存演示文稿。

将演示文稿另存为“海南三亚 3.PPTX”。

知识拓展

1. 模板

PowerPoint 2016 中内置了多种设计模板，这些设计模板是为不同应用类型而设计的，如“古典型相册”“现代型相册”“宣传手册”等模板。

设置方法：单击“文件”→“新建”命令，在“新建”面板中单击“样本模板”，再单击“创建”即可。

2. 幻灯片的放映设置及相关功能

在不同的场合，可根据需要对幻灯片放映方式进行选择，以达到最佳的放映效果。

设置方法：单击“幻灯片放映”→“设置幻灯片放映”按钮，出现“设置放映方式”对话框，从中可以对放映类型、放映选项、放映幻灯片、换片方式等进行设置。

其中，放映类型有“演讲者放映”“观众自行浏览”“在展台浏览”等。

与幻灯片播放相关的两个实用功能是录制旁白和排练计时。利用录制旁白功能可以为幻灯片录制解说声音。利用排练计时功能可以记录幻灯片的手动播放过程，再根据排练过程自动播放，可以统计出放映整个演示文稿和放映每张幻灯片所需的时间。

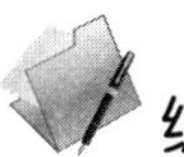

练习题

一、选择题

1. 下列格式的图形文件中，与设备无关、Windows 软件推荐使用的格式的是（　　）。

A. BMP　　B. PSD　　C. JPG　　D. GIF

2. 下列格式的文件中，同时支持静态、动态两种形式的是（　　）。

A. MOV　　B. GIF　　C. JPG　　D. AVI

3. 下列视频文件中，是 PC 上的全屏幕活动视频的标准文件，也称为系统文件或隔行数据流的是（　　）。

A. MOV　　B. DAT　　C. MPG　　D. AVI

4. 下列格式的文件中，是 Flash 动画文件格式，需要专门的播放器才能播放，所占内存空间小，在网页上使用广泛的是（　　）。

A. GIF　　B. FLC　　C. SWF　　D. MOV

5. 下列格式的图形文件中，文件非常小，而且可以调整压缩比，非常适合处理大量图像的是（　　）。

A. PCX　　B. EPS　　C. JPG　　D. BMP

6. PhotoShop CC 是（　　）软件。

A. 3D 设计软件　　B. 渲染软件　　C. 图像处理软件　　D. 动画制作软件

7. 在 Flash CC 中，保存文件默认的格式是（　　）。

A. SWF　　B. FLA　　C. BMP　　D. PSD

8. 在 PowerPoint 2016 中，可以整体上浏览所有的幻灯片效果，同时显示多张幻灯片，看到整个演示文稿的外观的视图是（　　）。

A. 幻灯片视图　　B. 幻灯片浏览视图

C. 大纲视图　　D. 备注页视图

9. 在普通视图的幻灯片窗格下，选择某个幻灯片按“Enter”键，可以实现（　　）操作。

A. 删除　　B. 移动　　C. 复制　　D. 插入

10. 视图切换区中的按钮有（　　）。

A.“普通视图”按钮　　B.“幻灯片浏览”按钮

C.“幻灯片放映”按钮　　C. 以上都对

11.PowerPoint 2016 文件默认的保存类型是（　　）。

A. .PPT　　B. .PPTX　　C. .PPS　　D. .PPSX

12. 演示文稿中系统默认的视图是（　　）。

A. 幻灯片浏览视图　　B. 幻灯片放映视图

C. 普通视图　　D. 备注页视图

二、填空题

1. 数字媒体技术主要研究与数字媒体信息的获取、________、存储、传播、管理、安全、输出等相关的理论、________、技术与系统。

2. 数字媒体技术具有数字化、________、趣味性、________和艺术性等特性。

3. 采集声音素材的方法有两类：一类是利用现成的素材或者对现成的素材进行修改后直接使用；另一类是____。

4. 数字视频的获取渠道有很多种，主要包括：从现成的数字视频库中截取、________、用数字摄像机直接摄录和视频数字化。

5. Pr 是 Premiere 的简称，是由 Adobe 公司推出的一款常用的________。

6. Maya 是 Autodesk 旗下的著名________软件。

7. 从沉浸式体验角度，虚拟现实技术可分为非交互式体验、________和群体-虚拟环境交互式体验等几类。

8. PowerPoint 2016 的视图方式有：普通视图、________、阅读视图、备注页视图和幻灯片浏览视图。

9. 要修改幻灯片母版上的内容，必须进入________视图进行操作。

10. 从当前幻灯片开始播放幻灯片的快捷键是________。

三、简答题

1. 声音信号的编码方式可以分成哪三大类？

2. 视频信号编码的国际标准有哪些？

3. 数字视频处理软件中的技术概念有哪些？

4. 虚拟现实技术的特征有哪些？

5. 一个完整的增强现实系统由哪三种常用的形式组成？

6. 增强现实技术的应用领域有哪些？

项目 7

信息安全基础

任务 1　信息安全概述

任务目标

1. 了解信息安全的含义；
2. 了解信息安全的现状及面临的挑战；
3. 掌握信息安全的特性；
4. 能根据实际情况采用正确的信息安全防护措施。

任务引入

我们在日常学习、工作和生活中，会用到各类信息，那么这些信息有没有安全隐患呢？答案显然是肯定的，我们使用的微信、QQ 等聊天工具的账号，银行卡等金融资金，各种重要的证件信息等，都存在被盗用、泄露的风险。

随着互联网搭建起的信息高速公路的快速发展，大数据、云计算及各类应用已渗透到我们的生活中，信息无处不在、无时不在，网络互通、快捷支付给我们带来便利的同时，也给我们带来了许多安全隐患。

请同学们认真思考，我们面临着哪些信息安全隐患呢？

相关知识

7.1.1　信息安全的含义及我们面临的挑战

1. 信息安全的含义

信息安全是指为防止意外事故和恶意攻击而对信息基础设施、应用服务和信息内容的保密性、完整性、可用性、可控性和不可否认性进行的安全保护。

信息安全作为一个更广泛的研究领域，对应信息化的发展，它包含了信息环境、信息网络和通信基础设施、媒体、数据、信息内容、信息应用等多个方面的安全需要。

2. 信息安全的现状及面临的挑战

（1）互联网体系结构的开放性带来的问题。

网络基础设施和协议的设计者遵循着这样一条原则：尽可能创造用户友好性、透明性高的接口，使得网络能够为尽可能多的用户提供服务。但这也带来了另外的问题，一方面用户容易忽视系统的安全状况，另一方面也引来了不法分子利用网络的漏洞来满足个人的目的。

（2）网络基础设施和通信协议的缺陷，以及网络应用高速发展带来的问题。

数据包网络需要在传输节点之间存在一个信任关系，来保证数据包在传输过程中拆分重组的正常进行。由于在传输过程中，数据包需要被拆分、传输和重组，因此必须保证每一个数据包以及中间传输单元的安全，然而，目前的网络协议并不能做到这一点。

自从20世纪60年代早期诞生之后，互联网经历了快速的发展，特别是最近十多年间，用户使用数量和联网的电脑数量有了爆炸式的增加，各种各样的信息安全问题也暴露了出来。

（3）黑客及恶意软件。

在计算机发展的早期，黑客通常是指那些精于使用计算机的人。现在的黑客则是指试图突破信息系统安全、侵入信息系统的非授权用户。

黑客主要包括以下几种：窃取商业秘密的间谍；意在破坏对手网站的和平活动家；打探军事秘密的间谍；热衷于恶作剧的人。

恶意软件是指在未明确提示用户或未经用户许可的情况下，在用户计算机或其他终端上安装运行，侵犯用户合法权益的软件，最典型的就是广告弹出。

（4）操作系统漏洞。

每一款操作系统问世的时候，本身都会存在一些安全问题或技术缺陷，操作系统的安全漏洞是不可避免的，只能在使用过程中逐渐完善。

（5）公司内部安全问题。

现在绝大多数的安全系统都会阻止恶意攻击者靠近系统，用户面临的更为困难的挑战是控制防护体系的内部人员进行破坏活动。

7.1.2 信息安全的特性及风险评估

1. 信息安全的特性

信息安全的基本目标又称信息安全五性，是指信息的保密性、完整性、可用性、可控性和不可否认性。下面我们深入理解一下信息安全的这五个特性。

（1）保密性。

当数据离开一个特定系统，例如网络中的服务器，就会暴露在不可信的环境中。保密性服务就是通过加密算法对数据进行加密，以确保其即使处于不可信环境中也不会泄露。

在网络环境中，对数据保密性构成最大威胁的是嗅探者。嗅探者会在通信信道中安装嗅探器，检查所有流经该信道的数据流量。加密算法是对付嗅探器的最好手段。

（2）完整性。

完整性服务用于保护数据免受非授权的修改。数据在传输过程中会处于很多不可信的环境，其中一些攻击者会试图对数据进行恶意修改。

（3）可用性。

可用性服务用于保证合法用户对信息和资源的使用不会被不正当地拒绝，即当需要时能够正常存取和访问信息。各种对网络的破坏、身份否认、拒绝以及延迟使用都会破坏信息的可用性。

（4）可控性。

可控性的关键是对网络中的资源进行标识，通过身份标识达到对用户进行认证的目的。一般系统会通过使用“用户所知”或“用户所有”来对用户进行标识，从而验证用户是否是其声称的身份。

（5）不可否认性。

不可否认性服务用于追溯信息或服务的源头，这里有个重要的概念：数字签名。数字签名技术可以使其信息具有不可替代性，而信息的不可替代性可以导致两种结果：在认证过程中，双方通信的数据可以不被恶意的第三方肆意更改；信息具有高认证性，并且不会被发送方否认。

2. 信息安全风险评估

（1）信息资产确定。

信息资产大致分为物理资产、知识资产、时间资产和名誉资产四类。

1）物理资产：是指具有物理形态的资产。例如：服务器、网络连接设备、工作站等。

2）知识资产：其可以以任意的信息形式存在。例如：一些系统软件、数据库或者组织内部的电子邮件等。

3）时间资产：对于组织与企业来说，时间也属于一种宝贵的财产。

4）名誉资产：公众对于一个企业的看法与意见也可以直接影响其业绩，所以名誉也属于一种重要的资产，需要被保护。

（2）信息安全评估。

信息安全要根据安全漏洞、安全威胁和安全风险三者的关系进行评估，如图7-1所示。

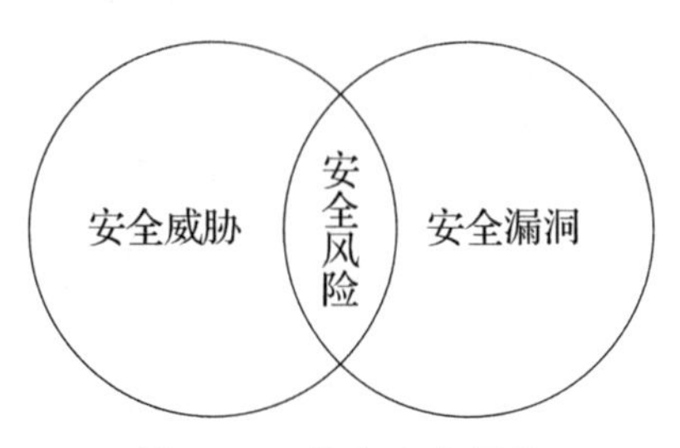

图7-1 信息安全评估

安全威胁是一系列可能被利用的隐患，安全漏洞存在于系统之中，可以用于越过系统的安全防护，当安全漏洞与安全威胁同时存在时就会存在安全风险。

任务实施

我们身边有哪些信息安全问题，我们又面临着哪些信息安全风险？

1. 学生利用网络查询相关资料，利用关键字在互联网上收集资料，然后分组讨论、整理、汇总、讲解。

2. 教师根据各组整理讲解情况进行点评、总结，完成任务实施。

知识拓展

通过风险管理寻求解决安全风险的办法

风险管理包括四个部分：风险规避、风险最小化、风险承担、风险转移。

（1）风险规避。

此方法为最简单的风险管理方法，当资产收益远大于操作该方法所损失的收益时可使用。例如，一个系统可能把员工与外界进行邮件交换视为一个不可接受的安全威胁，因为它认为这样可能会把系统内部的秘密信息发布到外部环境中去，所以系统就直接禁用邮件服务。

（2）风险最小化。

对于系统来说，风险最小化是最为常见的风险管理方法，该方法的具体做法是管理员实施一些预防措施来降低资产面临的风险。例如，对于黑客攻击 Web 服务器的威胁，管理员可以在黑客与服务器主机之间建立防火墙来降低攻击发生的概率。

（3）风险承担。

管理者可能选择承担一些特定的风险并将其造成的损失当作运营成本，这一方法称为风险承担。

（4）风险转移。

利用保险等方式降低风险的风险管理方法，称为风险转移。

任务 2 信息安全策略

任务目标

1. 了解信息安全相关的法律、法规；
2. 了解信息安全等级保护机制；
3. 了解常见信息系统恶意攻击的形式和特点；
4. 了解常用的安全检测工具。

任务引入

通过本项目任务 1 的学习，我们了解了信息安全的基本概念，以及我们面临的信息安全威胁。我们学习、生活的方方面面都处在各种信息的包围中，难免遇到和我们自身息息相关的信息问题，甚至会不经意中触犯法律。下面我们通过案例分析，来学习一些信息安全方面的法律法规，了解常见的攻击威胁，学习利用技术手段、法律手段保护信息安全。

案例 1：李国华是一名计算机记录员，在一个数据收集记录部门工作，可以访问企业高管财产税记录的相关文件。为了做一项科学研究，王爱民被授权访问记录的数字部分，但无权访问相关人的姓名部分。王爱民找到了想要使用的一些信息，但是需要对应的姓名和地址信息，于是他向李国华索要相关人的姓名、地址，以便与这些研究对象进行联系，从而获得更多信息，开展进一步研究。

这涉及一些与信息相关的法律法规，我们一起来分析一下，李国华是否可以将姓名、地址信息告诉王爱民呢？

（1）工作权限与责任问题。记录员没有权力决定数据信息是否可以给别人使用，应该请示上级。

（2）隐私数据使用问题。科学研究只能访问统计数据，而不能随便访问涉及个人隐私的信息数据。

（3）使用隐私数据动机问题。声称做研究用，但也可能有其他目的。

（4）工作权限的确定问题。只允许访问统计数据，不允许访问个体姓名、地址，说明科学研究只能在此范围内完成。

类似的如开展医学研究时要访问医疗疾病数据，同样存在隐私问题。

案例 2：苏某通过合法渠道购买了一个软件包。这是一个私人软件包，受版权保护，并有一个许可协定，声明此软件只供购买者本人使用。苏某向李四展示了这个软件，李四很满意，但是李四想进一步试用，至此还没有出现问题。

请同学们思考，出现下面的情况，谁会受到影响，涉及哪些问题：

（1）苏某将软件拷贝了一份给李四使用，并且李四使用了一段时间。

（2）苏某将软件拷贝了一份给李四使用，并且李四使用了一段时间后，自己也购买了一份。

（3）苏某将软件拷贝了一份给李四使用，但条件是李四在第二天早上必须归还，且不能自行拷贝，但李四在归还之前自行拷贝了一份。

相关知识

7.2.1 保证信息安全的法律法规

信息安全问题很早就受到各国重视。美国1974年就出台了《隐私法案》，1987年制定了《计算机安全法》；欧洲的德国、法国、英国等国家很早就有了通信和信息方面的法律法规；新加坡1996年就对互联网络实行管制并分类实施许可制度。我国对信息安全也非常重视，出台了一系列法律法规。

1. 我国信息安全法律法规的发展和完善

自1994年我国颁布第一部有关信息安全的行政法规——《计算机信息系统安全保护条例》以来，伴随着信息技术特别是互联网技术的飞速发展，我国在信息安全领域的法制建设工作取得了令人瞩目的成绩，涉及信息安全的法律法规体系已经基本形成，主要包括以下几个层面：

（1）信息安全相关法律。

最主要的就是《宪法》《刑法》，此外还有《保守国家秘密法》《专利法》《著作权法》《电子签名法》《电子商务法》等。

（2）信息安全相关行政法规。

行政法规是指国务院为执行宪法和法律而制定的法律规范。信息安全相关行政法规主要有《计算机信息系统安全保护条例》《计算机信息网络国际联网管理暂行规定》《商用密码管理条例》《电信条例》《互联网信息服务管理办法》《计算机软件保护条例》《互联网上网服务营业场所管理条例》，等等。

（3）信息安全方面的相关部门章程。

如公安部出台的《计算机信息系统安全专用产品检测和销售许可证管理办法》《计算机信息网络国际联网安全保护管理办法》、文化部出台的《互联网文化管理暂行规定》等。

（4）信息安全地方相关法规。

如《北京市政务与公共服务信息化工程建设管理办法》《辽宁省计算机信息系统安全管理条例》等。

2. 法律法规的约束

信息安全相关法律法规不仅仅是打击信息违法犯罪的有力武器，它对我们每一名公民也同样有着相关行为的约束力。正如“任务引入”中介绍的案例，我们每个人都有可能接触到相关情况，我们要学法、懂法，既要自由遨游在信息的海洋中，也要学会用法律武器保护自己的合法权益。

近几年出台的《网络安全法》《通信短信服务管理规定》《互联网用户账号名称管理规定》《App违法违规收集使用个人信息行为认定方法》等法律法规，和我们每个人都是息息相关的。

3. 信息安全等级保护机制

信息安全等级保护，是对信息和信息载体按照重要性等级分级别进行保护的一种工作。信息安全等级保护工作包括定级、备案、安全建设和整改、信息安全等级测评、信息安全检查五个阶段。

信息系统安全等级测评是验证信息系统是否满足相应安全保护等级的评估过程。信息安全等级保护要求不同安全等级的信息系统应具有不同的安全保护能力，具体包括两个方面：一方面，通过在安全技术和安全管理上选用与安全等级相适应的安全控制来实现；另一方面，分布在信息系统中的安全技术和安全管理上的不同安全控制，通过连接、交互、依赖、协调、协同等相互关联关系，共同作用于信息系统的安全功能，使信息系统的整体安全功能与信息系统的结构以及安全控制间、层面间和区域间的相互关联关系密切相关。因此，信息系统安全等级测评在安全控制测评的基础上，还要包括系统整体测评。

《信息安全等级保护管理办法》规定，国家信息安全等级保护坚持自主定级、自主保护的原则。信息系统的安全保护等级应当根据信息系统在国家安全、经济建设、社会生活中的重要程度，信息系统遭到破坏后对国家安全、社会秩序、公共利益以及公民、法人和其他组织的合法权益的危害程度等因素确定。

信息系统的安全保护等级分为以下五级（一至五级等级逐级增高）：

第一级，信息系统受到破坏后，会对自然人、法人和非法人组织的合法权益造成损害，但不损害国家安全、社会秩序和公共利益。第一级信息系统运营、使用单位应当依据国家有关管理规范和技术标准进行保护。

第二级，信息系统受到破坏后，会对自然人、法人和非法人组织的合法权益产生严重损害，或者对社会秩序和公共利益造成损害，但不损害国家安全。国家信息安全监管部门对该级信息系统安全等级保护工作进行指导。

第三级，信息系统受到破坏后，会对社会秩序和公共利益造成严重损害，或者对国家安全造成损害。国家信息安全监管部门对该级信息系统安全等级保护工作进行监督、检查。

第四级，信息系统受到破坏后，会对社会秩序和公共利益造成特别严重损害，或者对国家安全造成严重损害。国家信息安全监管部门对该级信息系统安全等级保护工作进行强制监督、检查。

第五级，信息系统受到破坏后，会对国家安全造成特别严重损害。国家信息安全监管部门对该级信息系统安全等级保护工作进行专门监督、检查。

经过二十多年的发展，我国于 1994 年确立的计算机信息系统安全等级保护制度逐渐发展成熟，有力地保障了国家信息安全。2017 年 6 月 1 日开始实施的《中华人民共和国网络安全法》，明确将国家网络安全等级保护制度上升为法律要求。至此，我国等级保护制度在经验逐渐成熟的基础上继续发展。2019 年 5 月，网络安全等级保护 2.0 国家标准体系正式发布，于 2019 年 12 月 1 日正式实施，主要包括《信息安全技术　网络安全等级保护基本要求》《信息安全技术　网络安全等级保护测评要求》《信息安全技术　网络安全等级保护安全设计技术要求》等国家标准，既是健全完善相关法律规范体系的需要，也为解决等级保护现实问题提供了契机，成为等级保护创新发展的驱动力。

相较于 2007 年实施的《信息安全等级保护管理办法》所确立的等级保护 1.0 国家标

准体系，2.0 标准体系是为了适应现阶段网络安全的新形势、新变化以及新技术、新应用发展的要求而制定的。信息安全等级保护制度是国家信息安全保障工作的基础，也是一项事关国家安全、社会稳定的政治任务，通过开展等级保护工作，发现企业网络和信息系统与国家安全标准之间存在的差距，找到目前系统存在的安全隐患和不足，通过安全整改，提高信息系统的信息安全防护能力，降低系统遭遇各种攻击的风险。

7.2.2 网络安全与攻击防范

1. 网络安全的重要性和意义

计算机网络天生具有开放性、共享性、分散性等特性，为社会进步提供了巨大推动力，但也带来了泄密、侵入、破坏等诸多问题，使国家利益、社会公共利益、各类主体的合法权益受到威胁，因此，保护网络安全是极其重要的。

（1）从不同角度看网络安全。

1）从用户（个人、企业等）角度来看，他们希望涉及个人隐私或商业利益的信息在网络上传输时其机密性、完整性和真实性能够受到保护，避免其他人或对手利用窃听、冒充、篡改、抵赖等手段访问和破坏，侵犯用户的利益和隐私。

2）从网络运行和管理者角度来看，他们希望对本地网络信息的访问、读写等操作受到保护和控制，避免出现“陷门”、病毒、非法存取、拒绝服务和网络资源非法占用和非法控制等威胁，制止和防御网络黑客的攻击。

3）从安全保密部门角度来看，他们希望对非法的、有害的或涉及国家机密的信息进行过滤和防堵，避免机要信息泄露，避免对社会产生危害，对国家造成巨大损失。

4）从社会教育和意识形态角度来看，网络上不健康的内容，会对社会的稳定和人类的发展造成阻碍，必须对其进行控制。

（2）网络安全的需求。

1）敏感信息对安全的需求。

对涉及产权信息，政府、企业、团体、个人的机密信息和隐私信息等进行保护。

2）网络应用对安全的需求。

各种各样的网络应用需要可用性、完整性、非否认性、真实性、可控性和可审查性等方面的保护。

2. 网络的脆弱性

（1）终端硬件系统的脆弱性。终端硬件系统缺乏专门的安全设计，体系结构简化，导致资源被随意使用。

（2）操作系统的脆弱性。操作系统不安全，是计算机不安全的根本原因。

（3）网络系统的脆弱性。网络体系结构各个层次都存在安全问题，还有计算机硬件系统的故障、软件本身的“后门”、软件的漏洞等。

（4）数据库管理系统的脆弱性。DBMS 往往达不到应有的安全级别。

（5）防火墙的局限性。防火墙一般仅在网络层设防，在外围对非法用户和越权访问进行封堵。

（6）天灾人祸。如地震、雷击等，轻则造成工作混乱，重则导致系统中断或造成无法估量的损失。

（7）安全管理不到位。管理不完善也会带来重大的安全隐患。

3. 网络安全基本防护措施

（1）物理安全。包括物理访问控制措施、敏感设备的保护、环境控制等。

（2）人员安全。包括对工作岗位敏感性的划分、雇员的筛选，同时包括对人员的安全培训。

（3）管理安全。包括对进口软件和硬件的控制、安全事件的调查、安全责任的追查等。

（4）媒体安全。信息存储媒体（介质）的安全防护。

（5）辐射安全。对射频及其他电磁辐射进行控制。

（6）生命周期控制。对系统的设计、实施、评估进行保护，对程序的设计标准和日志记录进行控制。

7.2.3　典型的攻击与应对措施

1. 攻击及其相关概念

攻击：是指在未授权的情况下访问系统资源或阻止授权用户正常访问系统资源。

攻击者：是指实施攻击行为的主体，可以是一个个体，也可以是一个团体。

攻击的类型：军事情报攻击、商业金融攻击、恐怖袭击、基于报复的攻击、以炫耀为目的的攻击等。

2. 安全事件

扫描：就是动态地探测系统中开放的端口，通过分析端口对某些数据包的响应来收集网络和主机的情况。

非授权访问：是指越过访问控制机制，在未授权的情况下对系统资源进行访问，或是非法获得合法用户的访问权限后对系统资源进行访问。

恶意代码：可以是一个程序、一个进程，也可以是其他的可执行文件，其共同特征是可以引发对系统资源的非授权修改或其他的非授权行为。常见的恶意代码有病毒、蠕虫、木马、网络控件。

拒绝服务：破坏数据的可用性，造成系统停止工作或瘫痪。

3. 常见的攻击方式及应对措施

（1）后门攻击。

后门攻击是指通过后门绕过软件的安全性控制从而获取程序或系统访问权的方法。后门攻击程序的编写者能够利用后门获取非授权的数据。

预防后门攻击最好的方法就是通过加强控制和安全关联测试来检验后门是否存在，并在发现后门时及时采取措施。

（2）暴力攻击。

暴力攻击是指通过尝试系统可能使用的所有字符组合来猜测系统口令。

预防暴力攻击，就要小心保管系统口令并在系统中设置允许输入口令次数的最大值，若超过这个数值，账号就会被自动锁定。同时要对登录行为进行日志记录，可以在日后用于调查。

（3）缓冲区溢出。

缓冲区溢出是指使存储的字符串长度超过目标缓冲区存储空间而覆盖在合法数据上进行攻击。该攻击方式一般有以下两种具体攻击方法：

植入法：攻击者向被攻击的程序输入一串字符串，程序会将这个字符串放到缓冲区，字符串内包含的可能是被攻击平台的指令序列。缓冲区可以设在任何地方，如堆栈、堆或静态存储区。

利用已经存在的代码：很多时候，攻击者需要的代码已经存在于被攻击的程序中，攻击者要做的就是传递一些参数。

应对缓冲区溢出的措施有数组边界检查、将缓冲区属性设为不可执行、保护缓冲区返回地址等。

（4）拒绝服务攻击。

拒绝服务攻击是指摧毁系统的可用性，导致系统过于繁忙以至于没有能力去响应合法的请求。

应对拒绝服务攻击的措施有：安装入侵检测系统，检测拒绝服务攻击行为；安装安全评估系统，先于入侵者进行模拟攻击，以便及早发现问题并解决；安装防火墙，禁止访问不该访问的服务端口，过滤不正常的畸形数据包。

（5）中间人攻击。

中间人攻击是指通过各种技术手段将受入侵者控制的一台计算机虚拟放置在网络连接中的两台通信计算机之间，然后用这台计算机模拟一台或两台原始计算机，使“中间人”（入侵者放置的计算机）能够与原始计算机建立活动连接，而两台原始计算机用户却意识不到“中间人”的存在，只以为是和彼此进行通信。我们熟悉的 ARP 攻击就是中间人攻击。

防止中间人攻击的方法有两种：第一种是建设安全可靠的点对点连接，这样就排除了其他任何设备的介入；第二种是只使用可信的安全网关进行通信。如果通信环境复杂可以采取跳板技术、随机扰码等技术手段增加安全性。

（6）社会工程学攻击。

社会工程学攻击是指利用被攻击者的心理弱点、本能反应、好奇心、信任、贪婪等，以交谈、欺骗、假冒等方式，从合法用户那里套取用户系统秘密的一种攻击方法。

对付这种类型攻击的最有效的方法就是加强安全意识教育。要让用户记住任何情况下都不能向其他人泄露自己的口令，任何想要进入系统的用户都应该被及时报告给上级。通过这些简单的规则可以有效地降低社会工程学攻击。

（7）对敏感系统的非授权访问。

大部分非授权访问攻击的目标都是系统的敏感信息。一种情况是攻击者获取具有经济价值的信息，例如关于某个投资项目竞标的信息；另一种情况是攻击者进入数据库窜改信息。

4. 一般安全事件处理的步骤

（1）检测安全事件是否发生。

（2）控制事件所造成的损害。

（3）将事件与事件造成的损害上报给合适的认证方。

（4）调查事件的起因、来源。

（5）分析搜索到的线索。

（6）采取必要的行动以避免类似事件再次发生。

7.2.4 常用的安全检测工具

为了应对各种网络攻击威胁，需要用各类攻击检测工具及模拟攻击的手段来发现潜在威胁，及时修复漏洞。

1. 安全检测的常用工具

安全检测的工具分为两大类：收费的，一般是网络安全公司开发的收费软件；免费的，如开源爱好者和组织开发的免费软件。

安全检测工具有很多，检测的侧重点各不相同，下面我们选择主流的检测工具做一下简单介绍。

（1）端口扫描器：Nmap。

Nmap（Network Mapper）是一款著名的基于控制台的用来扫描端口和绘制网络拓扑图的免费开源黑客工具。Nmap 被用于发现网络、检查开放端口、管理服务升级计划，以及监视主机或服务的正常运行时间。Nmap 是一种使用原始 IP 数据包的工具，以非常创新的方式确定网络上有哪些主机，主机上的那些服务（应用名称和版本）提供什么数据，是什么操作系统和什么类型、什么版本的包过滤 / 防火墙正在被目标使用。使用 Nmap 的好处之一就是管理员用户能够确定网络是否需要打包。

（2）Fiddler 工具。

可抓取 Web 报文，并可构造报文，进行 Web 接口测试。

（3）网络漏洞扫描器：Acunetix。

Acunetix 是一款非常受欢迎并且非常方便使用的自动漏洞扫描器，Acunetix 能够抓取和扫描网站和 Web 应用的 SQL 注入、XSS、XXE、SSRF 和主机头攻击以及其他 500 多个 Web 漏洞。

（4）漏洞监测工具：Metasploit。

Metasploit 是一款漏洞利用工具，可以用来执行各种各样的任务，它是网络安全专业人员和白帽黑客必不可少的工具。同时它也是最著名的一个开源框架，可用于开发和执行针对远程目标机器的 POC 的工具。Metasploit 本质上是为用户提供关于已知的安全漏洞的关键信息，帮助制订渗透测试和系统测试计划、漏洞利用的策略和方法。

（5）数字取证工具：Maltego。

Maltego 是一款数字取证工具，与其他取证工具不同的是，它在数字取证范围内工作，为企业网络或局域网络提供一个整体的网络运行情况和网络威胁画像。Maltego 的核心功能是分析真实世界中可触及的公开互联网信息之间的关系，包括“踩点”互联网基础设施以及收集拥有这些设施的企业组织和个人的信息。Maltego 非常受欢迎的原因是它提供了一个范围广泛的图形化界面，通过聚合信息可即时准确地看到各个对象之间的关系，这使我们可以看到隐藏的关联，即使它们是三重或四重的分离关系。它同时提供了基于实体的网络资源，聚合了整个网络的信息——无论是网络的脆弱路由的当前配置，还是当前员工的国际访问，Maltego 都可以定位、汇总并可视化这些数据。

（6）网络漏洞扫描器：OWASP Zed。

Zed 的代理攻击（ZAP）是一款非常流行的 Web 应用程序渗透测试工具，用于发现应用漏洞。它经常被具有丰富经验的安全专家所用，对于开发人员和功能测试人员来说，它也是非常理想的测试工具箱。ZAP 受欢迎是因为它有很多扩展支持，OWASP 社区是一个很好进行网络安全研究的资源地。ZAP 还提供自动扫描以及很多扫描网络安全漏洞的工具。

（7）手动分析包工具：Wireshark。

如果说 Nmap 是黑客工具的第一名，那 Wireshark 肯定是第二受欢迎的工具。Wireshark 是一款非常流行的网络协议分析器工具，更确切地说，它是一个有效分析数据包的开源平台，可以用于检查办公网络或家庭网络中的各种东西，被成千上万的安全研究者用于排查、分析网络问题和网络入侵。用户可以实时捕获数据包并分析数据包以找到与网络相关的各种信息。该工具支持 Windows、Linux、OSX、Solaris、FreeBSD 和其他平台。Wireshark 已经高度发达，具有过滤器、彩色标注等细节功能，能够让用户深入了解网络流量和检查每个数据包。

（8）密码破解工具：THC Hydra。

THC Hydra 是一款非常流行的密码破解工具，有一个非常活跃且经验丰富的开发团队开发维护，支持 Windows、Linux、FreeBSD、Solaris 和 OSX 等操作系统。THC Hydra 是一个快速稳定的网络登录攻击工具，它使用字典攻击和暴力攻击，尝试大量的密码和登录组合来登录页面。它可以对超过 50 个协议执行高效的字典攻击，包括邮件（POP3、IMAP 等）、LDAP、SMB、VNC、SSH、Telnet、FTP、HTTP、HTTPS，以及多种类型的数据库。用户可以轻松添加模块到该工具中，以增强其功能。

（9）Web 服务器扫描工具：Nikto Website Vulnerability Scanner。

Nikto 也是一款经典的黑客工具，它是一款开源的 Web 服务器扫描工具，综合扫描 Web 服务器中具有潜在危险的文件、CGI、版本检查、特定版本的问题。被扫描项目和插件可以进行自动更新。Nikto 也可以检查服务器配置项，比如多索引文件的存在、HTTP 服务选项，还可以标识已安装的 Web 服务器和 Web 应用程序。Nikto 也算是半个 IDS 工具了，所以它在进行白帽渗透测试或白盒渗透测试时是非常有用的。

2. Nmap 检测工具简介

上面介绍了几款检测工具，下面我们以 Nmap 为例做简单的介绍。Nmap 可以在 Linux 系统、Windows 系统或 Dos 命令环境下运行，为了便于理解，我们在 Windows 环境下对其使用做简单介绍。

（1）双击图标打开 Zenmap（注：Zenmap 是 Nmap 官方提供的图形界面），如图 7－2 所示。

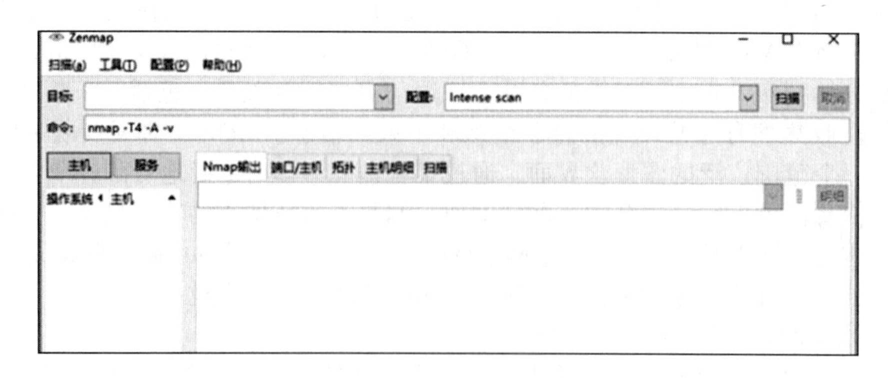

图 7－2　打开 Zenmap

（2）假设我们要扫描一个网段，那么在命令框中输入 nmap -p 1-65535 -T4 -A -v IP

网段（如 ××.××.××.0/24 是一个 c 段），然后单击“扫描”。

（3）如果要扫描一台主机，则输入 nmap -p 1-65535 -T4 -A -v 单个 IP。如图 7－3 所示是遮挡住 IP 的单台主机扫描。

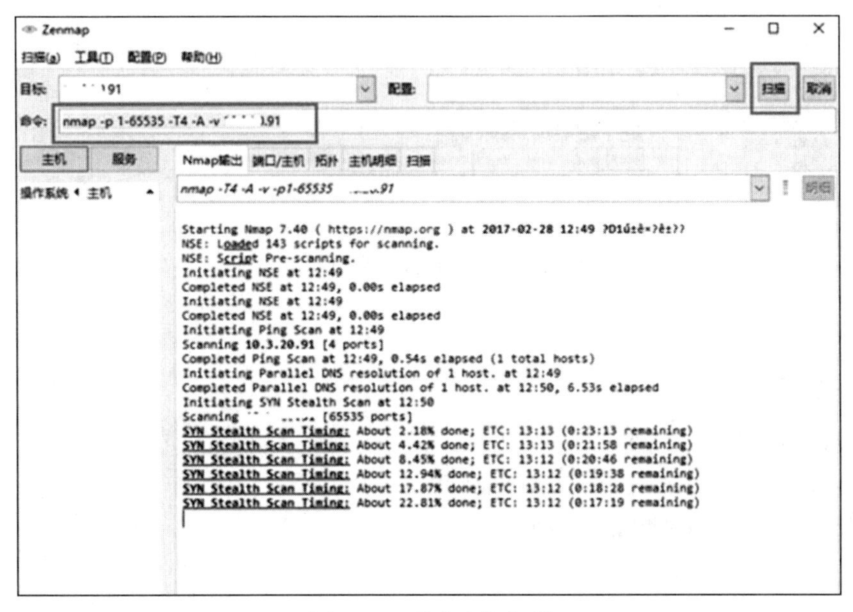

图 7－3　单台主机扫描

（4）标志停止跳动后，说明扫描结束了，如图 7－4 所示。

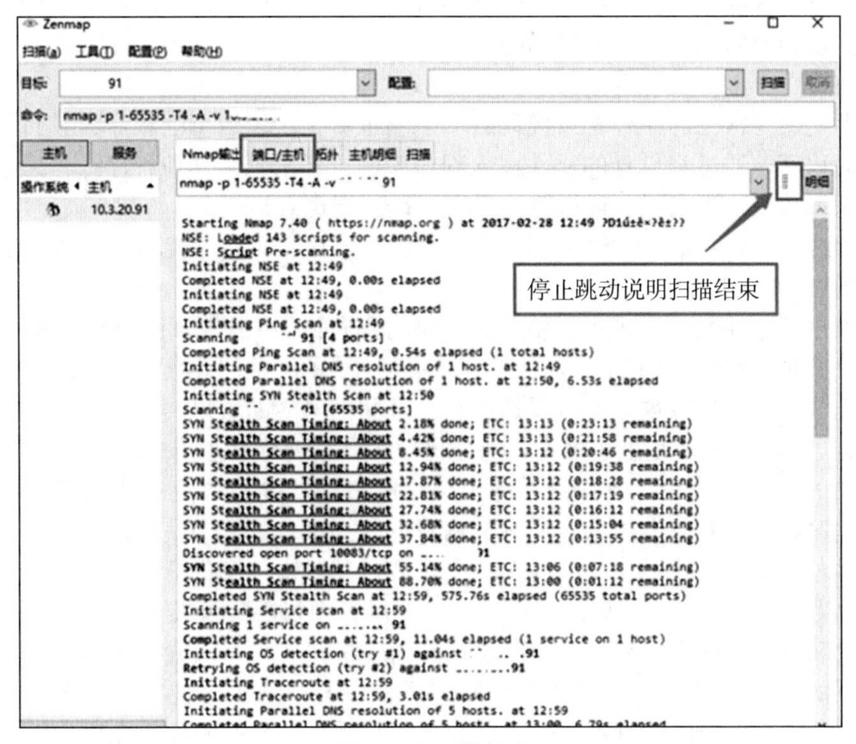

图 7－4　扫描结束

（5）可以单击“端口 / 主机”查看扫描结果，如图 7－5 所示，表示发现该主机的 10083 端口存在 weblogic 服务，那么你就可以进行下一步的 awvs 扫描了。

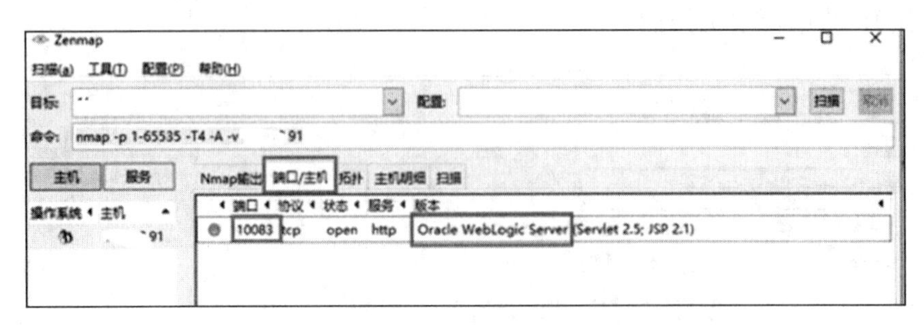

图 7－5　扫描结果分析

任务实施

1. 根据所学知识，分析“任务引入”中的案例存在哪些信息安全问题，该如何解决。学生分组讨论并完成任务，老师总结、点评。

2. 使用 Nmap 工具进行检测演练。

知识拓展

通过学习，我们知道了恶意代码有病毒、蠕虫、木马、网络控件，它们有哪些特征？我们该如何防范这些恶意代码呢？

1. 病毒

病毒是最为常见的一种恶意代码，一个病毒就是一段简单的程序，其目的在于寻找其他的程序，通过将自身的复件嵌入程序中的方式来感染其他程序，被感染的程序就称作病毒宿主，当主程序运行时，病毒代码同样也会运行。

病毒的特点是需要一个用于感染的宿主，脱离宿主，病毒就不能自我复制。

2. 蠕虫

蠕虫也称蠕虫病毒，是病毒的一种，具有病毒的传播性、隐蔽性、破坏性等特性。蠕虫的破坏性比一般的病毒更强。蠕虫可分为两种：一种是针对计算机网络的，利用系统漏洞主动进行攻击，可以造成整个互联网瘫痪的后果；另一种是针对个人主机的，通过网络（主要是电子邮件、恶意网页形式）进行迅速传播。

蠕虫的传播过程是：先扫描，即由蠕虫的扫描功能模块负责探测存在漏洞的主机。当程序向某个主机发送探测漏洞的信息并收到成功的反馈信息后，就得到一个可传播的对象。接下来攻击模块按漏洞攻击步骤自动攻击找到的对象，取得该主机的权限（一般为管理员权限），获得一个 shell。取得管理权限后便开始复制，复制模块通过原主机和新主机的交互将蠕虫程序复制到新主机并启动，完成传播的全过程。

蠕虫的特点包括：利用操作系统和应用程序的漏洞主动进行攻击；传播方式多样；制作技术与传统的病毒不同；与黑客技术相结合，潜在的威胁和损失更大。

3. 木马

木马是一种秘密潜伏的、能够通过远程网络进行控制的恶意程序。控制者可以控制被秘密植入木马的计算机的一切动作和资源，是恶意攻击者窃取信息等的工具。木马一般没有复制能力，它一般伪装成一款实用工具或一款受人喜爱的游戏，诱使用户将其安装在 PC 或者服务器上。

木马的特点包括：木马包含在正常程序中，随着正常程序的运行而启动，具有隐蔽性；具有自动运行性；对系统具有极大危害性；具有自动恢复功能。

4. 恶意网络控件

现在的 Web 浏览器和其他的网络应用都依赖于能够提供大量复杂功能的可执行程序。这种插件程序可以很容易地保证系统处于最新状态并且能够支持很多新的文件类型。但是这些程序同样可以被某些人利用，使其很容易地就将恶意代码发送到用户主机上。

作为用户，必须保证病毒扫描器和防御软件可以有效地保护系统不被恶意程序损坏。

练习题

一、填空题

1. 信息安全的基本目标应该是保护信息的________、________、________、________、________。

2.________指保证信息不被非授权访问，即使非授权用户得到信息也无法知晓信息的内容，因而不能使用。

3.________指维护信息的一致性，即在信息生成、传输、存储和使用过程中不应发生人为或非人为的非授权篡改。

4.________指授权用户在需要时能不受其他因素的影响，方便地使用所需信息。这一目标是对信息系统的总体可靠性要求。

5.________指信息在整个生命周期内都可由合法拥有者加以安全的控制。

6.________指保障用户无法在事后否认曾经对信息进行的生成、签发、接收等行为。

7. 信息资产大致分为________、________、________和________四类。

8.________是指在未授权的情况下访问系统资源或阻止授权用户正常访问系统资源。

9. 2017 年 6 月 1 日开始实施的________，明确将国家网络安全等级保护制度上升为法律要求。

10. 网络安全的需求主要包括________对安全的需求和________对安全的需求。

二、选择题

1. 来自系统外部或内部的攻击者冒充网络的合法用户获得访问权限的攻击方法是（　　）。

A. 黑客攻击　　B. 社会工程学攻击
C. 操作系统攻击　　D. 恶意代码攻击

2. 在信息安全性中，用于追溯服务信息或服务源头的是（　　）。

A. 不可否认性服务　　B. 认证性服务
C. 可用性服务　　D. 完整性服务

3. 以下各项中，不属于恶意代码的是（　　）。
A. 病毒　　B. 特洛伊木马
C. 系统漏洞　　D. 蠕虫

4. 使授权用户泄露安全数据或允许非授权访问的攻击方式称作（　　）。
A. 拒绝服务攻击　　B. 中间人攻击
C. 社会工程学攻击　　D. 后门攻击

5. 下列不属于安全事件的是（　　）。
A. 扫描　　B. 谈判
C. 非授权访问　　D. 拒绝服务

三、简答题

1. 网络的脆弱性体现在哪几个方面？
2. 网络安全基本防护措施有哪些？
3. 信息安全的五个特性指的是什么？
4. 信息安全的法律法规体系主要包括哪几个层面？
5. 简述一般安全事件的处理步骤。

项目 8

人工智能初步

任务 1　认识人工智能

任务目标

1. 了解人工智能的发展阶段；
2. 了解人工智能的基本工作原理；
3. 理解人工智能的应用领域。

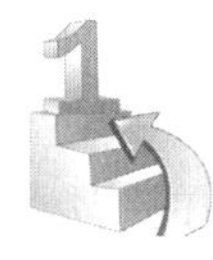

任务引入

人工智能是一门极富挑战性的科学，从事这项工作的人必须懂得计算机、心理学和哲学等方面的知识。人工智能是内容十分广泛的科学，它由不同的领域组成，如机器学习、计算机视觉等，总的说来，人工智能研究的一个主要目标是使机器能够胜任一些通常需要人类智能才能完成的复杂工作。但不同的时代、不同的人对这种“复杂工作”的理解是不同的。2017 年 12 月，“人工智能”入选“2017 年度中国媒体十大流行语”。

相关知识

8.1.1　人工智能发展简史

总体来看，人工智能的发展史可概括为以下几个阶段。

1. 第一阶段

20 世纪 50 年代，人工智能兴起。人工智能概念在 1956 年首次提出后，相继出现了一批显著的成果，如机器定理证明、跳棋程序、通用问题、求解程序、LISP 表处理语言等。人工智能在这一阶段的特点是：重视问题求解的方法，忽视知识的重要性。

2. 第二阶段

20 世纪 60 年代末至 70 年代，专家系统出现，使人工智能研究出现新高潮。DENDRAL 化学质谱分析系统、MYCIN 疾病诊断和治疗系统、Prospector 探矿系统、Hearsay-Ⅱ语音处理系统等专家系统的研究和开发，将人工智能引向了实用化。

3. 第三阶段

20 世纪 80 年代，随着第五代计算机的研制成功和应用，人工智能得到了很大发展。日本于 1982 年开始了“第五代计算机研制计划”，即“知识信息处理计算机系统 KIPS”，其目的是使逻辑推理达到数值运算那么快。虽然此计划最终失败了，但它的开展形成了一股研究人工智能的热潮。

4. 第四阶段

20 世纪 80 年代末，神经网络飞速发展。1987 年，美国召开第一次神经网络国际会议，宣告了这一新学科的诞生。此后，各国在神经网络方面的投资逐渐增加，神经网络迅速发展起来。

5. 第五阶段

20 世纪 90 年代，人工智能出现新的研究高潮。由于网络技术，特别是国际互联网技术的发展，人工智能开始由单个智能主体研究转向基于网络环境下的分布式人工智能研究。人们不仅研究基于同一目标的分布式问题求解，而且研究多个智能主体的多目标问题求解，使人工智能更加实用。另外，由于 Hopfield 多层神经网络模型的提出，人工神经网络研究与应用出现了欣欣向荣的景象。人工智能已深入社会生活的各个领域。

8.1.2 人工智能的基本工作原理

1. 人工智能的定义

人工智能（Artificial Intelligence，AI）是研究、开发用于模拟、延伸和扩展人的智能的理论、方法、技术及应用系统的一门新的技术科学。

人工智能是计算机科学的一个分支，它企图了解智能的实质，并生产出一种新的能以与人类智能相似的方式做出反应的智能机器，该领域的研究包括机器人、语言识别、图像识别、自然语言处理和专家系统等。人工智能自诞生以来，理论和技术日益成熟，应用领域也不断扩大，可以设想，未来人工智能带来的科技产品，将会成为人类智慧的“容器”。人工智能可以对人的意识、思维的信息过程进行模拟。人工智能不是人的智能，但能像人那样思考，也可能超过人的智能。

人工智能的定义可以分为两部分，即“人工”和“智能”。“人工”比较好理解，争议性也不大。有时我们会考虑什么是靠人力所能制造的，或者人自身的智能程度有没有高到可以创造人工智能的地步，等等。但总的来说，“人工系统”就是通常意义下的人工系统。

关于什么是“智能”，就问题多多了。这涉及诸如意识（Consciousness）、自我（Self）、思维（Mind）等问题。人唯一了解的智能是人本身的智能，这是被普遍认同的观点。但是人类对自身智能的理解都非常有限，对构成人的智能的必要元素也了解有限，所以就很难定义什么是“人工”制造的“智能”了。因此，人工智能的研究往往涉及对人的智能本身的研究。

美国斯坦福大学人工智能研究中心的尼尔逊教授对人工智能下了这样一个定义："人工智能是关于知识的学科——怎样表示知识以及怎样获得知识并使用知识的科学。"麻省理工学院的温斯顿教授则认为："人工智能就是研究如何使计算机去做过去只有人才能做的智能工作的学科。"这些说法反映了人工智能学科的基本思想和基本内容，即人工智能是研究人类智能活动的规律，构造具有一定智能的人工系统，研究如何让计算机去完成以往需要人的智力才能胜任的工作，也就是研究如何应用计算机的软硬件来模拟人类某些智能行为的基本理论、方法和技术。

2. 人工智能技术原理

（1）AI 最重要的功能——模式识别的工作原理。

AI 是一门严谨的科学，而不是无所不能的神话故事，媒体过分夸大报道 AI 的功能、鼓吹威胁论都是不负责任的。AI 的目标是设计具有智能的机器，其中的算法和技术部分借鉴了当下对人脑的研究成果。今天许多流行的 AI 系统使用人工神经网络来模拟由非常简单的互相连接的单元组成的网络，有点像大脑中的神经元。这些网络可以通过调整单元之间的连接来学习经验，这个过程类似于人类和动物的大脑通过修改神经元之间的连接来进行学习。神经网络可以学习模式识别、翻译语言、进行简单的逻辑推理，甚至创建图像或者形成新设计。其中，模式识别是一项特别重要的功能，因为 AI 十分擅长识别海量数据中隐藏的模式，而这对于依赖经验和知识的人类来说就没有那么容易。这些程序运行的神经网络具有数百万单位和数十亿的连接。我们现在所能创造出来的"智能"就是由这些电子神经元网络组成的。

下面介绍一下深度学习系统中最重要的算法——卷积神经网络。这种算法参考了生物学研究人类和其他动物大脑视觉皮层的结构。它使用感知器、机器学习单元算法，用于监督学习分析数据，适用于图像处理、自然语言处理和其他类型的认知任务。与其他类型的人工神经网络一样，卷积神经网络具有输入层、输出层和各种隐藏层。其中一些层是卷积的，使用数学模型将结果传递给连续的层。这个过程模拟了人类视觉皮层中的一些动作，所以被称为卷积神经网络，也就是 CNN。

例如，当我们看到一只猫和一只狗时，尽管它们的体型很类似，但我们还是能够马上区分它们分别是猫和狗。对于计算机而言，图像仅仅只是一串数据。神经网络的第一层会通过特征检测物体的轮廓。神经网络的下一层将检测这些简单图案的组合所形成的简单形状，比如动物的眼睛和耳朵。再下一层将检测这些形状组合所构成的物体的某些部分，例如猫和狗的头或者腿。神经网络的最后一层将检测刚才那些部分的组合：一只完整的猫、一只完整的狗等。每一层的神经网络都会对目标进行图像组合分析和特征检测，从而进行判断和组合，并将结果传递给下一层神经网络。实际使用的神经网络的层次会比这个例子多很多，神经网络就是以这种分层的方式来进行复杂的模式识别的。

只要有大量被标记的样本数据库，就可以对神经网络进行特征训练。它对于识别图像、视频、语音、音乐甚至文本等信息特别有用。为了更好地训练 AI 的机器视觉，我们需要向这些神经网络提供大量被人标记的图像数据。神经网络会学习将每个图像与相应的标签相互关联起来，还能将以前从未见过的图像与相应的标签配对。这样的系统可以梳理各种各样的图像，并且识别照片中的元素。同时，神经网络在语音识别和文本识别中也非常有用，是自动驾驶汽车和最新医学图像分析系统中的关键组成部分，所以神经网络的运用是非常广泛而且有效的。原来需要依赖人工标记大量有效数据来完成知识的输入，而现在可以通过运行海量数据，让神经网络进行自我学习，这大大提升了人工智能的应用范围，降低了人工智能的使用门槛。

（2）人工智能最常见的三种学习方式。

1）强化学习。这是关于机器应该如何行动以获得最大化奖励的问题，它受到行为心理学理论的启发。在特定场景下，机器做出一个动作或一系列动作并可以获得奖励。机器行为的每一步骤都会被标记，并且被记录结果和赋予权重。强化学习通常用于教机器玩游戏和进行比赛，比如国际象棋、围棋或简单的视频游戏。强化学习面临的问题是，单纯地强化学习需要海量的试错，才能学会简单的任务。好处是只要你提出一个有价值的问题，提供足够的数据输入，理论上来说强化学习最终会找到那个最优解。

2）监督学习。就是需要我们告诉机器正确答案：这是一幅汽车的图像，正确答案是"汽车"。它之所以被称为监督学习，是因为算法是向标签数据学习的。这个过程类似于向年幼的孩子展示图画书。成年人预先知道正确的答案，孩子根据前面的例子做出推测。这也是训练神经网络和其他机器学习体系结构最常用的技术。

3）无监督学习。这是人类和大多数其他动物的学习过程，特别是刚出生的时候，是以没有人监督的方式来进行学习的，我们通过观察和认知我们行动的结果来了解世界如何运作。没有人告诉我们刚开始所看到的每一个物体的名称和功能，但我们仍然学会了非常基本的概念，当前我们还不知道如何在机器身上实现这一点，至少无法达到人类和其他动物的水平。缺乏用于无监督学习的 AI 技术，也是当前 AI 发展的问题之一。

概括来说，当前 AI 技术的原理是：将大量数据与超强的运算处理能力和智能算法三者结合起来，建立一个解决特定问题的模型，使程序能够自动地从数据中学习潜在的模式或特征，从而实现接近人类的思考方式。

8.1.3　人工智能的应用领域

人工智能发展到现在，应用已经很广泛了，很多人提起人工智能，都可以说出一两个应用领域，如智能家居、智能交通等。

1. 在智能家居领域的应用

智能家居位居人工智能七大应用领域的榜首。智能家居主要是基于物联网技术，通过智能硬件、软件系统、云计算平台构成一套完整的家居生态圈，如图 8－1 所示。用户可以通过设备进行远程控制，设备间可以互连互通，并进行自我学习等，来整体优化家居环境的安全性、节能性、便捷性等。值得一提的是，近年来，随着智能语音技术的发展，智能音箱成为一个爆发点。小米、天猫等企业纷纷推出智能音箱，不仅成功打开了家居市场，也为未来更多的智能家居用品培养了用户习惯。但目前家居市场智能产品种类繁杂，如何打通这些产品之间的沟通壁垒，以及建立安全可靠的智能家居服务环境，是该行业下一步的发力点，也是智能家居新的突破领域。

图 8－1　智能家居

2. 在智慧零售领域的应用

智慧零售（如图 8－2 所示）的发展方向主要有以下三点：一是要拥抱时代技术，创新零售业态，变革流通渠道；二是要从 B2C 转向 C2B，实现大数据牵引零售；三是要运用社交化客服，实现个性服务和精准营销。人工智能在零售领域的应用已经十分广泛，无人便利店、智慧供应链、客流统计、无人仓 / 无人车等都是热门方向。运用互联网、物联网技术，可以感知消费习惯，预测消费趋势，引导生产制造，为消费者提供多样化、个性化的产品和服务。

图 8－2　智慧零售

3. 在智慧交通领域的应用

智慧交通（如图 8－3 所示）系统是通信、信息和控制技术在交通系统中集成应用的产物。目前，我国的智能交通系统主要通过对交通中的车辆流量、行车速度信息进行采集和分析，据此对交通进行监控和调度，有效提高通行能力、简化交通管理、降低环境污染等，是人工智能应用领域中在民生方面贡献最突出的人工智能系统。

图 8-3　智慧交通

4. 在智慧医疗领域的应用

目前，垂直领域的图像算法和自然语言处理技术已可基本满足医疗行业的需求，市场上出现了众多技术服务商，例如提供智能医学影像技术的德尚韵兴、研发人工智能细胞识别医学诊断系统的智微信科、提供智能辅助诊断服务平台的若水医疗、统计及处理医疗数据的易通天下等。智慧医疗在辅助诊疗、疾病预测、医疗影像辅助诊断、药物开发等方面日益发挥着重要作用。智慧医疗如图 8-4 所示。

图 8-4　智慧医疗

5. 在智慧教育领域的应用

智慧教育（如图 8-5 所示）是指以数字化信息和网络为基础，在计算机和网络技术基础上建立起来的对教学、科研、管理、技术服务、生活服务等校园信息进行收集、处理、整合、存储、传输和应用，使数字资源得到充分优化利用的一种虚拟教育环境。智慧教育通过实现从环境（包括设备、教室等）、资源（如图书、讲义、课件等）到应用（包括教、学、管理、服务、办公等）的全部数字化，在传统校园基础上构建一个数字空间，以拓展现实教育的时间和空间维度，提升传统教育的管理、运行效率，扩展传统校园的业务功能，最终实现教育过程的全面信息化，从而达到提高管理水平、提升就业率的目的。

图 8－5　智慧教育

6. 在智慧物流领域的应用

物流行业通过利用智能搜索、推理规划、计算机视觉以及智能机器人等技术在运输、仓储、配送装卸等流程上进行了自动化改造，能够基本实现无人操作。比如利用大数据对商品进行智能配送规划，优化配置物流供给、需求匹配、物流资源等。目前物流行业大部分人力都分布在“最后一千米”的配送环节，京东、苏宁、菜鸟争先研发无人车、无人机，力求抢占市场机会。智慧物流如图 8－6 所示。

图 8－6　智慧物流

7. 在智能安防领域的应用

近些年来，智能安防（见图 8－7）行业发展迅速，视频监控数量不断增加，公共和个人场景监控摄像头安装总数已经超过了 1.75 亿。在部分一线城市，视频监控已经实现了全覆盖。不过，相对于国外而言，我国智能安防仍然有很大的成长空间。

图 8－7 智能安防

上述人工智能七大应用领域，只是目前人工智能发展暂时的方向，人工智能的发展潜力是无限的，已经在其他领域有所渗透，当人们对人工智能的认识更加深刻以后，人工智能将会更全面地覆盖人们的生活。

任务实施

同学们知道的人工智能应用有哪些？

通过分组讨论，自主和协作学习，完成上述任务。

知识拓展

2020 年，一场突如其来的疫情改变了所有人的生活。

1 月 27 日，教育部下发 2020 年春季学期延期开学的通知，同时，各教育培训机构取消了线下课程。

至今，这次疫情给线下教育培训机构造成了巨大的冲击，同时也给在线教育带来了新的机遇。

艾瑞咨询数据显示，我国在线教育用户规模预计到 2022 年将达到 2.6 亿人，也就是说，到 2022 年，我国人口中 17% 左右的人都在使用在线教育平台。随着用户对在线教育接受度的提升、知识付费意识的逐渐养成以及线上学习体验和效果的优化，在线教育市场将会有广阔的前景。

在线教育的发展，离不开人工智能技术的参与，目前典型的应用场景有口语测评、拍照搜题、阅卷、作文/论文批改等，这些工具应用了先进的算法技术，而对这些算法模型的训练，需要大量数据的“喂养”。尽管目前的一些应用场景还停留在学习过程的辅助环节上，但随着整个市场的爆发式增长，对人工智能技术以及人工智能数据的需求也会越来越多。一些行业报告也认为，如果人工智能自适应能够得到实现，从根本上改进学习的理念和方式，那么人工智能技术逐步渗透到教学核心环节将是大势所趋。

人工智能技术在在线教育领域各个场景中的应用如图 8－8 所示。

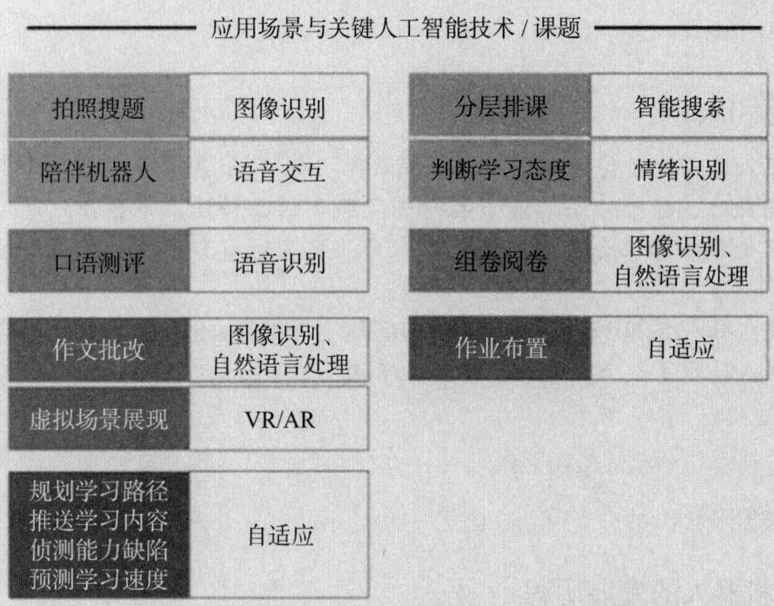

应用场景与关键人工智能技术/课题

应用场景	关键技术
拍照搜题	图像识别
陪伴机器人	语音交互
口语测评	语音识别
作文批改	图像识别、自然语言处理
虚拟场景展现	VR/AR
规划学习路径 推送学习内容 侦测能力缺陷 预测学习速度	自适应
分层排课	智能搜索
判断学习态度	情绪识别
组卷阅卷	图像识别、自然语言处理
作业布置	自适应

图 8－8　人工智能技术在在线教育领域各个场景中的应用

任务 2 机器人初步

任务目标

1. 了解机器人的发展历程;
2. 认识工业机器人的分类;
3. 理解工业机器人的应用。

任务引入

新松机器人自动化股份有限公司(以下简称“新松”)隶属于中国科学院，是一家以机器人技术为核心，致力于全智能产品研制及服务的高科技上市企业，是位居中国机器人产业前十名的核心牵头企业、国家机器人产业化基地，其产品实现了智能制造领域全行业覆盖。

新松智能机器人在2018年平昌冬奥会闭幕式“北京八分钟”和冬残奥会闭幕式上惊艳亮相，为世人展示了一个科技担当的当代中国形象。

相关知识

8.2.1 机器人的发展历程

Robot这个词是1920年由捷克剧作家卡雷尔·恰佩克(K.Capek)在科幻剧作《罗素姆的万能机器人》中第一次提出的，Robot(Robota，斯洛伐克语)就是“机器人”。

1954年，美国人乔治·德沃尔(George C. Devol)设计了第一台可编程机器人(见图8-9)，并注册了专利。该专利的要点是借助伺服技术控制机器人的关节，利用人手对机器人进行动作示教，机器人能实现动作的记录和再现。这就是所谓的示教再现机器人。现有的机器人基本上都采用这种控制方式。

图8-9 第一台可编程机器人

机器人产品最早的实用机型(示教再现)是1962年美国AMF公司推出的“VERSTRAN”和Unimation公司推出的“Unimate”。这些工业机器人的控制方式与数控机床大致相似，但外形特征迥异，主要由类似人的手和臂组成，如图8-10所示。它们在美国通用汽车公司投入使用，标志着第一代机器人的诞生。

1965 年，美国麻省理工学院的魔法积木机器人演示了第一个具有视觉传感器的、能识别与定位简单积木的机器人系统。

1967 年，日本成立了人工手研究会（现改名为仿生机构研究会），同年召开了日本首届机器人学术会。

1970 年，在美国召开了第一届国际工业机器人学术会议。1970 年以后，机器人的研究迅速得到普及。

1973 年，辛辛那提·米拉克隆公司的理查德·豪恩制造了第一台由小型计算机控制的工业机器人，它是液压驱动的，能提升的有效负载达 45 千克。

图 8－10　第一代机器人

到了 1980 年，工业机器人在日本普及。随着计算机技术和人工智能技术的飞速发展，机器人在功能和技术层次上有了很大的提高。

现阶段，我国企业对高度自动化的需求日渐增加，带动了工业机器人在我国销售量的快速增长。《中国制造 2025》提出，要“围绕汽车、机械、电子、危险品制造、国防军工、化工、轻工等工业机器人、特种机器人，以及医疗健康、家庭服务、教育娱乐等服务机器人应用需求，积极研发新产品，促进机器人标准化、模块化发展，扩大市场应用”。

8.2.2　工业机器人的特点和分类

1. 工业机器人的特点

工业机器人最显著的特点有以下几方面：

（1）可编程。生产自动化的进一步发展是柔性自动化。工业机器人可随工作环境变化的需要而再编程，因此它在小批量、多品种的均衡高效率的柔性制造过程中能发挥很好的功用，是柔性制造系统中的一个重要组成部分。

（2）拟人化。工业机器人在机械结构上有类似人的行走等功能和大臂、小臂、手腕、手爪等构造，由电脑控制。此外，智能化工业机器人还有许多类似人类的“生物传感器”，如皮肤型接触传感器、力传感器、负载传感器、视觉传感器、声觉传感器等。传感器提高了工业机器人对周围环境的自适应能力。

（3）通用性。除专门设计的专用的工业机器人外，一般工业机器人在执行不同的作业任务时都具有较好的通用性。比如，更换工业机器人手部末端操作器（手爪、工具等）便可执行不同的作业任务。

（4）工业机器技术涉及学科相当广泛，归纳起来就是机械学和微电子学的结合——机电一体化技术。第三代智能机器人不仅具有获取外部环境信息的各种传感器，而且具有记忆能力、语言理解能力、图像识别能力、推理判断能力等人工智能，这些都是微电子技术的应用，特别是与计算机技术的应用密切相关。因此，机器人技术的发展必将带动其他技术的发展，机器人技术的发展和应用水平也可以验证一个国家科学技术和工业技术的发展水平。

2. 工业机器人的分类

应用于不同领域的机器人可按照不同的功能、目的、用途、规范、结构、坐标、驱动方式等分为很多类型，目前国内外尚无统一的分类标准。

（1）按照机器人的机构特征分类。

工业机器人的机械配置形式多种多样，典型机器人的机构运动特征是用其坐标特性来描述的。按照典型结构，工业机器人通常可以分为直角坐标机器人、圆柱坐标机器人、球坐标机器人、关节型机器人和并联机器人等类型。

1）直角坐标机器人。直角坐标机器人通过在空间中三个相互垂直的 X、Y、Z 方向做移动运动，构成一个直角坐标系，这种运动是独立的（有三个自由度），其动作空间为一长方体，如图 8－11 所示。这种工业机器人的特点是控制简单、运动直观性强、易达到高精度，但操作灵活性差、运动的速度较低、操作范围较小，而占据的空间相对较大。

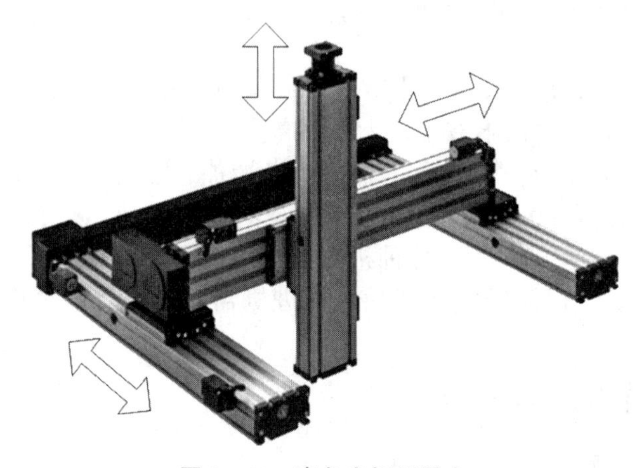

图 8－11　直角坐标机器人

2）圆柱坐标机器人。圆柱坐标机器人基座上有一个水平转台，在转台上装有立柱和水平臂，水平臂能上下移动和前后伸缩，并能绕立柱旋转，在空间中构成部分圆柱面（具有一个回转和两个平移自由度），如图 8－12 所示。这种工业机器人的特点是工作范围较大、运动速度较高，但随着水平臂水平方向上的伸长，其位移精度会越来越低。

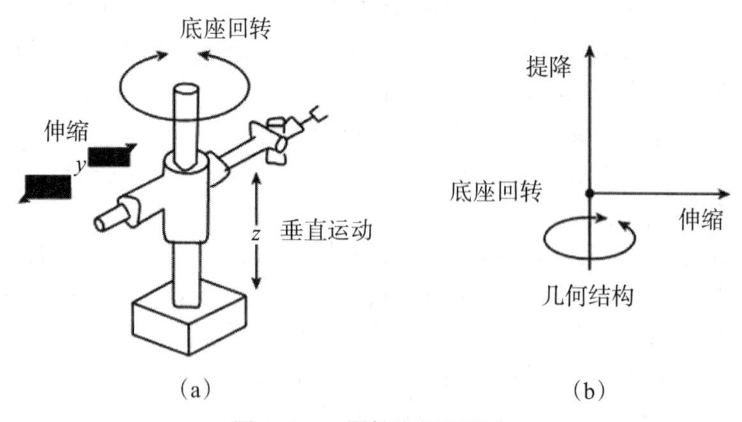

图 8－12　圆柱坐标机器人

3）球坐标机器人。球坐标机器人如图 8－13 所示。其特点为：其臂可以伸缩，类似可伸缩的望远镜套筒；在垂直面内绕轴回转；在基座水平面内转动。由于机器人结构的运动是球坐标运动，因此这类机器人被称为球坐标机器人。受机械和驱动连线的限制，球坐标机器人的工作包络范围是球体的一部分。

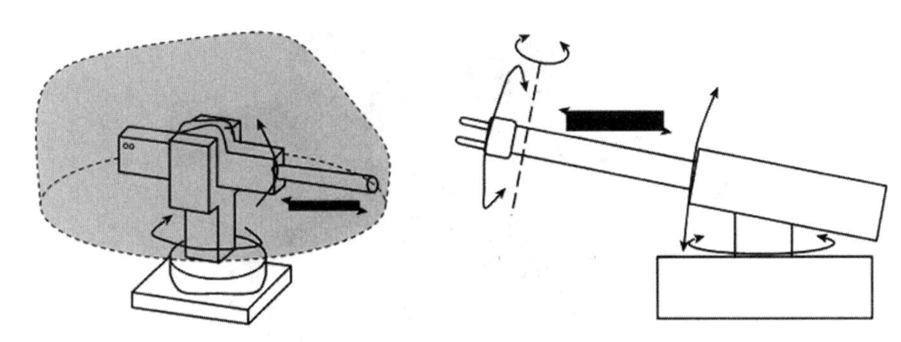

图 8－13　球坐标机器人

4）关节型机器人。关节型机器人也称关节手臂机器人或关节机械手臂，是当今工业领域应用最为广泛的一种机器人。多关节机器人按照关节的构型不同，又可分为垂直多关节机器人和水平多关节机器人。

垂直多关节机器人主要由基座和多关节臂组成，目前常用的关节臂数是 3 ～ 6 个，如图 8－14 所示。

水平多关节机器人在结构上具有串联配置的两个能够在水平面内旋转的手臂，自由度可以根据用途选择 3 ～ 5 个，动作空间为一圆柱体。其优点是在垂直方向上的刚性好，能方便地实现二维平面上的动作，在装配作业中得到普遍应用。水平多关节机器人如图 8－15 所示。

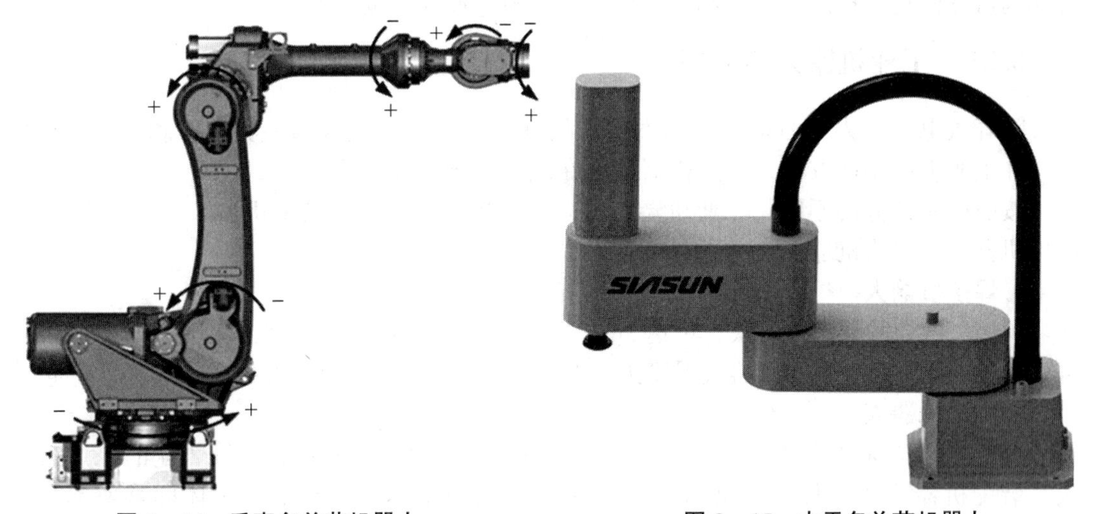

图 8－14　垂直多关节机器人　　**图 8－15　水平多关节机器人**

5）并联机器人。并联机器人属于高速、轻载的机器人，一般通过示教编程或视觉系统捕捉目标物体，由 3 个并联的伺服轴确定抓具中心的空间位置，实现目标物体的运输、加工等操作。并联机器人主要应用于食品、药品和电子产品等的加工、装配。并联机器人如图 8－16 所示。

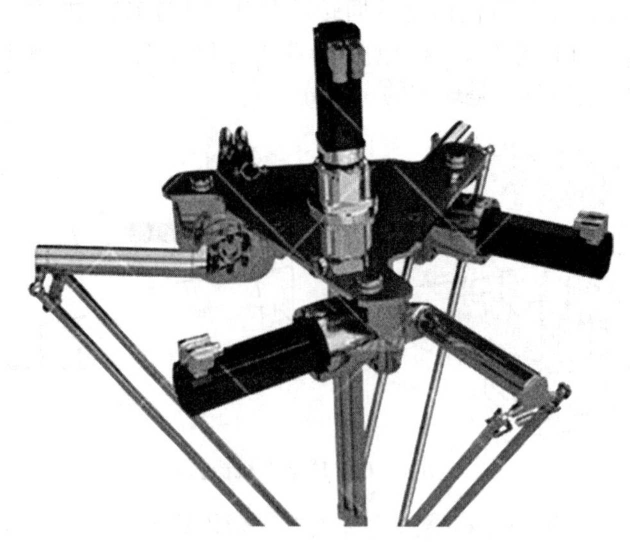

图 8－16　并联机器人

（2）按照程序输入方式分类。

按照程序输入方式，机器人可分为离线输入型机器人和示教再现型机器人两类。

1）离线输入型机器人。离线输入型机器人是将计算机上已编号的作业程序文件，通过 U 口或者以太网等通信方式传送到机器人控制系统的机器人。

2）示教再现型机器人。示教再现型机器人是一种可重复再现，通过示教编程存储作业程序的机器人。示教方式有两种：一种是由操作者手动操作示教器，将指令信号传给驱动系统，使执行机构按照要求的动作顺序和运动轨迹操演一遍；另一种是由操作者直接移动执行机构，按照要求的动作顺序和运动轨迹操演一遍。

8.2.3　工业机器人的应用

随着微电子和人工智能技术的发展，机器人越来越多地成为人类工作和生活的好助手。在工业生产制造方面，工业机器人已在众多领域大显身手。

按照作业任务的不同，工业机器人可以分为焊接机器人、装配机器人、搬运机器人、码垛机器人、喷涂机器人、上下料机器人等。

1. 焊接机器人

焊接机器人的移位速度快，可达 3m/s，甚至更快，因此可以极大地提高生产效益和经济效率。一般来说，采用机器人焊接比人工焊接效率高 2 ～ 4 倍，焊接质量优良且稳定。

2. 装配机器人

装配机器人是工业生产中用于在装配生产线上对零件或部件进行装配的工业机器人。装配机器人由主体、驱动系统和控制系统三个基本部分组成。主体即基座和执行机构，包括臂部、腕部和手部。大多数装配机器人有 3 ～ 6 个运动自由度，其中腕部通常有 1 ～ 3 个运动自由度。驱动系统包括动力装置和传动机构，用于使执行机构产生相应的动作。控制系统按照输入的程序对驱动系统和执行机构发出指令信号，并进行控制。

带有传感器的装配机器人可以更好地对物体进行操作。装配机器人经常使用的传感器有视觉传感器、触觉传感器、接近觉传感器和力传感器等。

3. 搬运机器人

搬运机器人可安装不同的末端执行器，以完成各种不同形状的工件的搬运工作，大大减轻人类繁重的体力劳动。

搬运工作站由搬运机器人和周边设备组成。搬运机器人可用于搬运重达几千克至几吨的负载。微型机械手可搬运轻至几克甚至几毫克的样品，常用于传送超纯净实验室内的样品。周边设备包括工件自动识别装置、自动起动及自动传输装置等。为适应对不同种类工件的抓取，根据用户要求可配备不同的手爪，如机械手爪、真空吸盘及电磁吸盘等。搬运机器人是近代自动控制领域出现的一项高新技术，涉及力学、机械学、电器液压气动技术、自动控制技术、传感器技术、单片机技术和计算机技术等学科领域，已成为现代机械制造生产体系的重要组成部分。它的优点是可以通过编程完成各种预期的任务，在自身结构和性能上有人工和机器的各自优势，尤其体现出了人工智能和适应性。

4. 码垛机器人

码垛机器人是能将不同外形尺寸的包装货物整齐、自动地码（或拆）在托盘上的机器人，又称托盘码垛机器人。为了充分利用托盘的面积和保证码堆物料的稳定性，机器人装有物料码垛顺序、排列设定器。通过自动更换工具，码垛机器人可以适应不同产品，并能够在恶劣环境下工作。

码垛机器人对各种形状的产品（箱、罐、包或板材类等）均可作业，还能根据用户要求进行拆垛作业。

5. 喷涂机器人

喷涂机器人广泛应用于汽车车体、家电产品和各种塑料制品的喷涂作业，一般分为液压喷涂机器人和电动喷涂机器人两类。

其中，液压喷涂机器人的结构为六轴多关节式，工作空间大，腰回转采用液压马达驱动，手臂采用油缸驱动。手部为柔性手腕结构，可绕臂的中心轴沿任意方向做 ±110° 转动，而且在转动状态下可绕腕中心轴扭转 420°。由于腕部不存在奇异点，所以能喷涂形态复杂的工件，并具有很高的生产效率。

6. 数控机床上下料机器人

数控机床上下料机器人与数控机床进行组合，可以实现所有工艺过程中的工件自动抓取、上料、下料、装卡、工件移位翻转、工件转序加工等处理，能够极大地节约人工成本，提高企业生产效率，特别适用于大批量、小型零部件的加工，如轴承座、电机端盖、增压涡轮、换向器、刹车盘、汽车变速箱齿轮、金属冲压结构件等的加工。

任务实施

工业机器人的应用有哪些？你所知道的工业机器人有哪些？
学生通过分组讨论，自主和协作学习，完成上述任务。

知识拓展

工业机器人的定义

虽然机器人现在已被广泛应用，且越来越受到人们的重视，但机器人这一名词却还没有一个统一、严格、准确的定义。不同国家、不同研究领域的学者给出的定义不尽相同，尽管定义的基本原则大体一致。

1. 1987 年国际标准化组织的定义

1987 年国际标准化组织对工业机器人进行了定义：工业机器人是一种具有自动控制的操作和移动功能，能完成各种作业的可编程操作机。

（1）机器人的动作机构具有类似于人或其他生物的某些器官（肢体、感受等）的功能。

（2）机器人具有通用性，可从事多种工作，可灵活改变动作程序。

（3）机器人具有不同程度的智能，如记忆、感知、推理、决策、学习等。

（4）机器人具有独立性，完整的机器人系统在工作中可以不依赖人的干预。

2. 美国国家标准局（NBS）的定义

机器人是一种能够进行编程并在自动控制下执行某些操作和移动作业任务的机械装置。

3. 日本科学家加藤一郎的定义

1967 年在日本召开的第一届机器人学术会议上，日本科学家加藤一郎提出具有如下三个条件的机器称为机器人：

（1）具有脑、手、脚等三要素的个体。

（2）具有非接触传感器（用眼、耳接收远方信息）和接触传感器。

（3）具有平衡觉和固定觉传感器。

4. 中国科学家的定义

机器人是一种具有高度灵活性的自动化机器，这种机器具备一些与人或生物相似的智能，如感知、规划、动作和协同能力。

练习题

一、填空题

1. 人工智能是研究、开发用于________、延伸和扩展人的智能的理论、方法、________及应用系统的一门新的技术科学。

2. 人工智能的定义可以分为两部分，即“人工”和________。

3. 美国人诺伯特·维纳（Norbert Wiener）从理论上指出，所有的智能活动都是________的结果，这项发现对早期人工智能的发展影响很大。

4. 人工智能是研究人类智能活动的规律，构造具有一定智能的人工系统，研究如何让计算机去完成以往需要人的智力才能胜任的工作，也就是研究如何应用计算机的软硬

件来模拟________某些智能行为的基本理论、方法和________。

5. 以往需要依赖人工标记大量有效数据来完成知识的输入，而现在可以通过运行海量数据，让________进行自我学习。

6.________年，乔治·德沃尔设计了第一台可编程机器人。

7. 关节型机器人也称关节手臂机器人或________，是当今工业领域应用最为广泛的一种机器人。

8. 机器人是一种具有高度灵活性的自动化机器，这种机器具备一些与人或生物相似的________，如感知、规划、动作和协同能力。

二、简答题

1. 简述人工智能发展的五个阶段。
2. 简述人工智能最常见的三种学习方式。
3. 简述人工智能的七大应用领域。
4. 工业机器人的显著特点有哪些?
5. 工业机器人的应用有哪些?

参考文献

[1] 王协瑞. 计算机网络技术. 4 版. 北京：高等教育出版社，2018.

[2] 陶增乐. 信息技术基础. 杭州：浙江教育出版社，2008.

[3] 袁红梅. 计算机组装与维护. 北京：科学出版社，2008.

[4] 黄国兴，周南岳，张巍. 计算机应用基础. 4 版. 北京：高等教育出版社，2020.

[5] 神龙工作室，王作鹏. Office 2010 办公应用从入门到精通. 北京：人民邮电出版社，2013.

[6] 崔洪斌. 电脑操作（Windows 7+Office 2010）入门与进阶. 北京：清华大学出版社，2018.

[7] 赵佩华，眭碧霞. 多媒体技术应用. 4 版. 北京：高等教育出版社，2018.

[8] 刘瑞挺. 全国计算机等级考试三级教程：网络技术. 北京：高等教育出版社，2002.

[9] 邓泽国，冷玉霞. 企业网搭建及应用. 北京：电子工业出版社，2015.

[10] 蔡明，由爱华. 工业机器人操作与编程项目训练. 沈阳：东北大学出版社，2020.

[11] 岳建斌，陈显祥，于静. 多媒体技术. 北京：北京工业大学出版社，2017.

[12] 沈大林，万忠. 数字媒体技术应用. 北京：电子工业出版社，2017.

[13] 刘清堂. 数字媒体技术导论. 2 版. 北京：清华大学出版社，2016.

[14] 大连易翔软件开发有限公司. 中文编程从入门到精通. 2 版. 北京：海洋出版社，2017.

[15] 杜彦辉，等. 信息安全技术教程. 北京：清华大学出版社，2013.

[16] 中华人民共和国教育部. 中等职业学校信息技术课程标准. 北京：高等教育出版社，2020.